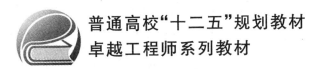

普通高校"十二五"规划教材

卓越工程师系列教材

单片机及工程应用基础

主　编　刘海成

副主编　曲贵波　张继东　张　鹏

主　审　葛洪军　欧阳斌林

U0245544

北京航空航天大学出版社

内 容 简 介

本书立足于 MCS-51 经典结构,以广泛应用的 AT89S52 单片机为应用对象,深入浅出地讲述了单片机原理及应用系统设计原理。全书采用汇编与 C51 并行的撰写方式,方便对比学习,符合工程应用需求。同时,书中深度融合了微机原理课程中的核心知识,尤其是在汇编指令的深入剖析、中断系统的分析和存储器的扩展方法等方面讲解细致,因此,可以绕过微机原理课程直接学习本书中的相关内容。

本书以应用为出发点,重视设计思路和应用技巧,并能抓住单片机应用的共性问题,深入剖析和整合知识脉络,试图在讲明单片机原理的同时,通过凝练共性技术来讲述单片机的工程应用原理,使读者建立起嵌入式系统的概念,从而构架起电气信息和仪器仪表类工程领域与嵌入式系统应用的桥梁。

本书可作为电气信息类和仪器仪表类相关专业单片机原理及接口技术等课程的教材或参考书,也可供工程技术人员参考。

图书在版编目(CIP)数据

单片机及工程应用基础 / 刘海成主编. -- 北京：
北京航空航天大学出版社,2015.10
ISBN 978 - 7 - 5124 - 1905 - 6

Ⅰ. ①单… Ⅱ. ①刘… Ⅲ. ①单片微型计算机－高等学校－教材 Ⅳ. ①TP368.1

中国版本图书馆 CIP 数据核字(2015)第 241663 号

单片机及工程应用基础

主 编 刘海成
副主编 曲贵波 张继东 张 鹏
主 审 葛洪军 欧阳斌林
责任编辑 杨 昕

*

北京航空航天大学出版社出版发行

北京市海淀区学院路 37 号(邮编 100191) http://www.buaapress.com.cn
发行部电话:(010)82317024 传真:(010)82328026
读者信箱:emsbook@buaacm.com.cn 邮购电话:(010)82316936
北京楠海印刷厂印装 各地书店经销

*

开本:710×1 000 1/16 印张:25.75 字数:549 千字
2015 年 10 月第 1 版 2015 年 10 月第 1 次印刷 印数:3 000 册
ISBN 978 - 7 - 5124 - 1905 - 6 定价:59.00 元

前　言

随着半导体技术和计算机技术的迅猛发展,各种各样的嵌入式计算机在应用数量上已经远远超过通用计算机,区别于个人计算机,我们将非台式计算机(包括笔记本式计算机)的计算机应用系统称为嵌入式系统,而单片机应用系统是最典型的嵌入式系统。单片机最显著的特点就是一片芯片即可构成一个计算机系统。基于单片机的嵌入式系统在单片机软件的组织下,协调电路中各个器件有序工作,完成各器件分离时无法完成的功能。

在各具特色和优势的单片机品种竞相投放市场的今天,如何选择学习目标是关键。考虑到学习的典型性,本书立足于 MCS‐51 经典结构,以广泛应用的 AT89S52 单片机为应用对象,深入浅出地讲述单片机及应用系统的设计原理。本书是在由北京航空航天大学出版社出版的《单片机及应用系统设计原理与实践》(2009 年)的基础上修订、精炼和进一步工程化而成的,力求具有以下特色:

第一,采用汇编与 C51 并行的撰写方式,讲述单片机原理及接口技术,旨在避免学生长期滞留于汇编层面,不利于单片机应用系统设计层面的软件设计。目前全面采用汇编与 C51 并行撰写的单片机教材还未见于图书市场。

第二,微机原理、单片机原理与接口技术的讲述模式是电类专业嵌入式系统类课程一直保留的模式。本书力求将微机原理与单片机原理有机结合,以掌握必要的概念、思想和不影响单片机学习为原则,跨越早已失去现实应用意义的 8086,以 MCS‐51 架构作为模型机学习计算机原理。同时,将接口技术完全融入课程,形成单片机与应用技术的全面融合。

第三,本书力求采用较新且常用的元器件作为讲述和应用的对象。总线的学习以存储器、液晶应用和串行总线扩展为依托,重在讲解接口扩展方法及对应软件设计要点。而 I/O 扩展按照目前主流的串行扩展法讲述,避免过于陈旧的 8155 和 8255 等 I/O 扩展方法的讲解,系统总线扩展向主流的 PLD 方向引领。这样的安排旨在总体上不失总线时序及其接口技术学习和讲解的同时,使读者与具体工程技术应用和技术发展主流快速接轨。

在单片机技术日益广泛应用的今天,较全面系统地讲述单片机及应用系统设计原理的书较少见,而立足国内 51 教学的现状,采用汇编与 C51 并行撰写方式的书籍既符合教学的需求,也符合工程应用的需求。

教材在选材设计上力求叙述简洁,涵盖内容广,知识容量大,涉及的应用实例多,

单片机及工程应用基础

尤其是加强了与其他课程的联系。本书试图在讲述单片机原理的同时,通过单片机的应用来讲述单片机的应用原理,使读者建立起嵌入式系统应用的概念。本书可作为本科院校电气信息类和仪器仪表类等专业学生单片机及接口技术课程的教材,同时也可以作为工程技术人员的参考书,其中标注 * 章节的内容是选学内容。有了教材,对于单片机及应用技术的初学者,最关心的问题就是"如何学好单片机"。其实,掌握单片机的应用开发并不难,难的是长期坚持、探索和不遗余力地学习与实践。

本书是黑龙江工程学院重点立项教材。全书由刘海成(第 2、4、5 和 7 章)主持编写并统稿,曲贵波(第 1、6 章)、张继东(第 8、9 和 11 章)和张鹏(第 3、10 章)担任副主编。教材全面借鉴了工程教育认证理念,深入企业一线调研,并与 Intel 移动通信技术北京有限公司李飞工程师和江苏嘉钰新能源技术有限公司余兵工程师等进行了深入探讨,对书稿内容进行了全方位工程化优化调整,切合企业对人才能力的需求。全书经葛洪军教授和欧阳斌林教授审阅,提出了很多宝贵意见,在此表示由衷的感谢。同时,书中参考和应用了许多学者和专家的著作及研究成果,在此也向他们表示诚挚的敬意和感谢。最后感谢北京航空航天大学出版社胡晓柏主任一直以来的鼓励和帮助。

本书虽然力求完美,但是水平有限,错误之处在所难免,敬请读者不吝指正和赐教,不胜感激!

刘海成邮箱:liuhaicheng@126.com

作 者

2015 年 7 月

目　　录

第 1 章　计算机与嵌入式系统基础 ……………………………………… 1

1.1　计算机与嵌入式系统概述 ……………………………………… 1

   1.1.1　嵌入式系统微处理器的种类 ……………………………… 2

   1.1.2　衡量嵌入式计算机的性能和指标 ……………………… 3

1.2　计算机组成及工作模型 …………………………………………… 5

   1.2.1　CPU 的内部结构 ………………………………………… 5

   1.2.2　总线与接口 ………………………………………………… 8

   1.2.3　存储器 ……………………………………………………… 9

   1.2.4　模型机的工作过程 ……………………………………… 12

1.3　MCS-51 系列单片机 ……………………………………………… 15

   1.3.1　MCS-51 经典型架构单片机 …………………………… 15

   1.3.2　MCS-51 单片机的典型产品 …………………………… 20

   1.3.3　MCS-51 单片机最小系统 ……………………………… 21

1.4　MCS-51 存储器结构 ……………………………………………… 22

   1.4.1　MCS-51 存储器构成 …………………………………… 22

   1.4.2　MCS-51 单片机的特殊功能寄存器 ………………… 26

习题与思考题 ………………………………………………………………… 31

第 2 章　MCS-51 指令系统与汇编程序设计 ……………………… 32

2.1　MCS-51 系列单片机汇编指令格式及标识 ………………… 32

   2.1.1　指令格式 ………………………………………………… 33

   2.1.2　指令中用到的标识符 …………………………………… 33

2.2　MCS-51 系列单片机寻址方式 ………………………………… 34

2.3　MCS-51 系列单片机指令系统 ………………………………… 38

   2.3.1　数据传送指令 …………………………………………… 38

2.3.2　算术运算指令 ·· 43

2.3.3　逻辑运算指令 ·· 47

2.3.4　位操作指令 ·· 50

2.3.5　控制转移指令 ·· 52

2.4　MCS-51系列单片机汇编程序设计常用伪指令 ················ 61

2.5　MCS-51系列单片机汇编程序设计 ·························· 64

2.5.1　延时程序设计 ·· 64

2.5.2　数据块复制粘贴程序 ·· 65

2.5.3　数学运算程序 ·· 65

2.5.4　数据的拼拆和转换 ·· 75

2.5.5　多分支转移(散转)程序 ······································ 77

2.5.6　比较与排序 ·· 80

习题与思考题 ·· 82

第3章　Keil C51语言程序设计基础与开发调试 ··················· 87

3.1　C51与MCS-51单片机 ·································· 87

3.2　C51的数据类型 ·· 89

3.3　数据的存储类型和存储模式 ································ 94

3.3.1　C语言标准存储类型 ·· 94

3.3.2　C51的数据存储类型 ·· 95

3.3.3　C51的存储模式 ·· 95

3.4　C51中绝对地址的访问 ·································· 96

3.5　Keil μVision集成开发环境 ······························· 99

3.6　基于Multisim进行单片机应用系统仿真 ···················· 107

3.7　基于Proteus的单片机应用系统仿真 ······················ 111

3.7.1　Proteus简介 ··· 111

3.7.2　基于Proteus进行单片机应用系统仿真 ························· 112

3.8　单片机应用系统的开发 ·································· 117

3.8.1　单片机应用系统的开发工具 ···································· 117

3.8.2　单片机应用系统的调试 ·· 120

习题与思考题 ··· 121

第4章　中断与中断系统 ······································· 122

4.1　中断机制与中断系统运行 ································ 122

4.2　MCS-51单片机的中断系统 ······························ 124

4.3　中断程序的编写 ·· 130

单片机及工程应用基础

4.4　MCS－51 多外部中断源系统设计 ·················· 132

习题与思考题 ································· 134

第 5 章　MCS－51 单片机的 I/O 接口及人机接口技术初步 ·········· 135

5.1　MCS－51 的 I/O 接口结构 ························ 135

5.2　MCS－51 的 I/O 驱动电路设计 ···················· 139

5.3　I/O 口与上下拉电阻 ·························· 143

5.4　MCS－51 单片机与 LED 显示器接口 ················ 145

5.4.1　LED 显示器的结构与原理 ·················· 145

5.4.2　LED 数码管显示器的译码方式 ················ 146

5.4.3　LED 数码管的显示方式 ··················· 147

5.5　MCS－51 单片机与键盘的接口 ··················· 151

5.5.1　键盘的工作原理 ······················ 151

5.5.2　矩阵式键盘与单片机的接口 ················· 158

*5.5.3　基于扫描法改进矩阵式键盘与单片机的接口方法 ······ 162

习题与思考题 ································· 165

第 6 章　系统总线与系统扩展技术 ····················· 166

6.1　系统总线和系统扩展方法 ······················ 166

6.1.1　MCS－51 单片机系统总线结构 ··············· 167

6.1.2　MCS－51 系统总线时序 ··················· 169

6.1.3　基于系统总线进行系统扩展的总线连接方法 ········· 171

6.2　系统存储器扩展举例 ························· 174

6.2.1　程序存储器扩展 ······················ 174

6.2.2　数据存储器扩展 ······················ 177

6.2.3　程序存储器与数据存储器综合扩展 ············· 178

6.3　输入/输出接口及设备扩展 ····················· 179

6.3.1　利用 74HC573 和 74HC244 扩展的简单 I/O 接口 ······ 180

6.3.2　利用多片 74HC573 和系统总线扩展输出口 ········· 181

6.3.3　利用多片 74HC244 和系统总线扩展输入口 ········· 184

*6.3.4　基于系统总线和 Verilog HDL 实现输入/输出接口扩展设计 ····· 185

6.4　1602 字符液晶及其 6800 接口技术 ················· 189

6.4.1　6800 系统总线接口时序及 1602 驱动方法 ·········· 189

6.4.2　操作 1602 的 11 条指令详解 ················· 194

6.4.3　1602 液晶驱动程序设计 ··················· 197

*6.5　DMA 及接口技术 ························ 201

目 录

习题与思考题 ………………………………………………………………………… 204

第 7 章　定时器/计数器及应用 ……………………………………………… 205

7.1　定时器/计数器及应用概述 ……………………………………………… 205

7.2　定时器/计数器 T/C0 和 T/C1 ………………………………………… 206

7.2.1　定时器/计数器 T/C0 和 T/C1 的结构及工作原理 ………………… 206

7.2.2　定时器/计数器 T/C0 和 T/C1 的相关 SFR ………………………… 208

7.2.3　定时器/计数器 T/C0 和 T/C1 的工作方式 ………………………… 209

7.2.4　定时器/计数器 T/C0 和 T/C1 的初始化编程及应用 ……………… 211

7.3　定时器/计数器 T/C2 …………………………………………………… 217

7.3.1　定时器/计数器 T/C2 的寄存器 ……………………………………… 217

7.3.2　定时器/计数器 T/C2 的工作方式 …………………………………… 218

7.3.3　定时器/计数器 T/C2 的应用举例 …………………………………… 221

7.4　定时器应用 ……………………………………………………………… 224

7.4.1　定时器典型设计举例:(作息时间控制)数字钟/万年历的设计 …… 224

7.4.2　定时器典型设计举例:赛跑电子秒表的设计 ……………………… 229

7.5　时间间隔、时刻测量及应用 …………………………………………… 234

7.5.1　时间间隔、时刻测量及应用概述 …………………………………… 234

7.5.2　时间间隔、时刻测量的应用:超声波测距仪的设计 ……………… 235

7.6　频率测量及应用 ………………………………………………………… 247

7.6.1　频率的直接测量方法——定时计数 ………………………………… 248

7.6.2　通过测量周期测量频率 ……………………………………………… 251

7.6.3　频率计的设计 ………………………………………………………… 252

习题与思考题 ………………………………………………………………… 259

第 8 章　MCS－51 单片机的串行口 ………………………………………… 260

8.1　嵌入式系统数据通信的基本概念 ……………………………………… 260

8.2　MCS－51 单片机串行口的结构及通信原理 …………………………… 263

8.3　MCS－51 单片机串行口的波特率设置及初始化 ……………………… 267

8.4　MCS－51 单片机串行口的异步点对点通信及 RS－232 接口应用 …… 268

8.4.1　MCS－51 单片机串行口的异步点对点通信 ………………………… 268

8.4.2　RS－232 接口 ………………………………………………………… 276

8.5　多机通信与 RS－485 总线系统 ………………………………………… 280

8.5.1　多机通信原理 ………………………………………………………… 280

8.5.2　RS－485 接口与多机通信 …………………………………………… 286

8.5.3　RS－485 总线通信系统的可靠性分析及措施 ……………………… 289

　　8.5.4　基于 RS - 485 的网络节点软件设计 ················ 293

　习题与思考题 ················ 299

第 9 章　串行扩展技术 ················ 301

　9.1　SPI 总线扩展接口及应用 ················ 301

　　9.1.1　SPI 总线及其应用系统结构 ················ 301

　　9.1.2　SPI 总线的接口时序 ················ 302

　　9.1.3　用 MCS - 51 的串行口扩展并行口 ················ 305

　　*9.1.4　基于 SPI 接口和 74HC595 的 LED 点阵屏技术 ················ 308

　*9.2　SPI 总线应用——采用日历时钟芯片 DS1302 实现电子钟表 ················ 310

　　9.2.1　DS1302 简介 ················ 310

　　9.2.2　DS1302 与单片机的接口 ················ 314

　9.3　I²C 串行总线扩展技术 ················ 317

　　9.3.1　I²C 串行总线概述 ················ 317

　　9.3.2　I²C 总线的数据传送 ················ 319

　　9.3.3　I²C 总线数据传送的模拟 ················ 323

　　9.3.4　I²C 总线存储器的扩展 ················ 330

　*9.4　单总线技术与基于 DS18B20 的温度检测系统设计 ················ 332

　　9.4.1　DS18B20 概貌 ················ 333

　　9.4.2　DS18B20 的内部构成及测温原理 ················ 334

　　9.4.3　DS18B20 的访问协议 ················ 335

　　9.4.4　DS18B20 的自动识别技术 ················ 338

　　9.4.5　DS18B20 的单总线读/写时序 ················ 339

　　9.4.6　DS18B20 使用中的注意事项 ················ 340

　　9.4.7　单片 DS18B20 测温应用程序设计 ················ 341

　　9.4.8　DS18B20 多点测温网络 ················ 343

　习题与思考题 ················ 344

第 10 章　A/D、D/A 转换器及接口设计 ················ 345

　10.1　D/A 转换器原理、接口技术及应用要点 ················ 345

　　10.1.1　D/A 转换器原理及指标 ················ 345

　　10.1.2　D/A 转换器与单片机的连接 ················ 348

　　10.1.3　MCS - 51 单片机与 DAC0832 的接口技术 ················ 349

　　10.1.4　基于 TL431 的基准电压源设计 ················ 356

　10.2　A/D 转换器原理、接口技术及应用要点 ················ 357

　　10.2.1　A/D 转换器原理及指标 ················ 357

单片机及工程应用基础

10.2.2　A/D 转换器的主要性能指标 ················ 359

10.2.3　ADC0809 与 MCS－51 的接口 ··············· 361

10.3　TLC2543 及其接口应用 ················ 365

10.4　$4\frac{1}{2}$ 位双积分型 A/D 转换器——ICL7135 及其接口技术 ·········· 369

习题与思考题 ················ 374

第 11 章　嵌入式系统设计 ················ 375

11.1　嵌入式应用系统结构及设计 ················ 375

11.1.1　基于单片机的嵌入式应用系统结构 ··············· 375

11.1.2　单片机应用系统的设计内容 ················ 377

11.2　嵌入式系统的一般设计过程及原则 ················ 378

11.2.1　硬件系统设计原则 ················ 378

11.2.2　应用软件设计原则 ················ 378

11.2.3　应用系统开发过程 ················ 379

11.3　嵌入式系统的抗干扰技术 ················ 380

11.3.1　软件抗干扰 ················ 380

11.3.2　硬件抗干扰 ················ 381

11.3.3　"看门狗"技术 ················ 382

11.4　嵌入式系统的低功耗设计 ················ 383

11.4.1　硬件低功耗设计 ················ 384

11.4.2　软件低功耗设计 ················ 387

11.5　嵌入式处理器发展与嵌入式系统设计 ················ 390

习题与思考题 ················ 392

附录 A　课程设计或实习参考题目 ················ 393

附录 B　MCS－51 指令速查表 ················ 395

附录 C　ASCII 表 ················ 400

参考文献 ················ 401

6

第 1 章

计算机与嵌入式系统基础

1.1　计算机与嵌入式系统概述

　　长期以来,计算机按照体系结构、运算速度、结构规模、适用领域,分为大型计算机、中型计算机、小型计算机和微型计算机。作为计算机发展的重要里程碑,20 世纪 70 年代初诞生了微型计算机(Microcomputer)。它的中央处理单元(Central Processing Unit,CPU)是把运算器(Arithmetic Unit,AU)、控制器(Control Unit,CU)和寄存器组(Registers,R)等功能部件,通过内部总线集成到一块芯片上,称为微处理器(Microprocessor),如图 1.1 所示。

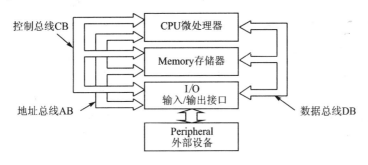

图 1.1　微型计算机组成

　　以微处理器为核心,以总线为信息传输的中枢,配以大容量的存储器(Memory,M)、输入/输出接口(Input/Output,I/O)电路所组成的计算机即为微型计算机。以微型计算机为中心,配以电源和相应的外部设备(简称外设),以及指挥协调微型计算机工作的软件,就构成了微型计算机系统,典型的就是个人计算机(Personal Computer,PC)。

　　计算机是应数值计算要求而诞生的,在相当长的时期内,计算机技术都是以满足越来越多的计算量为目标来发展的。但是随着单片机的出现,它使计算机从海量数值计算进入到智能化控制领域,随着计算机技术的迅速发展以及计算机技术和产品对其他行业的广泛渗透,为适应应用需求,计算机开始沿着通用计算机和嵌入式计算机两条不同的道路发展。其中,通用计算机具有计算机的标准形态,通过装配不同的应用软件，以类似的形式存在，并应用于社会的各个方面，其典型的产品为 PC 机；而嵌入式计算机则以嵌入式系统的形式隐藏在各种装置、产品和系统中。

在日益信息化的社会中，计算机和网络已经全面渗透到日常生活的每一个角落，用户需要的已经不再是仅仅进行工作管理和生产控制的通用计算机，而是各种各样的新型嵌入式系统设备，其在应用数量上已经远远超过通用计算机。一台通用计算机的外部设备包含了多个嵌入式微处理器，键盘、鼠标、硬盘、显卡、显示器、网卡、声卡、Modem、打印机、扫描仪、数码相机、USB 集线器等均是嵌入式微处理器控制的。任何一个人都可能拥有从小到大的，使用嵌入式技术的电子产品，小到 mp3、手机等微型数字化产品，大到网络家电、智能家电、车载电子设备、数控机床、智能工具、工业控制、通信、仪器仪表、船舶、航空航天、军事装备等方面，这些都是嵌入式计算机的应用领域。当我们满怀憧憬与希望跨入 21 世纪大门的时候，计算机技术也开始进入一个被称为后 PC 技术的时代。

1.1.1　嵌入式系统微处理器的种类

目前，嵌入式系统技术已经成为最热门的技术之一，可以认为凡是带有微处理器的专用软硬件系统都可以称为嵌入式系统。作为嵌入式系统核心的微处理器包括三类：微控制器（Microcontroller Unit，MCU）、嵌入式微处理器（Embedded Microprocessor Unit，EMPU）、数字信号处理器（Digital Signal Processor，DSP）。

1. 微控制器（MCU）

微控制器就是通常所说的单片机。单片机，顾名思义就是将整个计算机系统集成到一块芯片中，它以某种 CPU 为核心，芯片内部集成非易失性程序存储器（PROM 或 Flash）、数据存储器 SRAM、总线、定时器/计数器、并行 I/O 接口、各种串行 I/O 接口（UART、SPI、I^2C、USB、CAN 或 IrDA 等）、PWM、A/D 和 D/A 等，或者集成其中一部分外设。概括地讲，一块芯片就成了一台计算机，故有人将单片机称为单片微型计算机。其最大的特点是单片化、体积小，从而使功耗和成本降低、可靠性提高，极具性价比优势。微控制器是目前嵌入式系统工业应用的重要组成部分。

单片机具有性能高、速度快、体积小、价格低、稳定可靠、应用广泛、通用性强等突出优点。单片机的设计目标主要是体现"控制"能力，满足实时控制（就是快速反应）方面的需要。它在整个装置中，起着犹如人类大脑的作用，它出了毛病，整个装置就会瘫痪。各种产品一旦用上了单片机，就能起到使产品升级换代的功效，常在产品名称前冠以形容词——智能型，如智能型洗衣机等。目前，单片机已渗透到生活的各个领域，几乎很难找到哪个领域没有单片机的踪迹。工业自动化过程的实时控制和数据处理、广泛使用的各种智能 IC 卡、民用豪华轿车的安全保障系统、摄像机、全自动洗衣机的控制，以及程控玩具、智能仪表等，这些都离不开单片机。

2. 嵌入式微处理器(EMPU)

一般涵盖单片机功能,但在运算能力方面有所增强;同时,其在工作温度、电磁干扰抑制、可靠性等方面也做了各种增强。

3. 数字信号处理器(DSP)

DSP 对 CPU 的总线架构等进行优化,且采用流水线技术,使其适用于实时执行的数字信号处理算法,指令执行速度快。其在数字滤波、FFT 谱分析等方面应用广泛。

什么是嵌入式系统? 嵌入式系统就是以应用为中心,以计算机技术为基础,软、硬件可裁剪,适应于应用系统对功能、可靠性、成本、体积、功耗等方面有严格要求的专用计算机系统。嵌入式系统是将现在的计算机技术、半导体技术和电子技术,与各个行业的具体应用相结合的产物,这决定了它必然是一个技术密集、资金密集、高度分散、不断创新的知识集成系统。

单片机作为最典型的嵌入式系统,它的成功应用推动了嵌入式系统的发展。当今单片机产品琳琅满目,性能各异,但是 8 位内核的单片机仍占主要市场,比较流行的 8 位内核单片机有基于 MCS－51 及改进系列的单片机,Atmel 出司的 AVR 系列 Harward 结构 RISC(Reduced Instruction Set CPU)单片机,Microchip 公司的 PIC 系列 RISC 单片机和 Freescale 公司的 68HC 系列等。优秀的 16 位单片机有 TI (Texas Instruments)公司的 MSP430 系列单片机等。虽然各种单片机各具特色,但仍以 MCS－51 为核心的单片机产品为主流,PIC、AVR 等单片机产品共存。在一定时期内,这种情形将得以延续,不存在某种单片机一统天下的垄断局面,走的是依存互补、相辅相成、共同发展的道路。

1.1.2　衡量嵌入式计算机的性能和指标

1. 字　长

所谓字长是指计算机的运算器一次可处理(运算、存取)二进制数的位数,数据总线的宽度及内部寄存器和存储器的长度等。字长越长,一个字能表示的数值的有效位就越多,计算精度也就越高,速度就越快。然而,字长越长其硬件代价也相应增大,计算机的设计要考虑精度、速度和硬件成本等各方面因素。通常,8 位二进制数称为 1 字节,以 B(Byte)表示;2 字节定义为 1 字,以 W(Word)表示;32 位二进制数就定义为双字,以 DW(Double Word)表示。

2. 存储器容量及访问速度

存储器容量是表征存储器存储二进制信息多少的一个技术指标。存储容量一般以字节为单位计算。并将 1 024 B(即 1 024×8 bit)简称为 1 KB,1 024 KB 简称为 1 MB(兆字节),1 024 MB 简称为 1 GB(吉字节),存储容量越大,能存放的数据就越多。另外,访问速度也是重要指标。

3. 指令与指令系统

指令(Instruction)是 CPU 能完成的最基本功能单位。指令系统是计算机所有指令的集合,其中包含的指令越多,计算机的功能就越强。机器指令功能取决于计算机硬件结构的性能。丰富的指令系统是构成计算机软件的基础。

4. 指令执行时间

指令执行时间是反映计算机运算速度快慢的一项指标,它取决于系统的主时钟频率、指令系统的设计以及 CPU 的体系结构等。对于计算机而言,一般仅给出主时钟频率和每条指令执行所用的机器周期数。所谓机器周期就是计算机完成一种独立操作所持续的时间,这种独立操作是指像存储器读或写、取指令操作码等。计算机的主频高,指令的执行时间就短,其运算速度就快,系统的性能就好,如果强调平均每秒可执行多少条指令,则可根据不同指令出现的频度,乘以不同的系数,求得平均运算速度,这时常用 MIPS(Millions of Instructions Per Second,百万条指令每秒)作单位,其前提是工作时钟为 1 MHz。因此,指令执行时间是评价速度的一项重要技术指标。

5. 外设扩展能力及配置

外设的扩展能力是指计算机系统配接多种外部设备的可能性和灵活性,一台计算机允许配接多少外部设备,对系统接口和软件的研制有重大影响。尤其是,当芯片集成大量片上外设时,无论是从系统的集成度、可靠性、体积和性价比等方面考虑都具有应用优势。

6. 软件开发工具

所谓软件是指能完成各种功能的计算机程序的总和。软件是计算机的灵魂,优秀的软件开发工具和丰富的开发资源是嵌入式应用系统开发的必备条件。

综上所述,对一台计算机性能的评价,要综合它的体系结构、存储器容量、运算速度、指令系统、外设的多少及软件开发工具等各项技术指标,才能正确评价与衡量其性能的优劣。

当今的计算机和嵌入式技术正向着功能更强、应用灵活方便、速度更快、价格更廉的方向发展,向着网络化、智能化的方向发展。计算机已经在科学计算与数据处理、生产过程的实时监控和自动化管理、计算机辅助设计、计算机辅助制造、计算机辅助测试、消费电子、信息家电、航空航天等领域广泛应用,计算机及其应用技术将以前所未有的速度、深度和广度向前发展,迅速改变人们传统的生活方式,给未来的政治、经济发展带来日益深远的影响,并且已经成为人们生产和生活不可或缺的重要工具。

1.2　计算机组成及工作模型

一个实际的计算机结构,对初学者来说显得太复杂了,因此不得不将其简化、抽象成为一个模型机。先从模型机入手,然后逐步深入分析其基本工作原理。

图 1.2 所示为一个较详细的由中央处理单元(CPU)、存储器(Memory,M)和 I/O 接口组成的计算机硬件模型。为了说明其工作原理,在 CPU 中仅画出主要的功能部件,并假设其中的所有功能部件,如寄存器、计数器和内部总线都为 8 位宽度,即可以保存、处理和传送 8 位二进制数据,即本模型机为 8 位机。显而易见,大家也就同时知晓 16 位机和 32 位机等的具体含义。

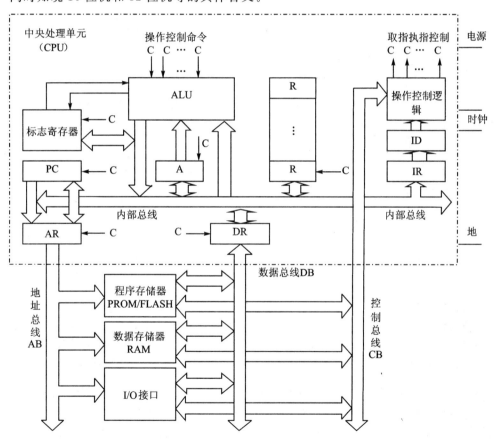

图 1.2　微型计算机硬件模型

1.2.1　CPU 的内部结构

CPU 是计算机的控制核心,它的功能是执行指令,完成算术运算、逻辑运算等功能,并对整机进行控制,由运算器和控制器组成。

1. 运算器

运算器的核心是算数逻辑单元（Arithmetic Logic Unit，ALU），该模型机的运算器中还有累加器（Accumulator，A）、标志寄存器和寄存器组等，并通过相互之间连接的总线组成。它的主要作用是进行数据处理与加工，所谓数据处理是指加、减、乘、除等算数运算或进行"与"、"或"、"非"、"异或"、移位、比较等逻辑运算。这些数据的处理与加工都是在 ALU 中进行的，不同的运算用不同的操作控制命令（在图 1.2 中用 C 来表示）。ALU 有两个输入端，通常接收两个操作数：一个操作数来自累加器 A；另一个操作数由内部数据总线提供，它可以是寄存器组的某个寄存器 R 中的内容，也可以是由数据寄存器（Data Register，DR）提供的某个内存单元中的内容。ALU 的运算结果一般放在累加器 A 中。

2. 控制器

控制器由程序计数器（Program Counter，PC）、指令寄存器（Instruction Register，IR）、指令译码器（Instruction Decoder，ID）、用于操作控制的组合逻辑阵列和时序发生器等电路组成，是发布操作命令的"决策机构"。控制器的主要作用有：解题程序与原始数据的输入，从内存中取出指令并译码，控制运算器对数据信息进行传送与加工，运算结果的输出，外部设备与主机之间的信息交换，计算机系统中随机事件的自动处理等，都是在控制器的指挥、协调与控制下完成的。

3. CPU 中的主要寄存器

(1) 累加器

累加器是 CPU 中最繁忙的寄存器。运算前，作为操作数输入；运算后，保存运算结果；累加器还可通过数据总线向存储器或输入/输出设备读取（输入）或写入（输出）数据。

(2) 数据寄存器

数据寄存器 DR 是 CPU 的内部总线和外部数据总线的缓冲寄存器，主要用来缓冲或暂存指令及指令的操作数，也可以是一个操作数地址。

(3) 寄存器组

寄存器组是 CPU 内部工作寄存器 R0、R1、R2…，用于暂存数据、地址等信息，一般分为通用寄存器组和专用寄存器组。每种 CPU 的寄存器组构成均有不同，但对用户却十分重要。用户可以不关心 ALU 的具体构成，但对寄存器组的结构和功能必须清楚，这样才能充分利用寄存器的专有特性，简化程序设计，提高运算速度。很多 CPU，其寄存器组的全部寄存器兼具累加器功能，放弃专用累加器。

(4) 指令寄存器、指令译码器、操作控制逻辑

指令寄存器、指令译码器、操作控制逻辑是控制器的主要组成部分。指令寄存器 IR 用来保存当前正在执行的一条指令，这条指令送到指令译码器，通过译码，由操作

控制逻辑发出相应的控制命令 C,以完成指令规定的操作。

(5) 程序计数器

程序计数器 PC 用作指令地址指针,是控制器的一部分,用来存放下一条要执行的指令在程序存储器中的地址。由于程序通常是以指令的形式存放在程序存储器中的,当程序顺序执行时,第一条指令地址(即程序的起始地址)被置入 PC,此后每取出一个指令字节,程序计数器便自动加 1。当程序执行转移、调用或返回指令时,其目标地址自动被修改并置入 PC,程序便产生转移。总之,PC 总是指向下一条要执行的指令地址。

(6) 地址寄存器

地址寄存器(Adress Register,AR)是 CPU 内部总线和外部地址总线的缓冲寄存器,是 CPU 与系统地址总线的连接通道。当 CPU 访问存储单元或 I/O 设备时,用来保存其地址信息。

4. 标志寄存器

标志寄存器是用来存放 ALU 运算结果的各种特征状态的,与程序设计密切相关,如算术运算有无进(借)位、有无溢出、结果是否为零等。这些都可通过标志寄存器的相应位来反映。程序中经常要检测这些标志位的状态以决定下一步的操作。状态不同,操作处理方法就不同。微处理器内部都有一个标志寄存器,但不同型号的 CPU 其名称、标志位数目和具体规定亦有不同。下面介绍几种常用的标志位:

(1) 进位标志(Carry,简记为 C 或 CY)

两个数在做加法或减法运算时,如果高位产生了进位或借位,则该进位或借位就被保存在 C 中,有进(借)位 C 被置 1,否则 C 被清 0。另外,ALU 执行比较、循环或移位操作也会影响 C 标志。

【例 1.1】　分析 $105 + 160 = 265$,其中:$105 = 69H = 01101001B$,$160 = A0H = 10100000B$,因此

$$
\begin{array}{r}
01101001 \\
+\,10100000 \\
\hline
100001001 = 109H = 265
\end{array}
$$

运算 $105 + 160 = 265$,显然 265 超出了 8 位无符号数表示范围的最大值 255,所以产生了第九位的进位 CY(简称 C)。对于 8 位二进制运算,若无视进位 CY 将导致运算结果错误。

当运算结果超出计算机位数的限制,会产生进位,它是由最高位计算产生的,在加法中表现为进位,在减法中表现为借位。

(2) 零标志(Zero,Z)

当 ALU 的运算结果为零时,零标志(Z)即被置 1,否则 Z 被置 0。一般加法、减法、比较与移位等指令会影响 Z 标志。

单片机及工程应用基础

(3) 符号标志(Sign, N)

符号标志供有符号数使用,它总是与 ALU 运算结果的最高位的状态相同。在有符号数的运算中,N=1 表示运算结果为负,N=0 表示运算结果为正。很多 CPU 也将符号标志称为负标志。

(4) 溢出标志(OverFlow, OV)

在有符号数的二进制算术运算中,如果其运算结果超过了机器数所能表示的范围,并改变了运算结果的符号位,则称之为溢出,因而 OV 标志仅对有符号数才有意义。

例:

$$
\begin{array}{r}
107 \\
+\ 92 \\
\hline
199
\end{array}
\qquad
\begin{array}{r}
01101011 \\
+01011100 \\
\hline
11000111 = -71H
\end{array}
$$

两正数相加,结果却为一个负数,这显然是错误的。原因就在于,对于 8 位有符号数而言,它表示的范围为 $-128\sim +127$。而我们相加后得到的结果已超出了范围,这种情况即为溢出,当运算结果产生溢出时,OV 置 1,反之 OV 置 0。

无符号数加法的溢出判断,通过进位位 C 来判断。有符号数加法的溢出与无符号数加法的判断有本质不同,计算机要设立不同的硬件单元。

综上所述,无符号数运算结果超出机器数的表示范围时,称为进位(或借位);有符号数运算结果超出机器数的表示范围时,称为溢出。两个无符号数相加可能会产生进位,相减可能发生借位;两个同号有符号数相加或异号数相减可能会产生溢出。进位、借位和溢出时,超出的部分将被丢弃,留下来的结果将不正确。因此,任何计算机中都会设置判断逻辑,包括无符号数运算溢出判断和有符号数运算溢出判断。如果产生进位或溢出,要给出进位或溢出标志,软件根据标志审视计算结果。

1.2.2 总线与接口

计算机的操作基本上可归结为信息传送。所以逻辑结构的关键在于如何实现数据信息的传送,即数据通路结构。由图 1.2 可见,整个计算机采用了总线结构,所有功能部件都连接在总线上,各个部件之间的数据和信息都通过总线传送。换言之,总线是一组导线,导线的数目取决于微处理器的结构,为多个部件共享提供公共信息传送线路,可以分时地接收各个部件的信息。这里的分时共享是指,同一组总线在同一时刻,原则上只能接受一个部件作为发送源,否则就会发生冲突;但可同时传送至一个或多个目的地,所以各次传送需要分时占用总线。

CPU 直接访问的总线分为两种,CPU 内部总线和系统总线。CPU 内部总线用来连接 CPU 内的各个寄存器与算数逻辑运算部件。系统总线用来在应用系统中连接各大组成部件,如 CPU、存储器和 I/O 设备等,因此它是计算机系统级扩展应用的基础。系统总线有三种类型:地址总线(Address Bus, AB)、数据总线(Data Bus, DB)

8

和控制总线(Control Bus,CB),下面将分别介绍。

1. 数据总线(DB)

数据总线用来在 CPU、存储器以及输入/输出接口之间传送程序或数据。如 CPU 可通过数据总线从 ROM 中读出数据,对 RAM 读出或写入数据,亦可把运算结果通过 I/O 接口送至外部设备等。CPU 的位数与数据总线的位数一般是相同的。数据总线是双向三态的,数据既可从 CPU 中送出,也可从外部送入 CPU,通过三态控制使 CPU 内部数据总线与外部数据总线连接或断开。

2. 地址总线(AB)

CPU 对各功能部件的访问是按地址进行的,地址总线用来传送 CPU 发出的地址信息,以访问被选择的存储器单元或 I/O 接口电路。地址总线是单向三态的,只要 CPU 向外送出地址即可,通过三态控制可使 CPU 内部地址总线与外部地址总线连接或断开。地址总线的位数决定了可以直接访问的存储单元(或 I/O 接口)的最大可能数量(即容量)。

3. 控制总线(CB)

控制总线用于控制数据总线上数据流的传送方向、对象等。控制总线较数据总线与地址总线复杂,它可以是 CPU 发出的控制信号,也可以是其他部件送给 CPU 的控制信号。对于某条具体的控制线,信号的传送方向则是固定的,不是从 CPU 输出,就是输入到 CPU。控制总线的位数与 CPU 的位数无直接关系,一般受 CPU 的控制功能与引脚数目的限制。

在程序指令的控制下,存储器或 I/O 接口通过控制总线和地址总线的联合作用,分时地占用数据总线,与 CPU 交换数据。

计算机采用总线结构,不仅使系统中传送的信息有条理、有层次,便于进行检测,而且其结构简单、规则、紧凑,易于系统扩张。如图 1.2 所示,I/O 接口(泛指系统总线与外围设备之间的连接逻辑)与地址总线、控制总线和数据总线的连接同存储器一样,外部设备通过 I/O 接口与 CPU 连接。每个 I/O 接口及其对应的外设都有一个固定的地址,CPU 可以像访问存储器一样访问外围接口设备,即只要系统中的功能部件符合总线规范,就可以接入系统,从而可方便地扩展系统功能。这就是以总线为基础的系统结构。

1.2.3 存储器

存储器,是一种利用半导体技术做成的电子装置,用来存储数据。电子电路的数据是以二进制位的方式存储,存储器的每一个存储单元都称做记忆元或记忆胞。存储器是计算机系统中的记忆设备,用来存放程序和数据,且存储器的每个单元都有一个编号(称为地址)。计算机的存储器分为程序存储器和数据存储器两个部分。

1. 程序存储器

程序存储器是存放程序和常量表格数据的区域,一般采用非易失性存储器。

只读存储器(Read Only Memory,ROM)的内容只能是芯片出厂前事先写好的,整机工作过程中只能读出,而不支持修改。ROM 所存数据稳定,断电后所存数据也不会改变;其结构较简单,读出较方便,因而常用于存储各种固定程序和数据,适用于程序固定不变的超大规模生产应用场合。后来,又进一步发展了一次可编程只读存储器(PROM)、紫外线可擦可编程只读存储器(EPROM)和电可擦可编程只读存储器(E^2PROM)。EPROM 须用紫外光长时间照射才能擦除,使用很不方便。20 世纪80 年代研制出的 E^2PROM,克服了 EPROM 的不足,但集成度不高,价格较贵。快闪存储器 FLASH 具有 E^2PROM 特性,且其集成度高、功耗低、体积小,又能在线快速擦除,因而获得飞速发展,并有可能取代现行的硬盘和软盘而成为主要的大容量存储媒体。

目前,应用较多的就是 FLASH 存储器,数据可以多次反复擦写,掉电不丢失,广泛应用于各类移动数据存储领域。尤其在嵌入式系统应用中,FLASH 用作程序存储器,软件可以多次改写,为嵌入式系统开发和升级提供了硬件前提。

PROM 由于其价格低廉,介于 ROM 和 FLASH 价格之间,同时又拥有一次性可编程(One Time Programmable,OTP)能力,适合既要求一定灵活性,又要求低成本的应用场合,尤其是产品开发设计完成,软件已经成熟后,采用 FLASH 存储器意义已不明显,这时采用 PROM 单片机可以提高产品的成本优势,迅速量产电子产品,广泛应用于嵌入式系统。我们通常将 PROM 单片机称为 OTP 单片机。

2. 数据存储器

数据存储器用来存储计算机运行期间的工作变量、运算的中间结果、数据暂存和缓冲、标志位等,采用 RAM 作为数据存储器。

随机存储器(Random Access Memory,RAM)表示既可以从中读取数据,也可以写入数据。当机器电源关闭时,存于其中的数据就会丢失。

很多时候,FLASH 或 E^2PROM 也可用作数据存储器,用于存放掉电不丢失的工作参数等。

铁电存储器(FRAM)技术融合了 RAM 和 ROM 的特性,既具有 RAM 的读/写速度,又能掉电保持。FRAM 系列芯片写数据无延时,先进高可靠的铁电处理技术,超强的抗干扰能力,在 5 V 环境下写次数达一万亿次,在 3.3 V 环境下 FRAM 读/写次数无限次,数据保存时间可达几十年,这些特性可让系统稳定可靠地应用于各种场合。

数据存储器用于数据缓冲,计算机中数据缓冲存储的形式有三种:RAM、FIFO和堆栈。RAM 是利用地址总线、数据总线和控制总线对其进行访问的,读者已经很熟悉,下面重点介绍 FIFO 和堆栈。

(1) FIFO

FIFO(First Input First Output)是一种先进先出的数据缓存器,先进入的数据先从 FIFO 缓存器中读出。与 RAM 相比,FIFO 没有外部读/写地址线,使用比较简单,但只能顺序写入数据,顺序读出数据,不能像普通存储器那样可由地址线决定读取或写入某个指定的地址。如图 1.3 所示为采用移位寄存器结构的 FIFO 简化模型。FIFO,每个外部时钟数据向下移位一次,移出数据被输出数据总线读出,新数据由输入数据总线移入。

FIFO 一般用于不同时钟域之间的数据传输,比如 FIFO 的一端是高速 A/D 转换器数据采集,另一端为低速的单片机,那么在两个不同的时钟域间就可以采用FIFO 来作为数据缓冲。

(2) 堆栈与堆栈指针

堆栈(Stack)与堆栈指针(Stack Pointer,SP)是计算机进行工作的重要组成部分。堆栈通常是 RAM 中划分出的一个特殊区域,用来存放现场数据,实际上是一个数据的暂存区。这种暂存数据的存储区域由堆栈指针 SP 中的内容决定。存入堆栈数据称为压入堆栈,简称压栈或入栈(PUSH);从堆栈读出数据称为出栈(POP)。堆栈有两种形式,即向上增长堆栈和向下增长堆栈。向上增长堆栈是指入栈时数据存入 RAM 的更高地址处;向下增长堆栈是指入栈时数据存入 RAM 的稍低地址处。向上增长堆栈模型如图 1.4 所示。

11

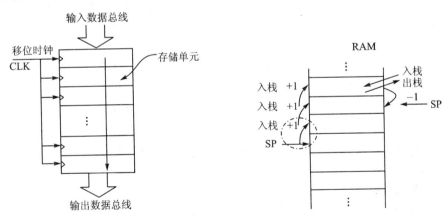

图 1.3　FIFO 简化模型　　　　图 1.4　向上增长堆栈模型

堆栈指针 SP 指向的 RAM 地址单元称为栈顶。对于向上增长堆栈,当压栈时,SP 先加 1,然后将数据写入 SP 指向的 RAM 地址单元;当出栈时,先将 SP 指向的RAM 地址单元中的数据读出,然后 SP 减 1。因此,堆栈与堆栈指针具有如下两个重要特点:

① 堆栈按照先入后出(First Input Last Output,FILO),后入先出(Last Input First Output,LIFO)的顺序向堆栈写、读数据。

单片机及工程应用基础

② SP 始终指向栈顶。对于向上增长堆栈,SP 的初始值(栈底)至 RAM 的最大地址区域就是堆栈区域。

简而言之,堆栈是借助堆栈指针 SP 按照"先入后出,后入先出"的原则组织的一块存储区域。那么,堆栈有什么用呢?

当调用子程序时,需要记录当前程序计数器 PC 的内容,还需要将子程序间使用的变量保护起来,以实现当调用子程序结束后能回到原断点继续正确运行程序,堆栈就是在子程序调用或任务切换时将 PC 和重要数据进行现场保护和恢复现场时使用。

1.2.4　模型机的工作过程

仅有硬件的计算机无法工作,还需要软件(又称程序)。计算机的工作需要软件强有力的支持,CPU 根据需要来运行既定的程序。换言之,就是计算机的软硬件协同工作完成既定的任务。

计算机之所以能够脱离人的干预自动运算,是因为它具有记忆功能,可以预先把解题软件和数据存放在存储器中。在工作过程中,再由存储器快速将程序和数据提供给 CPU 进行运算。

1. 指令格式及执行过程

所谓指令就是使计算机完成某种基本操作,如加、减、乘、除、移位、"与"、"或"、"异或"等操作命令。全部指令的集合构成指令系统,任何 CPU 都有它的指令系统,少则几十条,多则几百条。

(1) 指令格式

指令通常由两部分组成:操作码和操作数。操作码表示计算机的操作性质,操作数指出参加运算的数或存放该数的地址。

指令中一定会有 1 个操作码,但是操作数可以是 1 个、2 个,也可以是 3 个,甚至多个,当然也可以没有操作数。

在计算机中,指令是以一组二进制编码的数来表示和存储,称这样的编码为机器码或机器指令。

(2) 指令执行过程

指令的执行过程分为两个阶段,即取指阶段和执行指令阶段:

取指阶段,由 PC 给出指令地址,从存储器中取出指令(PC+1,为取下一条指令做好准备),并进行指令译码。

经历取指阶段后就是执行指令阶段,取操作数地址并译码,获得操作数,同时执行这条指令。然后取下一条指令,周而复始。

2. 程序的执行过程

程序即用户要解决一个或多个特定问题所编排的指令序列,这些指令有次序地存放在存储器中,在计算机工作时,逐条取出并加以翻译执行。编排指令的过程称为程序设计。

以 15H 和 30H 两个数相加为例说明程序的执行过程(见表 1.1)。

表 1.1　"15H＋30H"程序组织及执行过程实例

地　址	内　容	助记符	说　明
00H	0111 0100	MOV A,♯15H	取数指令,第一个字节是操作码
01H	0001 0101		第二个字节就是指令的操作数
02H	0010 0100	ADD A,♯30H	加法指令,第一个字节是操作码
03H	0011 0000		第二个字节也是指令的操作数
...	...	...	...

假如程序存放在起始地址为 00H 的单元中,地址 00H 和 01H 存放第一条指令"MOV A,♯15H",为双字节指令,执行第一条指令的过程如图 1.5 所示。

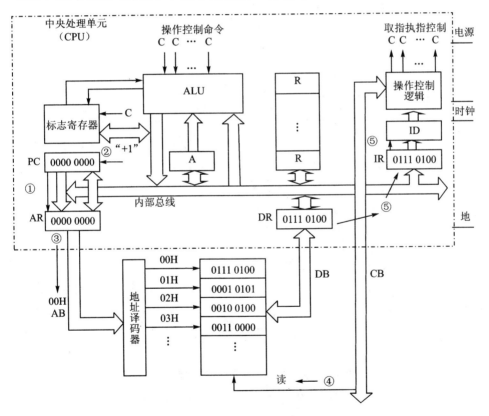

图 1.5　取第一条指令操作码示意图

计算机启动后,程序起始地址送 PC,给 PC 赋以第一条指令地址 00H,然后进入第一条指令的取指阶段,具体如下:

① PC 的内容 00H 送地址寄存器(AR);

② 当 PC 的内容可靠地送入 AR 后,PC 的内容加 1,为取下一字节做好准备;

③ AR 的内容为 00H,通过地址总线 AB 送至存储器,经地址译码选中 00H;

④ CPU 发出命令;

⑤ 读出的操作码 74H 经数据总线 DB、数据寄存器 DR、指令寄存器 IR、送指令译码器 ID 进行译码。

经过对操作码译码后,确认为取数操作,于是进入执行阶段,执行过程如图 1.6 所示。

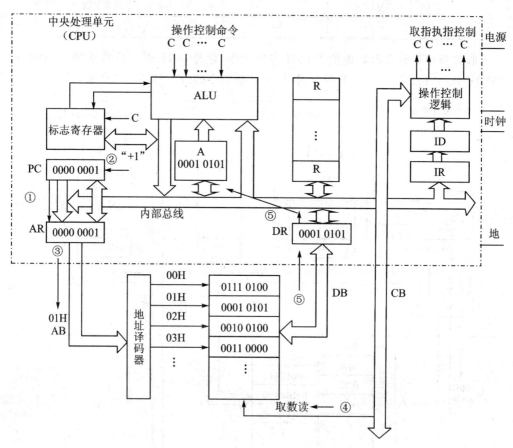

图 1.6 执行第一条指令过程示意图

① PC 的内容送至 AR,然后 PC 自动加 1 变为 02H,做好取下一条指令的准备;

② AR 的内容为 01H,通过地址总线 AB 送至存储器,经地址译码选中 01H 单元;

③ 由操作控制逻辑通过控制总线 CB 发出取数(读)命令;

④ 第二字节是立即数"♯15H",其通过数据总线 DB、数据寄存器 DR 被送至累加器 A,此时 PC 指向地址 02H,即第二条指令的首地址。

第二条指令"ADD A,♯30H"也是两字节指令,操作码译码后操作控制逻辑发出"加"命令,执行过程与第一条指令类似,这里就不再赘述。

可以看出,程序计数器 PC 是计算机程序运行的指挥官,用于指向计算机当前正在执行指令的下一条指令的首地址。修改 PC 的值就可实现程序的跳转。在 MCS-51 指令系统中,跳转指令和程序调用可修改 PC,实现程序跳转。

1.3　MCS-51 系列单片机

1.3.1　MCS-51 经典型架构单片机

MCS-51 是指由 Intel 公司生产的一系列单片机的总称,这一系列单片机包括众多品种,其中 8051 是早期最典型的产品,该系列的其他单片机都是在 8051 的基础上进行功能的增、减、改变而来的,所以人们习惯于用 8051 来称呼 MCS-51 系列单片机,而 8031 是前些年在我国较流行的无片内 ROM 的单片机,所以在很多场合会看到 8031 的名称。Intel 公司将 MCS-51 的核心技术授权给了很多公司,各公司竞相以其作为基核,推出了许多 MCS-51 兼容衍生产品,显示出旺盛的生命力。其中常用机型 AT89S 系列是美国 Atmel 公司开发生产的片上 FLASH 单片机。目前,许多单片机类课程教材都是以 MCS-51 系列为基础来讲授单片机原理及其应用的,这正是因为 MCS-51 系列单片机奠定了 8 位单片机的基础,形成了单片机的经典体系结构。

MCS-51 的 ALU 功能十分强大,它不仅可对 8 位变量进行"与"、"或"、"异或"、移位、求补和清零等操作,还可以进行加、减、乘、除等基本运算。同时,其还具有一般的处理器 ALU 不具备的功能,即位处理操作,它可对位(bit)变量进行位处理,如置位、清零、求补等操作。

MCS-51 系列单片机有多种型号的产品,如基本型(8051 子系列)8031、8051、8751、89C51、89S51 等,增强型(8052 子系列)8032、8052、8752、AT89S51、AT89S52 等。它们的结构基本相同,其主要差别反映在存储器的配置上。8031 片内没有程序存储器 ROM,8051 内部设有 4 KB 的掩膜 ROM,8751 片内的 ROM 升级为 PROM,AT89C51 则进一步升级为 FLASH 存储器,AT89S51 是 4 KB 支持 ISP 的 FLASH。MCS-51 增强型产品存储器的存储容量为基本型的一倍,同时增加了一个定时器 T2,如表 1.2 所列。通常把基本型和增强型称为 MCS-51 的经典型产品,将在经典结构基础上形成的各种高性能的 MCS-51 衍生产品称为兼容型。

表 1.2　MCS-51 经典型单片机概况

公　司	程序存储器类型	基本型单片机	增强型单片机
Intel	无	8031	8032
	ROM	8051	8052
	PROM	8751	8752
Atmel	FLASH	AT89C51	AT89C52
	FLASH	AT89S51	AT89S52
不同的资源		4 KB 程序存储器(8031 无程序存储器)	8 KB 程序存储器(8032 无程序存储器)
		128 B 数据存储器(RAM)	256 B 数据存储器(RAM)
		2 个 16 位定时器/计数器,T0 和 T1	3 个 16 位定时器/计数器,T0、T1 和 T2
		5 个中断源、两个优先级嵌套中断结构	6 个中断源、两个优先级嵌套中断结构
相同的资源		1 个 8 位 CPU	
		1 个片内振荡器及时钟电路	
		可寻址 64 KB 外部数据存储器和 64 KB 外部程序存储器空间的控制电路	
		32 条可编程的 I/O 线(4 个 8 位并行 I/O 端口)	
		1 个可编程全双工串行口	

　　MCS-51 经典型单片机内部结构框图如图 1.7 所示。各功能部件由内部总线连接在一起。

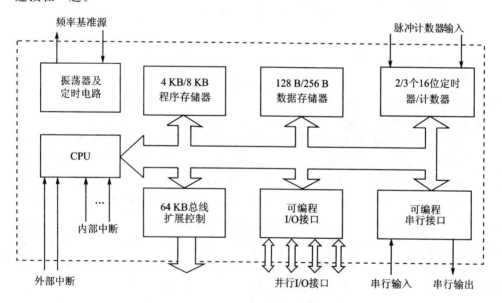

图 1.7　MCS-51 经典型单片机内部结构框图

MCS - 51 经典型单片机引脚如图 1.8 所示。区别在于：对于基本型 P1.0 和 P1.1 没有如图 1.8 的第二功能，即 T2 和 T2EX。40 个引脚及工作状况说明如下：

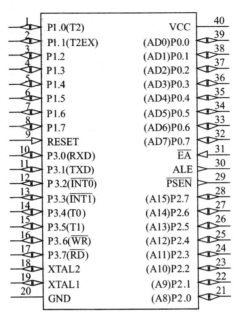

图 1.8　MCS - 51 经典型单片机 PDIP（双列直插式）封装的引脚图

1. 主电源引脚 GND 和 VCC

① GND 接地。

② VCC 为单片机供电电源。具体电压值视具体芯片而定，如 AT89S52 的供电电压范围为 4.0～5.5 V，典型供电电压为 5 V。

2. 复位引脚 RST 与复位电路

当振荡器运行时，在 RST 引脚上出现两个机器周期的高电平（由低到高跳变），将使单片机复位。上电并复位后，单片机开始工作。

为实现上电单片机自动运行，需要构建单片机上电自动复位电路。可采用简单的电阻、电容及开关构成上电自动复位和手动复位。图 1.9 所示为两种典型的简单复位电路接法。

图 1.9 中的电路，在加电瞬间，RST 端的电位与 VCC 相同，随着 RC 电路充电电流的减小 RST 的电位下降，只要 RST 端保持两个机器周期以上的高电平就能使 MCS - 51 单片机有效复位。

复位电路在实际应用中很重要，不能可靠复位会导致系统不能正常工作，所以现在有专门的复位电路，如 MAX810 系列。这些专用的复位集成芯片除集成了复位电路外，有些还集成了看门狗（WDT）、E^2 PROM 存储等其他功能，使用者可就具体实

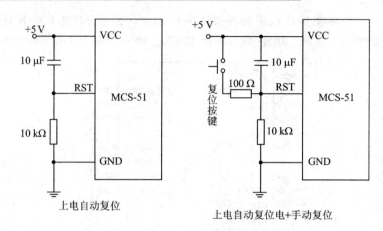

图 1.9 单片机复位电路

际情况灵活选用。

3. 时钟电路与时序

外接晶振引脚 XTAL1 和 XTAL2 用于给单片机提供时钟脉冲。

① XTAL1 内部振荡电路反相放大器的输入端,是外接晶体的一个引脚。当采用外部振荡器时,此引脚接地。

② XTAL2 内部振荡电路反相放大器的输出端,是外接晶体的另一端。当采用外部振荡器时,此引脚接外部振荡源。

图 1.10 所示为 MCS-51 单片机使用内部时钟电路和外接时钟电路的两种典型接法。

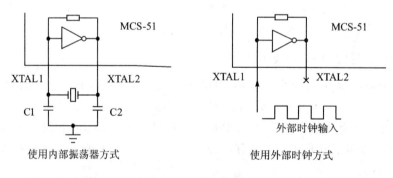

图 1.10 单片机使用内部时钟电路和外接时钟电路的两种典型接法

使用内部振荡器方式的时钟电路,在 XTAL1 和 XTAL2 引脚上外接定时元件,内部振荡电路就产生自激振荡。定时元件通常采用石英晶体和电容组成的并联谐振回路。晶振两侧等值抗振电容值在 18~33 pF 之间选择,电容的大小可起频率微调作用。

MCS-51 经典型单片机的工作时序以机器周期作为基本时序单元,1 个机器周期具有 12 个时钟周期,分为 6 个状态 S1~S6,每个状态又分为两拍 P1 和 P2。如图 1.11 所示。MCS-51 典型的指令周期(执行一条指令的时间称为指令周期)以机器周期为单位,分为单机器周期指令,双机器周期指令和 4 机器周期指令。对于系统工作时钟 f_{osc} 为 12 MHz 的 MCS-51 经典型单片机,1 个机器周期为 1 μs,即 12 MHz 时钟实际按照 1 MHz 实际速度工作。

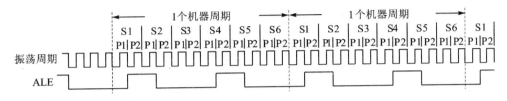

图 1.11 MCS-51 经典型单片机的工作时序

从图 1.11 可以看出,单片机的地址锁存信号 ALE 引脚在每个机器周期中两次有效:一次在 S1P2 与 S2P1 期间,另一次在 S4P2 与 S5P1 期间。正常操作时为 ALE 允许地址锁存功能把地址的低字节锁存到外部锁存器,ALE 引脚以不变的频率 ($f_{osc}/6$)周期性地发出正脉冲信号。因此,它可用作对外输出的时钟,或用于定时目的。但要注意,每当访问外部数据存储器时,将跳过一个 ALE 脉冲。

ALE 引脚的核心用途是为了实现 MCS-51 的 P0 口作为外部数据总线与地址总线低 8 位的复用口线,以节省总线 I/O 个数。

4. $\overline{EA}$、P0、P2、ALE、$\overline{RD}$、$\overline{WR}$、$\overline{PSEN}$ 与 MCS-51 总线结构

MCS-51 单片机属于总线型结构,通过地址/数据总线可以与存储器、并行 I/O 接口芯片相连接。P0 的 8 根线既作为数据总线,又作为地址总线的低 8 位;P2 作为地址总线的高 8 位,$\overline{WR}$、$\overline{RD}$、ALE 和 $\overline{PSEN}$ 作为控制总线。

$\overline{EA}$ 为内部程序存储器和外部程序存储器选择端。当 $\overline{EA}$ 为高电平时,访问内部程序存储器,当 $\overline{EA}$ 为低电平时,访问外部程序存储器。在访问外部程序存储器指令时,$\overline{PSEN}$ 为外部程序存储器读选通信号输出端。在访问外部数据存储器(即执行 MOVX)指令时,由 P3 口自动产生读/写($\overline{RD}/\overline{WR}$)信号,通过 P0 口对外部数据存储器单元进行读/写操作。

MCS-51 单片机所产生的地址、数据和控制信号与外部存储器、并行 I/O 接口芯片连接简单、方便。在访问外部存储器等时,P2 口输出高 8 位地址,P0 口输出低 8 位地址,由 ALE(地址锁存允许)信号将 P0 口(地址/数据总线)上的低 8 位锁存到外部地址锁存器中,从而为 P0 口接收数据做准备。有关这部分更详尽的内容将在第 6 章介绍。

5. 输入/输出引脚 P0.0~P0.7、P1.0~P1.7、P2.0~P2.7、P3.0~P3.7 与 I/O 端口

I/O 端口又称为 I/O 接口或 I/O 口,是单片机对外部实现控制和信息交换的必

经之路。

MCS-51 经典型单片机设有 4 个 8 位双向 I/O 端口(P0~P3),每一条 I/O 线都能独立地用作输入或输出。P0 口为三态双向口,能带 8 个 LSTTL 电路。P1~P3 口为准双向口(在用作输入线时,口锁存器必须先写入 1,故称为准双向口),负载能力为 4 个 LSTTL 电路。详见 5.1 节。

1.3.2　MCS-51 单片机的典型产品

随着单片机的发展,人们对事物的要求越来越高,单片机的应用软件技术也发生了巨大的变化,从最初的汇编语言,开始演变到 C 语言开发,不但增加了语言的可读性、结构性,而且对于跨平台的移植也提供了方便。另外,一些复杂的系统开始在单片机上采用操作系统,如一些小的 RTOS 等,一方面加速了开发人员的开发速度,节约了开发成本,另一方面也为更复杂的实现提供了可能。为满足不同的用户需求,可以说单片机是百花齐放、百家争鸣的时期,世界上各大芯片制造公司都推出了自己的单片机及衍生产品,从 8 位、16 位到 32 位,数不胜数、应有尽有,有与 MCS-51 系列兼容的,也有不兼容的,它们各具特色、优势互补,为单片机的应用提供了广阔的天地。

对于经典型 MCS-51 系列单片机,Atmel 公司的 MCS-51 产品极具典型性,如表 1.3 所列。其中,AT89S52 是一个低功耗、高性能的 CMOS 8 位单片机,兼容标准 MCS-51 指令系统、引脚结构,具有增强型结构的所有资源。其器件采用 Atmel 公司的高密度、非易失性存储技术制造,芯片内集成支持 ISP(In-System Programmable) 功能的 8 KB 可反复擦写 1 000 次的 FLASH 只读程序存储器。此外,AT89S52 还集成了看门狗(WDT)电路和低功耗工作模式。

表 1.3　Atmel 公司的典型 MCS-51 产品

型　号	片内存储器		I/O 接口		定时器		最大晶振频率/MHz	其　他
	程序存储器/KB	RAM/B	并行	串行	数量	看门狗		
AT89S51	4	128	32	UART	2	Y	33	
AT89S52	8	256	32	UART	3	Y	33	
AT89S8252	8	256	32	UART	3	Y	12	具有 2 KB 的 E²PROM
AT89S53	12	256	32	UART	3	Y	24	

AT89S52 设计和配置了振荡频率可为 0 Hz 并可通过软件设置省电模式。在空闲模式下,CPU 暂停工作,而 RAM、定时器/计数器、串行口、外中断系统可继续工作;掉电模式停止振荡器并保存 RAM 的数据,停止芯片其他功能直至外中断激活或硬件复位。如图 1.12 所示,AT89S52 具有 PDIP40、TQFP44 和 PLCC44 三种封装形式,以适应不同产品的需求。

AT89S52 的主要功能特性如表 1.4 所列。

图 1.12　AT89S52 的封装

表 1.4　AT89S52 的主要功能特性

特　性	特　性
兼容 MCS - 51 指令系统	4～5.5 V 工作电压
8 KB 可以反复擦写(＞1 000 次)ISP FLASH ROM	时钟频率 0～33 MHz
256×8 位内部 RAM	软件低功耗空闲和省电模式设置
2 个外部中断源	中断唤醒省电模式
3 个 16 位可编程定时器/计数器	3 级加密位
全双工 UART 串行口	看门狗(WDT)电路
32 个双向 I/O 口	双数据寄存器指针

　　本书是通过 AT89S52 来对经典型 MCS - 51 单片机进行叙述的,即完全与经典结构对应,又采用 FLASH 程序存储器结构,方便软件下载。

1.3.3　MCS - 51 单片机最小系统

　　所谓最小系统,是指可以保证计算机工作的最少硬件构成。对于单片机内部资源已能够满足系统需要的,可直接采用最小系统。

　　由于 MCS - 51 系列单片机片内不能集成时钟电路所需的晶体振荡器,也没有复位电路,在构成最小系统时必须外接这些部件。另外,根据片内有无程序存储器MCS - 51 的单片机最小系统分为两种情况:必须扩展程序存储器的最小系统和无须扩展程序存储器的最小系统。

　　8031 和 8032 片内无程序存储器,在构成最小系统时,不仅要外接晶体振荡器和复位电路,还应在外扩展程序存储器。这部分内容将会在第 6 章介绍,由于 P0、P2在扩展程序存储器时作为地址线和数据线,不能作为 I/O 线,因此,只有 P1、P3 可作为用户 I/O 接口使用。8031 和 8032 早已淡出单片机应用系统设计领域。

　　而对于 AT89S52 具有片上 FLASH 的单片机,其最小系统如图 1.13 所示。此时 P0 和 P2 可以从总线应用解放出来,作为普通 I/O 使用。需要特别指出的是,P0作为普通 I/O 使用时由于开漏结构必须外接上拉电阻。P1～P3 在内部虽然有上拉电阻,但由于内部上拉电阻太大,拉电流太小,有时因为电流不够,也会再并一个上拉电阻。具体内容详见第5章。

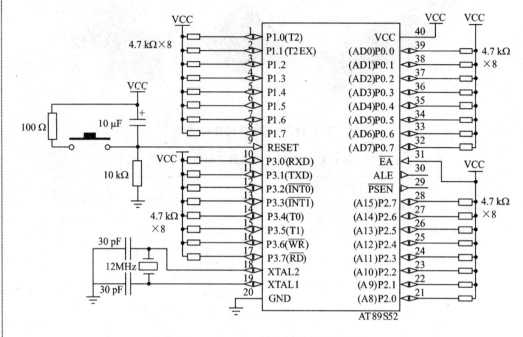

图 1.13 AT89S52 单片机最小系统电路

如果单片机系统没有工作,可按如下步骤进行检查:

① 检查电源是否连接正确。

② 检查复位电路。

③ 查看单片机EA引脚有没有问题,使用片内 FLASH 时该引脚必须接高电平。

④ 检查时钟电路,即检查晶振和磁片电容,主要是器件质量和焊接质量检查。

按照以上步骤检测时,要将无关的外围芯片去掉或断开,因为有一些故障是外围器件的故障导致单片机最小系统没有工作。

1.4 MCS-51 存储器结构

MCS-51 存储器结构将程序存储器和数据存储器分开,有各自的寻址系统、控制信号和功能。程序存储器用来存放程序和常数,数据存储器通常用来存放程序运行中所需要的常数或变量。例如:做加法时的加数和被加数,模/数转换时实时记录的数据等。

1.4.1 MCS-51 存储器构成

从物理地址空间看,所有的 MCS-51 系列单片机都有 4 个存储器地址空间,即片内程序存储器和片外程序存储器以及片内数据存储器和片外数据存储器,存储器结构一致,只是容量大小不一。8051(8052)存储器分配示意图如图 1.14 所示。

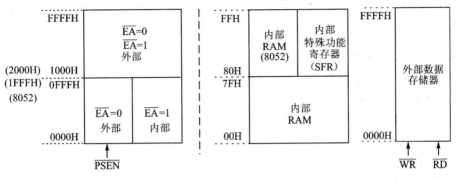

图 1.14 8051(8052)存储器分配示意图

1. 程序存储器

程序存储器用来存放程序和表格常数。程序存储器以程序计数器 PC 作地址指针,通过 16 位地址总线,可寻址的地址空间为 64 KB,片内、片外统一编址。

(1) 片内有程序存储器且存储空间足够

在 AT89S51 片内,带有 4 KB 内部程序存储器,4 KB 可存储约两千多条指令,对于一个小型的单片机控制系统来说就足够了,不必另加程序存储器,若不够还可选 8 KB 或 16 KB 内存的单片机芯片,例如:AT89S52 等。总之,尽量不要扩展外部程序存储器,这会增加成本、增大产品体积。

(2) 片内有程序存储器但存储空间不够

若开发的单片机系统较复杂,片内程序存储器存储空间不够用时,可外扩程序存储器,具体扩展多大的芯片需要计算,主要由两个条件决定:一是看程序容量大小,二是看扩展芯片容量大小。64 KB 总容量减去内部 4 KB 即为外部能扩展的最大容量,2764 容量为 8 KB,27128 容量为 16 KB,27256 容量为 32 KB,27512 容量为 64 KB(具体扩展方法见第 6 章的相关部分)。若再不够就只能换单片机了,选 16 位芯片或 32 位芯片都可。确定了芯片后就要算好地址,再将$\overline{EA}$引脚接高电平,使程序从内部程序存储器开始执行,当 PC 值超出内部程序存储器的容量时,会自动转向外部程序存储器空间。

对 AT89S51/52 而言,外部程序存储器地址空间为 1000H/2000H～FFFFH。对这类单片机,若把$\overline{EA}$接低电平,可用于调试程序,即把要调试的程序放在与内部程序存储器空间重叠的外部程序存储器内,进行调试和修改。调试好后再分两段存储,再将$\overline{EA}$接高电平,就可运行整个程序。

这里需要特别指出的是,外部程序存储器的扩展已经很少用了。主要原因是,现在的单片机系列很丰富,作为需要较大程序存储器的应用,只需要购买更大程序存储器容量的单片机即可。

(3) 片内无程序存储器

8031 芯片无内部程序存储器,需外部扩展 EPROM/E² PROM 芯片,地址从

0000H～FFFFH 都是外部程序存储器空间,在设计时 $\overline{EA}$ 应始终接低电平,使系统只从外部程序储器中取指令。

2. 数据存储器

MCS－51 单片机的数据存储器无论在物理上或逻辑上都分为两个地址空间:一个为内部数据存储器,访问内部数据存储器用 MOV 指令;另一个为外部数据存储器,访问外部数据存储器用 MOVX 指令。

MCS－51 具有扩展 64 KB 外部数据存储器和 I/O 口的能力,这对很多应用领域已足够使用,对外部数据存储器的访问采用 MOVX 指令,用间接寻址方式,R0、R1 和 DPTR 都可作间接寻址寄存器。有关外部存储存器的扩展和信息传送将在第 6 章介绍。

MCS－51 单片机内部 RAM 的地址从 00H～7FH,52 增强型单片机内部 RAM 的地址从 00H～FFH。从图 1.15 可以看出,内部 RAM 与内部特殊功能寄存器(Special Function Register,SFR)具有相同的地址 80H～FFH。为防止数据访问冲突,

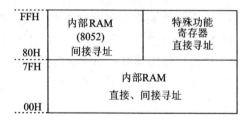

图 1.15 MCS－51 单片机内部 RAM 的访问方式

内部 80H～FFH 区域 RAM 的访问(读/写)与 SFR 的访问(读/写)是通过不同的寻址方式来实现的。高 128 字节 RAM 的访问只能采用间接寻址,而 SFR 的访问则只能采用直接寻址。00H～7FH 的低 128 字节 RAM 采用直接寻址和间接寻址方式访问都可以。

内部 RAM 可以分为 00H～1FH、20H～2FH、30H～7FH(8052 为 0FFH)三个功能各异的数据存储器空间,各区域功能如表 1.5 所列。

表 1.5 MCS－51 内部 RAM 各区域地址分配及功能

地址范围		区 域	功 能
80H～FFH (8052,128 个单元)		用户区	一般的存储单元。可以作数据存储或堆栈区
30H～7FH (80 个单元)			
20H～2FH (16 个单元)		可位寻址区	每一个单元的 8 位均可以位寻址及操作,即对 16×8 共 128 位中的任何一位可以单独置 1 或清 0
00H～1FH (32 个单元)	18H～1FH	工作寄存器区3(R0～R7)	4 个工作寄存器区 (每个工作寄存器有 R0～R7 共 8 个寄存器)
	10H～17H	工作寄存器区2(R0～R7)	
	08H～0FH	工作寄存器区1(R0～R7)	
	00H～07H	工作寄存器区0(R0～R7)	

(1) 00H～1FH(4 个工作区)

这 32 个存储单元以 8 个存储单元为 1 组分成 4 个工作区。每个区有 8 个寄存器 R0～R7 与 8 个存储单元一一对应,作为 1 组寄存器。

单片机在工作时,同一时刻只有 1 组寄存器接受访问,那么到底按照 4 组寄存器中哪个工作区工作,又是由什么决定的呢? CPU 当前选择使用的工作区是由程序状态字 PSW 中的 b4 RS1 和 b3 RS0 确定的,RS1、RS0 可通过程序置 1 或清 0,以达到选择不同工作区的目的。具体的对应关系见表 1.6。

表 1.6 工作寄存器区选择

PSW.4 (RS1)	PSW.3 (RS0)	当前使用的工作寄存器区 R0～R7	PSW.4 (RS1)	PSW.3 (RS0)	当前使用的工作寄存器区 R0～R7
0	0	0 区 (00～07H)(默认)	1	0	2 区(10～17H)
0	1	1 区 (08～0FH)	1	1	3 区(18～1FH)

CPU 通过对 PSW 中的 b4、b3 内容的修改,就能任选一个工作寄存器区。由 RS1 和 RS0 确定当前的寄存器组,没有被确定的寄存器组保持原数据不变。

工作区中的每一个内部 RAM 都有一字节地址,为什么还要 R0～R7 来表示呢? 原因是采用寄存器,软件可以实现高效运行,不用完全给出其 8 位地址,这样既可以实现时间上高速运行,又可以缩小指令长度,节约程序存储器。

为什么要采用多组寄存器结构呢? 因为这样可以进一步提高 MCS-51 系列单片机现场保护和现场恢复的速度,切换寄存器组要比直接堆栈操作快许多,这对于提高单片机 CPU 的工作效率和响应中断的速度是非常有用的。如果在实际应用中不需要 4 个工作区,没有用到的工作区仍然可以作为一般的数据存储器使用。MCS-51 的这个特点在学习了第 2 章和第 4 章后就会进一步理解多个寄存器组的作用。

(2) 20H～2FH(可以位寻址)

内部 RAM 的 20H～2FH 为可位寻址区。这 16 个单元的每一位都有一个位地址,共 128 位(16×8 位),位地址范围为 00H～7FH,如表 1.7 所列。位寻址区的每一位都可以视作软件触发器,由程序直接进行位处理。通常把各种程序状态标志、位控制变量设在位寻址区内,即对内部 RAM 20H～2FH 这 16 字节,既可以与一般的存储器一样按字节操作,也可以对 16 个单元中 8 位中的某一位进行位操作,这样极大地方便了面向控制的开关量处理。

(3) 30H～7FH(一般存储器)

30H～7FH 为一般的数据存储单元。MCS-51 单片机的堆栈区一般设在这个范围内。复位后 SP 的初值为 07H,可在初始化程序时设定 SP 来具体确定堆栈区的范围。通常情况下将堆栈区设在 30H～7FH 范围内。对于增强型的 52 系列,也可以将堆栈放在高 128 字节区域中。

表 1.7 RAM 寻址区位地址映射表

字节地址	位地址							
	b7	b6	b5	b4	b3	b2	b1	b0
20H	07H	06H	05H	04H	03H	02H	01H	00H
21H	0FH	0EH	0DH	0CH	0BH	0AH	09H	08H
22H	17H	16H	15H	14H	13H	12H	11H	10H
23H	1FH	1EH	1DH	1CH	1BH	1AH	19H	18H
24H	27H	26H	25H	24H	23H	22H	21H	20H
25H	2FH	2EH	2DH	2CH	2BH	2AH	29H	28H
26H	37H	36H	35H	34H	33H	32H	31H	30H
27H	3FH	3EH	3DH	3CH	3BH	3AH	39H	38H
28H	47H	46H	45H	44H	43H	42H	41H	40H
29H	4FH	4EH	4DH	4CH	4BH	4AH	49H	48H
2AH	57H	56H	55H	54H	53H	52H	51H	50H
2BH	5FH	5EH	5DH	5CH	5BH	5AH	59H	58H
2CH	67H	66H	65H	64H	63H	62H	61H	60H
2DH	6FH	6EH	6DH	6CH	6BH	6AH	69H	68H
2EH	77H	76H	75H	74H	73H	72H	71H	70H
2FH	7FH	7EH	7DH	7CH	7BH	7AH	79H	78H

1.4.2 MCS-51 单片机的特殊功能寄存器

1. 特殊功能寄存器区

特殊功能寄存器(SFR)是 MCS-51 系列单片机 CPU 与片内外设(如串行口、定时器/计数器等)的接口,以 RAM 形式发出控制指令或获取外设信息,这些 SFR 离散地分布在地址 80H ～FFH 范围的 SFR 区内。8051 基本型有 21 个 SFR,8052 增强型有 27 个 SFR。特殊功能寄存器区的 SFR 只能通过直接寻址的方式进行访问,特殊功能寄存器字节地址分配情况如表 1.8 所列,其中,定时器/计数器 T2 的 6 个 SFR 为 8052 增强型所特有。

表 1.8 特殊功能寄存器

SFR		字节地址	位地址							
名 称	标 记		b7	b6	b5	b4	b3	b2	b1	b0
P0 口锁存器	P0	80H	P0.7	P0.6	P0.5	P0.4	P0.3	P0.2	P0.1	P0.0
			87H	86H	85H	84H	83H	82H	81H	80H

单片机及工程应用基础

SFR		字节	位地址							
名　称	标　记	地址	b7	b6	b5	b4	b3	b2	b1	b0
堆栈指针	SP	81H								
数据地址指针(低 8 位)	DPL	82H								
数据地址指针(高 8 位)	DPH	83H			不支持位寻址					
电源控制寄存器	PCON	87H								
定时器/计数器控制寄存器	TCON	88H	TF1	TR1	TF0	TR0	IE1	IT1	IE0	IT0
			8FH	8EH	8DH	8CH	8BH	8AH	89H	88H
定时器/计数器方式控制寄存器	TMOD	89H								
定时器/计数器 T0(低 8 位)	TL0	8AH								
定时器/计数器 T1(低 8 位)	TL1	8BH			不支持位寻址					
定时器/计数器 T0(高 8 位)	TH0	8CH								
定时器/计数器 T1(高 8 位)	TH1	8DH								
P1 口锁存器	P1	90H	P1.7	P1.6	P1.5	P1.4	P1.3	P1.2	P1.1	P1.0
			97H	96H	95H	94 H	93H	92H	91H	90H
串行口控制寄存器	SCON	98H	SM0	SM1	SM2	REN	TB8	RB8	TI	RI
			9FH	9EH	9DH	9CH	9BH	9AH	99H	98H
串行口数据寄存器	SBUF	99H			不支持位寻址					
P2 口锁存器	P2	A0H	P2.7	P2.6	P2.5	P2.4	P2.3	P2.2	P2.1	P2.0
			A7H	A6 H	A5 H	A4 H	A3H	A2H	A1H	A0H
中断允许控制寄存器	IE	A8H	EA	—	ET2	ES	ET1	EX1	ET0	EX0
			AFH	—	ADH	ACH	ABH	AAH	A9H	A8H
P3 口锁存器	P3	B0H	P3.7	P3.6	P3.5	P3.4	P3.3	P3.2	P3.1	P3.0
			B7H	B6H	B5H	B4H	B3H	B2H	B1H	B0H
中断优先级控制寄存器	IP	B8H	—	—	PT2	PS	PT1	PX1	PT0	PX0
					BDH	BCH	BBH	BAH	B9H	B8H
定时器 2 状态控制寄存器	T2CON	C8H	TF2	EXF2	RCLK	TCLK	EXEN2	TR2	C/T2	CP/RL2
			CFH	CEH	CDH	CCH	CB8H	CAH	C9H	C8H
定时器/计数器 T2 方式控制寄存器	T2MOD	C9H								
定时器/计数器 T2 捕获寄存器低 8 位	RCAP2L	CAH								
定时器/计数器 T2 捕获寄存器高 8 位	RCAP2H	CBH			不支持位寻址					
定时器/计数器 T2(低 8 位)	TL2	CCH								
定时器/计数器 T2(高 8 位)	TH2	CDH								

27

SFR		字节	位地址							
名　称	标　记	地址	b7	b6	b5	b4	b3	b2	b1	b0
程序状态字	PSW	D0H	CY	AC	F0	RS1	RS0	OV	F1	P
			D7H	D6H	D5H	D4H	D3H	D2H	D1H	D0H
累加器	ACC	E0H	E7	E6	E5	E4	E3	E2	E1	E0
B 寄存器	B	F0H	F7H	F6H	F5H	F4H	F3H	F2H	F1H	F0H

2. 特殊功能寄存器的位寻址

某些 SFR 寄存器也可以位寻址,即对这些 SFR 寄存器 8 位中的任何一位进行单独的位操作。这一点与 20H～2FH 中的位操作是完全相同的。SFR 中地址为 8 的倍数的特殊功能寄存器可以位寻址,SFR 最低位的位地址与 SFR 的字节地址相同,次低位的位地址等于 SFR 的字节地址加 1,依此类推,最高位的位地址等于 SFR 的字节地址加 7。特殊功能寄存器位地址分配情况参见表 1.8。

3. 几个重要的特殊功能寄存器

(1) 累加器 A

累加器 A 是一个实现各种寻址及运算的寄存器,而不是一个仅做加法的寄存器,在 MCS - 51 指令系统中所有算术运算、逻辑运算几乎都要使用它。对程序存储器和外部数据存储器的访问只能通过累加器 A 进行。只有很少的指令不需要累加器 A 的直接参与。

MCS - 51 的运算器结合特殊功能寄存器(辅助寄存器 B 和程序状态字 PSW 等)和累加器 A,实现运算和程序控制运行。其中,PSW 就是 MCS - 51 系列单片机的标志寄存器。

虽然从功能上看,累加器 A 与一般处理器的累加器没有什么特别之处,是 CPU 进行数值运算的核心数据处理单元,是计算机中最繁忙的单元。但是需要说明的是 A 的进(借)位标志 CY(简称 C,在 PSW 中)是特殊的,因为它同时又是位处理器的位累加器。

其实,ACC 与 A 是有区别的,这将在 2.2 节说明。

(2) B

辅助寄存器 B 是为执行乘法和除法操作设置的,在不执行乘、除法操作的一般情况下可把 B 作为一个普通的直接寻址 RAM 使用。

(3) PSW

MCS - 51 系列单片机的标志寄存器就是程序状态字(Program Status Word,PSW),是用来表示程序运行的状态。PSW 的 8 位包含了程序状态的不同信息,包括进(借)位标志 CY、辅助进位标志 AC 和溢出标志 OV 等,但是没有零标志 Z 和符号标志 N。PSW 是编程时特殊需要关注的一个寄存器,掌握并牢记 PSW 各位的含义十分重要,PSW 寄存器的格式及各位的定义如下:

	b7	b6	b5	b4	b3	b2	b1	b0
PSW	CY	AC	F0	RS1	RS0	OV	F1	P

其中,PSW.1 是保留位,未使用。

① CY(PSW.7)进(借)位标志位,在执行算数和逻辑指令时,可以被硬件或软件置位或清除。在位处理器中,它作为累加器。

② AC(PSW.6)辅助进位标志位,当进行加法或减法操作而产生由低 4 位数(十进制中的一个数字)向高 4 位进位或借位时,AC 将被硬件置 1,否则就被清除。AC 被用于十进位调整,同 DA 指令结合起来用。

③ OV(PSW.2)溢出标志位,当执行算术指令时,由硬件置 1 或清 0,以指示溢出状态。各种算术运算对该位的影响情况较为复杂,将在第 2 章详细说明。

④ F0(PSW.5)和 F1(PSW.1)称为用户位,作为普通 RAM 供用户使用,比如作为标志位使用等。标志位,是由用户使用的一个状态标志位,可用软件来使它置位或清除,也可以靠软件测试 F0 以控制程序的流向。编程时,该标志位特别有用。

⑤ RS1、RS0(PSW.4、PSW.3)寄存器区选择控制位用于确定工作寄存器组。

⑥ P(PSW.0)奇偶(Parity)标志位,P 随累加器 A 中数值的变化而变化,当 A 中 1 的位数为奇数时,P＝1,否则 P＝0。P 始终保持与累加器 A 中 1 的总个数为偶数个。此标志位对串行口通信中的数据传输有重要的意义,借助 P 实现偶校验,保证数据传输的可靠性。

(4) SP

堆栈指针,用以辅助完成堆栈操作。MCS－51 采用向上增长堆栈,入栈时 SP 加 1,出栈时 SP 减 1。

(5) DPTR(DPL 和 DPH)

MCS－51 中,有 2 个 16 位寄存器,即数据指针 DPTR 和 PC。PC 不是 SFR,但 DPTR 确是重要的 SFR,DPH 为 DPTR 的高 8 位,DPL 为 DPTR 的低 8 位。访问外部数据存储器时,必须以 DPTR 为数据指针通过 A 进行访问。DPTR 也可以用于访问程序存储器读取常量表格数据等。

因此,MCS－51 单片机的程序存储器和数据存储器的地址范围都是

$$2^{16} \text{ B} = 64 \text{ KB}$$

另外,标准的 MCS－51 只有一个 16 位的 DPTR 数据指针,这样在进行数据块复制等动作时,必须对源地址指针和目标地址指针进行暂存,编程会非常麻烦。AT89S51/52 内有 2 个 DPTR 数据指针,即 DPTR0(DP0L 地址为 82H,DP0H 地址为 83H)和 DPTR1(DP1L 地址为 84H,DP1H 地址为 85H),并设置了专门的特殊功能寄存器 AUXR1(地址为 A2H),清零 b0 位 DPS 则选中 DPTR0,置 1 则选中

DPTR1。通过执行"INC AUXR1"指令,能对 DPS 快速切换,并不影响 AUXR1 的高位。AUXR1 寄存器格式及各个位定义如下:

	b7	b6	b5	b4	b3	b2	b1	b0
AUXR1	—	—	—	—	—	—	—	DPS

编写软件时可以直接访问 DP0L、DP0H、DP1L 和 DP1H,但是只能书写 DPTR,而不能书写 DPTR0 或 DPTR1。也就是说,对于 AT89S51/52 而言,书写 DPTR、DPL 和 DPH 时的实际位置由 DPS 确定。

(6) P0~P3

MCS-51 单片机有 P0~P3 口 4 个双向 I/O 口,P0~P3 为这 4 个双向 I/O 口的端口锁存器。如果需要从指定端口输出一个数据,则只须将数据写入指定端口锁存器即可;如果需要从指定端口输入一个数据,则须先将数据 0FFH(全部为 1)写入指定端口锁存器,然后再读指定端口即可。如果不先写入 0FFH(全部为 1),读入的数据有可能不正确,关于 I/O 口的详细内容将在第 5 章介绍。

另外,AT89S51/52 内还有一个重要的特殊功能寄存器 AUXR(地址为 8EH)。AUXR 寄存器的格式及各位的定义如下:

	b7	b6	b5	b4	b3	b2	b1	b0
AUXR	—	—	—	—	—	—	—	DISALE

DISALE 为 ALE 禁止/允许位。当 DISALE=0 时,ALE 有效,发出恒定频率($f_{osc}/6$)脉冲;当 DISALE=1 时,ALE 仅在 CPU 执行 MOVC 和 MOVX 类指令时有效,不访问片外存储器时,ALE 不输出脉冲信号,以减少辐射干扰。

4. 复位状态下的特殊功能寄存器状态

在振荡运行的情况下,要实现复位操作,必须使 RES 引脚至少保持 2 个机器周期(24 个振荡周期)的高电平。CPU 在第二个机器周期内执行内部复位操作,以后每一个机器周期都重复一次,直至 RES 端电平变低。复位期间不产生 ALE 及 PSEN 信号。复位操作使堆栈指示器 SP 为 07H,各端口都为 1(P0~P3 口的内容均为 0FFH),其他特殊功能寄存器都复位为 0,但不影响 RAM 的状态。当 RES 引脚返回低电平以后,PC 清零,CPU 从 0000H 地址开始执行程序。复位后,各内部寄存状态见表 1.9。

表 1.9　复位后各寄存器状态

寄存器	内 容	寄存器	内 容
PC	0000H	TMOD	00H
ACC	00H	TCON	00H
B	00H	TH0	00H

续表 1.9

寄存器	内　容	寄存器	内　容
PSW	00H	TL0	00H
SP	07H	TH1	00H
DPTR	0000H	TL1	00H
P0～P3	FFH	T2MOD	××××××00
IP	××000000	T2CON	00H
IE	0×000000	TH2	00H
SCON	00H	TL2	00H
SBUF	不定	RCAP2H	00H
PCON	0×××××××	RCAP2L	00H

可以看出,MCS-51单片机复位后,仅有 P0～P3 和 SP 不为 00H,即复位后所有的 I/O 都为高电平,堆栈指针 SP 指向内部 RAM 的 07H 地址单元。

习题与思考题

1.1 MCS-51 系列单片机内部有哪些主要的逻辑部件?

1.2 CPU 是由(　　　)和(　　　)构成的。

1.3 程序存储器用来存放(　　　)和(　　　)。

1.4 8051 与 8751 的区别是(　　　)。

　　(A)内部数据存储单元数目的不同　　(B)内部数据存储器的类型不同

　　(C)内部程序存储器的类型不同　　　(D)内部的寄存器的数目不同

1.5 指出 AT89S51 和 AT89S52 的区别。

1.6 PC 的值是(　　　)。

　　(A)当前正在执行指令的前一条指令的地址

　　(B)当前正在执行指令的地址

　　(C)当前正在执行指令的下一条指令的首地址

　　(D)控制器中指令寄存器的地址

1.7 请说明程序计数器 PC 的作用。

1.8 MCS-51 内部 RAM 区功能结构如何分配?4 组工作寄存器使用时如何选用?位寻址区域的字节地址范围是多少?

1.9 特殊功能寄存器中哪些寄存器可以位寻址?它们的字节地址有什么特点?

1.10 简述程序状态字 PSW 中各位的含义。

1.11 复位状态下的特殊功能寄存器状态不为 0 的寄存器有哪些?值为多少?

第2章

MCS-51 指令系统与汇编程序设计

2.1 MCS-51 系列单片机汇编指令格式及标识

前面已经介绍,指令是使计算机完成基本操作的命令,计算机工作时是通过执行程序来解决问题的,而程序是由一条条指令按一定的顺序组成的,且计算机内部只能直接识别二进制代码指令。以二进制代码指令形成的计算机语言,称为机器语言。为了阅读和书写的方便,常把它写成十六进制形式,通常称这样的指令为机器指令。现在一般的计算机都有几十甚至几百种指令。显然即便用十六进制去书写、记忆、理解和使用也是不容易的,为便于人们识别、记忆、理解和使用,给每条机器语言指令赋予一个助记符号,这就形成了汇编语言。汇编语言指令是机器指令的符号化,它与机器语言指令一一对应。机器语言和汇编语言与计算机硬件密切相关,不同类型的计算机,它们的机器语言与汇编语言指令不一样。

由于每种机型的指令系统和硬件结构不同,为了方便用户,程序所用的语句与实际问题更接近,因此用户可不必了解具体及其结构,只考虑要解决的问题,就能编写程序,这就是面向问题的语言,如 C 语言、PASCAL 等各种高级语言。高级语言容易理解、学习和掌握,用户用高级语言编写程序就方便多了,可大大降低工作量。但计算机在执行时,必须将高级语言编写的源程序翻译成机器语言表示的目标代码方能执行。这个"翻译"就是各种编译程序(Compiler)或解释程序(Interpreter)。第 3 章将学习 MCS-51 系列单片机的 C 语言程序设计。本章学习 MCS-51 系列单片机的汇编语言设计。

汇编语言是由指令构成的,这种计算机能够执行的全部指令的集合称为这种计算机的指令系统。单片机的指令系统与微型计算机的指令系统不同。MCS-51 系列单片机指令系统共有 111 条指令,42 种指令助记符,其中有 49 条单字节指令,45 条双字节指令和 17 条三字节指令;有 64 条为单机器周期指令,45 条为双机器周期指令,只有乘法、除法两条指令为四机器周期指令。其在存储空间和运算速度上,效率都比较高。

MCS-51 系列单片机指令系统功能强、指令短、执行快。从功能上可分为五大类:数据传送指令、算术运算指令、逻辑操作指令、控制转移指令和位操作指令。下面将分别进行介绍。

2.1.1　指令格式

不同的指令完成不同的操作,实现不同的功能,具体格式也不一样。但从总体上来说,每条指令通常由操作码和操作数两部分组成。MCS - 51 系列单片机汇编语言指令基本格式如下:

[标号:]操作码助记符 [目的操作数],[源操作数][;注释]

其中:

① 操作码表示计算机执行该指令将进行何种操作,也就是说操作码助记符表明指令的功能,不同的指令有不同的指令助记符,它一般用说明其功能的英文单词的缩写形式表示。

② 操作数用于给指令的操作提供数据,数据的地址或指令的地址。不同的指令,指令中的操作数不一样。MCS - 51 单片机指令系统的指令按操作数的多少可分为无操作数、单操作数、双操作数和三操作数四种情况。

无操作数指令是指指令中不需要操作数或操作数采用隐含形式指明。例如RET 指令,它的功能是返回调用该子程序的调用指令的下一条指令位置,指令中无操作数。

单操作数指令是指指令中只须提供一个操作数或操作数地址。例如"INC A"指令,它的功能是对累加器 A 中的内容加 1,操作中只需一个操作数。

在多于一个操作数的指令中,通常其第一个操作数为目的操作数,其他操作数为源操作数。目的操作数不但参与指令操作,且保存最后操作的结果。而源操作数只参与指令操作,而本身不改变。例如"MOV A, 21H",它的功能是将源操作数——即 21H 地址单元中的数复制传送到目的操作数累加器 A 中,而 21H 地址单元中的数保持不变。

双操作数指令占 MCS - 51 单片机指令系统的大多数。可是三操作数指令在MCS - 51 单片机中只有与 ADDC、SUBB 和 CJNE 三个操作码相关的指令,具体使用以后介绍。

③ 标号是该指令的符号地址,后面须带冒号。它主要为转移指令提供转移的目的地址。

④ 注释是对指令的解释,前面须带分号。它们是编程者根据需要加上去的,用于对指令进行说明,对于指令本身功能而言是可以不要的。

2.1.2　指令中用到的标识符

为便于后面的学习,在这里先对指令中用到的一些符号的约定意义加以说明:

① Ri 和 Rn:表示当前工作寄存器区中的工作寄存器,i 取 0 或 1,表示 R0 或 R1。n 取 0~7,表示 R0~R7。

②　#data：表示包含在指令中的 8 位立即数。

③　#data16：表示包含在指令中的 16 位立即数。

④　rel：以补码形式表示的 8 位相对偏移量，范围在 -128～127，主要用在相对寻址的指令中。

⑤　addr16 和 addr11：分别表示 16 位直接地址和 11 位直接地址。

⑥　direct：表示直接寻址的地址。

⑦　bit：表示可按位寻址的直接位地址。

⑧　(X)：表示 X 单元中的内容。

⑨　((X))：表示以 X 单元的内容为地址的存储单元内容，即(X)作地址，该地址单元的内容用((X))表示。

⑩　→符号：表示操作流程，将箭尾一方的内容送入箭头所指一方的单元中去。

2.2　MCS - 51 系列单片机寻址方式

所谓寻址方式就是指操作数或操作数地址的寻找方式。MCS - 51 单片机的寻址方式按操作数的类型可分为数的寻址和指令寻址。数的寻址有常数寻址（立即寻址）、寄存器数寻址（寄存器寻址）、存储器数寻址（直接寻址方式、寄存器间接寻址方式、变址寻址方式）和位寻址。指令的寻址有绝对寻址和相对寻址。不同的寻址方式由于格式不同，处理的数据就不一样，MCS - 51 单片机的寻址方式可细化为 7 种，下面分别介绍。

1. 立即(数)寻址

操作数是常数，使用时直接出现在指令中，紧跟在操作码的后面，作为指令的一部分。与操作码一起存放在程序存储器中，不需要经过别的途径去寻找。常数又称为立即数，故又称为立即寻址。在汇编指令中，立即数前面以"#"符号作前缀。在程序中通常用于给寄存器或存储单元赋初值，例如：

```
MOV  A, #20H
```

其功能是把立即数 20H 送给累加器 A，其中源操作数 20H 就是立即数。指令执行后累加器 A 中的内容为 20H。

2. 寄存器寻址

操作数在寄存器中，使用时在指令中直接提供寄存器的名称，这种寻址方式为寄存器寻址。在 MCS - 51 系统中，这种寻址方式的寄存器包括 R0～R7 这 8 个通用寄存器和累加器 A。例如：

```
MOV A, R0
```

其功能是把 R0 寄存器的数据送给累加器 A。在指令中，源操作数 R0 和目的操

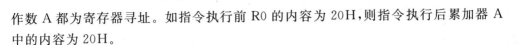

作数 A 都为寄存器寻址。如指令执行前 R0 的内容为 20H,则指令执行后累加器 A 中的内容为 20H。

3. 直接寻址

存储器中数据的访问必须准确提供对应存储单元的地址。根据存储器单元地址的提供方式,存储器的寻址方式有直接寻址、寄存器间接寻址和变址寻址。

直接寻址是在指令中直接提供存储器单元地址。在 MCS-51 系统中,这种寻址方式针对的是片内低 128 B 数据存储器和特殊功能寄存器。例如:

```
MOV  A,20H
```

其功能是把片内数据存储器 20H 单元的内容送给累加器 A。如果指令执行前片内数据存储器 20H 单元的内容为 30H,则指令执行后累加器 A 的内容为 30H。在 MCS-51 中,数据前面不加"♯"是指存储单元地址,而不是常数,常数前面要加符号"♯"。

要注意,无论是立即数,还是直接寻址,当采用十六进制表达,且以 A、B、C、D、E 或 F 开头,则数前要加 0,如 0F4H。

对于特殊功能寄存器,在指令中使用时往往通过特殊功能寄存器的名称使用,而特殊功能寄存器的名称实际上是特殊功能寄存器单元的符号宏替代,是直接寻址。例如:

```
MOV  A,P0
```

其功能是把 P0 口的内容送给累加器 A。P0 是特殊功能寄存器 P0 口的符号地址,该指令在汇编成机器码时,P0 就转换成直接地址 80H。

要说明的是,ACC 与 A 在汇编语言指令中是有区别的。尽管都代表同一物理位置,但 A 为寄存器寻址,作为累加器;而 ACC 为直接寻址的一般存储单元。所以在强调直接寻址时,必须写成 ACC,如进行堆栈操作和对其某一位进行位寻址时只能用 ACC,而不能写成 A。再如,指令"INC A"的机器码是 04H,写成 ACC 后则成了"INC direct"的格式,对应机器码为 05E0H。

类似地,工作寄存器 R0~R7 在指令中也有两种不同的写法,因此生成的机器码也不同,如"MOV 40H,R0"和"MOV 40H,00H"指令。假设当前工作寄存器为 0 组,前者属于寄存器寻址,后者属于存储器直接寻址。但 R0 和 00H 的级别不同,00H 只是 RAM 区的一个普通单元,其代码效率要比 R0 低得多。计算机内部通常设置工作寄存器,借助寄存器编写软件可以有效地提高计算机的工作速度。

也就是说,MCS-51 单片机的寄存器与一般的存储器是混叠的,同一单元用不同的指令,它就会执行不同的功能。

4. 寄存器间接寻址

寄存器间接寻址是指数据存放在存储器单元中,而存储单元的地址存放在寄存

器中,在指令中通过"@寄存器名"提供存放数据的存储器的地址。例如:

```
MOV  A , @R1
```

该指令的功能是将以工作寄存器 R1 中的内容为地址的片内 RAM 单元的数据传送到累加器 A 中,即 C 语言中的指针操作。指令的源操作数是寄存器间接寻址。若 R1 中的内容为 80H,片内 RAM 80H 地址单元的内容为 20H,则执行该指令后,累加器 A 的内容为 20H。寄存器间接寻址的示意图如图 2.1 所示。

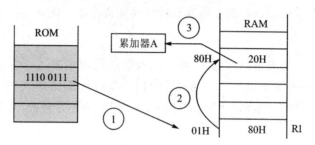

图 2.1　寄存器间接寻址的示意图

MCS - 51 单片机中,寄存器间接寻址用到的寄存器只能是通用寄存器 R0、R1 和数据指针寄存器 DPTR,它能访问的数据是片内数据存储器和片外数据存储器。其中,片内数据存储器只能用 R0 或 R1 进行间接访问,片外则还可以用 16 位的 DPTR 进行指针间接访问,但片外高端(超过低 256 字节范围)的字节单元则只能以 DPTR 进行指针访问。片内 RAM 访问用 MOV 指令,片外访问用 MOVX 指令。

需要特别指出的是,虽然现在有很多单片机把片外 RAM 集成到芯片内部了,但在指令上仍要作为外部 RAM 寻址。

5. 变址寻址

变址寻址是指操作数据由基址寄存器的地址加上变址寄存器的地址得到。在 MCS - 51 系统中,它是以数据指针寄存器 DPTR 或程序计数器 PC 为基址,累加器 A 为变址,两者相加得到存储单元地址,所访问的存储器为程序储存器。这种寻址方式通常用于访问程序存储器中的表格型数据,表首单元的地址为基址,访问的单元相对于表首的位移量为变址,两者相加得到访问单元地址。变址寻址指令共 3 条,如下:

```
JMP     @ A + DPTR
MOVC    A, @ A + PC
MOVC    A, @ A + DPTR
```

以"MOVC A, @ A+DPTR"说明变址寻址的运用。该指令是将数据指针寄存器 DPTR 的内容和累加器 A 中的内容相加作为程序存储器的地址,从对应的单元中取出内容送到累加器 A 中。指令中,源操作数的寻址方式为变址寻址,设指令执行前数据指针寄存器 DPTR 的值为 2000H，累加器 A 的值为 09H，程序存储器 2009H 单元的内容为 30H，则指令执行后，累加器 A 中的内容为 30H。变址寻址示意图如图 2.2 所示。

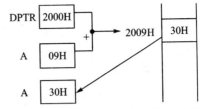

图 2.2　"MOVC　A,@ A＋DPTR"变址寻址示意图

变址寻址可以用数据指针寄存器 DPTR 作基址，也可以用程序计数器 PC 为基址。由于 PC 用于控制程序的执行，在程序执行过程中用户不能随意改变，且其始终是指向正在执行指令的下一条指令的首地址，因而就不能直接把基址放在 PC 中。基址如何得到呢？基址值可以通过由当前的 PC 值加上一个相对于表首位置的差值得到。这个差值不能加到 PC 中，可以通过加到累加器 A 中实现，这样同样可以得到对应单元的地址。

6. 位寻址

位寻址是指操作数是二进制位的寻址方式。在 MCS‑51 单片机中有一个独立的位处理器，有多条位处理指令，能够进行各种位运算。在 MCS‑51 系统中，位处理的操作对象是各种可寻址位，对它们的访问是通过提供相应的位地址来处理。

在 MCS‑51 系统中，位寻址的表示方式有以下几种：

① 直接位寻址(00H～0FFH)。例如：20H。

② 字节地址带位号。例如：20H.3 表示 20H 单元的 3 位。

③ 特殊功能寄存器名带位号。例如：P0.1 表示 P0 的 1 位。

④ 位符号地址。例如：TR0 是定时器/计数器 T0 的启动位。

7. 指令寻址

指令寻址用在控制转移指令中，它的功能是得到程序转移跳转的目的位置的地址，因此操作数用于提供目的位置的地址。在 MCS‑51 系统中，程序存储器目的位置的寻址可以通过以下两种方式实现。

(1) 绝对寻址

绝对寻址是在指令的操作数中直接提供程序跳转的目的位置的地址或地址的一部分。在 MCS‑51 系统中，长转移和长调用提供目的位置的 16 位地址，绝对转移和绝对调用提供目的位置的 16 位地址的低 11 位，它们都为绝对寻址。

(2) 相对寻址

相对寻址是以当前程序计数器 PC 值加上指令中给出的偏移量 rel 得到目的位置的地址。在 MCS‑51 系统中，相对转移指令的操作数属于相对寻址。

在使用相对寻址时要注意以下两点：

① 当前 PC 值是指转移指令执行时的 PC 值，它等于转移指令的地址加上转移指令的字节数。实际上是转移指令的下一条指令的地址。例如：若转移指令的地址

为 2010H,转移指令的长度为 2 字节,则转移指令执行时的 PC 值为 2012H。

② 偏移量 rel 是 8 位有符号数,以补码表示,它的取值范围为－128～＋127,当为负值时向前转移,当为正数向后转移。汇编时,汇编器会根据标号自动计算出 rel。

相对寻址的目的地址如下:

目的地址 ＝ 当前 PC 值(就是当前指令的地址＋指令所占的字节数)＋ rel

MCS－51 系列单片机指令系统的特点是不同的存储空间的寻址方式不同,适用的指令不同,必须进行区分。

2.3　MCS－51 系列单片机指令系统

一条指令只能完成有限的功能,为使计算机完成一定的或者复杂的功能,就需要一系列指令。一般来说,一台计算机的指令越丰富,寻址方式越多,且每条指令的执行速度越快,则它的总体功能就越强。

指令是汇编程序设计的基础,MCS－51 单片机共有 111 条指令,包括数据传送类指令、算术运算类指令、逻辑运算指令、位操作指令和控制转移类指令。这 111 条指令的具体功能将从本节开始逐条地讲解和分析。

2.3.1　数据传送指令

数据传送指令有 28 条,是指令系统中数量最多、使用最频繁的一类指令。这类指令可分为三组:普通传送指令、数据交换指令和堆栈操作指令,用于实现数据的复制性传送。

注意:这类指令是实现数据的复制性传递,而非剪切性。

数据传送指令除了以累加器 A 为目标的传送对 P 标志位有影响外,其余的传送类指令对 PSW 均无影响。

1. 普通传送指令

普通传送指令以助记符 MOV、MOVX 和 MOVC 为基础,分成片内数据存储器传送指令、片外数据存储器传送指令和程序存储器传送指令。

(1)片内数据存储器传送指令 MOV

指令格式如下:

MOV 目的操作数,源操作数

其中,源操作数可以为 A、Rn、@Ri、direct 和 ♯data,可以作为目的操作数的有 A、Rn、@Ri 和 direct,组合起来共 16 条,按目的操作数的寻址方法可划分为以下 5 组:

1) 以 A 为目的操作数的数据传送指令

顾名思义,就是将源操作数中的数据复制到 A 中。指令及举例如下:

指　令		示　例	
MOV　A,Rn	;(A)←(Rn)	MOV　A,R7	
MOV　A,direct	;(A)←(direct)	MOV　A,30H	
MOV　A,@Ri	;(A)←((Ri))	MOV　A,@R0	
MOV　A,#data	;(A)←#data	MOV　A,#55H	

2）以 Rn 为目的的操作数的数据传送指令

这里,Rn 指 R0～R7,是将源操作数中的数据复制到 Rn 中。指令及举例如下:

指　令		示　例	
MOV　Rn,A	;(Rn)←(A)	MOV　R3,A	
MOV　Rn,direct	;(Rn)←(direct)	MOV　R2,30H	
MOV　Rn,#data	;(Rn)←#data	MOV　R0,#20H	

3）以直接地址 direct 为目的操作数的数据传送指令

它是将源操作数中的数据复制到片内 RAM 的直接地址中。指令及举例如下:

指　令		示　例	
MOV　direct,A	;(direct)←(A)	MOV　22H,A	
MOV　direct,Rn	;(direct)←(Rn)	MOV　40H,R7	
MOV　direct,direct	;(direct)←(direct)	MOV　30H,40H	
MOV　direct,@Ri	;(direct)←((Ri))	MOV　70H,@R1	
MOV　direct,#data	;(direct)←#data	MOV　33H,#12H	

4）以间接地址@Ri 为目的操作数的数据传送指令

它是将源操作数中的数据复制到 Ri 指针指向的存储器单元中。指令及举例如下:

指　令		示　例	
MOV　@Ri,A	;((Ri))←(A)	MOV　@R0,A	
MOV　@Ri,direct	;((Ri))←(direct)	MOV　@R1,40H	
MOV　@Ri,#data	;((Ri))←#data	MOV　@R0,#8	

5）以 DPTR 为目的操作数的数据传送指令

它是将立即数中的数据复制到 DPTR 中,仅 1 条。指令及举例如下:

指　　令		示　　例
MOV　DPTR,♯data16　　　;DPTR←♯data16		MOV　DPTR,♯1234H

注意：在 MCS-51 指令系统中，源操作数和目的操作数不可同时为 Rn 与 Rn、@Ri 与 @Ri，以及 Rn 与 @Ri。例如，不允许有"MOV Rn, Rn"，"MOV @Ri, Rn"等指令。

(2) 片外数据存储器传送指令

对片外 RAM 单元访问只能使用间接寻址方式。共 4 条指令如下：

```
MOVX  A, @DPTR    ;(A)←((DPTR))
MOVX  @DPTR, A    ;((DPTR))←(A)
MOVX  A, @ Ri     ;(A)←((Ri))
MOVX  @ Ri, A     ;((Ri))←(A)
```

其中，前两条指令是通过 DPTR 间接寻址，可以对整个 64 KB 片外数据存储器访问；后两条指令是通过 @Ri 间接寻址，只能对片外数据存储器的低端 256 B 访问，访问时将低 8 位地址放于 Ri 中。

片外 RAM 访问具有以下 3 个特点：

① 采用 MOVX 指令，而非 MOV。

② 必须通过累加器 A。

③ 访问时，只能通过 @Ri 和 @DPTR 以间接寻址的方式进行。通过 @Ri 寻址片外 RAM，不影响 P2 口的状态，P2 口不作为地址总线。

(3) 程序存储器传送指令 MOVC

很多时候，可预先把重要的常数数据以表格形式存放在程序存储器中，然后使用查表指令查表读出以实现各种应用。这种读出表格数据的程序就称为查表程序。在 MCS-51 指令系统中，用于访问程序存储器表格数据的查表指令有以下 2 条：

```
MOVC  A, @ A + DPTR    ;(A)←((A+DPTR))
MOVC  A, @ A + PC      ;(A)←((A+PC))
```

这 2 条指令的功能类似，一条是用 DPTR 作为基址的变址寻址，另一条是用 PC 作为基址的变址寻址。PC 或 DPTR 作为基址，指向表格的首地址，A 作为变址，存放待查表格中数据相对表首的地址偏移量。由于 A 的内容为 8 位无符号数，因此只能在基址以下 256 个地址单元范围内进行查表。指令执行后对应表格元素的值就取出放于累加器 A 中。这 2 条指令的使用差异是：

在第一条指令中，基址寄存器 DPTR 提供 16 位基址，而且还能在使用前给 DPTR 赋值，一般用于指向常数表（数组）的首地址。而在第二条指令中，是用 PC 作为基址寄存器来查表。由于程序计数器 PC 始终指向下一条指令的首地址，用户无法改变。应用时，表内数据的地址只有通过 PC 值加一个地址偏差值 A 来得到，因此,数据只能放在该指令后面 256 个地址单元之内。在指令执行前,累加器 A 中的值就是表格元素相对于表首的位移量与当前程序计数器 PC 相对于表首的差值。其中,由于查表指令"MOVC　A,@A+PC"的长度为 1 字节,所以当前程序计数器 PC 的值应为查表指令的地址加 1。

　　例如:若查表指令"MOVC　A,@A+PC"所在地址为 2000H,表格的起始单元地址为 2035H,表格的第 4 个元素(位移量为 03H)的内容为 45H,则查表指令的处理过程如下:

```
MOV   A, #03H      ;表格元素相对表首的位移量送累加器 A
ADD   A, #34H      ;当前程序计数器 PC 相对表首的差值加到累加器 A 中
MOVC  A, @A + PC   ;查表,查得第 4 个元素的内容为 45H 送累加器 A
```

　　看来,应用指令"MOVC　A,@A+PC"比较烦琐,必须仔细计算当前程序计数器 PC 相对表首的差值,即计算指令"MOVC　A,@A+PC"距离表格首地址所有指令所占程序存储器的字节数。

　　【例 2.1】　写出完成下列功能的程序段。

　　① 将 R0 的内容送 R6 中。

　　R0 的内容不能直接传送到 R6 中,要借助中间变量,程序如下:

```
MOV    A,R0
MOV    R6,A
```

　　② 将片内 RAM 30H 单元的内容送到片外 60H 单元中。

　　要先将片内 RAM 中的数据读入 A,且指针指向片外 RAM 之后才能实现片内数据向片外的传送,程序如下:

```
MOV    A,30H
MOV    R0,#60H
MOVX   @R0, A
```

　　③ 将片外 RAM 2000H 单元的内容送到片内 20H 单元中。

　　要先将指针指向片外 RAM 并读入数据到 A,然后才能实现将片外数据写入片内 RAM,程序如下:

```
MOV    DPTR,#2000H
MOVX   A,@DPTR
MOV    20H,A
```

　　④ 将 ROM 的 2000H 单元的内容送到片内 RAM 的 30H 单元中。

　　要先将程序存储器中的数据读入 A,然后才能实现将程序存储器中的数据写入片内 RAM,程序如下:

```
MOV    A, #0
```

```
MOV    DPTR, #2000H
MOVC   A, @A + DPTR
MOV    30H, A
```

总结 MOV、MOVX 和 MOVC 的区别如下：

① MOV 用于寻址片内数据存储器(RAM)。

② MOVX 用于寻址外部数据存储器或设备。

③ MOVC 用于寻址程序存储器,片内、片外由 $\overline{EA}$ 引脚决定。

2. 数据交换指令

普通传送指令实现将源操作数的数据传送到目的操作数,指令执行后源操作数不变,数据传送是单向的。数据交换指令是数据双向传送,传送后,前一个操作数原来的内容传送到后一个操作数中,后一个操作数原来的内容传送到前一个操作数中。

数据交换指令要求第一个操作数必须为累加器 A,包括字节交换和半字节交换共有 4 条指令。指令及举例如下：

指　令			示　例	
XCH	A,Rn	; (A)< = >(Rn)	XCH	A,R2
XCH	A,direct	; (A)< = >(direct)	XCH	A,30H
XCH	A,@Ri	; (A)< = >((Ri))	XCH	A,@R1
XCHD	A,@Ri	; (A[3:0])< = >((Ri))[3:0]	XCHD	A,@R1

例如：若 R0 的内容为 30H,片内 RAM 的 30H 单元中的内容为 23H,累加器 A 的内容为 45H,则若执行"XCH　A,@R0"指令后片内 RAM 30H 单元的内容为 45H,累加器 A 中的内容为 23H。

【例 2.2】　将 R0 的内容和 R1 的内容互相交换。

R0 的内容和 R1 的内容不能直接互换,要借助累加器 A 来帮忙。程序如下：

```
MOV  A, R0
XCH  A, R1
MOV  R0, A
```

3. 堆栈操作指令

前面已经叙述过,堆栈是在片内 RAM 中按"先进后出,后进先出"原则设置的专用存储区。数据的进栈和出栈由指针 SP 统一管理。在 MCS - 51 系统中,堆栈指令操作码有两个:PUSH 和 POP。其中 PUSH 指令入栈,POP 指令出栈。操作时以字节为单位。MCS - 51 采取向上增长堆栈模型：

① 入栈时:读出 direct 中的数据到内部数据总线→ SP 指针加 1→将数据总线上的数据压入堆栈。

② 出栈时:读出栈顶数据(出栈)到内部数据总线→SP 指针减 1→将数据总线上的数据写入 direct。

```
PUSH  direct    ;(SP)←(SP) + 1,((SP))←(direct)
POP   direct    ;(direct)←((SP)),(SP)←(SP) - 1
```

注意:MCS - 51 的堆栈指令操作数仅能为直接寻址,即只有片内 RAM 低 128 B 和 SFR 可以作为堆栈指令的操作数。而更具有一般意义的计算机或嵌入式计算机是对寄存器保护而进行堆栈操作的。这一点要尤为注意。

用堆栈保存数据时,先入栈的内容后出栈,后入栈的内容先出栈。例如,若入栈保存时入栈的顺序为:

```
PUSH  ACC
PUSH  B
```

则出栈的顺序为:

```
POP   B
POP   ACC
```

若出栈顺序弄错,则会将两个存储单元的数据交换,这是软件编写常见的错误。另外,忘记出栈致使堆栈溢出也是常见的错误。

MCS - 51 系列单片机复位后,SP 的值为 07H,按照 MCS - 51 系列单片机堆栈向上增长的原则,堆栈区覆盖了高 3 组寄存器区和可位寻址区。所以,汇编软件在编写时,一般先将 SP 指向高端的用户区。

还有,累加器 A 作为 SFR 时名字为 ACC,即作为堆栈操作对象时必须写为 ACC。

2.3.2　算术运算指令

MCS - 51 系列单片机指令系统中算术运算类指令有加、进位加(两数相加后还加上进位位 CY)、借位减(两数相减后还减去借位位 CY)、加 1(自增)、减 1(自减)、乘、除指令,以及十进制的 BCD 调整指令;逻辑运算指令有"与"、"或"、"异或"指令。

MCS - 51 系列单片机的算术运算指令对标志位的影响和 8086 有所不同,归纳如下:

① 加 1、减 1 指令不影响 CY、OV、AC 标志位。

② 加、减运算指令影响 P、OV、CY、AC 标志位。

③ 乘、除指令使 CY=0,当乘积大于 255,或除数为 0 时,OV=1。

要说明的是,不论编程者使用的数据是有符号数还是无符号数,MCS - 51 的 CPU 按上述规则影响 PSW 中的各个标志位。

具体指令对标志位的影响可参阅附录 B。标志位的状态是控制转移指令的条件,因此指令对标志位的影响应该熟记。下面分别介绍 24 条算术运算指令。

1. 加法指令

加法指令有一般的加法指令、带进位的加法指令和自增加 1 指令。

(1) 一般的加法指令 ADD

一般的加法指令的操作码为 ADD,目的操作数固定为 A(不能写成 ACC)。实现计算目的操作数 A 与源操作数的和,结果存入 A,并影响标志位 CY、OV、AC 和 P。指令及示例如下:

指　令		示　例
ADD　A, Rn	;(A)←(A) + (Rn)	ADD　A, R4
ADD　A, direct	;(A)←(A) + (direct)	ADD　A, 12H
ADD　A, @Ri	;(A)←(A) + ((Ri))	ADD　A, @R0
ADD　A, #date	;(A)←(A) + #date	ADD　A, #3

(2) 带进位 C 的加法指令 ADDC

带进位 C 的加法指令的操作码为 ADDC,目的操作数固定为 A(不能写成 ACC)。实现计算目的操作数 A、源操作数和指令执行前 CY 的和,结果存入 A,并影响标志位 C、OV、AC 和 P。指令及示例如下:

指　令		示　例
ADDC　A, Rn	;(A)←(A) + (Rn) + (C)	ADDC　A, R2
ADDC　A, direct	;(A)←(A) + (direct) + (C)	ADDC　A, 33H
ADDC　A, @Ri	;(A)←(A) + ((Ri)) + (C)	ADDC　A, @R0
ADDC　A, #date	;(A)←(A) + #date + (C)	ADDC　A, #08H

(3) 自增加 1 指令 INC

自增加 1 指令实现操作数的自加 1,当执行前操作数为 FFH,运行该指令后,结果为 0。指令及示例如下:

指　令		示　例
INC　A	;(A)←(A) + 1	
INC　Rn	;(Rn)←(Rn) + 1	INC　R0
INC　diret	;(direct)←(direct) + 1	INC　30H
INC　@Ri	;((Ri))←((Ri)) + 1	INC　@R0
INC　DPTR	;DPTR←DPTR + 1	

注意:ADD 和 ADDC 指令在执行时要影响 CY、AC、OV 和 P 标志位。而 INC 指令除了"INC A"要影响 P 标志位外,对其他标志位都没有影响。

在 MCS‐51 单片机中,常用 ADD 和 ADDC 配合使用实现多字节加法运算。

【例 2.3】　试把存放在 R1~R2 和 R3~R4 中的两个 16 位数相加,结果存于 R5~R6 中。

分析:处理时,R2 和 R4 用一般的加法指令 ADD,结果存放于 R6 中,R1 和 R3 用带进位的加法指令 ADDC,结果存放于 R5 中,程序如下:

```
MOV    A,R2
ADD    A,R4
MOV    R6,A
MOV    A,R1
ADDC   A,R3
MOV    R5,A
```

2. 减法指令

减法指令有带借位减法指令和自减 1 指令。没有一般的减法指令。

(1) 带借位减法指令 SUBB

带借位减法指令,操作码为 SUBB,用于实现(A)←(A)－源操作数－(CY)。SUBB 指令在执行时要影响 CY、AC、OV 和 P 标志位。MCS‐51 系列单片机由于没有一般的减法指令,若实现一般的减法操作,可以通过先对 CY 标志清零,然后再执行带借位的减法来实现。指令及示例如下:

指　令		示　例
SUBB　A,Rn	;(A)←(A)－(Rn)－(C)	SUBB　A,R3
SUBB　A,direct	;(A)←(A)－(direct)－(C)	SUBB　A,50H
SUBB　A,@Ri	;(A)←(A)－((Ri))－(C)	SUBB　A,@R0
SUBB　A,#date	;(A)←(A)－#date－(C)	SUBB　A,#4

(2) 自减 1 指令 DEC

自减加 1 指令实现操作数的自减 1,当执行前操作数为 00H,运行该指令后,结果为 FFH。DEC 指令除了"DEC A"要影响 P 标志位外,对其他标志位都没影响。指令及示例如下:

指　令		示　例
DEC　A	;(A)←(A)－1	DEC　A
DEC　Rn	;(Rn)←(Rn)－1	DEC　R7
DEC　direct	;(direct)←(direct)－1	DEC　30H
DEC　@Ri	;((Ri))←((Ri))－1	DEC　@R0

单片机及工程应用基础

注意: 在 MCS - 51 指令系统中有"INC DPTR"指令,但没有"DEC DPTR"指令。

【例 2.4】　求(R3)←(R2)-(R1)。程序如下:

```
MOV    A, R2
CLR    C          ;位操作指令,C先清0
SUBB   A, R1
MOV    R3, A
```

3. 乘法指令 MUL

在 MCS - 51 单片机中,乘法指令只有一条如下:

```
MUL    AB
```

该指令执行时将对存放于累加器 A 中的无符号被乘数和存放于 B 寄存器中的无符号乘数相乘,积的高字节存放于 B 寄存器中,低字节存放于累加器 A 中。

指令执行后将影响 CY 和 OV 标志,CY 清 0。对于 OV,当积大于 255 时(即 B 中不为 0),OV 为 1;否则,OV 为 0。

4. 除法指令 DIV

在 MCS - 51 单片机中,除法指令也只有如下一条:

```
DIV    AB
```

该指令执行时将存放于累加器 A 中的无符号被除数与存放于 B 寄存器中的无符号除数相除,除完的结果,商存放于累加器 A 中,余数存放于 B 寄存器中。

指令执行后将影响 CY 和 OV 标志,一般情况 CY 和 OV 都清 0,只有当寄存器中的除数为 0 时,OV 才被置 1。

5. 十进制调整指令

在 MCS - 51 单片机中,十进制调整指令只有一条如下:

```
DA    A
```

它只能用在 ADD 或 ADDC 指令后面,用来对 2 个两位压缩的 BCD 码通过 ADD 或 ADDC 指令相加后存放于累加器 A 中的结果进行调整,使之得到正确的十进制结果。通过该指令可实现两位十进制 BCD 码数的加法运算。

它的调整过程为如下:

① 若累加器 A 的低四位为十六进制的 A~F(大于 9)或辅助进位标志 AC 为 1,则累加器 A 中的内容做加 06H 调整。

② 若累加器 A 的高四位为十六进制的 A~F(大于 9)或进位标志 CY 为 1,则累加器 A 中的内容做加 60H 调整。

【例 2.5】　在 R3 中数为 67H,在 R2 中数为 85H,用十进制运算,运算的结果存放于 R5 中。程序如下：

```
MOV  A,R3        ;A←67H
ADD  A,R2        ;A←67H + 85H = ECH(152)
DA   A           ;A←52H
MOV  R5, A
```

程序中的指令对 ADD 指令运算出来的存放于累加器 A 中的结果进行调整，调整后，累加器 A 中的内容为 52H,CY 为 1,最后存放于 R5 中的内容为 52H(十进制数 52)。

2.3.3　逻辑运算指令

逻辑运算指令用于实现逻辑运算操作,共有 24 条,包括逻辑"与"指令、逻辑"或"指令、逻辑"异或"指令、累加器清零、累加器求反以及累加器循环移位指令。以 A 为目的操作数的逻辑运算指令影响标志位 P,带 C 的循环移位指令影响 CY,其他逻辑运算指令不影响标志位。

1. 逻辑"与"指令、逻辑"或"指令和逻辑"异或"指令

逻辑"与"指令、逻辑"或"指令和逻辑"异或"指令实现按位逻辑操作,即实现对应位的"与"、"或"和"异或"运算。逻辑"与"、逻辑"或"和逻辑"异或"指令格式一致。

(1) 逻辑"与"指令 ANL

指　令		示　例
ANL A,Rn	;(A)←(A)&(Rn)	ANL A,R4
ANL A,direct	;(A)←(A)&(direct)	ANL A,40H
ANL A,@Ri	;(A)←(A)& ((Ri))	ANL A,@R0
ANL A, #data	;(A)←(A)& #data	ANL A,#12H
ANL direct,A	;(direct) ←(direct) &(A)	ANL 30H,A
ANL direct, #data	;(direct) ←(direct)& #data	ANL 60H,#55H

(2) 逻辑"或"指令 ORL

指　令		示　例
ORL A,Rn	;(A)←(A)|(Rn)	ORL A,R4
ORL A, direct	;(A)←(A)|(direct)	ORL A,30H
ORL A,@Ri	;(A)←(A)| ((Ri))	ORL A,@R1
ORL A, #data	;(A)←(A)| #data	ORL A, #0AAH
ORL direct,A	;(direct) ←(direct)| (A)	ORL 40H,A
ORL direct, #data	;(direct) ←(direct)| #data	ORL 71H, #0FH

(3) 逻辑"异或"指令 XRL

指　令		示　例
XRL　A,Rn	;(A)←(A)^(Rn)	XRL　A,R4
XRL　A, direct	;(A)←(A)^ (direct)	XRL　A,30H
XRL　A,@Ri	;(A)←(A)^((Ri))	XRL　A,@R1
XRL　A,#data	;(A)←(A)^ #data	XRL　A,#0AAH
XRL　direct,A	;(direct)←(direct)^(A)	XRL　40H,A
XRL　direct,#data	;(direct)←(direct)^ #data	XRL　71H,#0FH

在使用中,逻辑指令具有如下作用:

① "与"运算一般用于位清零和位测试。与 1"与"不变,与 0"与"清零。位清零,即对指定位清 0,其余位不变。待"清零"位和 0"与",其他位和 1"与"。MCS - 51 中无位测试指令,具体内容详见控制转移指令 JZ 和 JNZ。

② "或"运算一般用于位"置 1"操作,与 0"或"不变,与 1"或"置 1,即对指定位置 1,其余位不变。待"置 1"位与 1"或",其他位与 0"或"。

③ "异或"运算用于"非"运算,与 0"异或"不变,与 1"异或"取反,即用于实现指定位取反,其余位不变。待取反位与 1"异或",其他位与 0"异或"。

【例 2.6】 写出完成下列功能的指令段。

① 对累加器 A 中的 b1、b3 和 b5 清 0,其余位不变。程序如下:

```
ANL  A, #11010101B
```

② 对累加器 A 中 b2、b4 和 b6 置 1,其余位不变。程序如下:

```
ORL A, #01010100B
```

③ 对累加器 A 中的 b0 和 b1 取反,其余位不变。程序如下:

```
XRL  A, #00000011B
```

2. A 的清零和取反指令

① 清零指令如下:

```
CLR  A  ;A←0
```

② 取反指令如下:

```
CPL  A  ;A←/A
```

在 MCS - 51 系统中,只能对累加器 A 按字节清零和取反,如要对其他字节单元清零和取反,则需要复制到累加器 A 中进行,运算后再放回原位置;或通过"与"、"或"指令实现。

【例 2.7】　写出对 R0 寄存器内容取反的程序段。程序如下：

```
MOV    A,R0
CPL    A
MOV    R0,A
```

3. 循环移位指令

移位指令用于实现移位寄存器操作。MCS - 51 系统有 5 条对累加器 A 的移位指令,4 条循环移位指令和 1 条 4 位交换指令。

(1) 4 条循环移位指令

4 条循环移位指令每一次移一位,2 条只在累加器 A 中进行循环移位,2 条还要带进位标志 CY 进行循环移位。指令如下,对应的 4 条循环移位指令的示意图如图 2.3 所示。

```
RL     A    ;累加器 A 循环左移
RR     A    ;累加器 A 循环右移
RLC    A    ;带进位 C 的循环左移
RRC    A    ;带进位 C 的循环右移
```

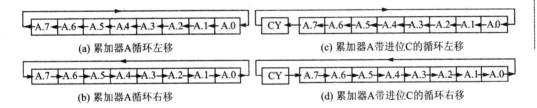

图 2.3　MCS - 51 的循环移位指令示意图

图中,带标志 CY 进行循环移位相当于 9 位移位,CY 就是第 9 位。带标志 CY 循环移位 8 次,A 的各个位将分别到 CY 中,该方法常应用于通过串行移位提取每个位。

例如,若累加器 A 中的内容为 10001011B,CY＝0,则执行“RLC　A”指令后累加器 A 中的内容为 00010110,CY＝1。

(2) 自交换指令

自交换指令用于实现高 4 位和低 4 位的互换。该指令相当于一次 4 位环移,在多次移位中经常使用。如要实现左环移 3 位功能,完全不必左环移 3 次,而是先自交换 1 次后移位 1 次即可,两条指令即可实现。自交换指令格式如下：

```
SWAP A     ;(A[3:0])<=>(A[7:4])
```

移位指令通常用于位测试、位统计、串行通信、乘以 2(左移 1 位)和除以 2(右移 1 位)等操作。

2.3.4 位操作指令

在 MCS-51 单片机中,除了有 1 个 8 位的累加器 A 外,还有 1 个位累加器 C(实际为标志 CY),可以进行位处理,这对于控制系统很重要。在 MCS-51 指令系统中,有 12 条位处理指令,可以实现位传送和位逻辑运算操作。

1. 位传送指令

位传送指令有两条,用于实现位累加器 C 与一般位之间的相互传送。

指 令		示 例
MOV C,bit	;(C)←(bit)	MOV C,20H.6
MOV bit,C	;(bit)←(C)	MOV F0,C

位传送指令在使用时必须有位累加器 C 的参与,不能直接实现两位之间的传送。如果进行两位之间的传送,则可以通过位累加器 C 来实现传送。

位传送指令的操作码也为 MOV,对于 MOV 指令是否为位传送指令,就看指令中是否有位累加器 C,有则为位传送指令,否则为字节传送或字传送(MOV DPTR,#1234H)指令。

【例 2.8】 把片内 RAM 中位寻址区的 20H 位的内容传送到 30H 位。程序如下:

```
MOV  C , 20H
MOV  30H, C
```

2. 位逻辑操作指令

位逻辑操作指令包括位清 0、置 1、取反、位"与"和位"或",总共 10 条指令。

位逻辑操作指令是 MCS-51 系列单片机的特色,由 CPU 内的位处理机实现,用于对可位寻址区中的单个位进行操作,包括位清零、位置 1 和位取反指令。

(1) 位清零指令

位清零指令用于将可位寻址位赋值为 0,指令及示例如下:

指 令		示 例
CLR C	;(C)←0	
CLR bit	;(bit)←0	CLR P1.0

(2) 位置 1 指令

位置 1 指令用于将可位寻址位赋值为 1,指令及示例如下:

指　　令		示　　例
SETB C	;(C)←1	
SETB bit	;(bit)←1	SETB ACC.7

(3) 位取反指令

位取反指令用于可位寻址位的非运算,指令及示例如下:

指　　令		示　　例
CPL C	;(C)←/(C)	
CPL bit	;(bit)←(bit)	CPLF0

(4) 位"与"指令和位"或"指令

位"与"指令和位"或"指令用于可位寻址位的"与"、"或"运算,以 CY 为目的操作数。其中,"/"表示"非"运算,指令及示例如下:

指　　令		示　　例
ANL C,bit	;(C)←(C)&(bit)	ANL C,2AH.0
ANL C,/bit	;(C)←(C)&(/bit)	ANL C,/P1.0
ORL C,bit	;(C)←C|(bit)	ORL C,2AH.0
ORL C,/bit	;(C)←C|(/bit)	ORL C,/P1.0

注意:其中"ANL C,/bit"和"ORL C,/bit"指令中的 bit 位内容并没有取反改变,只是用其取反值进行运算。

利用位"与"和位"或"逻辑运算指令可以实现各种各样的逻辑功能。

【例 2.9】 利用位逻辑运算指令编程实现两个位的"异或"操作。

分析:MCS－51 指令中没有直接的两个位的"异或"指令。要通过下式实现:

$$位变量\ X\ 和\ Y\ 的"异或"结果 = X\overline{Y} + \overline{X}Y$$

假定 X 和 Y 的位地址为 20H.0 和 20H.1,结果存储到位累加器 C 中。程序如下:

```
MOV  C,20H.1
ANL  C,/20H.0
MOV  F0,C      ;暂存
MOV  C,20H.0
ANL  C,/20H.1
ORL  C,F0
```

2.3.5　控制转移指令

控制转移指令通常用于实现循环结构和分支结构,共有 22 条,包括无条件转移指令、条件转移指令、子程序调用及返回指令。

1. 无条件转移指令

无条件转移指令是指当执行该指令后,程序将无条件地转移到指令指定的地方。无条件转移指令包括长转移指令、绝对转移指令、相对转移指令和间接转移指令。

(1) 长转移指令 LJMP

指令格式如下:

```
LJMP  addr16 ;(PC)←addr16
```

指令后面带目的位置 16 位地址,执行时直接将该 16 位地址送给程序指针 PC,程序无条件地跳转到 16 位目标地址指明的位置。指令中只提供 16 位目标地址,所以可以转移到 64 KB 程序存储器的任意位置,故得名"长转移"。该指令不影响标志位,使用方便。缺点是:字节数多(3 字节)。

(2) 绝对转移指令

指令格式如下:

```
AJMP  addr11
```

AJMP 指令后带的目的地址 addr11 的低 11 位有效,执行时将 11 位地址 addr11 送给程序指针 PC 的低 11 位,而程序指针的高 5 位不变,执行后转移到 PC 指针指向的新位置。

由于 11 位地址 addr11 的范围是 00000000000～11111111111,即 2 KB 范围,而目的地址的高 5 位不变,所以程序转移的位置只能是和当前 PC 指向(AJMP 指令地址+2)在同一 2 KB 范围内(共 32 个区域),而不能跳转到 2 KB 范围外的其他区域。编写软件过程中,工程师常因此犯错。

【例 2.10】 若 AJMP 指令地址为 3000H。AJMP 后面带的 11 位地址 addr11 为 123H,则执行指令"AJMP　addr11"后转移的目的位置是多少?

分析:执行 AJMP 指令时,PC 值为 3000H+2=3002H=0011000000000010B,指令中的 addr11=123H=00100100011B,转移的目的地址为 0011000100100011B=3123H。

(3) 相对转移指令

指令格式如下:

```
SJMP  rel        ;(PC)←SJMP 指令地址 + 2 + rel
```

SJMP 指令后面的操作数 rel 是 8 位有符号补码数,执行时,先将 SJMP 指令所在地址加 2(该指令长度为 2 字节)得到程序指针 PC 的值,然后与指令中的偏移量 rel 相加得到转移的目的地址,即

$$转移的目的地址＝(PC) + rel$$

因为 8 位补码的取值范围为－128～＋127,所以该指令中的指令寻址范围是:相对 PC 当前值向前 128 字节,向后 127 字节。

【例 2.11】 在 2100H 单元有 SJMP 指令,若 rel＝5AH(正数),则转移的目的地址为 215CH(向后转);若 rel＝F0H(负数),则转移的目的地址为 20F2H(向前转)。

分析: 用汇编语言编程时,指令中的相对地址 rel 往往用目的位置的标号(符号地址)表示。机器汇编时,能自动算出相对地址;但手工汇编时需自己计算相对地址 rel。rel 的计算方法如下:

$$rel＝目的地址－(SJMP 指令地址＋2)$$

如目的地址等于 2013H,SJMP 指令的地址为 2000H,则相对地址 rel 为 11H。当然,现在已不用手工汇编了。

(4) 间接转移指令

指令格式如下:

```
JMP   @A + DPTR;(PC)←(A) + (DPTR)
```

它是 MCS - 51 系统中唯一一条间接转移指令,转移的目的地址是由数据指针寄存器 DPTR 的内容与累加器 A 中的内容相加得到。指令执行后不会改变 DPTR 及 A 中原来的内容。数据指针寄存器 DPTR 的内容一般为基址,累加器 A 的内容为相对偏移量,在 64 KB 范围内无条件转移。

该指令的特点是转移地址可以在程序运行中加以改变。DPTR 一般为确定值,根据累加器 A 的值来实现转移到不同的分支。在使用时往往与一个转移指令表一起来实现多分支转移,具体内容请参见 2.5.5 小节多分支转移(散转)程序部分。

2. 条件转移指令

条件转移指令是指当条件满足时,程序转移到指定位置;条件不满足时,程序将继续顺次执行。在 MCS - 51 中,条件转移指令有 4 种:累加器 A 判零条件转移指令、比较转移指令、减 1 不为零转移指令和位控制转移指令。

转移的目的地址是在以下一条指令的起始地址为中心的 256 个字节范围之内(－128～127)。当条件满足时,把 PC 的值(下一条指令的首地址)加上相对偏移量 rel(－128～127)计算出转移地址。

(1) 累加器 A 判零条件转移指令

判 0 指令如下:

```
JZ   rel ;双字节指令,若 A = 0,则(PC)←(PC) + rel,否则继续向下执行
```

判非 0 指令如下:

```
JNZ   rel ;双字节指令,若 A≠0,则(PC)←(PC) + rel,否则继续向下执行
```

要说明的是,由于 MCS - 51 没有零标志,因此,在 MCS - 51 中结果是否为零的判断步骤是:首先将结构复制到 A 中,然后通过 JZ 和 JNZ 指令来判断。

【例 2.12】 把片外 RAM 自 30H 单元开始的数据块传送到片内 RAM 的 40H 开始的位置,直到出现 0 为止。

分析: 片内、片外数据传送以累加器 A 过渡,每次传送一字节,通过循环处理,直到处理到传送的内容为 0 结束。程序如下:

```
        MOV    R0, ♯30H
        MOV    R1, ♯40H
LOOP:   MOVX   A, @R0
        MOV    @R1, A
        INC    R1
        INC    R0
        JNZ    LOOP
```

【例 2.13】 利用逻辑"与"和"JZ"、"JNZ"指令实现位测试。

分析: 位测试是指,判断被测试对象字节中的第 $n(0\sim7)$ 位是 0 还是 1。位测试通过逻辑"与"运算实现。由于不能改变测试对象中的内容,所以被测试对象一般不作为目的操作数,而是将 A 作为目的操作数,并指向被测试位(令 A 中的内容只有第 n 位为 1),然后执行逻辑"与"运算指令"ANL A,被测试对象地址"。由于运算结果存入 A 便于运用"JZ"、"JNZ"指令判断被测试位的值,若 A 不等于 0 说明被测试对象的第 n 位为 1,否则为 0。例如,要实现如下功能:若 30H 地址单元的 b3 位为 0,则 B＝5,否则 B＝8,其代码如下:

```
        MOV    A, ♯08H      ;指向 b3 位
        ANL    A, 30H       ;逻辑"与"运算测试 30H 单元的 b3 位,不能改变 30H 中的内容
        JNZ    N1
        MOV    B, ♯5
        LJMP   N2
N1:     MOV    B, ♯8
N2:
```

当然第 2 条和第 3 条指令也可以采用后面讲述的位跳转指令:"JB ACC.3,N1"。位测试软件是基本的单片机应用软件,很多其他单片机具有专门的测试指令(TEST),读者必须深入体会和掌握。

(2) 比较不相等转移指令 CJNE

比较转移指令用于对两个数作比较,并根据比较情况进行相对转移,比较转移指令有 4 条,都为 3 字节指令。指令及示例如下:

指　令	示　例
CJNE　A, #date, rel	CJNE　A, #12H, rel
CJNE　Rn, #date, rel	CJNE　R0, #33H, rel
CJNE　@Ri, #date, rel	CJNE　@R1, #0F0H, rel
CJNE　A, direct, rel	CJNE　A, 30H, rel

注意：该指令实质是两个无符号数做减法影响标志位用于转移判断，但计算结果不存储到目的操作数，即两个数只是数值大小比较，而不会改变这两个数。

若目的操作数＝源操作数，则不转移，继续向下执行

若目的操作数＞源操作数，则 C＝0，(PC)←(PC)＋rel(−128～127)，转移

若目的操作数＜源操作数，则 C＝1，(PC)←(PC)＋rel(−128～127)，转移

在 MCS - 51 中没有专门作比较的指令，该指令除用于是否相等的判断外，还用作比较，如：

```
    CJNE A, #12H, Ni
Ni:
```

这条指令，无论 A 中的内容是否为 12H，都执行到了其下一行，目的是影响标志位 C，若 A≥12H，则 C＝0，否则 C＝1，从而根据 C 就可以实现 A 中的数与 12H 的大小关系判断。

下面是 30H 单元与立即数 3 的大小条件判断跳转应用实例。条件利用 C 语言形式给出，并假定 i 变量即为 30H 单元。表 2.1 为数值大小条件判断设计实例，极具典型性，敬请读者揣摩。

表 2.1　数值大小条件判断设计实例

C 语言形式	汇编形式	
	示例代码	说　明
if(i>=3)	MOV A, 30H	"大于或等于"就是直接做减法，进位标志
{	CJNE A, #3, N1	CY 等于 0
}	N1：　JC ELSE_	
else	;此处填写满足条件时的任务	
{	LJMP N2	
}	ELSE_：	
	;此处填写不满足条件时的任务	
	N2：	

单片机及工程应用基础

56

C 语言形式	汇编形式	
	示例代码	说　明

if(i>3)
{
}
else
{
}
	MOV A，#3
	　　　CJNE A，30H，N1
	N1：　JNC ELSE_
	　　　;此处填写满足条件时的任务
	　　　LJMP N2
	ELSE_：
	　　　;此处填写不满足条件时的任务
	N2：
		"大于"的判断要注意与"大于或等于"的判断区分。"大于"的判断不能直接做减法，因为进位标志 CY 等于 0 不但说明"大于"，还可表明"等于"的关系。"大于"的判断要用后边的数减去前边的数，不够减，则 CY 为 1，也就是后边的"小于"前边的数，即为"大于"关系

if(i<=3)
{
}
else
{
}
	MOV A，#3
	　　　CJNE A，30H，N1
	N1：　JC ELSE_
	　　　;此处填写满足条件时的任务
	　　　LJMP N2
	ELSE_：
	　　　;此处填写不满足条件时的任务
	N2：
		"小于或等于"是后边的数与前边的数做减法，进位标志 CY 等于 0

if(i<3)
{
}
else
{
}
	MOV A，30H
	　　　CJNE A，#3，N1
	N1：　JNC ELSE_
	　　　;此处填写满足条件时的任务
	　　　LJMP N2
	ELSE_：
	　　　;此处填写不满足条件时的任务
	N2：
		"小于"的判断同样要注意与"小于或等于"的判断区分。"小于"的判断不能直接采用后边的数与前边的数做减法，因为进位标志 CY 等于 0 不但说明"小于"，还可表明"等于"的关系。"小于"的判断要用前边的数直接减去后边的数，不够减，则 CY 为 1，也就是后边的"大于"前边的数，即为"小于"关系

if(i==3)
{
}
else
{
}
	MOV A，30H
	　　　CJNE A，#3，ELSE_
	　　　;此处填写满足条件时的任务
	　　　LJMP N2
	ELSE_：
	　　　;此处填写不满足条件时的任务
	N2：
		是否等于的判断方法很多，可以直接利用 CJNE 指令，也可以采用 XRL 指令与 JZ（JNZ）的配合等

C 语言形式	汇编形式	
	示例代码	说　明
if(i!＝3)	MOV A, 30H	是否等于的判断方法很多,可以直接利用
{	XRL A, ♯3	CJNE 指令,也可以采用 XRL 指令与 JZ
}	JZ　ELSE _	(JNZ)的配合等
else	;此处填写满足条件时的任务	
{	LJMP N2	
}	ELSE _:	
	;此处填写不满足条件时的任务	
	N2:	

（3）减 1 不为零转移指令 DJNZ

减 1 不为零转移指令 DJNZ 是先将操作数的内容减 1 并保存结果,再判断其内容是否等于零,若不为零,则转移,否则继续向下执行。DJNZ 指令与 CY 无关,CY 不发生变化。DJNZ 指令共有两条,指令及示例如下:

指　令	示　例
DJNZ　Rn, rel	DJNZ　R7, rel
DJNZ　direct, rel	DJNZ　30H, rel

DJNZ 指令也为相对寻址,PC 将指向距该指令一字节补码范围($-128\sim127$)的位置。

在 MCS‐51 中,通常用 DJNZ 指令来构造循环结构,实现重复处理,如图 2.4 所示。

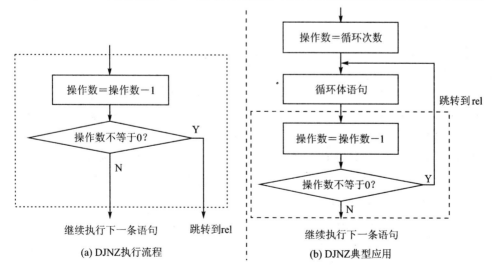

(a) DJNZ执行流程　　　(b) DJNZ典型应用

图 2.4　减 1 不为 0 转移指令(DJNZ)

单
片
机
及
工
程
应
用
基
础

【**例 2.14**】　统计片内 RAM 30H 单元开始的 20 个数据中 0 的个数,放于 R7 中。

分析:用 R2 作循环变量,最开始置初值为 20;用 R7 作计数器,最开始置初值为 0;用 R0 作指针访问片内 RAM 单元,赋初值为 30H;用 DJNZ 指令对 R2 减 1 转移进行循环控制,在循环体中用指针 R0 依次取出片内 RAM 中的数据,判断如为 0,则 R7 中的内容加 1。程序如下:

```
        MOV R0,#30H
        MOV R2,#20
        MOV R7,#0
LOOP:   MOV A,@R0
        JNZ NEXT
        INC R7
NEXT:   INC R0
        DJNZ R2,LOOP
```

3. 位控制转移指令

位转移指令共 5 条,都为相对寻址跳转指令。以 C 作为判别条件的两条,以普通位 bit 作为判别条件的 3 条。指令如下:

```
JC   rel      ;双字节指令,CY = 1 时转移,(PC)←(PC) + rel,否则程序继续向下执行
JNC  rel      ;双字节指令,CY = 0 时转移,(PC)←(PC) + rel,否则程序继续向下执行
JB   bit,rel  ;3 字节指令,(bit) = 1 时转移,(PC)←(PC) + rel,否则程序继续向下执行
JNB  bit,rel  ;3 字节指令,(bit) = 0 时转移,(PC)←(PC) + rel,否则程序继续向下执行
JBC  bit,rel  ;3 字节指令,(bit) = 1 时转移,并清零 bit 位,(PC)←(PC) + rel,否则继续向
              ;下执行
```

利用位转移指令可以进行各种测试,应用广泛。

【**例 2.15**】　从片外 RAM 30H 单元开始有 100 个数据,统计当中的正数、0 和负数的个数,分别放于 R5、R6 和 R7 中。

分析:设用 R2 作计数器,用 DJNZ 指令对 R2 减 1 转移进行循环控制。在循环体外通过 R0 指针指向片外 RAM 区首地址(30H),并对 R5、R6、R7 清零。在循环体中用指针 R0 依次取出片外 RAM 中的 100 个数据,然后判断:如大于 0,则 R5 中的内容加 1;如等于 0,则 R6 中的内容加 1;如小于 0,则 R7 中的内容加 1。程序如下:

```
        MOV     R2, #100
        MOV     R0, #30H
        MOV     R5, #0
        MOV     R6, #0
        MOV     R7, #0
LOOP:   MOVX    A, @R0
```

```
        CJNE     A，♯0，NEXT1
        INC      R6
        SJMP     NEXT3
NEXT1：JB       ACC.7，NEXT2
        INC      R5
        SJMP     NEXT3
NEXT2：INC      R7
NEXT3：INC      R0
        DJNZ     R2，LOOP
```

4. 子程序调用及返回指令

在程序设计中,通常将反复出现、具有通用性和功能相对独立的程序段设计成子程序。子程序可以有效地缩短程序长度、节约存储空间;可被其他程序共享以及便于模块化、阅读、调试和修改。

为了能够成功地调用子程序,就需要通过子程序调用指令自动转入子程序,子程序完成应能够通过其末尾的返回指令自动返回到对应调用指令的下一条指令处(称为断点地址)继续执行。因此,调用子程序指令不但要完成将子程序入口地址送到 PC 实现程序转移,还要将断点地址存入堆栈保护起来。而返回指令则将断点地址从堆栈中取出送给 PC,以便返回到断点处继续原来的程序。子程序调用示意图如图 2.5 所示。

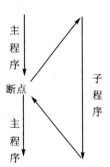

子程序调用及返回指令有 4 条:2 条子程序调用指令,2 条返回指令。

图 2.5　子程序调用示意图

(1) 子程序构成与返回指令

MCS - 51 系列单片机的子程序构成如下:

```
FUN：              ;子函数名称,注意不能以数字起始
    PUSH  diret   ;可选
      ⋮           ;子程序任务
    POP   diret   ;可选
RET
```

其中,RET 指令为子程序返回指令。RET 指令的执行过程如下:

① $(PC)[15:8] \leftarrow ((SP))$;

② $(SP) \leftarrow (SP)-1$;

③ $(PC)[7:0] \leftarrow ((SP))$;

④ $(SP) \leftarrow (SP)-1$。

执行时将子程序调用指令压入堆栈的 PC 地址出栈,第 1 次出栈的内容是 PC 的

高 8 位, 第 2 次出栈的内容是 PC 的低 8 位。执行完后, 程序转移到新的 PC 位置执行指令。由于子程序调用指令执行时压入的内容是其下一条指令的首地址, 因而 RET 指令执行后, 程序将返回到调用指令的下一条指令执行。

该指令通常作为子程序的最后一条指令, 用于返回到主程序。另外, 也常用 RET 指令来实现程序转移, 处理时先将转移位置的地址用 2 条 PUSH 指令入栈, 低字节在前, 高字节在后, 然后执行 RET 指令, 执行后程序转移到相应的位置去执行。

(2) 中断返回指令

中断返回指令格式如下:

RETI

其执行过程如下:

① (PC)[15:8]←((SP));

② (SP)←(SP)−1;

③ (PC)[7:0]←((SP));

④ (SP)←(SP)−1。

该指令的执行过程与 RET 基本相同, 只是 RETI 在执行后, 转移之前将先清除中断的优先级触发器, 使已申请的较低优先级中断请求得以响应。该指令用于中断服务子程序后面, 作为中断服务子程序的最后一条指令。它的功能是返回主程序中断断点的位置, 继续执行断点位置后面的指令。

在 MSC - 51 程序中, 中断都是硬件中断, 没有软件中断指令。硬件中断时, 由一条长转移指令使程序转移到中断服务程序的入口位置, 在转移之前, 由硬件将当前的断点地址压入堆栈保存, 以便于以后通过中断返回到断点位置后继续执行。详见第 4 章。

(3) 长调用指令

指令格式如下:

LCALL   addr16

其执行过程如下:

① (SP)←(SP)+1;

② (SP)←(PC)[7:0];

③ (SP)←(SP)+1;

④ (SP)←(PC)[15:8];

⑤ (SP)←addr16。

该指令执行时, 先将当前的 PC("LCALL 指令的首地址" + "LCALL 指令的字节数 3")值压入堆栈保存, 入栈时先低字节, 后高字节。然后转移到指令中 addr16 所指定的地方执行。由于后面带 16 位地址, 因而可以转移到程序存储空间的任一位置。

（4）绝对调用指令

指令格式如下：

```
ACALL  addr11
```

其执行过程如下：

① (SP)←(SP)+1；

② (SP)←(PC)[7:0]；

③ (SP)←(SP)+1；

④ (SP)← (PC)[15:8]；

⑤ (PC)[10:0]←addr11。

该指令执行过程与 LCALL 指令类似，只是该指令与 AJMP 一样只能实现在 2 KB 范围内的转移，用 ACALL 指令调用，转移位置与 ACALL 占领的下一条指令必须在同一个 2 KB 范围内，即它们的高 5 位地址相同。指令的结果是将指令中的 11 位地址 addr11 送给 PC 指针的低 11 位。

5. 空操作指令

指令格式如下：

```
NOP
```

这是一条单字节指令，执行时，不做任何操作（即空操作），仅将程序计数器 PC 的内容加 1，使 CPU 指向下一条指令继续执行程序。它要占用一个机器周期，常用来产生时间延迟，构造延时程序。

2.4　MCS – 51 系列单片机汇编程序设计常用伪指令

前面介绍了 MCS – 51 单片机汇编语言指令系统。在用 MCS – 51 单片机设计应用系统时，可通过用汇编指令来编写程序，用汇编指令编写的程序称为汇编语言源程序。汇编语言源程序必须翻译成机器代码才能运行，翻译的过程称为汇编。翻译通常由计算机通过汇编程序来完成，称为机器汇编；若人工查表翻译则称为手工汇编。在翻译的过程中，需要汇编语言源程序向汇编程序提供相应的编译信息，告诉汇编程序如何汇编，这些信息是通过在汇编语言源程序中加入相应的伪指令来实现的。

伪指令是放在汇编语言源程序中用于指示汇编程序如何对源程序进行汇编的指令。它不同于指令系统中的指令，指令系统中的指令在汇编程序汇编时能够产生相应的指令代码，而伪指令在汇编程序汇编时不会产生代码，只是对汇编过程进行相应的控制和说明。

伪指令通常在汇编语言源程序中用于定义数据、分配存储空间、宏定义等。MCS – 51 汇编语言程序相对于一般的微型计算机汇编语言源程序结构简单，伪指令数目少。常用的伪指令有以下几条。

1. ORG 伪指令

指令格式如下：

ORG 地址（十六进制表示）

这条伪指令放在一段源程序或数据的前面，汇编时用于指明程序或数据从程序存储空间的什么位置开始存放。ORG 伪指令后的地址是程序或数据的起始地址。例如：

```
        ORG   1000H
START:  MOV   A,#7FH
            ⋮
```

指明后面的程序从程序存储器的 1000H 单元开始存放。

2. DB 伪指令

指令格式如下：

［标号:］DB 项或项表

DB 伪指令用于定义程序存储器中的字节数据，可以定义为一字节，也可以定义为多字节。定义多字节时，两两之间用逗号间隔，定义的多字节在程序存储器中是连续存放的。定义的字节可以是一般常数，也可以是字符串。字符和字符串以引号括起来，字符数据在存储器中以 ASCII 码形式存放。

在定义时前面可以带标号，定义的标号在程序中是起始单元的地址。例如：

```
        ORG   3000H
TAB1:   DB    12H,34H
        DB    '5','A',"abc"
```

汇编后，各个数据在存储单元中的存放情况如图 2.6 所示。

3. DW 伪指令

指令格式如下：

［标号:］DW 项或项表

这条指令与 DB 相似，但用于定义程序存储器中的字数据。项或项表所定义的一个字在存储器中占两个字节。汇编时，低字节存放在程序存储器的高地址单元，高字节存放在程序存储器的低地址单元，这种存储数据的方式称为大端模式。例如：

```
        ORG   3000H
TAB1:   DW    1234H,5678H
```

汇编后，各个数据在存储单元中的存放情况如图 2.7 所示。

对应于大端模式,1 个字的低字节存储在存储器的低地址单元,高字节存放在存储器的高地址单元,这种存储数据的方式称为小端模式。

4. DS 伪指令

指令格式如下:

［标号:］DS 数值表达式

该伪指令用于在程序存储器中保留一定数量的字节单元。保留存储空间主要为以后存放数据。保留的字节单元数由表达式的值决定。例如:

```
        ORG   3000H
TAB1:   DB    12H,34H
        DS    4H
        DB    '5'
```

汇编后,存储单元中的分配情况如图 2.8 所示。

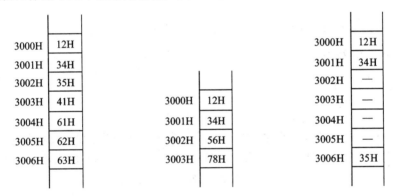

图 2.6 DB 数据分配情况 图 2.7 DW 数据分配情况 图 2.8 DS 数据分配情况

5. EQU 伪指令

指令格式如下:

符号   EQU 项

该伪指令的功能是宏替代,是将指令中的项的值赋予 EQU 前面的符号。项可以是常数、地址标号或表达式。EQU 指令后面的语句就可以通过使用对应的符号替代相应的项。例如:

```
TAB1 EQU 1000H
TAB2 EQU 2000H
```

汇编后 TAB1、TAB2 分别等于 1000H、2000H。程序后面使用 1000H、2000H的地方就可以用符号 TAB1、TAB2 替换。

用 EUQ 伪指令对某标号赋值后,该符号的值在整个程序中不能再改变。

利用 EQU 伪指令可以很好地增强软件的可读性,例如:

```
LED   EQU  P1.0
SETB  LED
```

很明显,在 P1.0 口有一个 LED 发光二极管,并将其点亮。

6. bit 伪指令

指令格式如下:

符号　bit　位地址

该伪指令用于给位地址赋予符号,经赋值后可用该符号代替 bit 后面的位地址。例如:

```
PLG bit  F0
AI  bit  P1.0
```

定义后,在程序中位地址 F0、P1.0 就可以通过 PLG 和 AI 来使用。

7. END 伪指令

指令格式如下:

```
END
```

该指令放于程序的最后位置,用于指明汇编语言源程序的结束位置。当汇编程序汇编到 END 伪指令时,汇编结束。END 后面的指令,汇编程序都不予处理。一个源程序只能有一个 END 命令,否则就有一部分指令不能被汇编。

2.5　MCS - 51 系列单片机汇编程序设计

2.5.1　延时程序设计

延时程序广泛应用于单片机应用系统。延时程序与 MCS - 51 执行指令的时间有关,如果使用 12 MHz 晶振,则一个机器周期为 1 μs,可计算出执行一条指令以至一个循环所需要的时间,给出相应的循环次数,便能达到延时的目的。1 s 延时程序如下:

```
DEL:    MOV    R5, #20      ;1 μs
DEL0:   MOV    R6, #200     ;1 μs
DEL1:   MOV    R7, #123     ;1 μs
DEL2:   DJNZ   R7, DEL2     ;123×2 μs
        DJNZ   R6, DEL1     ;(1 + 1 + 123×2 + 2)×200 μs = 50 000 μs = 50 ms
```

```
        DJNZ    R5, DEL0       ;(1 + 50 000 + 2) × 20 μs = 1 000 060 μs
        RET                    ;2 μs
```

其中,指令"DEL2:DJNZ R7,DEL2"和"DJNZ R7,$"是等效的,这是因为符号 $ 表示转移跳转到符号 $ 所在的指令,指令的书写得到简化。在 MCS - 51 的汇编语言程序设计中,凡是跳转到自身的语句均可用类似写法,如:

```
SJMP    $
```

该指令的功能是在自己本身上循环,进入等待状态。在程序设计中,程序的最后一条指令通常用"SJMP $"指令,使程序不再向后执行以避免执行后面的内容而出错。

上例延时程序是一个三重循环程序,共计 1 000 060 μs + 2 μs = 1 000 062 μs 延时,利用程序嵌套的方法对时间实行延迟是程序设计中常用的方法。使用多重循环程序时,必须注意以下几点:

① 循环嵌套,必须层次分明,不允许产生内外层循环交叉。

② 外循环可以一层层向内循环进入,结束时由里往外一层层退出。

③ 内循环体可以直接转入外循环体,实现一个循环由多个条件控制的循环结构方式。

2.5.2　数据块复制粘贴程序

数据块复制粘贴程序广泛应用于数据或信号处理应用中。

【例 2.16】 将内部 RAM 以 40H 为起始地址的 8 个单元中的内容传到外部存储器以 2000H 为起始地址的 8 个单元中。

分析: 连续地址块操作,一定要借助指针构筑循环来实现。本例可采用两个指针分别指向两块 RAM 区域,以间接寻址方式,循环 8 次实现复制数据块功能。编写程序如下:

```
        MOV    R0, #40H        ;指向内部 RAM 数据块的起始地址
        MOV    DPTR, #2000H    ;指向外部存储器存数单元的起始地址
        MOV    R7, #08         ;设定送数的个数
LOOP:   MOV    A, @R0          ;读出数送 A 暂存
        MOVX   @DPTR, A        ;送数到新单元
        INC    R0              ;取数单元加 1,指向下一个单元
        INC    DPTR            ;存数单元加 1,指向下一个单元
        DJNZ   R7, LOOP        ;8 个送完了吗? 未完转到 LOOP 继续送
```

2.5.3　数学运算程序

MCS - 51 系列单片机指令系统,只提供了单字节和无符号数的加、减、乘、除指令,而在实际程序设计中经常要用到有符号数及多字节数的加、减、乘、除运算,以及

单片机及工程应用基础

序列求和等运算。这里,只举几个典型的例子来说明这类程序的设计方法。

为了使编写的程序具有通用性、实用性,下述运算程序均以子程序形式编写。

【例 2.17】 多个单字节数据求和。已知有 10 个单字节数据,依次存放在内部 RAM 40H 单元开始的连续单元中。要求把计算结果存入 R2～R3 中(高位存 R2,低位存 R3)。

分析: 利用指针指向数据区首址,R2 和 R3 清零,循环 10 次累加到 R3,且每次相加后判断进位标志,若 C＝1,则高 8 位 R2 就加 1。程序如下:

```
SAD:   MOV   R0, #40H      ;设数据指针
       MOV   R7, #10       ;加 10 次
SAD1:  MOV   R2, #0        ;和的高 8 位清零
       CLR   A             ;和的低 8 位清零
LOOP:  ADD   A, @R0
       JNC   LOP1
       INC   R2            ;有进位,和的高 8 位 +1
LOP1:  INC   R0            ;指向下一数据地址
       DJNZ  R7, LOOP
       MOV   R3, A
```

思考题: 如何求多个数的平均数。

【例 2.18】 多字节有符号数(原码)求补运算。设在片内 RAM 30H 单元开始有一个 4 字节数据,30H 为低字节,对该数据求补,结果放回原位置。

分析: MCS－51 系统中没有求补指令,只有通过取反再加 1 得到。而当低位字节加 1 时,可能向高字节产生进位。因而在处理时,最低字节采用取反加 1,其余字节采用取反加进位,通过循环来实现。程序如下:

```
GET_C_CODE:
       MOV   A, 33H
       ANL   A, #80H
       JZ    OVER          ;正数的补码为其本身
       ANL   33H, #7FH     ;若原码为 80000000H,即 - 0,等同为 + 0 的补码
START: MOV   R2, #4        ;4 个字节求补码
       MOV   R0, #30H
LOOP:  MOV   A, @R0
       CPL   A
       ADD   A, #1
       MOV   @R0, A
       INC   R0
       DJNZ  R2, LOOP
OVER:  RET
```

【例 2.19】 两个 8 位有符号数(补码)加法,和存入两字节。

分析: 在计算机中,有符号数一律用补码表示,两个有符号数的加法,实际上是两个数补码相加,由于和是超过 8 位的,因此,和就是一个 16 位符号数,其符号位在 16 位数的最高位。在进行这样的加法运算时,应先将 8 位数符号扩展成 16 位,然后再相加。

符号扩展的原则:若是 8 位正数,则高 8 位扩展为 00H;若是 8 位负数,则高 8 位扩展为 FFH。经过符号扩展之后,再按双字节相加,则可以得到正确的结果。

子程序入口:R4 存放加数 1,R5 存放加数 2。

　　　　　　R0 存放和的首地址。

工作寄存器:R2 做加数 1 的高 8 位,R3 做加数 2 的高 8 位。

程序如下:

```
SBADD: MOV   R2, #0           ;高 8 位先设零
       MOV   R3, #0
       MOV   A, R4            ;取出第一个加数
       JNB   ACC.7, N1        ;若是正数,则转 N1
       MOV   R2, #0FFH        ;若是负数,高 8 位全送 1
N1:    MOV   A, R5            ;取第二个加数到 B
       JNB   ACC.7, N2        ;若是正数,则转 N2
       MOV   R3, #0FFH        ;是负数,高 8 位全送 1
N2:    ADD   A, R4            ;低 8 位相加
       MOV   @R0, A           ;存和的低 8 位
       INC   R0               ;修改 R0 指针
       MOV   A, R2            ;取一个加数的高 8 位送 A
       ADDC  R3               ;高 8 位相加
       MOV   @R0, A           ;存和的高 8 位
       RET
```

在调用该子程序时,只需把加数存入 R4 和 R5,并把和的地址置 R0,就可以调用这个子程序。

【例 2.20】 两个 8 位带符号数(补码)的乘法程序。

分析: MCS - 51 的乘法指令是对两个无符号数求积,若是带符号数相乘,应做如下处理。

① 保存被乘数和乘数的符号,并由此决定乘积的符号。决定积的符号时可使用位运算指令进行"异或"操作(通过位的"与"、"或"运算来完成)。

② 被乘数或乘数均取绝对值相乘,最后再根据积的符号,冠以正号或者负号。正数的绝对值是其原码本身,负数的绝对值是通过求补码来实现的。

③ 若积为负数,还应把整个乘积求补,变成负数的补码。

子程序入口:R5 存放被乘数,R4 存放乘数。

子程序出口:R3 存放积的高 8 位,R2 存放积的低 8 位。

工作存储器:B、F0。

程序如下:

```
SBMUL：MOV    A, R5         ;取被乘数
       XRL    A, R4         ;乘积结果的符号位送 ACC.7
       MOV    C, ACC.7
       MOV    F0, C         ;存积的符号
       MOV    A, R4         ;取乘数
       JNB    ACC.7, NCP1   ;乘数为正则转
       CPL    A             ;乘数为负则求补,得到对应的绝对值
       INC    A
NCP1：  MOV    B, A          ;乘数存于 B
       MOV    A, R5         ;取被乘数
       JNB    ACC.7, NCP2   ;被乘数为正则转
       CPL    A             ;被乘数为负求补,得到对应的绝对值
       INC    A
NCP2：  MUL    AB            ;相乘
       JNB    F0, NCP3      ;积为正则转
       CPL    A             ;积为负则求补
       ADD    A, #1         ;需用加法来加 1
NCP3：  MOV    R2, A         ;存积的低 8 位
       MOV    A, B          ;积的高 8 位送 A
       JNB    F0, NCP4      ;积为正则转
       CPL    A             ;高 8 位求反
       ADDC   A, #0         ;加进位
NCP4：  MOV    R3, A         ;存积的高 8 位
       RET
```

以上对符号数相乘的处理方法,也可以用于除法运算,以及 i 字节带符号数的乘法和除法运算。

【例 2.21】　两个 8 位带符号数(补码)的除法程序。

分析:与单字节有符号数的乘法处理方法类似,也是将被除数、除数取绝对值进行相除,根据被除数和除数的符号确定商的符号,若商为负数,还应把商求补,变成负数的补码。与乘法不同的是,除法还要处理余数,余数的符号应与被除数相同,当余数为负时,应对余数求补。OV 用来反映除数是否为零。

上例是通过位运算指令进行"异或"操作来确定积的符号,这里介绍另一种方法,即通过字节的"与"运算、"异或"运算来确定商的符号。

子程序入口:(R2)=被除数,(R3)=除数。

子程序出口:(R2)=商,(R3)=余数。

工作寄存器:R4 用于暂存被除数的符号,

　　　　　　R5 用于暂存除数的符号或商的符号。

程序如下:

```
SBDIV:MOV   A, R2        ;求被除数符号
      ANL   A, #80H
      MOV   R4, A        ;存被除数符号
      JZ    NEG2         ;正数,则转
NEG1: MOV   A, R2        ;被除数求补
      CPL   A
      INC   A
      MOV   R2, A
NEG2: MOV   A, R3        ;求除数符号
      ANL   A, #80H
      MOV   R5, A        ;存除数符号
      JZ    SDIV         ;正数,则转
      MOV   A, R3        ;除数求补
      CPL   A
      INC   A
      MOV   R3, A
SDIV: MOV   A, R4        ;求商的符号
      XRL   A, R5
      MOV   R5, A        ;存商的符号
      MOV   A, R2        ;求商
      MOV   B, R3
      DIV   AB
      MOV   R2, A        ;存商
      MOV   R3, B        ;存余数
      MOV   A, R5        ;取商的符号
      JZ    NEG4         ;商为正则转
NEG3: MOV   A, R2        ;商为负求补
      CPL   A
      INC   A
      MOV   R2, A
NEG4: MOV   A, R4        ;取被除数符号
      JZ    SRET         ;为正则转
      MOV   A, R3        ;余数求补
      CPL   A
      INC   A
      MOV   R3, A
SRET: RET
```

【例 2.22】 两个 16 位无符号数乘法程序。

分析: 由于 MCS-51 指令系统中只有单字节乘法指令,因此,双字节相乘只能分解为 4 次单字节相乘。设被乘数为 ab,乘数为 cd,其中 a、b、c、d 都是 8 位数。它们的乘积运算式可写成如图 2.9 所示。

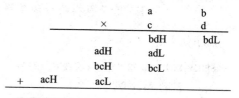

图 2.9　两个 16 位无符号数乘法

图中,bdH、bdL 等为相应的两个 8 位数的乘积,占 16 位。以 H 为后缀的是积的高 8 位,以 L 为后缀的是积的低 8 位。很显然,两个 16 位数相乘要产生 8 部分积,需由 8 个单元来存放,然后再相加,其和即为所求之积。但这样做占用工作单元太多,一般是利用单字节乘法和加法指令,按上面所列竖式,采用边相乘边相加的方法来进行。

本程序的编程思路即上面算式的运算过程。32 位乘积存放在以 R0 内容为首地址的连续 4 个单元内。

子程序入口:(R7R6)=被乘数(ab),(R5R4)=乘数(cd),
　　　　　　(R0)=存放乘积的起始地址。

子程序出口:(R0)=乘积的高位字节地址指针。

工作寄存器:R2R3 暂存部分积(R2 存高 8 位),R1 用于暂存中间结果的进位。

程序如下:

```
WMUL: MOV    A, R6      ;取被乘数低 8 位
      MOV    B, R4      ;取乘数的低 8 位
      MUL    AB         ;两个低 8 位相乘
      MOV    @R0, A     ;存低位积 bdL
      MOV    R3, B      ;bdH 暂存 R3 中
      MOV    A, R7
      MOV    B, R4
      MUL    AB         ;第 2 次相乘
      ADD    A, R3      ;bdH + adL
      MOV    R3, A      ;暂存 R3 中
      MOV    A, B
      ADDC   A, #00H    ;adh + CY
      MOV    R2, A      ;暂存 R2 中
      MOV    A, R6
      MOV    B, R5
      MUL    AB         ;第 3 次相乘
      ADD    A, R3      ;bdH + adL + bcL
      INC    R0         ;积指针加 1
      MOV    @R0, A     ;存积的第 8~15 位
      MOV    R1, #0     ;R1 清零
```

```
        MOV    A, R2
        ADDC   A, B        ;adh + bcL + CY
        MOV    R2, A       ;暂存 R2 中
        JNC    NEXT        ;无进位则转
        INC    R1          ;有进位 R1 加 1
NEXT:   MOV    A, R7
        MOV    B, R5
        MUL    AB          ;第 4 次相乘
        ADD    A, R2       ;adh + bcH + acL
        INC    R0          ;指针加 1
        MOV    @R0, A      ;存积的第 23～16 位
        MOV    A, B
        ADDC   A, R1
        INC    R0
        MOV    @R0, A      ;存积的第 31～24 位
        RET
```

本程序用到的算法很容易推广到更多字节的乘法运算中。

【例 2.23】　16 位有符号数(补码)乘法程序。

分析：16 位有符号数相乘要借用 8 位有符号数相乘和 16 位无符号数相乘的思想：

① 根据被乘数和乘数的符号计算乘积的符号。

② 被乘数、乘数均取绝对值。

③ 根据 16 位无符号数乘法子程序的入口条件设置入口参数，然后调用 16 位无符号数乘法子程序。

④ 当积为负数时，应把整个乘积求补，变成负数的补码。

子程序入口：(R7R6)＝被乘数(带符号数)，(R5R4)＝乘数(带符号数)，
　　　　　　(R0)＝存放乘积的起始地址。

子程序出口：(R0)＝32 位乘积的高位字节地址指针。

工作寄存器：R1 用于临时计数器变量，F0 暂存积的符号。

程序如下：

```
SWMUL:  MOV    A, R7         ;取被乘数高位字节
        XRL    A, R5         ;计算积的符号
        MOV    C, ACC.7
        MOV    F0, C         ;暂存积的符号到 F0
        MOV    A, R7         ;取被乘数
        JNB    ACC.7, SWMUL1 ;为正数，则转
        MOV    A, R6         ;为负数求补
        CPL    A
```

```
            ADD     A，#1
            MOV     R6，A
            MOV     A，R7
            CPL     A
            ADDC    A，#0
            MOV     R7，A
    SWMUL1：MOV     A，R5           ;取乘数
            JNB     ACC.7，SWMUL2   ;为正数则转
            MOV     A，R4           ;为负数求补
            CPL     A
            ADD     A，#1
            MOV     R4，A
            MOV     A，R5
            CPL     A
            ADDC    A，#0
            MOV     R5，A
    SWMUL2：LCALL   WMUL           ;调16位无符号数乘法子程序
            JNB     F0，MULEND      ;积为正,转结束
            DEC     R0             ;积为负,修改指针,指向低字节
            DEC     R0             ;准备对积求补
            DEC     R0
            MOV     R1，#4
            SETB    C
    LP：    MOV     A，@R0          ;积的最低字节取反加1,积的其他字节取反加进位
            CPL     A
            ADDC    A，#0
            MOV     @R0，A
            INC     R0
            DJNZ    R1，LP
    MULEND：RET     ;子程序返回
```

【例2.24】　两个16位无符号数除法程序。

分析： MCS-51系列单片机只有单字节无符号数除法指令,对于多字节除法,在单片机中一般都采用"移位相减"法。

移位相减法:先设立1个与被除数等长的余数单元(先清零),并设一个计数器存放被除数的位数。如图2.10所示,将被除数与余数单元一起左移一位,然后将余数单元与除数相减,够减,商取1,并将所得差作为余数送入余数单元;不够减,商取零;被除数与

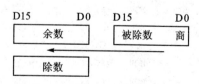

图2.10　两个16位无符号数除法

余数再一起左移 1 位,再一次将余数单元与除数相减……,重复到被除数各位均移入余数单元为止。

被除数每左移一位,低位就空出一位,故可用来存放商。因此,实际上是余数、被除数、商三者一起进行移位。

需要特别注意的是,在进行除法运算之前,可先对除数和被除数进行判别,若除数为零,则商溢出;若除数不为零,而被除数为零,则商为零。

子程序入口:(R7R6)=被除数,(R5R4)=除数。

子程序出口:(R7R6)=商,PSW.5 即 F0,除数为 0 标志。

工作寄存器:R3R2 作为余数寄存器,R1 作为移位计数器,R0 作为低 8 位的差值暂存寄存器。

程序如下:

```
WDIV：  MOV  A, R5
        JNZ  START      ;除数不为零则跳转
        MOV  A, R4
        JZ   OVER       ;除数为零则跳转
START： MOV  R2, ＃0     ;余数寄存器清零
        MOV  R3, ＃0
        MOV  R1, ＃16    ;R1 置入移位次数
DIV1：  CLR  C          ;CY 清零,准备左移
        MOV  A, R6      ;先从 R6 开始左移
        RLC  A          ;R6 循环左移一位
        MOV  R6, A      ;送回 R6
        MOV  A, R7      ;再处理 R7
        RLC  A          ;R7 循环左移一位
        MOV  R7, A      ;送回 R7
        MOV  A, R2      ;余数寄存器左移
        RLC  A          ;R2 左移一位
        MOV  R2, A      ;送回 R2
        MOV  A, R3      ;余数寄存器
        RLC  A          ;左移一位
        MOV  R3, A      ;左移一位结束
        MOV  A, R2      ;开始余数减除数
        SUBB A, R4      ;低 8 位先减
        MOV  R0, A      ;暂存相减结果
        MOV  A, R3      ;高 8 位相减
        SUBB A, R5
        JC   NEXT       ;不够减则转移
        INC  R6         ;够减,商加 1
        MOV  R3, A      ;相减所得差送入余数单元
```

```
            MOV   A, R0
            MOV   R2, A
    NEXT：  DJNZ  R1, DIV1        ;16 位未移完,则继续
    DONE：  CLR   F0              ;置除数不为零标志
            RET                   ;子程序返回
    OVER：  SETB  F0              ;置除数为零标志
            RET                   ;子程序返回
```

【例 2.25】 16 位有符号数(补码)除法程序。

分析: 16 位有符号数除法与 16 位有符号数乘法的算法类似。

① 根据被除数和除数的符号计算商的符号。

② 被除数、除数均取绝对值。

③ 根据 16 位无符号数除法子程序的入口条件设置入口参数,然后调用 16 位无符号数除法子程序。

④ 当商为负数时,应把商求补,变成负数的补码。

子程序入口:$(R7R6)$ = 被除数(带符号数),$(R5R4)$ = 除数(带符号数)。

子程序出口:$(R7R6)$ = 商,PSW.5 即 F0,除数为 0 标志。

工作寄存器:R3R2 作为余数寄存器,R1 作为移位计数器,R0 作为差值暂存寄存器,B 暂存商的符号。

程序如下:

```
SWDIV：  MOV    A, R7              ;取被除数高位字节
         MOV    C, ACC.7
         MV     B.6, C            ;暂存被除数的符号到 B.6
         XRL    A, R5             ;计算商的符号
         MOV    C, ACC.7
         MV     B.7, C            ;暂存商的符号到 B.7
         MOV    A, R7             ;取被除数
         JNB    ACC.7, SWDIV1     ;为正数,则转
         MOV    A, R6             ;为负数求补
         CPL    A
         ADD    A, #1
         MOV    R6, A
         MOV    A, R7
         CPL    A
         ADDC   A, #0
         MOV    R7, A
SWDIV1： MOV    A, R5             ;取除数
         JNB    ACC.7, SWDIV2     ;为正数,则转
         MOV    A, R4             ;为负数求补
```

```
            CPL     A
            ADD     A, ♯1
            MOV     R4, A
            MOV     A, R5
            CPL     A
            ADDC    A, ♯0
            MOV     R5, A
SWDIV2：    LCALL   WDIV            ;调 16 位无符号数除法子程序
            JB      F0, MULEND
            JNB     B.7, SWDIV3     ;商为正则转
            MOV     A, R6           ;商为负,则求补
            CPL     A
            ADD     A, ♯1
            MOV     R6, A
            MOV     A, R7
            CPL     A
            ADDC    A, ♯0
            MOV     R7, A
SWDIV3：    JNB     B.6, SWDIVEND   ;余数为正则转
            MOV     A, R2           ;余数为负,则求补
            CPL     A
            ADD     A, ♯1
            MOV     R2, A
            MOV     A, R3
            CPL     A
            ADDC    A, ♯0
            MOV     R3, A
SWDIVEND：  RET                     ;子程序返回
```

2.5.4　数据的拼拆和转换

【例 2.26】　设在 30H 和 31H 单元中各有一个 8 位数据：

$$(30H) = X_7X_6X_5X_4X_3X_2X_1X_0 \qquad (31H) = Y_7Y_6Y_5Y_4Y_3Y_2Y_1Y_0$$

现在要从 30H 单元中取出低 5 位,并从 31H 单元中取出低 3 位完成拼装,拼装结果送 40H 单元保存,并且规定：

$$(40H) = Y_2Y_1Y_0X_4X_3X_2X_1X_0$$

利用逻辑指令 ANL、ORL、RL 等来完成数据的拼拆。

分析：将 30H 单元内容的高 3 位屏蔽,并暂存到 40H 单元;31H 单元内容的高 5 位屏蔽,高低四位交换,左移一位;然后与 30H 单元的内容相或,拼装后更新到 40H 单元。程序如下：

单
片
机
及
工
程
应
用
基
础

```
MOV    A，30H
ANL    A，#00011111B
MOV    40H，A
MOV    A，31H
ANL    A，#00000111B
SWAP   A
RL     A
ORL    40H，A
```

【例 2.27】　设片内 RAM 20H 单元的内容为

$$(20H) = X_7 X_6 X_5 X_4 X_3 X_2 X_1 X_0$$

把该单元内容反序后放回 20H 单元，为

$$(20H) = X_0 X_1 X_2 X_3 X_4 X_5 X_6 X_7$$

分析：可以通过先把原内容带进位 C 右移一位，低位移入 C 中，然后结果进行带进位 C 左移一位，C 中的内容移入，通过 8 次处理即可。由于 8 次过程相同，可以通过循环完成，移位过程当中必须通过累加器来处理。设 20H 单元原来的内容先通过 R3 暂存，结果先通过 R4 暂存，R2 用作循环变量。程序如下：

```
        MOV    R3，20H
        MOV    R4，#0
        MOV    R2，#8
LOOP：  MOV    A，R3
        RRC    A
        MOV    R3，A
        MOV    A，R4
        RLC    A
        MOV    R4，A
        DJNZ   R2，LOOP
        MOV    20H，R4
```

另外，由于片内 RAM 的 20H 单元在位寻址区，所以可以通过位处理方式来实现，这种方法留给读者自己完成。

【例 2.28】　8 位二进制无符号数转换为 3 位 BCD 码。8 位二进制无符号数存放在 35H 单元，要求个位、十位、百位分别存放在 40H、41H 和 42H 单元。

分析：利用除法指令实现，程序如下：

```
        MOV    A，35H
        MOV    B，#10
        DIV    AB
        MOV    40H，B      ;存个位
        MOV    B，#10
        DIV    AB
```

76

```
      MOV   41H, B        ;存十位
      MOV   42H, A        ;存百位
```

【例 2.29】 1 位十六进制数转换成 ASCII 码。

分析：1 位十六进制数有 16 个符号 0～9、A、B、C、D、E、F。其中，0～9 的 ASCII 码为 30H～39H，A～F 的 ASCII 码为 41H～46H。转换时，只要判断十六进制数是在 0～9 之间还是在 A～F 之间，如在 0～9 之间，加 30H，如在 A～F 之间，加 37H，就可得到 ASCII。设十六进制数放于 R2 中，转换的结果放于 R2 中。程序如下：

```
      MOV   A, R2
      CLR   C
      SUBB  A, ＃0AH     ;减去 0AH,判断在 0～9 之间,还是在 A～F 之间
      MOV   A, R2
      JC    ADD30        ;如在 0～9 之间,直接加 30H
      ADD   A, ＃07H     ;如在 A～F 之间,先加 07H,再加 30H
ADD30:ADD   A, ＃30H
      MOV   R2, A
```

【例 2.30】 多工作状态指示。

分析：在实际应用中，系统一般有多种状态指示。现假定有 8 个发光二极管，不同组合的亮暗状态构成不同的工作状态指示。由于第 n 种工作状态对应的 8 个发光二极管的亮暗情况没有规律，也就不能通过运算得到，只能通过查表指令查表得到。

设第 n 种工作状态的状态号放在 R2 中，0～9 共 10 种工作状态，查得对应的发光二极管的亮暗情况也放于 R2 中，用"MOVC A,@A＋DPTR"查表。程序如下：

```
CONVERT:  MOV   DPTR, ＃TAB                              ;DPTR 指向表首地址
          MOV   A, R2                                   ;转换的数放于 A 中
          MOVC  A, @A + DPTR                            ;查表指令转换
          MOV   R2, A
          RET
    TAB:  DB 3FH,06H,5BH,4FH,66H,6DH,7DH,07H,67H,77H    ;显示译码表
```

在这个例子中，编码是一个字节，只通过一次查表指令就可实现转换。如编码是两个字节，则需要用两次查表指令才能查得编码，第一次取得低位，第二次取得高位。

2.5.5　多分支转移(散转)程序

在单片机中，可以通过控制转移指令很方便地构造两个分支的程序，对于三个分支的程序也可以通过比较转移指令 CJNE 来实现，多个 CJNE 也可直接实现多分支相等条件判断。

【例 2.31】 现有 4 路分支，分支号为常数，要求根据 R2 中的分支信息转向各个分支的程序。即当

（R2）= #data1,转向 PR1

（R2）= #data2,转向 PR2

（R2）= #data3,转向 PR3

（R2）= 其他值,转向 PR4

分析：通过比较转移指令 CJNE 来实现。用 PR1~PR5 表示各分支程序的入口地址。程序如下：

```
          MOV     A, R2
          CJNE    A, #data1
PR1:


          LJMP    OUT
PR2:      CJNE    A, #data2


          LJMP    OUT
PR3:      CJNE    A, #data3


          LJMP    OUT
PR4:


OUT:
```

对于非条件的多个分支情况,则一般通过多分支转移指令"JMP @A＋DPTR"或 RET 来实现。

1. 用多分支转移指令"JMP @A＋DPTR"实现多分支转移程序

【例 2.32】　现有 128 路分支,分支号分别为 0~127,要求根据 R2 中的分支信息转向各个分支程序。即当

（R2）=0,转向 PR0

（R2）=1,转向 PR1

$$\vdots$$

（R2）=127,转向 PR127

分析：用 PR0~PR127 表示各分支程序的入口地址。DPTR 转入散转表中第 R2 个数据,累加器 A 清零,然后执行多分支转移指令"JMP @A＋DPTR"实现转移。程序如下：

```
          MOV     A, R2
          RL      A              ;分支地址为两个字节,所以乘以 2
          MOV     B, A           ;暂存
          INC     A              ;偏移量指向转移地址的低字节
          MOV     DPTR, #TAB     ;DPTR 指向转移指令表首地址
```

```
        MOVC    A, @A + DPTR        ;读转移地址的低 8 位
        PUSH    ACC
        MOV     A, B
        MOVC    A, @A + DPTR        ;读转移地址的高 8 位
        MOV     DPH, A              ;转移地址的高 8 位写入 DPTR 的高 8 位
        POP     DPL                 ;转移地址的低 8 位写入 DPTR 的低 8 位
        CLR     A
        JMP     @A + DPTR           ;转向对应分支
TAB:    DW      PR0, PR1,…,PR127    ;转移指令表
PR0:
        ⋮
        LJMP    OUT
PR1:
        ⋮
        LJMP    OUT

PR127:
        ⋮
OUT:
```

2. 采用 RET 指令实现多分支程序

　　用 RET 指令实现多分支程序的方法是:先把各个分支的目的地址按顺序组织成一张地址表,在程序中用分支信息去查表,取得对应分支的目的地址,按先低字节,后高字节的顺序压入堆栈,然后执行 RET 指令,执行后则转到对应的目的位置。

　　【例 2.33】　用 RET 指令实现根据 R2 中的分支信息转到各个分支程序的多分支转移程序。

　　分析:设备分支的目的地址分别为 PR0～PR127。堆栈中压入转入散转表中第 R2 个数据,然后执行 RET 指令实现转移,程序如下:

```
        MOV     DPTR, #TAB         ;DPTR 指向目的地址表
        MOV     A, R2              ;分支信息存放于累加器 A 中
        RL      A                  ;分支信息乘以 2,因为 1 个 DW 占两个字节
        MOV     B, A               ;保存分支地址信息
        INC     A                  ;加 1 得到目的地址的低 8 位的变址
        MOVC    A, @A + DPTR       ;取转向地址低 8 位
        PUSH    ACC                ;低 8 位地址入栈
        MOV     A, B
        MOVC    A, @A + DPTR       ;取转向地址高 8 位
        PUSH    ACC                ;高 8 位地址入栈
        RET                        ;转向目的地址
TAB:    DW      PR0,PR1,PR2,...    ;目的地址表
```

```
        PR0
                ⋮
                LJMP    OUT
        PR1:
                ⋮
        LJMP    OUT
                ⋮
        PR127:
                ⋮
        OUT:
```

2.5.6　比较与排序

【例 2.34】　找最大值。RAM 20H 单元开始存放 8 个数,找出最大值存放到 2BH。

分析:此类问题是典型的比较问题。解决的方法就是设定 1 个存储最大值的变量并初始为 0 ,8 个数据依次比较 8 次,该变量每次比较都被赋予其中较大的值。或者设定 1 个存储最大值的变量并初始为第 1 个数 ,8 个数据依次比较 7 次,该变量每次比较都被赋予其中较大的值。下面例程采样第二种方式。

```
        MOV     R0, #20H
        MOV     R7, #7                  ;比较 7 次
        MOV     A, @R0
LOOP:   INC     R0
        MOV     2AH, @R0
        CJNE    A, 2AH, CHK             ;比较影响标志位 C
CHK:    JNC     LOOP1
        MOV     A, @R0
LOOP1:  DJNZ    R7, LOOP
        MOV     2BH, A
```

【例 2.35】　检测 8 路单字节数据,每路的最大允许值在程序存储器的表格中(单字节),每路采集数值若大于或等于允许值则对应 P0. x 口高电平报警,路数存在 R2 中(0～7),采集到的数在 30H 中。

分析:将 R2 中的数复制到 A 中,经查表指令查出对应通道的最大值,然后比较判断是否报警。程序如下:

```
           MOV     P0, #00H
           MOV     DPTR, #TAB
READ_MAX:  MOV     A, R2
           MOVC    A, @A + DPTR
           CJNE    A, 30H, N1
```

```
N1: JNC   N3              ;正常
    MOV   A, R2
    JNZ   N2              ;R2 不等于 0 则通过移位指令给出 P0.x 高电平
    MOV   P0, ♯01H        ;R2 等于 0 则直接给出 P0.0 高电平
    LJMP  N3
N2: MOV   A, ♯01H
LOOP: RL  A
    DJNZ  R2, LOOP
    MOV   P0, A
N3: RET
TAB: DB 23H,45H,22H,45H,22H,45H,22H,66H
```

【例 2.36】 冒泡法排序。设有 N 个数,它们依次存放于 LIST 地址开始的存储区域中,将 N 个数比较大小后,使它们按由小到大(或由大到小)的次序排列,存放在原存储区域中。

分析:依次将相邻两个单元的内容作比较,即第一个数和第二个数比较,第二个数和第三个数比较……,如果符合从小到大的顺序则不改变它们在内存中的位置,否则交换它们之间的位置。如此反复比较,直至数列排序完成为止。

由于在比较过程中将小数(或大数)向上冒,因此这种算法称为"冒泡法"排序,它是通过一轮一轮的比较:

第一轮经过 $N-1$ 次两两比较后,得到一个最大数。

第二轮经过 $N-2$ 次两两比较后,得到次大数。

$$\vdots$$

每轮比较后得到本轮最大数(或最小数),该数就不再参加下一轮的两两比较,故进入下一轮时,两两比较次数减 1。为了加快数据排序速度,程序中设置一个标志位,只要在比较过程中两数之间没有发生过交换,就表示数列已按大小顺序排列了,可以结束比较。

设数列首地址为 20H,共 8 个数,从小到大排列,F0 为交换标志。程序如下:

```
      MOV   R6, ♯8       ;数个数
      CLR   F0           ;F0 为交换标志
SORT: DEC   R6           ;指出需要比较的次数
      MOV   A, R6
      JZ    OUT
      MOV   R0, ♯20H     ;R0 指向数据区首址
      MOV   R1, ♯20H     ;R1 指向数据区首址
      MOV   R7, A        ;内循环计数值,R7←R6,作为比较次数循环变量
LOOP: MOV   B, @R1       ;取数据
      INC   R0
      MOV   A, @R0
```

単片机及工程应用基础

```
                CJNE      A, B, N1        ;两数比较影响标志位
        N1：  JNC       LESS            ;X[i]<X[i+1]转 LESS
                MOV       @R0, B          ;两数交换位置
                MOV       @R1, A
                SETB      F0              ;给出标志
        LESS： INC       R1
                DJNZ      R7, LOOP        ;内循环计数减 1，返回进行下一次比较
                JBC       F0, SORT        ;外循环计数减 1，返回进行下一次冒泡
        OUT：
```

　　通过上述编程实例，介绍了汇编语言程序设计的各种情况。从中可以看出，程序设计主要涉及两个方面的问题：一是算法，或者说程序的流程图；二是工作单元的安排。在以上例子中，8 个工作寄存器已够用，有时也会出现不够用的情况，特别是可以用于间接寻址的寄存器只有 R0 和 R1，很容易不够用，这时，可通过设置 RS1、RS0，以选择不同的工作寄存器组，这一点在使用上应加以注意。

82

习题与思考题

2.1　在 MCS - 51 单片机中，寻址方式有几种？其中对片内 RAM 可以用哪几种寻址方式？对片外 RAM 可以用哪几种寻址方式？

2.2　在对片外 RAM 单元的寻址中，用 Ri 间接寻址与用 DPTR 间接寻址有什么区别？

2.3　在位处理中，位地址的表示方式有哪几种？

2.4　MCS - 51 单片机的 PSW 程序状态字中无 ZERO（零）标志位，怎样判断某内部数据存储单元的内容是否为 0？

2.5　区分下列指令有什么不同？

（1）MOV　　　A, 20H　　　和　　MOV　　　A, ♯20H

（2）MOV　　　A, @R1　　　和　　MOVX　　A, @R1

（3）MOV　　　A, R1　　　 和　　MOV　　　A, @R1

（4）MOVX　　A, @R1　　　和　　MOVX　　A, @DPTR

（5）MOVX　　A, @DPTR　和　　MOVC　　A, @A+DPTR

2.6　写出完成下列操作的指令。

（1）R0 的内容送到 R1 中。

（2）片内 RAM 的 20H 单元内容送到片内 RAM 的 40H 单元中。

（3）片内 RAM 的 30H 单元内容送到片外 RAM 的 50H 单元中。

（4）片内 RAM 的 50H 单元内容送到片外 RAM 的 3000H 单元中。

（5）片外 RAM 的 2000H 单元内容送到片外 RAM 的 20H 单元中。

（6）片外 RAM 的 1000H 单元内容送到片外 RAM 的 4000H 单元中。

（7）ROM 的 1000H 单元内容送到片内 RAM 的 50H 单元中。

（8）ROM 的 1000H 单元内容送到片外 RAM 的 1000H 单元中。

2.7 在错误指令后面的括号中打"×"。

MOV	@R1，♯80H	（　）	MOV	R7，@R1	（　）
MOV	20H，@R0	（　）	MOV	R1，♯0100H	（　）
CPL	R4	（　）	SETB	R7.0	（　）
MOV	20H，21H	（　）	ORL	A，R5	（　）
ANL	R1，♯0FH	（　）	XRL	P1，♯31H	（　）
MOV	A，2000H	（　）	MOV	20H，@DPTR	（　）
MOV	A，DPTR	（　）	MOV	R1，R7	（　）
PUSH	DPTR	（　）	POP	30H	（　）
MOVC	A，@R1	（　）	MOVC	A，@DPTR	（　）
MOVX	@DPTR，♯50H	（　）	RLC	B	（　）
ADDC	A，C	（　）	MOVC	@R1，A	（　）

2.8 设内部 RAM 中(59H)=50H,执行下列程序段：

```
MOV     A,59H
MOV     R0,A
MOV     A,♯0
MOV     @R0,A
MOV     A,♯25H
MOV     51H,A
MOV     52H,♯70H
```

A=＿＿＿,(50H)=＿＿＿,(51H)=＿＿＿,(52H)=＿＿＿。

2.9 已知程序执行前有 A＝02H,SP＝52H,(51H)＝FFH,(52H)＝FFH。下述程序执行后：

```
POP     DPH
POP     DPL
MOV     DPTR,♯4000H
RL      A
MOV     B,A
MOVC    A,@A+DPTR
PUSH    ACC
MOV     A,B
INC     A
MOVC    A,@A+DPTR
PUSH    ACC
RET
ORG     4000H
```

```
DB        10H,80H,30H,50H,30H,50H
```

请问：A=＿＿＿，SP=＿＿＿，(51H)=＿＿＿，(52H)=＿＿＿，PC=＿＿＿。

2.10 对下列程序中各条指令做出注释，并分析程序运行的最后结果。

```
MOV     20H, ＃0A4H
MOV     A, ＃0D6H
MOV     R0, ＃20H
MOV     R2, ＃57H
ANL     A, R2
ORL     A, @R0
SWAP    A
CPL     A
ORL     20H, A
```

2.11 设片内 RAM 的（20H）＝40H，（40H）＝10H，（10H）＝50H，（P1）＝0CAH。分析下列指令执行后片内 RAM 的 30H、40H、10H 单元以及 P1、P2 中的内容。

```
MOV     R0, ＃20H
MOV     A, @R0
MOV     R1, A
MOV     @R1, A
MOV     @R0, P1
MOV     P2, P1
MOV     10H, A
MOV     30H, 10H
```

2.12 已知（A）＝02H,（R1）＝7FH,（DPTR）＝2FFCH，片内 RAM（7FH）＝70H，片外 RAM（2FFEH）＝11H，ROM（2FFEH）＝64H，试分别写出以下各条指令执行后目标单元的内容。

(1) MOV   A,@R1

(2) MOVX   @DPTR, A

(3) MOVC   A,@A+DPTR

(4) XCHD   A,@R1

2.13 已知：（A）＝78H,（R1）＝78H,（B）＝04H，CY＝1，片内 RAM（78H）＝0DDH,（80H）＝6CH，试分别写出下列指令执行后目标单元的结果和相应标志位的值。

(1) ADD   A,@R1

(2) SUBB   A,＃77H

(3) MUL   AB

(4) DIV   AB

(5) ANL　　78H,♯78H

(6) ORL　　A,♯0FH

(7) XRL　　80H,A

2.14 设(A)=83H,(R0)=17H,(17H)=34H,分析当执行完下面指令段后累加器 A、R0、17H 单元的内容。

```
ANL    A, ♯17H
ORL    17H, A
XRL    A, @R0
CPL    A
```

2.15 写出完成下列要求的指令。

　　(1) 将 A 累加器的低四位数据送至 P1 口的高四位,P1 口的低四位保持不变。

　　(2) 累加器 A 的低 2 位清零,其余位不变。

　　(3) 累加器 A 的高 2 位置 1,其余位不变。

　　(4) 将 P1.1 和 P1.0 取反,其余位不变。

2.16 说明 LJMP 指令与 AJMP 指令的区别?

2.17 试用三种方法将 A 累加器中的无符号数乘以 4,乘积存放于 B 和 A 寄存器中。

2.18 用位处理指令实现 P1.4＝P1.0&(P1.1|P1.2)|P1.3 的逻辑功能。

2.19 下列程序段汇编后,从 1000H 单元开始的单元内容是什么?

```
        ORG    1000H
TAB:DB     12H, 34H
        DS     3
        DW     5567H, 87H
```

2.20 试编程将片内 40H～60H 单元中的内容送到外部 RAM 以 2000H 为首地址的存储区中。

2.21 在外部 RAM 首地址为 DATA 的存储器中,有 10 个字节的数据。试编程将每个字节的最高位无条件置 1。

2.22 编程实现将片外 RAM 的 2000H～2030H 单元的内容,全部移到片内 RAM 的 20H 单元的开始位置,并将原位置清零。

2.23 试编程把长度为 10H 的字符串从内部 RAM 首地址为 DAT1 的存储器中向外部 RAM 首地址为 DAT2 的存储器进行传送,一直进行到遇见字符 CR 或整个字符串传送完毕结束。

2.24 编程实现将片外 RAM 的 1000H 单元开始的 100 个字节数据相加,结果存放于 R7R6 中。

2.25 编程统计将片外 RAM 的 2000H 开始的 100 个单元中 0 的个数存放于 R2 中。

2.26 在内部 RAM 的 40H 单元开始存有 48 个无符号数,试编程找出最小值,并

85

单片机及工程应用基础

存入 B 中。

2.27 试编写 16 位二进制数相加的程序。设被加数存放在内部 RAM 的 20H、21H 单元,加数存放在 22H、23H 单元,所求的和存放在 24H、25H 中。

2.28 设有两个无符号数 X、Y 分别存放在内部 RAM 的 50H、51H 单元,试编程计算 3X＋20Y,并把结果送入 52H、53H 单元(低 8 位先存)。

2.29 编程计算内部 RAM 50II～59H 这 10 个单元内容的平均值,并存放在 5AH 单元(设 10 个数的和小于 FFH)。

2.30 编程实现把片内 RAM 的 20H 单元的 0 位、1 位,21H 单元的 2 位、3 位,22H 单元的 4 位、5 位,23H 单元的 6 位、7 位,按原位置关系拼装在一起存放于 R2 中。

2.31 存放在内部 RAM 的 30H 单元中的变量 X 是一个无符号整数,试编程计算下面函数的函数值并存放到内部 RAM 的 40H 单元中。

$$Y=2X \qquad (X<20)$$
$$Y=5X \qquad (20 \leqslant X<50)$$
$$Y=X \qquad (X \geqslant 50)$$

2.32 设有 100 个有符号数,连续存放在外部 RAM 以 3000H 为首地址的存储区中,试编程统计出其中大于零、等于零、小于零的个数,并把统计结果分别存入内部 RAM 的 30H、31H 和 32H 这 3 个单元中。

2.33 试编一查表程序,从片外 RAM 首地址为 2000H,长度为 100 的数据块中找出 ASCII 码 D,将其地址依次传送到 20A0H～20A1H 单元中。

2.34 试编程求 16 位带符号二进制补码数的绝对值。设 16 位补码数存放在内部 RAM 的 30H 和 31H(高字节)单元中,求得的绝对值仍放在原单元中。

2.35 试编程把内部 RAM 40H 为首地址的连续 20 个单元的内容按降序排列,并存放到外部 RAM 2000H 为首地址的存储区中。

2.36 编写程序,将存放在内部 RAM 起始地址为 30H 的 20 个十六进制数分别转换为相应的 ASCII 码,结果存入内部 RAM 起始地址为 50H 的连续单元中。

2.37 在外部 RAM 2000H 为首地址的存储区中,存放着 20 个用 ASCII 码表示的 0～9 之间的数,试编程,将它们转换成 BCD 码,并以压缩 BCD 码的形式存放在 3000H～3009H 单元中。

2.38 某单片机应用系统有 4×4 键盘,经键盘扫描程序得到被按键的键值(00H～0FH)存放在 R2 中,16 个键的键处理程序入口地址分别为 KEY0,KEYI,KEY2,…,KEY15。试编程实现,根据被按键的键值,转对应的键处理程序。

2.39 已知内部 RAM 30H 和 40H 单元分别存放着一个数 a、b 试编写程序计算 a^2-b^2,并将结果送入 30H 单元。

第 **3** 章

Keil C51 语言程序设计基础与开发调试

3.1　C51 与 MCS-51 单片机

前面介绍了 MCS-51 汇编语言程序设计,汇编语言有执行效率高、速度快、编写程序代码短、与硬件结合紧密等特点。尤其在进行 I/O 口管理时,使用汇编语言快捷、直观。但汇编语言比高级语言难度大,用汇编语言编写 MCS-51 单片机程序必须要考虑其存储器结构,特别是必须考虑其片内数据存储器与特殊功能寄存器的使用以及按实际地址处理端口数据。另外,汇编语言还有可读性差,不便于移植,应用系统设计周期长,调试和排错也比较难,开发时间长等缺点。

由于每个机型的指令系统和硬件结构不同,为了方便用户,使程序所用的语句与实际问题更接近,且用户不必了解具体的结构就能编写程序,只考虑要解决的问题即可,这就是面向问题的语言,如 BASIC 语言、C 语言、PASCAL 语言等各种高级语言。高级语言容易理解、学习和掌握,用户使用高级语言编写程序会方便很多,可以大大减少工作量。但计算机执行时,必须将高级语言编写的源程序翻译成机器语言表示的目标代码方能执行,这个"翻译"就是各种编译程序(Compiler)或解释程序(Interpreter)。

基于 C 语言的程序设计相对来说比较容易,其支持多种数据类型,功能丰富,表达能力强,灵活方便,应用面广,目标程序效率高,可移植性好。尤其是 C 语言具有指针功能,允许直接访问物理地址,且具有位操作运算符,能实现汇编语言的大部分功能,可以对硬件直接进行操作。C 语言既有高级语言的特点,又具有汇编语言的特点,能够按地址方式访问存储器或 I/O 端口,方便进行底层软件设计。当然,采用 C 语言编写的应用程序也必须由对应单片机的 C 语言编译器转换生成单片机可执行且与汇编语言一一对应的代码程序。

众所周知,汇编语言生成的目标代码的效率是最高的。过去长期困扰人们的所谓"高级语言产生代码太长,运行速度太慢,因此不适合单片机使用"的致命缺点现已被极大地克服。目前,8051 上的 C 语言代码长度,已经做到了汇编语言的 1.2~1.3倍。4 KB 以上的程序,能使 C 语言的优势发挥得更好。至于执行速度的问题,可借助仿真器的辅助调试分析,找出 C 程序中对应的关键代码,进一步用人工优化,就可很方便地达到具体的实时性要求。如果谈到开发速度、软件质量、可读性和可移植性等方面,则 C 语言的完美绝非汇编语言可比拟的。现在,采用 C 语言编写程序进行单片机应用系统的开发已经成为主流。

目前,支持 MCS-51 系列单片机的 C 语言编译器很多,其中 Keil C51 以它的代码紧凑和使用方便等特点优于其他编译器,且应用广泛。本书以 Keil C51 编译器介绍 MCS-51 单片机的 C 语言程序设计。与汇编语言一样,其被集成到 μVision3 的集成开发环境中,C 语言源程序经过 C51 编译器编译、L51(或 BL51)连接/定位后生成 BIN 和 HEX 的目标程序文件。

C51 程序结构与标准的 C 语言程序结构相同,兼容标准 C 语言。如表 3.1～表 3.5 所列,C51 的运算符及表达式与标准 C 语言完全一致。

表 3.1　C51 支持的算术运算符

符　号	功　能	符　号	功　能
+	加或取正值运算符	/	除运算符
—	减或取负值运算符	%	整数取余运算符
*	乘运算符		

表 3.2　C51 支持的关系运算符

符　号	功　能	符　号	功　能
>	大于	>=	大于或等于
<	小于	<=	小于或等于
==	等于	!=	不等于

表 3.3　C51 支持的逻辑运算符

符　号	功　能	格　式
&&	逻辑与	条件式 1 && 条件式 2
||	逻辑或	条件式 1 || 条件式 2
!	逻辑非	!条件式

表 3.4　C51 支持的位运算符

符　号	功　能	符　号	功　能
&	按位与	~	按位取反
|	按位或	<<	左移
^	按位异或	>>	右移

表 3.5　C51 支持的复合赋值运算符

符　号	功　能	符　号	功　能
+=	加法赋值	-=	减法赋值
*=	乘法赋值	/=	除法赋值
%=	取模运算	&=	逻辑与赋值
|=	逻辑或赋值	^=	逻辑异或赋值
>>=	右移位赋值	<<=	左移位赋值

当然，C51 必须支持指针运算符 ∗ 和取地址运算符 &。

C51 的语法规定、程序结构及程序设计方法都与标准 C 语言程序设计兼容，但用 C51 编写的单片机应用程序与标准 C 语言程序有一定的区别：

① C51 编写单片机应用程序时，需要根据单片机存储结构及内部资源定义相应的数据类型和变量，而标准 C 语言程序不需要考虑这些问题。在 C51 中还增加了几种针对 MCS-51 单片机特有的数据类型，即特殊功能寄存器和位变量的定义。

② C51 变量的存储模式与标准 C 语言中变量的存储模式不一样，C51 中变量的存储模式是与 MCS-51 单片机的存储器密切相关的。

③ C51 中定义的库函数和标准 C 语言定义的库函数不同。标准 C 语言定义的库函数是按通用微型计算机来定义的，而 C51 中的库函数是按 MCS-51 单片机的相应情况来定义的。

④ C51 与标准 C 语言的输入/输出处理不一样，C51 中输入/输出是通过 MCS-51 串行口来完成的，输入/输出指令执行前必须要对串行口进行初始化。

⑤ C51 程序中可以用"/∗……∗/"或"//"对 C 程序中的任何部分做注释，以增加程序的可读性。标准 C 语言一般只支持"/∗……∗/"注释法。

⑥ C51 与标准 C 语言在函数使用方面也有一定的区别，C51 中有专门的中断函数。

本章将主要介绍 Keil C51 与标准 C 语言不兼容的相关语句，其中，C51 的中断函数的编写将在中断技术章节介绍。

3.2　C51 的数据类型

与标准 C 语言一致，C51 的数据类型有常量和变量之分。变量，即在程序运行中其值可以改变的量。一个变量由变量名和变量值构成，变量名是由存储单元地址的符号表示，而变量值是该单元存放的内容。定义一个变量，编译系统就会自动为它安排一个存储单元，具体的地址值用户不必在意。

标准 C 语言的数据类型可分为基本数据类型和组合数据类型，组合数据类型由基本数据类型构造而成。标准 C 语言的基本数据类型有字符型 char、整型 int、长整型 long、浮点型 float 和双精度型 double。组合数据类型有结构体类型、共同体类型和枚举类型，另外还有指针类型和空类型。C51 的数据类型也分为基本数据类型和组合数据类型，情况与标准 C 语言中的数据类型基本相同，但其中 int 型与 short 型相同（都为双字节），float 型与 double 型相同（都为 4 字节）。另外，C51 中还有专门针对 MCS-51 单片机的特殊功能寄存器型和位类型。C51 的具体情况如下：

1. 字符型 char

字符型 char 有 signed char 和 unsigned char 之分，默认为 signed char。它们的

长度均为一字节,用于存放一个单字节的数据。对于 signed char,用于定义带符号字节数据,用补码表示,所能表示的数值范围为 $-128\sim+127$;对于 unsigned char,用于定义无符号字节数据或字符,表示的数值范围为 $0\sim255$。unsigned char 既可以用来存放无符号数,也可以用来存放西文字符,一个西文字符占一字节,在计算机内部用 ASCII 码存放。

2. 整型 int

整型 int 有 signed int 和 unsigned int 之分,都用于存放一个双字节数据,默认为 signed int。对于 signed int,它用于存放双字节带符号数,用补码表示,所能表示的数值范围为 $-32\,768\sim+32\,767$。对于 unsigned int,它用于存放双字节无符号数,数的范围为 $0\sim65\,535$。

3. 长整型 long

长整型 long 有 signed long 和 unsigned long 之分,默认为 signed long。它们的长度均为 4 字节。对于 signed long,它用于存放 4 字节带符号数,用补码表示,所能表示的数值范围为 $-2\,147\,483\,648\sim+2\,147\,483\,647$。对于 unsigned long,它用于存放 4 字节无符号数,所能表示的数值范围为 $0\sim4\,294\,967\,295$。

MCS-51 采用大端模式,即 int 型和 long 型变量,其高位字节存入低地址,低位字节存入高地址。这点,在共用体应用时要尤为注意。

4. 浮点型 float

float 型数据的长度为 4 字节,格式符合 IEEE-754 标准的单精度浮点型数据,包含指数和尾数两部分,最高位为符号位 S,1 表示负数,0 表示正数,其次的 8 位为阶码 E,最后的 23 位为尾数 M 的有效数位。由于尾数的整数部分隐含固定为 1,所以数的精度为 24 位。在内存中的格式如表 3.6 所列。

表 3.6　float 在内存中的格式

字节地址	3	2	1	0
浮点数的内容	SEEEEEEE	EMMMMMMM	MMMMMMMM	MMMMMMMM

8 位阶码 E 采用移码表示,E 的取值范围为 $1\sim254$,对应的指数实际取值范围为 $-128\sim+127$。一个浮点数的取值范围为

$$(-1)^{S}\times2^{E-127}\times(1.M)$$

例如,浮点数 $+124.75=+1111100.11B=+1.11110011\times2^{+110}$,符号位为 0,8 位阶码 E 为 $+(110+1111111)=+10000101B$,23 位数值位为 11110011000000000000000B。32 位浮点表示形式为 0,1000010 1,1111001 10000000 00000000B$=$42F98000H。

阶码为 00000000 或 11111111,要么溢出,要么不是数。而 MCS-51 单片机不

包括捕获浮点运算错误的中断向量,因此必须由用户自己根据可能出现的错误条件用软件来进行适当的处理。

5. 指针型 *

指针型本身就是一个变量,在这个变量中存放着指向某一个数据的地址。这个指针变量要占用一定的内存单元。对不同的处理器其长度不一样,在 C51 中它的长度为 1 字节或 2 字节。指向片内 256 字节内,则 1 字节;指向片外 64 KB RAM 或 ROM 空间则要 2 字节。

6. 特殊功能寄存器型

这是 C51 扩充的数据类型,用于访问 MCS-51 单片机中的特殊功能寄存器数据。它分 sfr 和 sfr16 两种类型,其中 sfr 为单字节型特殊功能寄存器类型,占 1 个内存单元,利用它可以访问 MCS-51 内部的所有特殊功能寄存器;sfr16 为双字节型特殊功能寄存器类型,占用 2 字节单元,利用它可以访问 MCS-51 内部的所有两个字节的特殊功能寄存器。在 C51 中对特殊功能寄存器的访问必须先用 sfr 或 sfr16 进行声明。而不能用指针,因为特殊功能寄存器只支持直接寻址,而不支持间接寻址。声明之后,程序中就可以直接引用寄存器名。例如:

```
sfr SCON = 0x98;        //串行通信控制寄存器地址 98H
sfr TMOD = 0x89;        //定时器模式控制寄存器地址 89H
sfr ACC = 0xe0;         //累加器 A 地址 E0H
sfr P1 = 0x90;          //P1 端口地址 90H
```

C51 也建立了一个头文件 reg51.h(增强型为 reg52.h),在该文件中对所有的特殊功能寄存器都进行了 sfr 定义,对特殊功能寄存器中的有位名称的可寻址位进行了 sfr 定义,因此,只要用包括语句"#include<reg52.h>",就可以直接引用特殊功能寄存器名,或直接引用位名称。

7. 位类型 bit

在 C51 中扩充了信息数据类型用于访问 MCS-51 单片机中的可寻地址的位单元。C51 中支持两种位类型:bit 型和 sbit 型。它们在内存中都只占一个二进制位,其值可以是 1 或 0。其中用 bit 定义的位变量在 C51 编译器编译时,分配到 20H～2FH 可位寻址区,并由编译器指定具体位地址;而用 sbit 重定义已分配位地址的位变量。具体如下:

(1) 将变量用 bit 类型直接定义

例如:

```
bit n;
```

n 为位变量,其值只能是 0 或 1,其位地址是 C51 自行安排的可位寻址区的 bdata 区。

(2) 采用字节寻址变量位的方法

例如：

```
bdate int ibase;            //ibase 定义为整型变量
sbit mybit = ibase^15;      //mybit 定义为 ibase 的第 15 位
```

这里的运算符"^"相当于汇编语言中的".",其后的最大取值依赖于该位所在的字节寻址变量的定义类型,如定义为 char,最大值只能为 7。

需要注意的是,"^"在标准 C 语言中表示"异或"运算,所以字节的位提取只用在 sbit 定义中。

(3) 特殊功能寄存器的位定义

方法 1:用字节地址表示。例如:

```
sbit OV = 0xD0^2;
```

方法 2:使用头文件及 sbit 定义符,多用于没有位名称的可寻址位。例如:

```
#include<reg52.h>
sbitP1_1 = P1^1;          //P1_1 为 P1 口的第 1 位
sbit ac = ACC^7;          //ac 定义为累加器 A 的第 7 位
```

方法 3:使用头文件 reg52.h,因为可位寻址 SFR 中的位已经在 reg52.h 头文件中通过 sbit 定义好,故可直接用位名称。例如:

```
#include<reg51.h>
RS1 = 1;
RS0 = 0;
```

表 3.7 为 Keil C51 编译器能够识别的基本数据类型。

表 3.7　Keil C51 编译器能够识别的基本数据类型

数据类型	位长度	字节长度	取值范围
bit	1		0~1
signed char	8	1	−128~+127
unsigned char	8	1	0~255
enum	16	2	−32 768~+32 767
signed int	16	2	−32 768~+32 767
unsigned int	16	2	0~65 535
signed long	32	4	−2 147 483 648~+2 147 483 647
unsigned long	32	4	0~4 294 967 295
float	32	4	+1.175 494E−38~+3.402 823E+38
sbit	1		0~1
sfr	8	1	0~255
sfr16	16	2	0~65 535

其中,bit、sbit、sfr 和 sfr16 数据类型专门用于 MCS - 51 硬件和 C51 编译器,并不是标准 C 语言的一部分。它们用于访问 MCS - 51 的特殊功能寄存器,例如"sfr P0 = 0x80;"语句用于定义变量 P0,并将其分配特殊功能寄存器地址 0x80。0x80 是 MCS - 51 的 P0 地址,详见 1.4.2 小节的相关内容。

当结果表示不同的数据类型时,C51 编译器自动转换数据类型。例如位变量在整数分配中就被转换成一个整数。除了数据类型的转换之外,带符号变量的符号扩展也是自动完成的。C51 允许任何标准数据类型的隐式转换,隐式转换的优先级顺序如下:

$$bit \rightarrow char \rightarrow int \rightarrow long \rightarrow float$$
$$signed \rightarrow unsigned$$

也就是说,当 char 型与 int 型进行运算时,先自动对 char 型扩展为 int 型,然后与 int 型进行运算,运算结果为 int 型。C51 除了支持隐式类型转换外,还可以通过强制类型转换符"( )"对数据类型进行强制转换。

C51 编译器除了支持以上这些基本数据类型外,还支持一些复杂的组合型数据类型,如数组类型、指针类型、结构类型和联合类型等复杂的数据类型。定义和使用方法同标准 C 语言。

C51 兼容标准 C 语言,自然支持常量。常量,即在运行中其值不变的量,可以为字符、十进制数或十六进制数(用 0x 表示)。常量分为数值常量和符号型常量,如果是符号型常量,需用宏定义指令(♯define)对其运行定义(相当于汇编 EQU 伪指令),如:

```
♯ define  PI  3.1415
```

那么,在程序中只要出现 PI 的地方,编译程序都将其译为 3.141 5。

除此之外,C51 引入了 code 关键字,用于将常量定义到程序存储器中,可以通过"MOVC A,@A+DPTR"或"MOVC A,@A+PC"指令访问,如:

```
code  unsigned char  w1 = 99;        //99 是程序存储器中的常量
unsigned int  code  w2 = 9988;       //code 可以与变量类型说明的位置互换
```

调用时,直接写名字即可,如:

```
i = w1;    //运行后 i = 99
```

在使用 C51 数据类型及变量时应注意以下 6 点:

① 尽可能使用最小数据类型。

MCS - 51 系列单片机是 8 位机,因此对具有 char 类型的对象的操作比 int 或 long 类型的对象方便得多。建议编程者只要能满足要求,应尽量使用最小数据类型。这可用一个乘积运算来说明,两个 char 类型对象的乘积与 MCS - 51 单片机操作码 MUL AB 刚好相符,如果用整型完成同样的运算,则须调用库函数。

② 只要有可能,尽量使用 unsigned 数据类型。

MCS-51 单片机的 CPU 不直接支持有符号数的运算,因而 C51 编译必须产生与之相关的更多的代码,以解决这个问题。如果使用无符号类型,产生的代码要少得多。

③ 常量定义要通过 code 定义到程序存储器中以节约 RAM。

④ 只要有可能,尽量使用局部函数变量。

编译器总是尝试在寄存器里保持局部变量。例如,将索引变量(如 for 和 while 循环中的计数变量)声明为局部变量是最好的,这个优化步骤只对局部变量执行。使用 unsigned char/int 类型的对象通常能获得最好的结果。

⑤ 初始化时 SP 要从默认的 0x07 指向高端,以避开寄存器组区。

片内 RAM 由寄存器组、数据区和堆栈构成,且堆栈与用户 data 类型定义的变量可能重叠,为此必须合理初始化 SP,有效划分数据区和堆栈。

⑥ 访问片内 RAM 要比访问片外 RAM 快得多,经常访问的数据对象放入片内数据 RAM 中。

3.3　数据的存储类型和存储模式

3.3.1　C 语言标准存储类型

存储种类是指变量在程序执行过程中的作用范围。C51 变量的存储种类有 4 种,分别是自动(auto)、外部(extern)、静态(static)和寄存器(register),与标准 C 语言一致。

① auto:使用 auto 定义的变量称为自动变量,其作用范围在定义它的函数体或复合语句内部。当定义它的函数体或复合语句执行时,C51 才为该变量分配内存空间,结束时占用的内存空间释放。自动变量一般分配在内存的堆栈空间中。定义变量时,如果省略存储种类,则该变量默认为自动(auto)变量。

② extern:使用 extern 定义的变量称为外部变量。在一个函数体内,要使用一个已在该函数体外或别的程序中定义过的外部变量时,该变量在该函数体内要用 extern 说明。外部变量被定义后分配固定的内存空间,在程序的整个执行时间内都有效,直到程序结束才释放。

③ static:使用 static 定义的变量称为静态变量。它又分为内部静态变量和外部静态变量。在函数体内部定义的静态变量为内部静态变量,它在对应的函数体内有效,一直存在,但在函数体外不可见。这样不仅使变量在定义它的函数体外被保护,还可以实现当离开函数时值保持不变。外部静态变量是在函数外部定义的静态变量,它在程序执行中一直存在,但在定义的范围之外是不可见的。如在多文件或多模块处理中,外部静态变化只在文件内部和模块内部有效。

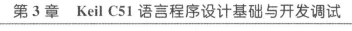
④ register：使用 Rn 定义的变量称为寄存器变量。它定义的变量存放在 CPU 内部的寄存器中，处理速度快，但数目少。C51 编译器编译时能自动识别程序中使用频率最高的变量，并自动将其作为寄存器变量，用户可以无需专门声明。

3.3.2　C51 的数据存储类型

C51 是面向 MCS‑51 系列单片机及硬件控制系统的开发语言，它定义的任何变量必须以一定的存储类型的方式定位在 MCS‑51 单片机的某一存储区中，否则便没有意义。因此在定义变量类型时，还必须定义它的存储类型，C51 变量的存储类型如表 3.8 所列。

表 3.8　C51 变量的存储类型

存储器类型	描　述
data	直接寻址内部数据存储区，访问变量速度最快（128 B）
bdata	可位寻址内部数据存储区，允许位与直接混合访问（16 B）
idata	间接寻址内部数据存储区，可访问全部内部地址空间（256 B）
pdata	分页（256 B）外部数据存储区，由操作码"MOVX @Ri"访问
xdata	外部数据存储区（64 KB），由操作码"MOVX @DPTR"访问
code	代码存储区（64 KB），由操作码"MOVC @A+DPTR"访问

访问内部数据存储器（idata）比访问外部数据存储器（xdata）相对要快一些，因此，可将经常使用的变量置于内部数据存储器中，而将较大及很少使用的数据变量置于外部数据存储器中。例如，定义变量 x 的语句"data char x;"等价于"char data x;"，如果用户不对变量的存储类型定义，则编译器承认默认存储类型，默认的存储类型由编译控制命令的存储模式决定。

定义变量时也可以省略"存储器类型"，省略时 C51 编译器将按编译模式默认存储器类型，具体的编译模式将在后面介绍。

【例 3.1】　变量定义存储种类和存储器类型的相关情况。

```
char data var1;                  //在片内 RAM 低 128 B 定义用直接寻址方式访问的字符型变量
int idata var2;                  //在片内 RAM 256 B 定义用间接寻址方式访问的整型变量
auto unsigned long data var3;    //在片内 RAM 128 B 定义自动无符号长整型变量
extern float xdata var4;         //在片外 RAM 64 KB 空间用间接寻址方式访问的外部变量
int code var5;                   //在 ROM 空间定义整型变量
unsigned char bdate var6;        //在片内 RAM 位寻址区 20H～2FH 单元定义 1 个无符号字符
                                 //型变量
```

3.3.3　C51 的存储模式

C51 编译器支持三种存储模式：SMALL 模式、COMPACT 模式和 LARGE 模式。不同的存储模式对变量默认的存储器不一样,如表 3.9 所列。

① SMALL 模式。SMALL 模式称为小编译模式,在 SMALL 模式下编译时,函数参数和变量被默认在片内 RAM 中,存储器类型为 data。

② COMPACT 模式。COMPACT 模式称为紧凑编译模式。在 COMPACT 模式下编译时,函数参数和变量被默认在片外 RAM 的低 256 B 空间,存储器类型为 pdata。

③ LARGE 模式。LARGE 模式称为大编译模式,在 LARGE 模式下编译时,函数参数和变量被默认在片外 RAM 的 64 B 空间,存储器类型为 xdata。

表 3.9 C51 的存储器模式

存储器模式	描 述
SMALL	参数及局部变量放入可直接寻址的内部存储器(最大 128 B,默认存储器类型 data)
COMPACT	参数及局部变量放入分页外部存储区(最大 256 B,默认存储器类型 pdata)
LARGE	参数及局部变量直接放入外部数据存储器(最大 64 KB,默认存储器类型为 xdata。)

在程序中变量的存储模式的指定通过 ♯ pragma 预处理命令来实现。函数的存储模式可通过在函数定义时后面带存储模式说明。如果没有指定,则系统都隐含为 SMALL 模式。

【例 3.2】 变量的存储模式

```
# pragma small           //变量的存储模式为 SMALL
char k1;
int xdata m1;
# pragma compact         //变量的存储模式为 COMPACT
char k2;
int xdata m2;
int func1(int x1,int y1)large   //函数的存储模式为 LARGE
{return(x1 + y1);
}
int func2(int x2,int y2)        //函数的存储模式隐含为 SMALL
{return (x2 - y2);
}
```

程序编译时,k1 变量存储器类型为 data,k2 变量存储器类型为 pdata,而 m1 和 m2 由于定义时带了存储器类型 xdata,因而它们为 xdata 型;函数 func1 的形参 x1 和 y1 的存储类型为 xdata 型,而函数 func2 由于没有指明存储模式,隐含为 SMALL 模式,形参 x2 和 y2 的存储器类型为 data。

3.4 C51 中绝对地址的访问

在 C51 中,可以通过变量的形式访问 MCS - 51 单片机的存储器,也可以通过绝对地址来访问存储器。对于绝对地址,访问的形式有三种。

1. 使用 absacc.h 中预定义的宏

C51 编译器提供了一组宏定义来对 MCS-51 系列单片机的 code、data、pdata 和 xdata 空间进行绝对寻址。规定只能以无符号数方式访问,定义了 8 个强指针宏定义,其函数原型如下:

```
# define CBYTE ((unsigned char volatile code * ) 0)
# define DBYTE  ((unsigned char volatile data * ) 0)
# define PBYTE ((unsigned char volatile pdata * ) 0)
# define XBYTE ((unsigned char volatile xdata * ) 0)

# define CWORD ((unsigned int volatile code * ) 0)
# define DWORD ((unsigned int volatile data * ) 0)
# define PWORD ((unsigned int volatile pdata * ) 0)
# define XWORD ((unsigned int volatile xdata * ) 0)
```

这些函数原型放在 absacc.h 文件中。使用时需用预处理命令把该头文件包含到文件中,形式为

```
# include<absacc.h>
```

其中,宏名 CBYTE 以字节形式对 code 区寻址,DBYTE 以字节形式对 data 区寻址,PBYTE 以字节形式对 pdata 区寻址,XBYTE 以字节形式对 xdata 区寻址,CWORD 以字形式对 code 区寻址,DWORD 以字形式对 data 区寻址,PWORD 以字形式对 pdata 区寻址,XWORD 以字形式对 xdata 区寻址。访问形式如下:

```
宏名[地址]
```

其中,地址为存储单元的绝对地址,一般用十六进制形式表示。

【例 3.3】 绝对地址对存储单元的访问。

```
# include   <absacc.h>            //将绝对地址头文件包含在文件中
# include   <reg52.h>             //将寄存器头文件包含在文件中
# define uchar unsigned char      //定义符号 uchar 为数据类型符号 unsigned char
# define uint unsigned int        //定义符号 uint 为数据类型符号 unsigned int
void main(void)
{ uchar var1;
  uint var2;
  var1 = XBYTE[0x0005];           //XBYTE[0x0005]访问片外 RAM 的 0005 字节单元
  var2 = XWORD[0x0002];           //XWORD[0x0002]访问片外 RAM 的 0002 字节单元
   ⋮
  while(1);
```

在上面的程序中,"XBYTE[0x0005]"是以绝对地址方式访问片外 RAM 0005字节单元;"XWORD[0x0002]"是以绝对地址方式访问片外 ROM 0002 字单元。

2. 通过指针访问

采用指针的方法,可以实现在 C51 程序中对任一支持间接寻址的存储器单元进行访问。

【例 3.4】 通过指针实现绝对地址的访问。

```
#define uchar unsigned char      //定义符号 uchar 为数据类型符号 unsigned char
#define uint unsigned int        //定义符号 uint 为数据类型符号 unsigned int
void func(void)
{   uchar data var1;
    uchar pdata * dp1;           //定义一个指向 pdata 区的指针 dp1
    uint xdata * dp2;            //定义一个指向 xdata 区的指针 dp2
    uchar data * dp3;           //定义一个指向 data 区的指针 dp3
    dp1 = 0x30;                  //dp1 指针赋值,指向 pdata 区的 30H 单元
    dp2 = 0x1000;                //dp2 指针赋值,指向 xdata 区的 100H 单元
    * dp1 = 0xff;                //将数据 0xff 送到片外 RAM 30H 单元
    * dp2 = 0x1234;              //将数据 0x1234 送到片外 RAM 1000H 单元
    dp3 = &var1;                 //dp3 指针指向 data 区的 var1 变量
    * dp3 = 0x20;                //给变量 var1 赋值 0x20
}
```

3. 使用 C51 扩展关键字 _at_

使用 _at_ 对指定的存储器空间的绝对地址进行访问,一般格式如下:

[存储器类型]　数据类型说明符　变量名_at_　地址常数;

其中,存储器类型为 data、bdata、idata 和 pdata 等 C51 能识别的数据类型,如省略则按存储模式规定的默认存储器类型确定变量所存储的区域;数据类型为 C51 支持的数据类型;地址常数用于指定的绝对地址,必须位于有效的存储器空间之内;使用 _at_ 定义的变量必须为全局变量。

【例 3.5】 通过_at_实现绝对地址的访问。

```
#define uchar unsigned char      //定义符号 uchar 为数据类型符 unsigned char
#define uint unsigned int        //定义符号 uint 为数据类型符 unsigned int
int main(void)
{   data uchar x1_at_0x40 ;       //在 data 区中定义字节变量 x1,它的地址为 40H
    xdata uint x2_at_0x2000 ;     //在 xdata 区中定义字节变量 x2,它的地址为 2000H
    x1 = 0xff;
    x2 = 0x1234;
        ⋮
    while(1);
```

　}

当然,对于 SFR 只能采用 sfr 和 sfr16 关键字进行绝对地址访问定义,因为,SFR 不支持间接寻址,也就不支持指针。而位地址的绝对地址访问定义只能采用 sbit 关键字。

3.5　Keil μVision 集成开发环境

Keil μVision 是 ARM 公司用于 MCS - 51 系列单片机和 ARM 系列微处理器的 IDE(Integrated Drive Electronics)环境。本节将讲述基于 Keil μVision 的 MCS - 51 系列单片机软件的开发方法。

单击 Keil μVision 图标进入 Keil μVision 集成开发环境,如图 3.1 所示。

软件设计,首先需要建立用于软件工程管理的工程文件。单击 Project/New μVision Project 选项,弹出软件工程存储路径选择对话框。一般预先新建好一个工程文件夹,且一个工程对应一个文件夹。键入工程名,并保存,弹出如图 3.2 所示界面。

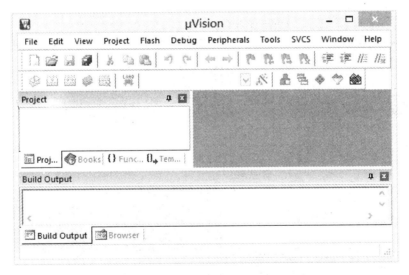

图 3.1　Keil μVision 集成开发环境

选择 Atmel 公司的 AT89S52 单片机作为应用和实验对象。右侧是 Keil 环境自动给出的关于 AT89S52 的宏观描述。单击"确定"按钮弹出提示对话框,如图 3.3 所示。

若在该工程文件夹第一次建立 C51 工程,则单击"是"按钮,用于添加启动代码。非第一次建立 C51 工程,或者建立汇编应用,则单击"否"按钮,进入如图 3.4 所示界面。

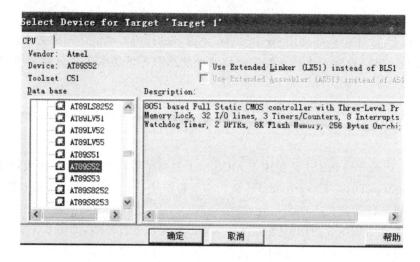

图 3.2　工程器件选择

图 3.3　启动代码添加提示对话框

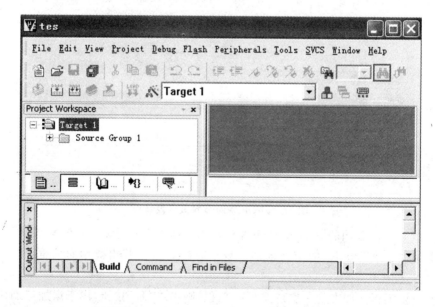

图 3.4　Keil μVision 建立工程后的界面

下面建立用于编辑汇编程序代码的汇编(∗.asm)文件。单击 File/New→File/Save 选项将文件存储到对应工程文件夹。**注意**:文件名一定要带有汇编文件扩展名".asm"。若建立 C 程序,则文件名的扩展名为".c"。扩展名一定要正确键入。

然后,在左侧 Project Workspact 栏中的 Source Group1 选项上右击选择 Add Files to Group'Source Group 1',或在 Source Group1 选项上双击进入添加资源文件对话框,如图 3.5 所示。

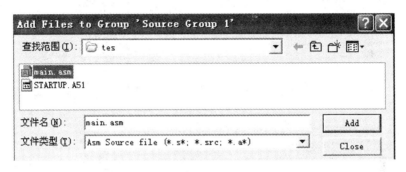

图 3.5　添加资源文件界面

文件类型选择 Asm Source file (∗.s∗;∗.src;∗.a∗),添加.asm 文件后,单击 Close 按钮,得到如图 3.6 所示界面,即可编辑和调试程序。添加.c 文件的方法同理。

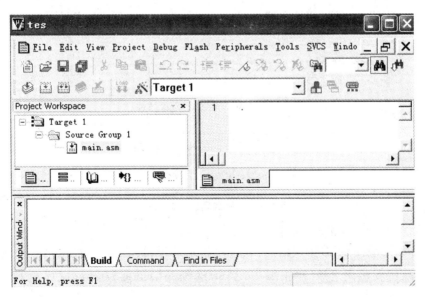

图 3.6　Keil μVision 3 软件编辑环境

编辑软件之前,先要设定工程的一些编译条件或要求等。单击 Projece/Options for Target'Target 1'选项进入如图 3.7 所示对话框。

其中图 3.7(b)生成十六进制文件，一定要选上，这样我们才能够编译生成用于下载到单片机的可执行文件 ∗.HEX。

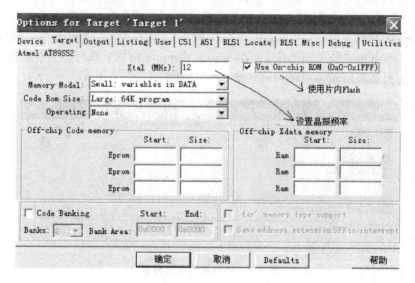

(a) 设置仿真时钟

(b) 勾选生成HEX的文件

图 3.7　工程选项设置对话框

下面就可以编写和编译软件了，如图 3.8 所示。

若有编译错误，双击错误信息，软件将指示编译错误行。一般从第一个错误开始，当排除所有错误之后，单击 Debug/Start/Stop Debug Session 选项进入软件模拟仿真调试状态。当然若停止调试，也是单击该选项。再次进入图 3.7(a)所示界面，并进入 Debug 标签，如图 3.9 所示。之后就可以进行软件仿真调试，如"单步运行"、"运行到光标处"等查看各寄存器状态，辅助仿真调试软件，如图 3.10 所示。通过单击 Peripherals 菜单还可以仿真模拟片上资源设备，如图 3.11 所示。

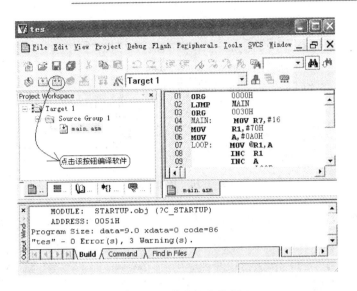

图 3.8　软件编写和编译

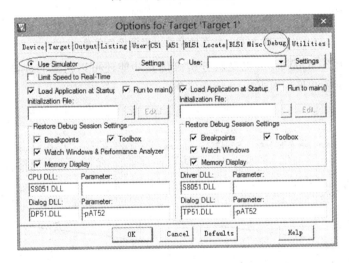

图 3.9　设置 Keil μVision 处于模拟仿真状态

若想观察存储器中的数据,可以通过 View→Memory Windows 选项打开存储器观察窗口直接观察对应地址的数据。若观察片内低 128 B RAM 或 SFR 中的数据,地址栏中直接输入 D:地址 ,再按回车键即可;若观察片内高 128 B RAM 中的数据,地址栏中直接输入 I:地址 ,再按回车键即可;若观察片内外 RAM 中的数据,地址栏中直接输入 X:地址 ,再按回车键即可;若观察 ROM 中的数据,地址栏中直接输入 C:地址 ,再按回车键即可。当然,若调试 C 语言软件,多用 View→Watch 选项的 Watch 窗口,直接给出变量名即可观察变量信息。

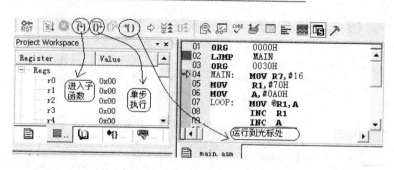

图 3.10　仿真调试

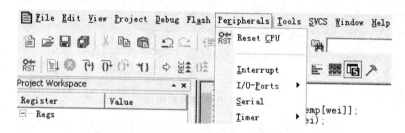

图 3.11　仿真模拟片上资源设备菜单

　　另外，使用 Keil μVision 的逻辑分析仪仿真功能还可以仿真时序波形，一边看代码，一边查看变量波形，如图 3.12 所示实例。

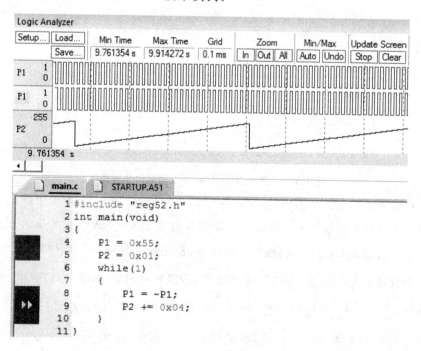

图 3.12　Keil μVision 的逻辑分析仪仿真输出示例

那么,如何进入 Keil μVision 的逻辑分析仪仿真波形状态呢? 首先,要确保 Keil μVision 处于模拟仿真状态。然后按图 3.13 所示,使用菜单或工具栏打开逻辑分析仪 UI 界面。

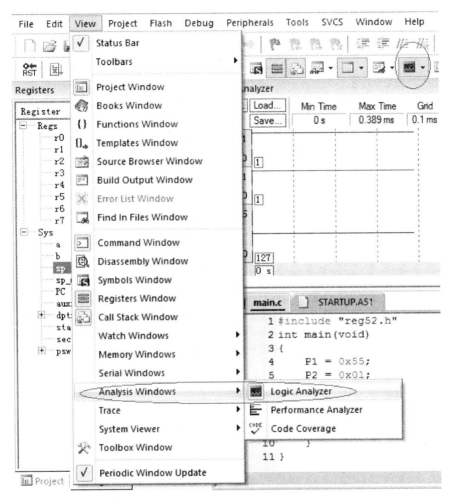

图 3.13　使用菜单或工具栏打开逻辑分析仪 UI 界面

　　然后,把要关心的变量添加到 Watch 窗口,并用鼠标把信号从 Watch 窗口拖到 LA 窗口即可,如果把 P1 和 P2 分别拖了两次,可以看到有两个 P1 和 P2,如图 3.14 所示。当然,也可以通过 Setup 按钮添加。

　　本例中,若要查看 P1.0 波形,其具体设置是要将 P1 选择为 bit 模式,mask= 0x01,shift=0,如图 3.15(a)所示。P1.1 的波形设置,选择 bit 模式,mask=0x02, shift=1,如图 3.15(b)所示。若把 P2 视作模拟量来观察,比如 P2 外接并行 D/A 转换器,则更加直观,如图 3.15(c)所示。另外,也可以把 P2 设置为状态模式,类似普通 LA 的总线模式,如图 3.15(d)所示。

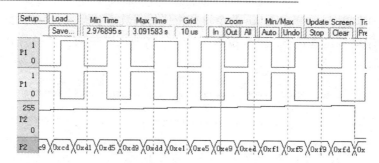

图 3.14　在 LA 中添加变量

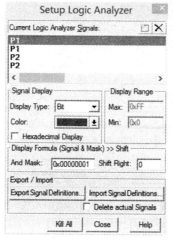

(a) 设置P1.0，波形显示

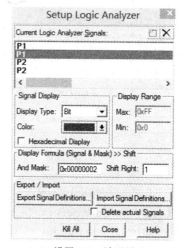

(b) 设置P1.1，波形显示

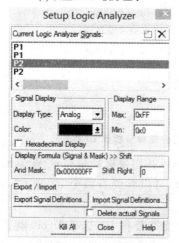

(c) 设置P2，波形显示

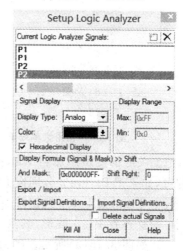

(d) 设置P2，十六进制显示

图 3.15　仿真信号设置

当仿真通过之后,即可将软件下载到单片机的程序存储器中。

3.6　基于 Multisim 进行单片机应用系统仿真

基于 Keil 进行软件模拟仿真仅能知到单片机运行情况,可是单片机应用系统除了单片机外还有其他电路。我们知道 Multisim 可以进行数/模混合电路的 SPICE 仿真,那么,当某个器件是单片机,是否还能够仿真呢? 答案是肯定的,自 Multisim9 开始,利用 Multisim 自带的单片机模块,可以建立单片机系统电路,并且可进行相应的仿真,大大方便了单片机初学者和开发人员。

Multisim 的基本操作及应用方法不是本书讨论的范围。本节仅介绍基于 Multisim 进行单片机仿真的方法。具体如下:

在添加器件对话框,Group 下拉菜单选择 MCU Module 选项,出现如图 3.16 所示窗口。选择 8052,单击 OK 按钮即可选择并添加 8052 增强型单片机。然后,弹出如图 3.17 所示对话框,设置单片机对应软件工程目录及工程子目录。单击 Next 按钮进入如图 3.18 所示对话框,设置编程语言和工程名字,这里以汇编语言为例。单击 Next 按钮进入如图 3.19 所示对话框,建立编程文本文件。单击 Finish 按钮进入如图 3.20 所示界面。

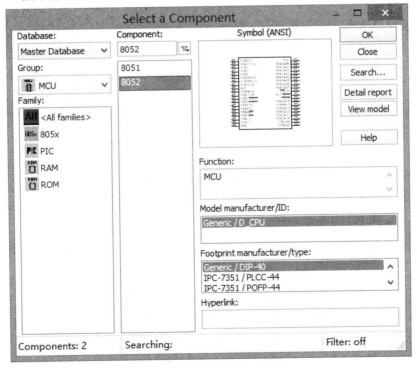

图 3.16　添加 8052 单片机

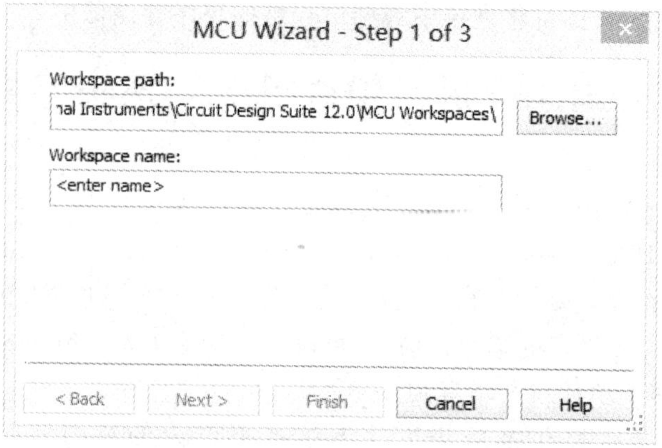

图 3.17　设置单片机对应软件工程目录及工程子目录

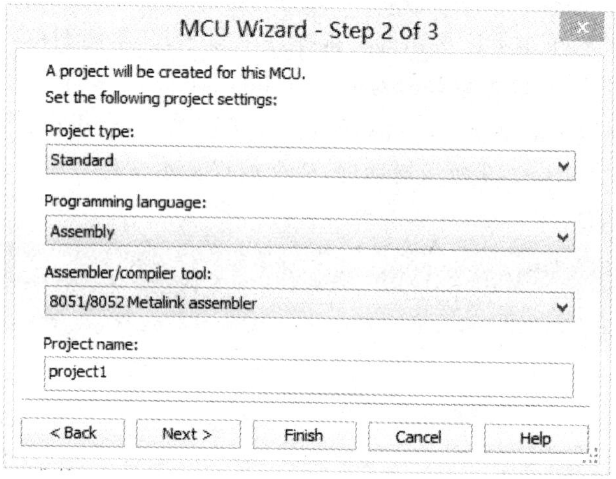

图 3.18　设置单片机对应软件工程语言及工程名

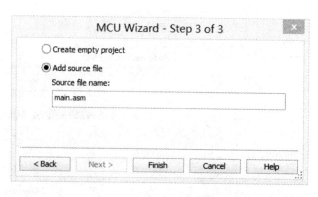

图 3.19　建立编程文本文件

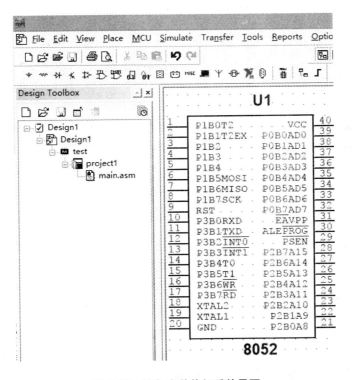

图 3.20　添加完单片机后的界面

　　双击单片机,进入属性对话框如图 3.21 所示。其 Value 选项卡中要填入正确的工作时钟,然后单击 OK 按钮。

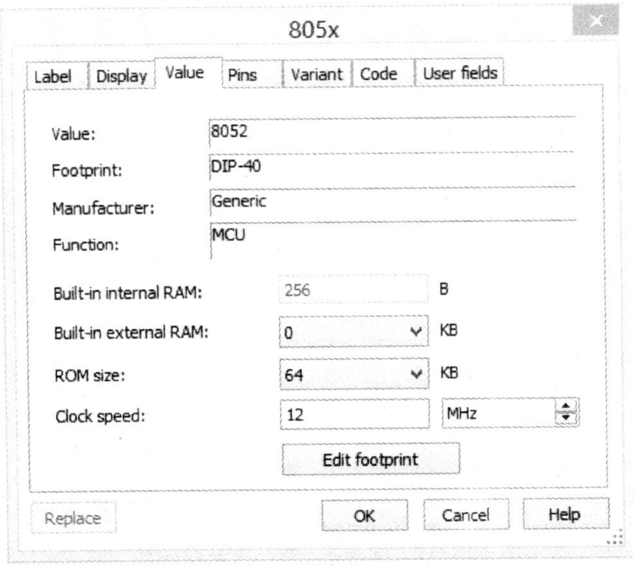

图 3.21　单片机属性对话框

双击左侧 Design Toolbox 导航栏中的文本文件即可编辑待仿真用的软件。如图 3.22 所示。编写一个 P0.0 端口 LED 闪烁的程序并编译,如图 3.23 所示。

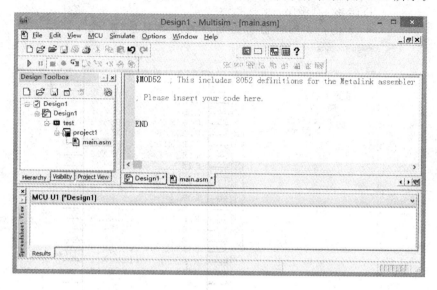

图 3.22　编辑待仿真的软件

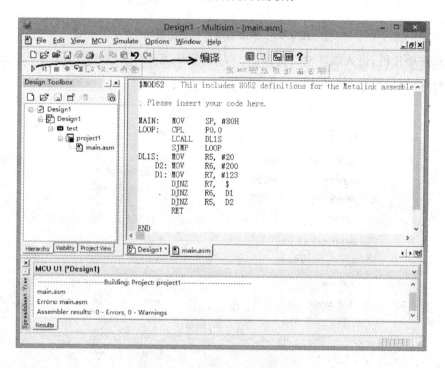

图 3.23　编辑完成待仿真的软件

双击图 3.23 左侧 Design Toolbox 导航栏中的 Design1 选项回到原理图绘制窗

口,添加其他元器件,即可进行仿真单步和全速运行仿真。

如图 3.24 所示,若在图 3.18 的 Project type 下拉列表选择为 External hex file,则在单片机属性对话框的 code 内添加已有的 hex 文件进行仿真。

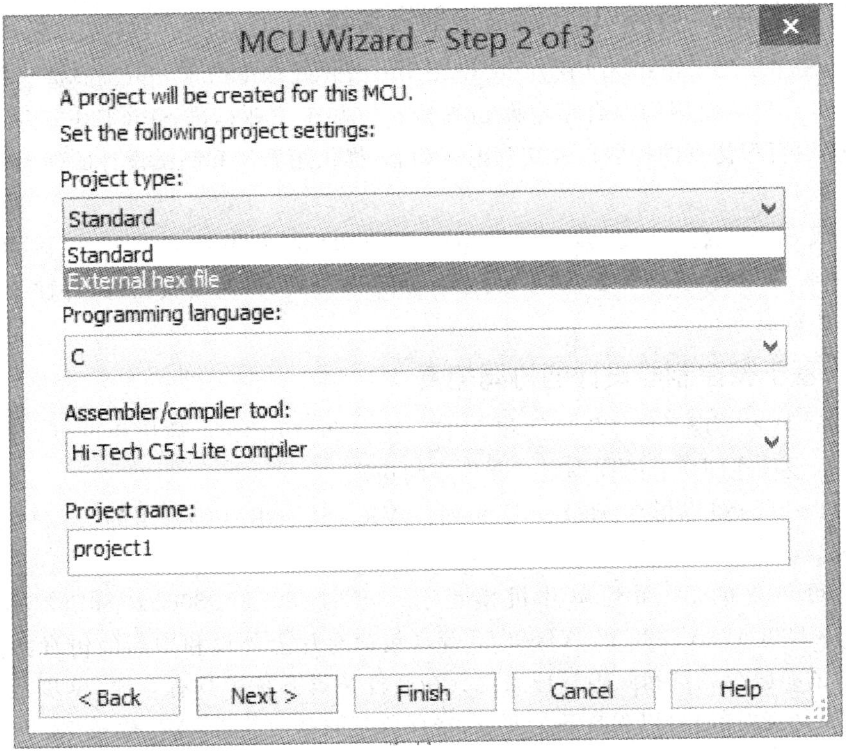

图 3.24　添加已有的 hex 文件

3.7　基于 Proteus 的单片机应用系统仿真

3.7.1　Proteus 简介

Proteus 是英国 Labcenter Electronics 公司开发的多功能 EDA 软件。Proteus 不仅是模拟电路、数字电路、模/数混合电路的设计与仿真平台,也是目前较先进的单片机和嵌入式系统的设计与仿真平台。

Proteus 包括 Proteus VSM(Virtural System Modelling,虚拟系统模型)和 Proteus PCB Design 两大部分。由于本书主要涉及与单片机课程有关的软件设计与仿真,故只叙述 Proteus VSM 的功能。Proteus VSM 主要包括以下几部分内容。

1. 智能原理图输入系统 ISIS

ISIS(Intelligent Schematic Input System)是 Proteus 系统的中心,它不仅是一

个图表库,而且是智能原理图设计、绘制和编辑的环境,又是数字电路、模拟电路和数/模混合电路设计与仿真的环境,更是单片机与外围设备的设计、仿真和协同仿真的环境。

2. 带扩展的 ProSPICE 混合模型仿真器

ProSPICE(Simulation Program With Integrated Circuit Emphasis)是结合 ISIS 原理图设计环境使用的混合型电路仿真器。它基于工业标准 SPICE3F5 的模拟内核,加上混合型仿真的扩展以及交互电路动态,提供了开发和测试设计的强大交互式环境。

集成 SPICE 高级图表仿真(Advanced Simulation Feature,ASF),包括:模拟瞬态、数字瞬态、混合模式瞬态、频率、傅里叶、噪声、失真、转换曲线、直流特性、交流特性和工作特点等。

3. 基于微控制器设计的协同仿真

VSM 技术实现了单片机仿真和 SPICE 电路仿真相结合,使用户可以对基于微控制器的设计连同所有的周围电子器件一起仿真。

① Proteus 可以仿真 MCS - 51 系列、AVR、PIC、ARM 等常用的 MCU 及其外围电路。

② 可仿真的 51 系列单片机模型有:80C31、80C32、80C51、80C52、80C54、80C58、AT89C51、AT89C52、AT89C55 等。包括对片上外设和中断的仿真,完整集成 ISIS 的源码级调试和源码管理系统。在硬件仿真系统中具有全速、单步、设置断点等调试功能,同时可以观察各个变量、寄存器等的当前状态,支持集成 Keil 等第三方编译器和调试器。

Proteus 实现了在计算机上完成从原理图与电路设计、电路分析与仿真、单片机代码级调试与仿真、系统测试与功能验证到形成 PCB 的完整的电子设计和研发过程。Proteus 丰富的元器件模型、对处理器的支持、多样的虚拟仪器(如示波器、逻辑分析仪、信号发生器等)、强大的图表分析功能和与第三方集成开发环境的无缝集成,真正实现了虚拟物理原型功能。在目标板还没有投产前,就可以对设计的硬件系统的功能、合理性和性能指标进行充分调整,并可以在没有物理目标板的情况下,进行相应软件的开发和调试,进行完全的虚拟开发,使得在物理原型出来之前就可对这类设计的开发和测试成为可能,明显地提高了企业的开发效率,降低了开发风险。下面就介绍基于 Proteus 进行单片机应用系统仿真的方法。

3.7.2　基于 Proteus 进行单片机应用系统仿真

单片机应用系统仿真主要在智能原理图输入系统 ISIS 中进行,以 Proteus 8 作为讲解对象,如图 3.25 所示,打开软件后首先单击 isis 图标进入 Proteus ISIS 集成环境。

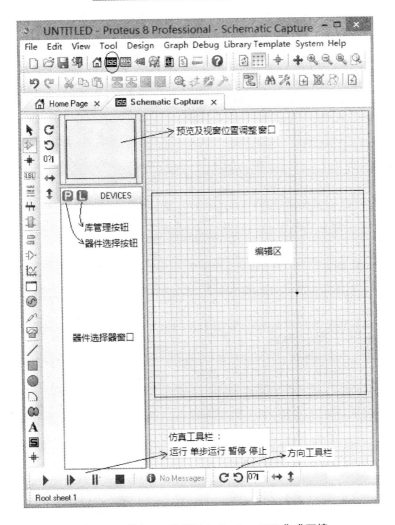

图 3.25　单击 isis 图标进入 Proteus ISIS 集成环境

其中,预览窗口的作用如下:

① 当在对象选择器窗口中单击某一个元器件时,该元器件会显示在预览窗口。此时可通过方向工具栏中的按钮对该元器件进行旋转和翻转操作。

② 当光标指针在编辑区窗口操作时,预览窗口会显示可编辑区的缩略图,并显示一个绿色方框,绿色方框内的内容就是当前编辑区窗口中显示的可编辑区的内容。

③ 当单击预览窗口的绿色方框后,移动光标可改变绿色方框的位置,从而改变可编辑区的可视区域,再次单击预览窗口的绿色方框退出移动绿色方框。

对象选择器窗口用来选择绘图用的各类元器件、仪器等,可执行以下操作:

① 当单击模式选择工具栏的某一按钮时,标签显示对象选择器窗口所列对象的类型。

② Proteus 有多个元器件库,选取元器件对话框如图 3.26 所示。具体步骤为: 单击模式选择工具栏"元件"按钮⬦,单击器件选择按钮"P",在弹出的 Pick Devices (选取元器件)对话框的 Keywords(关键字)栏中输入元器件名称(也可以是分类、小

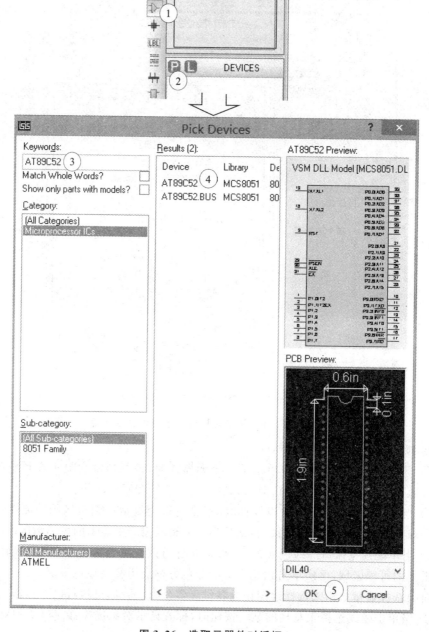

图 3.26　选取元器件对话框

类、属性值),与关键字匹配的元器件显示在元器件列表 Results 中。双击选中的元器件,便将所选元器件加入到对象选择器窗口。用同样的方法选取其他元器件,单击 OK 按钮完成元器件选取。

右击(或单击)编辑区的元器件,该元器件变为红色表明被选中,光标指针放到被选中的元器件上,按住左键拖动,将光标移到编辑区某一位置松开,即完成元器件的移动。光标指针放到被选中的元器件上右击,单击弹出的快捷菜单中的方向工具命令可实现元器件的旋转和翻转。右击编辑区中被选中的元器件,可删除该元器件。

③ 当单击库管理按钮"L"时,可从打开的 Devices Libraries Manager 对话框中整理元器件库。用户器件库 USERDVC 可由用户自己添加元器件,也可单击建库按钮 Create Library 建立自己的库。

在 Proteus 中也可以编辑、编译和调试单片机软件,但是还是建议基于 Keil 编译生成 hex 文件,以及 Proteus 与 Keil 联合实现仿真调试。在单片机上双击进入其编辑对话框,如图 3.27 所示,在 Program File 文本框中加入汇编后单片机所要执行的 hex 文件,然后单击 OK 按钮。

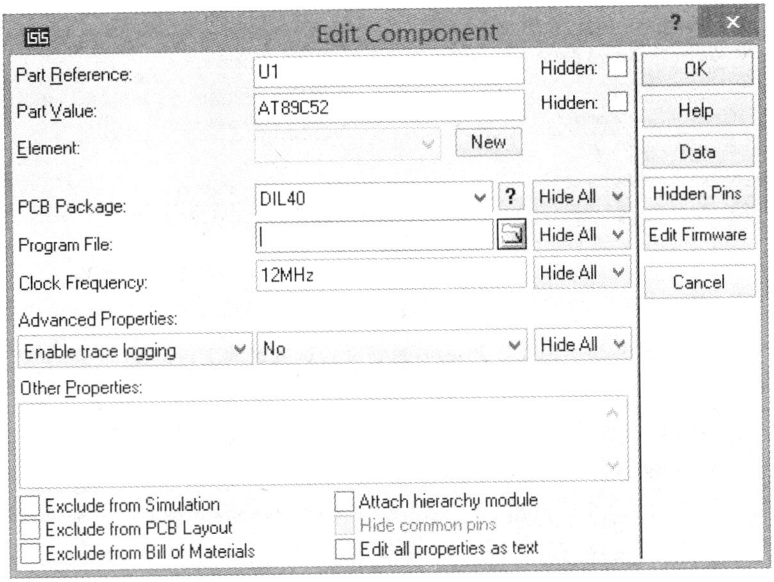

图 3.27　单片机编辑对话框

在电路设计好后,如有需要放置虚拟仪器、选择测试点,则需要注意信号源要接地,示波器没有接地线,测量结果是相对 GND 的波形。然后,就可以仿真了。

也可以结合 Keil 进行联合调试与仿真,Proteus 作为被仿真调试的"硬件对象"。要注意的是,要实现 Proteus 与 Keil 联调首先要安装 vdmagdi(到 Proteus 官方网站免费下载),vdmagdi 将 Proteus 虚拟连接为被 debug 对象。具体步骤如下:

在 Keil 的工程项目中进入 Options for Target 对话框,单击 Debug 选项卡,在出现的对话框中的右栏部分的下拉菜单中选中 Proteus VSM Simulator,并且还要点选前面的 Use 表明 debug 对象为 Proteus 设计对象,如图 3.28 所示。单击右侧的 settings 按钮,进入连接调试器通信接口设置对话框,如图 3.29 所示。在 Host 文本框中添上 "127.0.0.1",如果使用的不是同一台计算机,则需要在这里添上另一台计算机的 IP 地址(另一台计算机也应安装 Proteus)。在 Port 文本框中添加 "8000"。设置好的情形如图 3.29 所示,单击 OK 按钮即可。最后将工程编译,进入调试状态并运行。

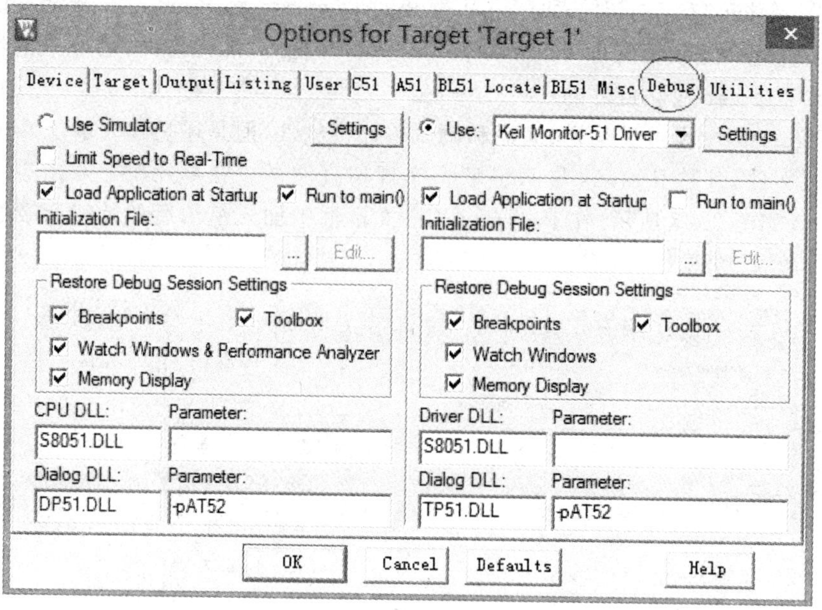

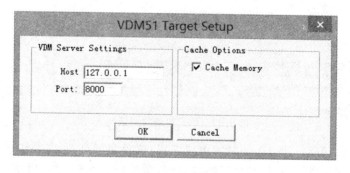

图 3.28 Keil 与 Proteus 进行联合调试时的工程设置

图 3.29 调试器通信接口设置对话框

打开要调试的 Proteus 对应的 ISIS 文件,单击菜单 Debug,选择 Enable Romote Debug Monitor 选项,如图 3.30 所示。此后,便可实现在 Keil 环境与 Proteus 连接,右击单片机加载 hex 文件,Proteus 的设计内容接受 Keil 仿真调试。

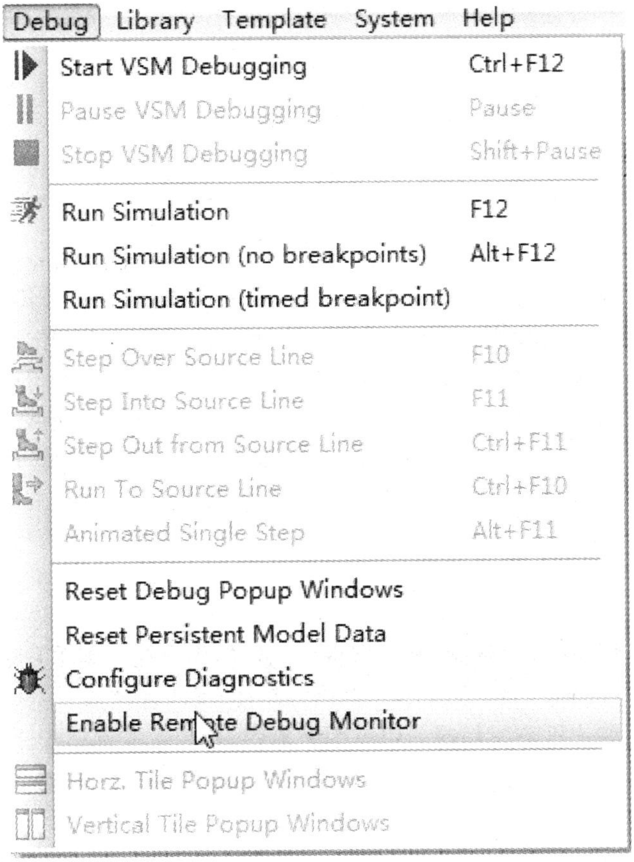

Debug	Library	Template	System	Help
▶ Start VSM Debugging				Ctrl+F12
‖ Pause VSM Debugging				Pause
■ Stop VSM Debugging				Shift+Pause
≋ Run Simulation				F12
Run Simulation (no breakpoints)				Alt+F12
Run Simulation (timed breakpoint)				
Step Over Source Line				F10
Step Into Source Line				F11
Step Out from Source Line				Ctrl+F11
Run To Source Line				Ctrl+F10
Animated Single Step				Alt+F11
Reset Debug Popup Windows				
Reset Persistent Model Data				
🐞 Configure Diagnostics				
Enable Remote Debug Monitor				
▤ Horz. Tile Popup Windows				
▥ Vertical Tile Popup Windows				

图 3.30　Keil 与 Proteus 进行联合调试时的 Proteus 设置

　　要说明的是，就单片机应用系统仿真而言，Proteus 相比 Multisim 有优势，尤其是其支持与 Keil 联合调试。而 Multisim 更擅长数/模混合电路仿真，当然，在不需要 debug 时，Multisim 有优势。

3.8　单片机应用系统的开发

3.8.1　单片机应用系统的开发工具

　　对单片机应用系统的设计、软件和硬件的调试称为开发。单片机开发分为编程、编译和调试 3 个步骤，如图 3.31 所示。

　　单片机本身没有自开发功能，必须借助开发工具来进行软硬件调试和程序固化。单片机开发工具性能的优劣直接影响单片机应用产品的开发周期。本节从单片机工具所应具有的功能出发，说明各类单片机开发工具功能及应用要点。

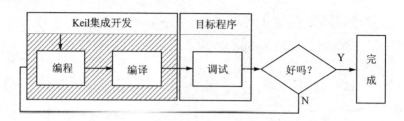

图 3.31　单片机的开放过程

单片机的开发工具有计算机、编程器和仿真机。如果使用 EPROM 作为程序存储器,还需一台紫外线擦除器。其中最基本的、必不可少的工具是计算机。仿真机和编程器与计算机的串行口 COM 或 USB 等相连。

随着单片机技术的高速发展,OTP 型和 FLASH 型程序存储器广泛应用,单片机软件的调试和下载(亦称编程或烧录)越来越方便。目前有编程器(Programmer)烧写、在系统编程(In System Programming,ISP)、在应用可编程(In Application Programming,IAP)等。

1. 编程器

编程器又称烧写器、下载器,通过它将调试好的程序烧写到单片机内的程序存储器或片外的程序存储器(EPROM、E^2PROM 或 FLASH 存储器)中。如图 3.32 所示为通过编程器给单片机烧写程序的示意图及流程,单片机正确插入编程器后,在计算机端操作将程序通过数据线和编程器烧录到单片机中。也就是说,只要单片机软件有问题,单片机就要从原来的电路板上拿下来重新烧写。因此,编程器主要用于软件已经调试成功后作为批量生产设备。

由图 3.32 可见,这种方式是通过反复地上机试用、插、拔芯片和擦除、烧写完成开发的。

2. 在系统可编程(ISP)型

Atmel 公司已经宣布停产 AT89C51 和 AT89C52 等 C 系列仅能烧写的编程产品,转向全面生产 AT89S51、AT89S52 等 S 系列的产品。S 系列的最大特点就是具有在系统可编程功能。如图 3.33 所示,用户只要连接好下载电路,就可以在不拔下单片机芯片的情况下,直接在系统中进行程序下载烧录编程。当然,编程期间系统是暂停运行的,下载完成,软件继续运行。

3. 在应用可编程(IAP)型

在应用可编程 IAP 比在系统可编程又更进了一步。IAP 型单片机允许应用程序在运行时通过自己的程序代码对自身的 FLASH 进行编程,一般是为达到更新程序的目的。通常在系统芯片中采用多个可编程的程序存储区来实现这一功能。

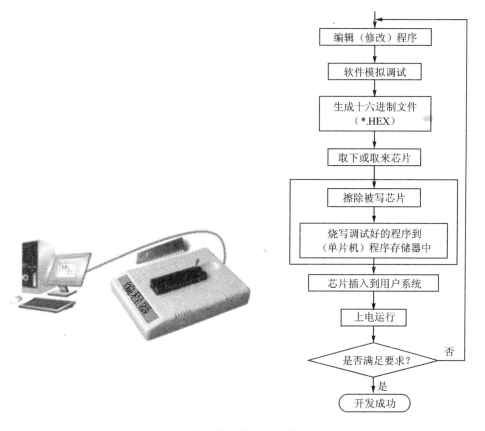

图 3.32　编程器给单片机烧写程序的示意图及流程

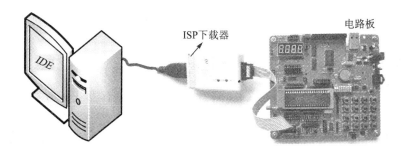

图 3.33　单片机的 ISP 软件下载

4. 仿真机与实时在线仿真调试

仿真机又称为在线仿真机,英文为 In Circuit Emulation(简称 ICE),它是由被仿真的单片机为核心的一系列硬件构成的,使用时拔下 MPU 或 MCU,换插仿真头,这样用户系统就成了仿真器的操控对象,原来由 MPU 或 MCU 执行程序改由仿真机来执行,利用仿真机的完整的硬件资源和监控程序,实现对用户目标码程序的跟踪调试,观察程序执行过程中的单片机寄存器和存储器的内容,根据执行情况随时修改程序,如图 3.34 所示。Keil 既支持软件仿真,又支持连接配套的仿真器进行硬件实时仿真。但是,由于在线仿真器较贵,且现在的单片机大多支持 JTAG,所以该方法已濒临淘汰。

图 3.34　单片机的在线仿真

JTAG 技术是先进的在线调试和编程技术。仿真器与支持 JTAG 的单片机应用 JTAG 下载调试引脚相连,单片机直接作为"仿真头",即 JTAG 实现了在系统且不占用任何片内资源的在线调试。目前,具有 JTAG 调试功能的 MCS-51 系列单片机的典型产品是 Silicon Lab 公司的 C8051F 系列高性能单片机。

目前,有的单片机通过 UART 与计算机的串口相连进行下载和调试,但其相对于 JTAG 技术,占用了单片机的 UART 资源。

3.8.2　单片机应用系统的调试

当嵌入式应用系统设计安装完毕,应先进行硬件的静态检查,即在不加电的情况下用万用表等工具检查电路的接线是否正确,电源对地是否短路。加电后在不插芯片的情况下,检查各插座引脚的电位是否正常,检查无误以后,再在断电的情况下插上芯片。静态检查可以防止电源短路或烧坏元器件,然后再进行软、硬件的联调。

单片机与嵌入式系统的调试方法有两种。

1. 方式一:计算机＋仿真器(＋编程器/下载器)

购买一台仿真器,若不是 JTAG 仿真器还需买一台编程器或下载器。利用仿真器完整的硬件资源和监控程序,实现对用户目标码程序的跟踪调试,在跟踪调试中侦错和即时排除错误。在线仿真时开发系统应能将仿真器中的单片机完整地(包括片内的全部资源及外部可扩展的程序存储器和数据存储器)出借给目标系统,不占用任何资源,也不受任何限制,仿真单片机的电气特性也应与用户系统的单片机一致,使用户可根据单片机的资源特性进行设计。

2. 方式二:计算机＋模拟仿真软件＋ISP 下载器

如果在烧写前先进行软件模拟调试,待程序执行无误后再烧写,可以提高开发效率。这样,软件模拟调试后再进行 ISP 或 IAP 下载也是常用的单片机开发调试方法。因为,支持 ISP 或 IAP 的单片机可通过其自身的 I/O 口线,在不脱离应用电路板即可实现计算机端程序的下载并可立即执行。

当然,ISP 或 IAP 下载器开发单片机应用系统的缺点是无跟踪调试功能,只适用于小系统开发,开发效率较低。

习题与思考题

3.1 请列举出 C51 中扩展的关键字?

3.2 说明 pdata 和 xdata 定义外部变量时的区别。

3.3 试说明 C51 中 bit 和 sbit 位变量定义的区别。

3.4 试说明 static 变量的含义。

3.5 试说明 SFR 区域是否可以通过指针来访问? 为什么?

第 **4** 章

中断与中断系统

中断与中断系统集中体现了计算机对异常事件的处理能力。本章将首先介绍计算机系统中的中断(Interrupt)与中断系统的基本概念和原理,然后系统阐述 MCS - 51 系列单片机的中断系统和外中断。

4.1 中断机制与中断系统运行

中断系统,即中断管理系统,其功能是使计算机对异常(突发事件)具有实时处理能力。

中断是一个过程,当中央处理器 CPU 在处理某件事情时,外部又发生了一个紧急事件,请求 CPU 暂停当前的工作而去迅速处理该紧急事件。紧急事件处理结束后,再回到原来被中断的地方,继续原来的工作。引起中断的原因或发出中断请求的来源,称为中断源。实现中断的硬件系统和软件系统称为中断系统。

中断是计算机中很重要的一个概念,中断系统是计算机的重要组成部分。中断的主要功能可以概括为以下两点:

① 协同工作,提高 CPU 的工作效率。采用中断后,使得 CPU 与外部设备之间不再是串行的工作,而是并行操作。CPU 启动外设后,仍然继续执行主程序,此时 CPU 和启动的外设处于同步工作状态。而外设要与 CPU 进行数据交换时,就发出中断请求信号;当 CPU 响应中断后就会暂离主程序,转去执行中断服务子程序 (Interrupt Service Routine,ISR);ISR 执行完后返回到原主程序暂停处继续执行,这样使 CPU 和外设可以同步工作。采用中断后,CPU 既可以同时与外设打交道,又能"同时"处理内部数据,工作效率大大提升。

② 实时处理。在实时控制中,计算机的故障检测与自动处理、异常警讯请求实时处理和信息通信等都往往通过中断来实现,即能够立即响应并及时加以处理,这样的及时处理在查询工作方式下是做不到的。

总结归纳,中断处理涉及以下 4 个方面的问题:

1. 中断源及中断标志

引起中断事件的触发源,即产生中断请求信号的事件、原因称为中断源。每个中断源对应至少 1 个中断标志,当中断源请求 CPU 中断时,对应的中断标志置位。计算机在执行每条指令期间都检查是否有中断标志置位,若对应中断被使能,则响应中断。可见,中断标志是建立 CPU 与中断系统的桥梁。

2．中断响应与中断返回

当 CPU 检测到中断源提出的中断请求(即对应的中断标志置位),且中断又处于使能状态,CPU 就会响应中断,进入中断响应过程。首先对当前的断点地址(即 PC 值)进行入栈保护,即保护现场,以待中断服务子程序完成后能正确接断点处继续运行。然后把中断服务程序的入口地址送给程序指针 PC,转移到中断服务程序,在中断服务程序中进行相应的中断处理。最后,出栈,恢复现场,并通过中断返回指令 RETI 返回断点位置,结束中断。

要注意的是,当中断源请求 CPU 中断时,CPU 中断一次以响应中断请求,但是不能出现中断请求产生一次,CPU 响应多次的情况,这就要求中断请求信号及时被撤销。

3．中断允许与中断屏蔽

当中断源提出中断请求,CPU 检测到后是否立即进行中断处理呢?结果不一定。CPU 要响应中断,还受到中断系统多个方面的控制,其中最主要的是中断使能和中断屏蔽的控制。如果某个中断源被系统设置为屏蔽状态,则无论中断请求是否提出,都不会响应;当中断源设置为使能状态,并提出了中断请求,则 CPU 才会响应。一般,单片机复位后,所有中断源都处于被屏蔽状态。另外,当有高优先级中断正在响应时,也会屏蔽同级中断和低优先级中断。

4．中断优先级控制

当系统有多个中断源被使能时,有时会出现几个中断源同时请求中断,或者正在执行中断请求时又有新的中断请求,然而 CPU 在某个时刻只能对一个中断源进行响应,响应哪一个呢?这就涉及中断优先级控制问题。在实际系统中,往往根据中断源的重要程度给不同的中断源设定优先等级。当多个中断源提出中断请求时,优先级高的先响应,优先级低的后响应。

当 CPU 正在处理一个中断源请求的时候,又发生了另一个优先级比它高的中断源请求,CPU 将暂时中止对原来中断处理程序的执行,转而去处理优先级更高的中断源请求,待处理完以后,再继续执行原来的低级中断处理程序,这样的过程称为中断嵌套。而低优先级中断不能打断同级或更高级中断。具有中断优先级控制的中断系统才支持中断嵌套功能。二级中断嵌套过程如图 4.1 所示。

单片机及工程应用基础

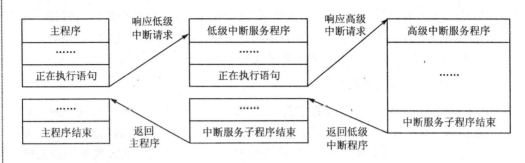

图 4.1　中断嵌套示意图

4.2　MCS-51 单片机的中断系统

1. MCS-51 中断源与中断向量

MCS-51 单片机提供了 5 个(52 增强型系列提供 6 个)硬件中断源:2 个外部中断源$\overline{INT0}$(P3.2)和$\overline{INT1}$(P3.3),2 个定时器/计数器 T0 和 T1 的溢出中断 TF0 和 TF1,1 个串行口发送 TI 和接收 RI 中断。52 增强型系列还提供了定时器/计数器 T2 中断源,及对应的两个中断标志 TF2 和 EXF2。

(1) 外部中断$\overline{INT0}$和$\overline{INT1}$

MCS-51 单片机有两个用于单片机外部信号触发的中断源,即外部中断源$\overline{INT0}$和$\overline{INT1}$。$\overline{INT0}$和$\overline{INT1}$的中断请求信号从外部引脚$\overline{INT0}$(P3.2)和$\overline{INT1}$(P3.3)输入,是单片机外部异常请求的输入端,主要用于自动控制、实时处理和设备故障的处理等。

外部中断请求$\overline{INT0}$和$\overline{INT1}$有两种触发方式:电平触发和边沿触发。这两种触发方式可以通过对特殊功能寄存器 TCON 编程来选择。TCON 寄存器的高 4 位用于定时器/计数器控制,低 4 位用于外部中断控制,特殊功能寄存器 TCON 结构如下:

	b7	b6	b5	b4	b3	b2	b1	b0
TCON	TF1	TR1	TF0	TR0	IE1	IT1	IE0	IT0

IT0(IT1):外部中断 0(或 1)触发方式控制位。IT0(或 IT1)被设置为 0,则选择外部中断为电平触发方式;IT0(或 IT1)被设置为 1,则选择外部中断为边沿触发方式。

IE0(IE1):外部中断 0(或 1)的中断请求标志位。在电平触发方式时,CPU 在每个机器周期的 S5P2 采样 P3.2(或 P3.3),若 P3.2(或 P3.3)引脚为高电平,则 IE0(IE1)清零,若 P3.2(或 P3.3)引脚为低电平,则 IE0(IE1)置 1,向 CPU 请求中断;在边沿触发方式时,若第一个机器周期采样到 P3.2(或 P3.3)引脚为高电平,第二个机器周期采样到 P3.2(或 P3.3)引脚为低电平时,由 IE0(IE1)置 1,向 CPU 请求中断。

边沿触发方式时,CPU 在每个机器周期都采样 P3.2(或 P3.3)。为了保证检测到负跳变,输入到 P3.2(或 P3.3)引脚上的高电平与低电平至少应保持 1 个机器周期。中断口线上一个有效的从高到低的跳变将触发对应的中断标志置位并锁存,该中断标志的清除有两个方法,一是 CPU 响应中断并转向该中断服务程序时,由硬件自动将 IE0(IE1)清零;二是在没有被响应前,由软件写零清除中断标志。因此,当 CPU 正在执行同级中断(甚至是外部中断本身)或高级中断时,产生的外部中断请求在中断标志寄存器中一直有效,直到被响应并执行相应的 ISR。一般,仅有一个中断标志的中断源,执行其 ISR 后,中断系统会自动清除其中断标志。

对于电平触发方式,只要 P3.2(或 P3.3)引脚为高电平,IE0(或 IE1)就为 0,P3.2(或 P3.3)引脚为低电平,IE0(或 IE1)就置 1,请求中断,也就是说,此时标志位对于请求信号来说是透明的。CPU 响应执行对应的 ISR 后不能够由硬件自动将 IE0(IE1)清零。这就可能出现两个问题:

① 低电平请求脉冲过于短暂,这样当中断请求被阻塞而没有得到及时响应时,中断已经撤销,此次请求将被丢失。换句话说,要使电平触发的中断被 CPU 响应并执行,必须保证外部中断源口线的低电平维持到中断被执行为止。

② 如果在中断服务程序返回时,P3.2(或 P3.3)引脚还为低电平,则又会中断,这样就会发出一次请求,出现中断多次的情况。

为解决以上问题,可以通过外加电路来实现,外部中断请求信号通过 D 触发器加到单片机 P3.2(或 P3.3)引脚上。当外部中断请求信号使 D 触发器的 CK 端发生跳变时,由于 D 端接地,Q 端输出 0,向单片机发出中断请求。CPU 响应中断后,利用一根 I/O 接口线 P1.0 作应答线,如图 4.2 所示。同时,图 4.2 所示电路还可防止因 CPU 繁忙,当有时间处理电平触发外中断时,中断已经自动撤销,而丢失中断请求响应。

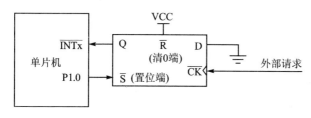

图 4.2　低电平触发外中断的中断撤销电路

在中断服务程序中可以加以下两条指令来撤销中断请求,当然,也可采用位操作指令。

```
ANL  P1.0, ＃0FEH
ORL  P1.0, ＃01H
```

第一条指令使 P1.0 为 0,而 P1 口其他各位的状态不变。由于 P1.0 与 D 触发器

单片机及工程应用基础

异步置 1 端 $\overline{S}$ 相连,故 D 触发器置 1,撤销了中断请求信号。第二条指令将 P1.0 变成 1,从而 $\overline{S}=1$,使以后产生的新的外部中断请求信号又能向单片机申请中断。

(2) 定时器 / 计数器 T0 和 T1 中断

当定时器/计数器 T0(或 T1)溢出时,由硬件置 TCON 的 TF0(或 TF1)为 1,向 CPU 发送中断请求,当 CPU 响应中断后,将由硬件自动清除 TF0(或 TF1)。

(3) 串行口中断

MCS-51 的串行口中断源对应两个中断标志位:串行口发送中断标志位 TI 和串行口接收中断标志位 RI。无论哪个标志位置 1,都请求串行口中断。到底是发送中断 TI 还是接收中断 RI,只有在中断服务程序中通过指令查询来判断。串行口中断响应后,中断标志不能由硬件自动清零,必须由软件对 TI 或 RI 清零。

(4) 增强型系列的定时器 / 计数器 T2

增强型系列的定时器/计数器 T2 中断源也对应两个中断标志位:溢出中断标志 TF2 和捕获中断标志 EXF2。同样无论哪个标志位置 1,都请求定时器/计数器 T2 中断。当然,中断服务子程序需要查询判断中断标志以确定为何中断事件。中断标志也不能由硬件自动清零,必须由软件对其清零,否则将无法查询,也就无法知晓为何种中断事件。

当中断源中断请求被响应后,CPU 将 PC 指向对应中断源的中断服务程序入口地址,该地址称为中断向量。MCS-51 的每个中断源具有固定的中断向量入口地址,如表 4.1 所列。

表 4.1　MCS-51 各中断源相对应的中断向量表

中断源	中断入口地址	中断源	中断入口地址
外部中断 0	0003H	定时器 T1 中断	001BH
定时器 T0 中断	000BH	串行口中断	0023H
外部中断 1	0013H	定时器 T2 中断	002BH

2. 中断允许控制

MCS-51 单片机中没有专门的开中断和关中断指令,对各个中断源的允许和屏蔽是由内部的中断允许寄存器 IE 的各位来控制的。中断允许寄存器 IE 的字节地址为 A8H,可以进行位寻址,各位的定义如下:

	b7	b6	b5	b4	b3	b2	b1	b0
IE	EA	—	ET2	ES	ET1	EX1	ET0	EX0

EA:中断允许总控位。EA=0,屏蔽所有的中断请求;EA=1,开放中断。EA 的作用是使中断允许形成两级控制。即各中断源首先受 EA 位的控制,其次还要受各中断源自己的中断允许位控制。

ET2：定时器/计数器 T2 的溢出中断允许位，只用于 52 增强型系列，51 基本型系列无此位。ET2＝0，禁止 T2 中断；ET2＝1，允许 T2 中断。

ES：串行口中断允许位。ES＝0，禁止串行口中断；ES＝1 允许串行口中断。

ET1：定时器/计数器 T1 的溢出中断允许位。ETI＝0，禁止 T1 中断；ET1＝1，允许 T1 中断。

EX1：外部中断$\overline{INT1}$的中断允许位。EXI＝0，禁止外部中断$\overline{INT1}$中断；EX1＝1，允许外部中断$\overline{INT1}$中断。

ET0：定时器/计数器 T0 的溢出中断允许位。ET0＝0，禁止 T0 中断；ET0＝1，允许 T0 中断。

EX0：外部中断$\overline{INT0}$的中断允许位。EX0＝0，禁止外部中断$\overline{INT0}$中断；EX0＝1，允许外部中断$\overline{INT0}$中断。

系统复位时，中断允许寄存器 IE 的内容为 00H，如果要开放某个中断源，则必须使 IE 中的总控置位和对应的中断允许位置 1。

3. 中断优先级控制

MCS-51 单片机有 5 个中断源，为了处理方便，每个中断源有两级控制：高优先级和低优先级。通过由内部的中断优先级寄存器 IP 来设置，中断优先级寄存器 IP 的字节地址为 B8H，可以进行位寻址，各位定义如下：

	b7	b6	b5	b4	b3	b2	b1	b0
IP	—	—	PT2	PS	PT1	PX1	PT0	PX0

PT2：定时器/计数器 T2 的中断优先级控制位，只用于 52 增强型系列。

PS：串行口的中断优先级控制位。

PT1：定时器/计数器 T1 的中断优先级控制位。

PX1：外部中断$\overline{INT1}$的中断优先级控制位。

PT0：定时器/计数器 T0 的中断优先级控制位。

PX0：外部中断$\overline{INT0}$的中断优先级控制位。

如果某位被置 1，则对应的中断源被设为高优先级；如果某位被清零，则对应的中断源被设为低优先级。对于同级中断源，系统有默认的优先级顺序，默认的优先级顺序如表 4.2 所列，它决定了当同级中断源同时可以响应时的优先级。

通过中断优先级寄存器 IP 改变中断源的优先级顺序可以实现两个方面的功能：改变系统中断源的优先级顺序和实现二级中断嵌套。

通过设置中断优先级寄存器 IP 能够改变系统默认的优先级顺序。例如，要把外部中断 $\overline{INT1}$的中断优先级设为最高，其他的按系统默认顺序，则把 PX1 位设为 1，其余位设为 0，6 个中断源的优先级顺序就为：$\overline{INT1}\rightarrow\overline{INT0}\rightarrow T0\rightarrow T1\rightarrow ES\rightarrow T2$。

表 4.2　MCS - 51 默认的优先级顺序

中断源	同级内的中断优先级(自然优先级)
外部中断 0	最高 ↓ 最低
定时器/计数器 0 溢出中断	
外部中断 1	
定时器/计数器 1 溢出中断	
串行口中断	
定时器/计数器 2 中断	

通过用中断优先级寄存器组成的两级优先级,可以实现二级中断嵌套。

对于中断优先级和中断嵌套,MCS - 51 单片机有以下 3 条规定。

① 正在进行的中断过程不能被新的同级或低优先级的中断请求所中断,直到该中断服务程序结束,返回了主程序且执行了主程序中的一条指令后,CPU 才响应新的中断请求。

② 正在进行的低优先级中断服务程序能被高优先级中断请求所中断,实现两级中断嵌套。

③ CPU 同时接收到几个中断请求时,首先响应优先级最高的中断请求。

实际上,MCS - 51 单片机对于二级中断嵌套的处理是通过中断系统中的两个用户不可寻址的优先级状态触发器来实现的。这两个优先级状态触发器是用来记录本级中断源是否正在中断。如果正在中断,则硬件自动将其优先级状态触发器置 1。若高优先级状态触发器置 1,则屏蔽所有后来的中断请求。若低优先级状态触发器置 1,则屏蔽所有后来的低优先级中断,允许高优先级中断形成二级嵌套。当中断响应结束时,对应的优先级状态触发器由硬件自动清零。

MCS - 51 单片机的中断源和相关的特殊功能寄存器以及内部硬件线路构成的中断系统的逻辑结构如图 4.3 所示。

4. 中断响应

(1) 中断响应的条件

MCS - 51 单片机响应中断的条件为:中断源有请求且中断允许。MCS - 51 单片机工作时,在每个机器周期的 S5P2 期间,对所有中断源按用户设置的优先级和内部规定的优先级进行顺序检测,并在 S6 期间找到所有有效的中断请求。如有中断请求,且满足下列条件,则在下一个机器周期的 S1 期间响应中断,否则丢弃中断采样的结果。能够响应中断的条件如下:

① 无同级或高级中断正在处理。

② 现行指令执行到最后一个机器周期且已结束。

③ 若现行指令为 RETI 或访问 IE、IP 的指令时,执行完该指令且紧随其后的另一条指令也已执行完毕。请读者考虑,这是为什么?

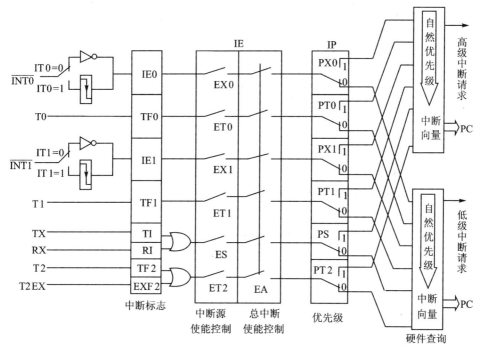

图 4.3 中断系统的逻辑结构图

（2）中断响应过程

MCS－51 单片机响应中断后，由硬件自动执行如下的功能操作：

① 根据中断请求源的优先级高低，对相应的优先级状态触发器置 1。

② 保护断点，即把程序计数器 PC 的内容压入堆栈保存。

③ 只有一个中断标志的中断源，其 ISR 会自动清中断请求标志位（IE0、IE1、TF0、TF1）。当然，电平触发外中断例外。

④ 把被响应的中断服务程序入口地址送入 PC，从而转入相应的中断向量以执行相应的中断服务子程序。

（3）中断响应时间

所谓中断响应时间是指 CPU 检测到中断请求信号到转入中断服务程序入口所需要的机器周期。了解中断响应时间对设计实时测控应用系统有重要的指导意义。

MCS－51 单片机响应中断的最短时间为 3 个机器周期。若 CPU 检测到中断请求信号时间正好是一条指令的最后一个机器周期，则不需等待就可以立即响应。所以响应中断就是内部硬件执行一条长调用指令，需要 2 个机器周期，加上检测需要的 1 个机器周期，共 3 个机器周期。若现行指令为 RETI 或访问 IE、IP 的指令时，以及有同级中断或高级中断正在执行，中断响应时间会延长。若某个中断源要求具有最快的响应速度，除了尽可能少访问 IE 和 IP 外，还有两个方法：

① 仅使能该中断源,其他中断源全部屏蔽。

② 仅使能该中断源为高级中断源,其他中断源或屏蔽,或设置为低级中断源。

4.3　中断程序的编写

MCS-51 单片机复位后程序计数器 PC 的内容为 0000H ,因此系统从 0000H 单元开始取指,并执行程序,它是系统执行程序的起始地址,通常在该单元中存放一条跳转指令,而用户程序从跳转地址开始存放程序。当有中断请求时,单片机自动调转中断向量处,即 PC 指向中断向量执行相应的中断服务子程序。

1. 汇编中断程序的编写

含有中断应用的完整汇编框架如下:

```
        ORG     0000H
        LJMP    MAIN
        ORG     0003H
        LJMP    INT0_ISR
        ORG     000BH
        LJMP    T0_ISR
        ORG     0013H
        LJMP    INT1_ISR
        ORG     001BH
        LJMP    T1_ISR
        ORG     0023H
        LJMP    SERIAL_ISR
        ORG     002BH
        LJMP    T2_ISR
        ORG     0030H
MAIN:
        ⋮
LOOP:
        ⋮
        LJMP    LOOP
INT0_ISR:
        ⋮
        RETI
T0_ISR:
        ⋮
        RETI
INT1_ISR:
        ⋮
        RETI
T1_ISR:
        ⋮
        RETI
```

```
SERIAL_ISR:
        ⋮
    RETI
T2_ISR:
        ⋮
    RETI
    END
```

当然,具体应用时不使用的中断源代码可以去除,且要注意的是中断服务子程序中伴随着入栈和出栈。

2. C51 中断程序的编写

C51 使用户能编写出高效的中断服务程序,编译器在规定的中断源的矢量地址中放入无条件转移指令,使 CPU 响应中断后自动地从矢量地址跳转到中断服务程序的实际地址,而无需用户去安排。

中断服务程序定义为函数,一般没有形参和返回值 函数的完整定义如下:

void 中断服务函数名(void) interrupt n [using m]

其中必选项 interrupt n 表示将函数声明为中断服务函数,n 为中断源编号,可以是 0~31 之间的整数。**注意**:不允许带运算符的表达式,n 的取值含义如表 4.3 所列。

表 4.3 C51 中断号 n 的取值含义

中断号	中断源	中断号	中断源
0	外部中断 0	3	定时器/计数器 1 溢出中断
1	定时器/计数器 0 溢出中断	4	串行口发送与接收中断
2	外部中断 1	5	定时器/计数器 2 中断

各可选项的意义如下:

using m,加"[ ]"表示是可选项,用于定义函数使用的工作寄存器组,m 的取值范围为 0~3。它对目标代码的影响是:函数入口处将当前寄存器保存,使用 m 指定的寄存器组;函数退出时,原寄存器组恢复。选择不同的工作寄存器组,可方便地实现寄存器组的现场保护。using m 不写则由 C51 自动分配。

中断服务函数不允许用于外部函数调用,即只能中断触发自动调用,它对目标代码的影响如下:

① 当调用函数时,SFR 中的 ACC、B、DPH、DPL 和 PSW 在需要时入栈。

② 如果不使用寄存器组切换,中断函数所需的所有工作寄存器 Rn 都采用直接地址方式入栈。

③ 函数退出前,所有工作寄存器都出栈。

④ 函数由 RETI 指令终止。

单片机及工程应用基础

132

【例 4.1】　对于图 4.4 所示电路,要求每按一下按键,出现一个低电平,触发外部中断一次,发光二极管显示状态取反。电容用于按键去抖动。

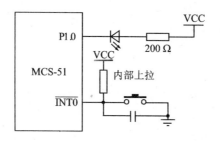

图 4.4　单键触发外中断例

汇编语言程序:

```
        ORG    0000H
        LJMP   MAIN
        ORG    0003H
        LJMP   INT0_ISR
        ORG    0030H
MAIN:   SETB   EA
        SETB   EX0
        SETB   IT0
        SJMP   $
INT0_ISR:
        CPL    P1.0
        RETI
```

C语言程序:

```
#include <reg52.h>
sbit LED = P1^0;
int main(void)
{EA = 1;          //开总中断
 EX0 = 1;         //允许 INT0 中断
 IT0 = 1;         //下降沿触发中断
 while(1);        //等待中断
}
void int0_ISR(void) interrupt 0 using 1
{
  LED = !LED;
}
```

主函数执行"while(1);"语句,进入死循环,等待中断。当拨动 $\overline{INT0}$ 的开关后,进入中断函数,输出控制 LED。执行完中断,返回到等待中断的"while(1);"语句,等待下一次中断。进入外部中断的 ISR 后,系统自动清零其中断标志。

4.4　MCS‑51 多外部中断源系统设计

MCS‑51 仅有两个外部中断,当需要更多的中断源时,一般采用下例的中断查询方法。中断源的连接如图 4.5 所示。

多外部中断源扩展通过外部中断 $\overline{INT0}$ 来实现,图 4.5 中把多个中断源通过与非门接于 D 触发器的 CK 端,常态都为高电平。那么无论哪个中断源提出请求,CK 端都会产生上升沿而使 D 触发器输出低电平,触发 $\overline{INT0}$(P3.2)引脚对应的 $\overline{INT0}$ 中断,同时将各请求中断情况锁入寄存器。响应后,进入中断服务程序,在中断服务程序中通过对寄存器输出位的逐一检测来确定是哪一个中断源提出了中断请求,进一步转到对应的中断服务程序入口位置执行对应的处理程序。若为边沿触发,且中断请求的低电平足够长,则电路可以简化为如图 4.6 所示电路。

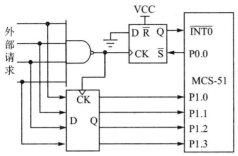

图 4.5　多外部中断源电路连接图　　　图 4.6　多外部中断源简化电路连接图

汇编语言程序：

```
        ORG    0000H
        LJMP   MAIN
        ORG    0003H
        LJMP   INT0_ISR
        ORG    0030H
MAIN:
        SETB   EA
        SETB   EX0
        SJMP   $
INT0_ISR:
        MOV    A,P1
        CLR    P0.0        ;撤销中断请求
        SETB   P0.0
        JNB    ACC.0,INT00
        JNB    ACC.1,INT01
        JNB    ACC.2,INT02
        JNB    ACC.3,INT03
INT00:
        ⋮
        RETI
INT01:
        ⋮
        RETI
INT02:
        ⋮
        RETI
INT03:
        ⋮
        RETI
```

C 语言程序：

```
#include    <reg52.h>
bdata unsigned char    INT_Q;
sbit    P10 = INT_Q^0;
sbit    P11 = INT_Q^1;
sbit    P12 = INT_Q^2;
sbit    P13 = INT_Q^3;
sbit    P00 = P0^0;
int    main(void)
{EA = 1;
 EX0 = 1 ;
 while(1);
}
int00(void){ …
            }
int01(void){ …
            }
int02(void){ …
            }
int03(void){ …
            }
void INT0_ISR(void) interrupt 0 using 1
{INT_Q = P1;
 P00 = 0;               //撤销中断请求
 P00 = 1;
 if(P10 == 1)       int00( );
                       //查询调用对应的函数
 else if   (p11 == 1) int01( );
 else if   (P12 == 1) int02( );
 else if   (P13 == 1) int03( );
 else ;
}
```

単片机及工程应用基础

习题与思考题

4.1 什么是中断？中断系统的功能是什么？

4.2 试说明中断源、中断标志和中断向量之间的关系及在中断系统运行中的作用。

4.3 MCS－51 单片机响应外部中断的典型时间是多少？在哪些情况下，CPU 将推迟对外部中断请求的响应？

4.4 试说明子程序和中断服务子程序在构成及调用上的异同点。

4.5 在 MCS－51 中，需要外加电路实现中断撤除的是：

（A）定时中断　　　　（B）脉冲方式的外部中断

（C）外部串行中断　　（D）电平方式的外部中断

4.6 低电平外部中断触发为什么一般需要中断撤销电路。

4.7 MCS－51 系列单片机响应中断后，产生长调用指令 LCALL，执行该指令的过程包括：首先把（　　）的内容压入堆栈，以进行断点保护，然后把长调用指令的 16 位地址送（　　），使程序执行转向（　　）中的中断地址区。

4.8 比较采用查询方式和中断方式进行单片机应用系统设计的优缺点。

## 第 5 章

MCS-51 单片机的 I/O 接口及人机接口技术初步

MCS-51 单片机的内部资源之一就是输入/输出(I/O)接口。I/O 接口技术是单片机应用的最直接单元。本章将介绍在单片机中使用的输入设备——键盘和输出设备——LED(Light Emitting Diode)数码管显示器与单片机的接口,并用汇编语言和 C 语言分别给出相应的例子。

5.1 MCS-51 的 I/O 接口结构

MCS-51 单片机有 4 个 8 位的并行输入/输出接口:P0~P3。这 4 个接口既可以并行输入或输出 8 位数据,又可以按位方式使用,即每一位均能独立地输入或输出。本节将介绍它们的结构,以及编程与应用。

图 5.1 所示为 P0~P3 口作为普通 I/O 的公共电路模型,其均采用 OD 门结构。

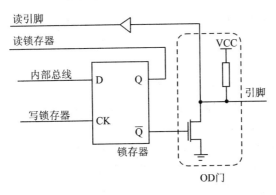

图 5.1 MCS-51 经典型单片机 I/O 口作为输入口的原理示意图

当写 1 时,经锁存,$\overline{Q}$=0,NMOS 高阻输出,通过上拉电阻给出引脚的高电平状态;当写 0 时,经锁存,$\overline{Q}$=1,NMOS 导通至引脚输出低电平状态。

下面说明 MCS-51 系列单片机读锁存器和读引脚的区别:

读引脚是指直接读外部引脚的电位,而读锁存器读的是内部锁存器 Q 端的电位。两者不同,一般来说,读取 P0～P3 的数据,都是读引脚,目的是获取与之相连的外部电路的状态。而读锁存器是在执行类似下述语句时由 CPU 自行完成的:

```
INC P0      ;P0 自加 1
```

执行这个语句时,采用"读—改—写"的过程,先读取 P0 的端口数据,再加 1,然后送到 P0 锁存器里。而与实际的引脚电平状态无关。

注意: 锁存器和引脚状态可能是不一样的。

例如,用一个引脚直接驱动一个 NPN 三极管的基极,那么需要向引脚的寄存器写 1,写 1 后引脚输出高电平,但一旦三极管导通,则这一引脚的实际电平将是 0.7 V(1 个 PN 结压降)左右,为低电平。在这种情况下,读 I／O 的操作如果是读引脚,将读到 0,但如果是读锁存器,仍是 1。

而作为输入口,也就是读引脚时,读入引脚电平状态前必须先(向锁存前)写入 1,保证引脚处于正常的电平状态。分析如下:

① 若读引脚之前,引脚锁存器写入的是 0,则 $\overline{Q}=1$,即 NMOS 始终处于导通状态,读引脚将始终保持为低,与该引脚作为输入口的要求不一致。

② 若读引脚之前,引脚锁存器写入的是 1,则 $\overline{Q}=0$,即 NMOS 始终处于高阻输出,引脚电平与外部输入保持一致,读引脚则自然获取的是引脚的实际电平。

因此,使用 MCS－51 单片机的 I／O 作为输入口使用时必须先写入 1,保证引脚处于正常的读状态。

MCS－51 单片机的 P0～P3 端口的每个 I／O 口的位结构如图 5.2 所示。

1. P0 口的功能(P0.0～P0.7,32～39 引脚)

P0 口位结构,包括 1 个输出锁存器,2 个三态缓冲器,1 个输出驱动电路和 1 个输出控制端。输出驱动电路由两个 NMOS 组成,其工作状态受输出端的控制,输出控制端由 1 个"与"门、1 个反相器和 1 个转换开关 MUX 组成。P0 口既可作为输入／输出口,又可作为地址总线和数据总线使用。

(1) P0 口作地址／数据复用总线使用

若从 P0 口输出地址或数据信息,此时控制端应为高电平。转换开关 MUX 将地址或数据的反相输出与输出级场效应管 V2 接通,同时控制 V1 开关的"与"门开锁。内部总线上的地址或数据信号通过"与"门去驱动 V1 管,通过反相器驱动 V2 管,形成推挽结构。当地址或数据为 1 时,V2 截止,V1 导通,推挽输出高电平;当地址或数据为 0 时,V1 截止,V2 导通,推挽输出低电平。工作时低 8 位地址与数据线分时使用 P0 口。低 8 位地址由 ALE 信号的负跳变使它锁存到外部地址锁存器中,而高 8 位地址由 P2 口输出。

(2) P0 口作通用 I／O 端口使用

对于具有内部程序存储器的单片机,P0 口也可以作通用 I／O,此时控制端为低电平,转换开关把输出级与 D 触发器的 $\overline{Q}$ 端接通,同时因"与"门输出为低电平,输出

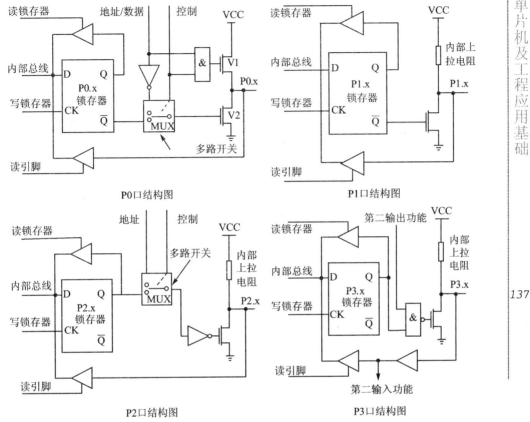

图 5.2　MCS－51 经典型单片机 I/O 口结构图

级 V1 管处于截止状态,输出级为漏极开路电路,即处于高阻浮空状态。作为输出口时要外接上拉电阻实现"线与"逻辑输出;作输入口用时,应先将锁存器写 1,这时输出级两个场效应管均截止,可作高阻抗输入,通过三态输入缓冲器读取引脚信号,从而完成输入操作,否则 V2 常导通,引脚恒低。

在某个时刻,P0 口上输出的是作为总线的地址数据信号还是作为普通 I/O 口的电平信号,是依靠多路开关 MUX 来切换的。而 MUX 的切换,又是根据单片机指令来区分的。当指令为外部存储器指令,如"MOVX A,@DPTR"时,MUX 是切换到地址/数据总线上的;而当普通 MOV 传送指令操作 P0 口时,MUX 是切换到内部总线上的。

其他端口 P1～P3,在内部直接将 P0 口中的 V1 换成了上拉电阻,所以不用外接,但内部上拉电阻太大,电流太小,有时因为电流不够,也会再并一个上拉电阻。

因为端口 P1～P3 有固定的内部上拉,所以有时候它们被称为准双向口。而端口 P0,就被认为是真正的双向,因为当它被设置为输入的时候是高阻态的。

2. P1 口（P1.0～P1.7,1～8 脚）的功能

(1) P1 口作通用 I/O 端口使用

P1 口是一个有内部上拉电阻的准双向口,每一位口线能独立用作输入线或输出线。在作输出时,如将 0 写入锁存器,场效应管导通,输出线为低电平,即输出为 0。在作输入时,必须先将 1 写入口锁存器,使场效应管截止。该口线由内部上拉电阻提拉成高电平,同时也能被外部输入源拉成低电平,即当外部输入 1 时该口线为高电平,而输入 0 时,该口线为低电平。P1 口作输入时,可被任何 TTL 电路和 MOS 电路驱动,由于具有内部上拉电阻,也可以直接被集电极开路和漏极开路电路驱动,不必外加上拉电阻。

(2) P1 口的其他功能

在增强型系列中 P1.0 和 P1.1 具有第二功能,P1.0 可作定时器/计数器 2 的外部计数触发输入端 T2,P1.1 可作定时器/计数器 2 的外部控制输入端 T2EX。增强型系列中 P1.0 和 P1.1 的硬件结构与 P3 口相同。

3. P2 口（P2.0～P2.7,21～28 引脚）准双向口

P2 口的位结构、引脚上拉电阻同 P1 口,但是,P2 口比 P1 口多一个输出控制部分。

(1) P2 口作通用 I/O 端口使用

当 P2 口作通用 I/O 端口使用时,是一个准双向口,此时转换开关 MUX 倒向下边,输出级与锁存器接通,引脚可接 I/O 设备,其输入/输出操作与 P1 口完全相同。

(2) P2 口作地址总线口使用

当系统中接有外部存储器时,P2 口用于输出高 8 位地址 A15～A8。这时在 CPU 的控制下,转换开关 MUX 倒向上边,接通内部地址总线。P2 口的口线状态取决于片内输出的地址信息。在外接程序存储器的系统中,大量访问外部存储器,P2 口不断送出地址高 8 位。例如,在 8031 构成的系统中,由于必须扩展程序存储器,P2 口一般只作地址总线口使用,不再作 I/O 端口直接连外部设备。

在不接外部程序存储器而接有外部数据存储器的系统中,情况有所不同。若外接数据存储器容量为 256 B 或以内,则可使用"MOVX A,@Ri"类指令由 P0 口送出 8 位地址,P2 上的引脚信号在整个访问外部数据存储器期间也不会改变,故 P2 口仍可作通用 I/O 端口使用。若外接存储器容量较大,则需用"MOVX A,@DPTR"类指令,由 P0 口和 P2 送出 16 位地址。在读/写周期内,P2 口引脚上将保持地址信息,但从结构可知,输出地址时,并不要求 P2 口锁存器锁存 1,锁存器内容也不会在送地址信息时改变。故访问外部数据存储器周期结束后,P2 口锁存器的内容又会重新出现在引脚上。这样,根据访问外部数据存储器的频繁程度,P2 口仍可在一定限度内作一般 I/O 端口使用。

4. P3 口(P3.0～P3.7,10～17 引脚)双功能口

P3 口是一个多用途的端口,也是一个准双向口,作为第一功能使用时,其功能同 P1 口。

当作第二功能使用时,每一位功能定义如表 5.1 所列。P3 口的第二功能实际上就是系统具有控制功能的控制线。此时相应的口线锁存器必须为 1 状态,与非门的输出由第二功能输出线的状态确定,从而 P3 口线的状态取决于第二功能输出线的电平。在 P3 口的引脚信号输入通道中有两个三态缓冲器,第二功能的输入信号取自第一个缓冲器的输出端,第二个缓冲器仍是第一功能的读引脚信号缓冲器。

表 5.1　P3 口的第二功能

端口功能	第二功能	端口功能	第二功能
P3.0	RXD,串行输入(数据接收)口	P3.4	T0,定时器 0 外部输入
P3.1	TXD,串行输出(数据发送)口	P3.5	T1,定时器 1 外部输入
P3.2	$\overline{INT0}$,外部中断 0 输入线	P3.6	$\overline{WR}$,外部数据存储器写选通信号输出
P3.3	$\overline{INT1}$,外部中断 1 输入线	P3.7	$\overline{RD}$,外部数据存储器读选通信号输入

每个 I/O 端口内部都有一个 8 位数据输出锁存器和一个 8 位数据输入缓冲器,4 个数据输出锁存器与端口号 P0～P3 同名,皆为特殊功能寄存器。因此,CPU 数据从并行 I/O 端口输出时可以得到锁存,数据输入时可以得到缓冲。

4 个并行 I/O 端口作为通用 I/O 口使用时,共有写端口、读端口和读引脚三种操作方式。写端口实际上就是输出数据,是将累加器 A 或其他寄存器中数据传送到端口锁存器中,然后由端口自动从端口引脚线上输出。读端口不是真正的从外部输入数据,而是将端口锁存器中的输出数据读到 CPU 的累加器。读引脚才是真正的输入外部数据的操作,是从端口引脚线上读入外部的输入数据。

通常把流入 I/O 口的电流称为灌电流,经由上拉电阻输出高电平产生的输出电流称为拉电流。但是,由于拉电流是由上拉电阻给出,所以,拉电流很弱。

5.2　MCS-51 的 I/O 驱动电路设计

单片机应用系统,尤其是智能仪器仪表在检测和控制外部装置状态时,常常需要采用许多开关量作为输入和输出信号。从原理上讲,开关信号的输入和输出比较简单。这些信号只有开和关、通和断或者高电平和低电平两种状态,相当于二进制数的 0 和 1。如果要控制某个执行器的工作状态,只需输出 0 或 1,即可接通发光二极管、继电器等,以实现诸如声光报警,阀门的开启和关闭,控制电动机的启停等。

单片机的I/O口常用于小功率负载,如发光二极管、数码管、蜂鸣器和小功率继电器等,一般要求系统具有 10～40 mA 的驱动能力,通常采用小功率三极管(如,NPN:9013、9014、8050;PNP:9012、8550)和集成电路(如,达林顿管 ULN2803、与门驱动器 75451 和总线驱动器 74HC245 等)作为驱动电路。下面介绍中、小功率开关量输出驱动接口技术。

以驱动发光二极管(LED)为例。一般发光二极管的工作电压 2～3 V,工作电流 3～10 mA。因此,TTL 电平系统,不可以直接驱动发光二极管,而是要串接限流分压电阻。限流电阻的阻值范围为 200～1 000 Ω。

MCS‐51 的 I/O 口作为通用 I/O 口时是 OD 门结构,也就是说,作为输出口使用且输出高电平的时候,靠上拉电阻给出电流。所以,对于阳极驱动(阴极接地),上拉电阻就是 LED 的限流电阻,即要采用 200～1 000 Ω 的上拉电阻形成通路,并作为限流电阻;若阳极驱动(阳极接电源)LED,则直接采用约 200 Ω 的限流电阻。阳极驱动时形成的是灌电流,无电流输出,故可以省去上拉电阻。MCS‐51 的 I/O 口灌电流可达 10～20 mA。对于 P1～P3 内部具有上拉电阻,所以,在加上拉驱动时与内部是并联关系,外接上拉电阻相对要稍大些。对于 OD 门(或 OC 门)结构 I/O 的两种发光二极管驱动电路如图 5.3 所示。不难分析,对于拉电流电路,无论是否驱动负载,上拉电阻都有电流,甚至不驱动负载,即输出 0 时,整个驱动电路消耗的功率更大,因此,对于 OD 门结构端口,建议采用灌电流方法驱动。

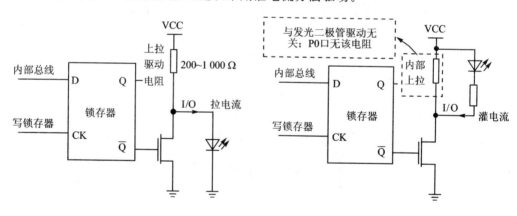

图 5.3 OD 门结构 I/O 的两种发光二极管驱动电路

【例 5.1】 如图 5.4(a)所示。利用单片机实现流水灯(只有一个灯亮轮流依次点亮)。

分析:这是一个灌电流点亮发光二极管的应用实例,适合 MCS‐51 的 I/O 驱动特点。软件流程如图 5.4(b)所示,程序代码如下:

汇编程序：

```
MAIN: MOV    A，#0FEH

LOOP: MOV    P0，A
      LCALL  DL1S
      RL     A
      SJMP   LOOP

DL1S: MOV    R5，#20
 D2:  MOV    R6，#200
 D1:  MOV    R7，#123
      DJNZ   R7，$
      DJNZ   R6，D1
      DJNZ   R5，D2
      RET
      END
```

C51 语言程序：

```
# include"reg52.h"
void delay1s(void)
{
  unsigned int i,j;
  for(j = 0;j<1000;j + + )
    for(i = 0;i<120;i + + );
}
int main(void)
{
  unsigned chari,s;
  while (1)
  {
    s = 0x01;
    for(i = 0;i<8;i + + )
    {
      P0 = ～s;
      delay1s();
      s<< = 1;
    }
  }
}
```

141

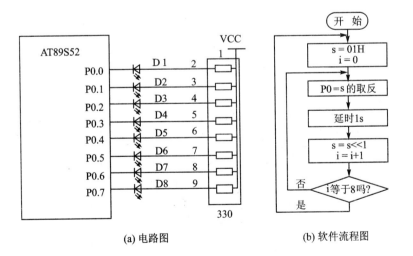

(a) 电路图   (b) 软件流程图

图 5.4　流水灯

蜂鸣器的应用也很广泛,其驱动电路如图 5.5 所示。同样,建议采用灌电流方法驱动。

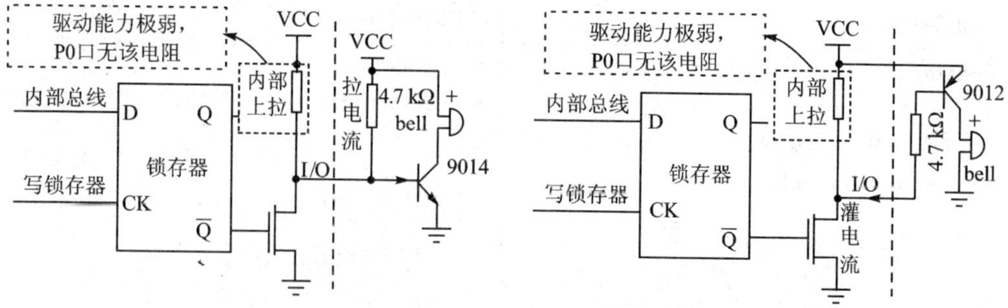

单片机及工程应用基础

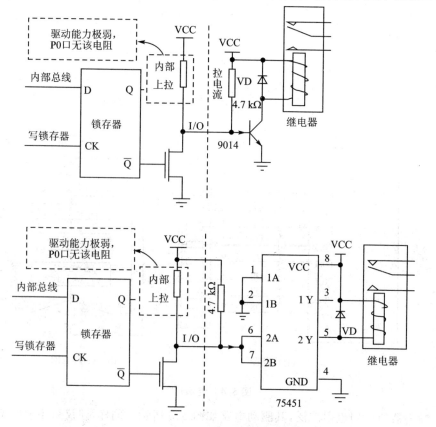

图 5.5　蜂鸣器驱动电路

　　图 5.6 所示为分别采用三极管和 75451 驱动小功率继电器的电路。同样,在三极管方式时,建议采用灌电流方法驱动。继电器旁的二极管 VD(如 1N4007 等)为保护二极管,可防止线圈两端的反向电动势损坏驱动器。以三极管为例,当晶体管由导通变为截止时,流经继电器线圈的电流将迅速减小,这时线圈会产生很高的自感电动势与电源电压叠加后加在三极管的 c、e 两极间,会使晶体管击穿,在并联上二极管

图 5.6　三极管和 75451 驱动小功率继电器

后,即可将线圈的自感电动势钳位于二极管的正向导通电压,此时硅管约 0.7 V,锗管约 0.2 V,从而避免击穿晶体管等驱动元器件。并联二极管时一定要注意二极管的极性不可接反,否则容易损坏晶体管等驱动元器件。

ULN2003/ULN2803 等多路达林顿芯片,可专门用来驱动继电器的芯片,因为其在芯片内部做了一个消线圈反电动势的二极管。ULN2003 可以驱动 7 个继电器,ULN2803 驱动 8 个继电器。ULN2003 的输出端允许通过 IC 电流 200 mA,饱和压降 VCE 约 1 V,耐压 BVCEO 约 36 V。用户输出口的外接负载可根据以上参数估算。采用集电极开路输出,输出电流大,故可直接驱动继电器或固体继电器(SSR)等受控器件,也可直接驱动低压灯泡。ULN2803 及其内部结构如图 5.7 所示。

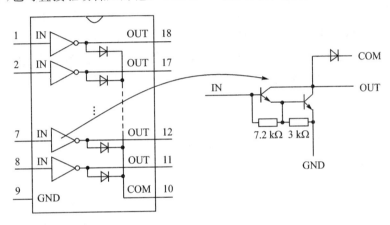

图 5.7　ULN2803 及其内部结构

对以单片机为核心的应用系统,其 I/O 可以直接检测和接收外部的开关量信号。但是,由于被控对象千差万别,所要求的电压和电流不尽相同,有直流的,有交流的。总之,外界的开关量信号的电平幅度必须与单片机的 I/O 电平兼容,否则必须要对其进行电平转换或搭接功率驱动等,再与单片机的 I/O 连接。

5.3　I/O 口与上下拉电阻

针对 MCS - 51 的 OD 门 I/O 结构,掌握 I/O 口上拉电阻的应用尤为重要。上下拉电阻的应用道理类似,下面以上拉电阻为例说明上下拉电阻应用要点:

① 引脚悬空比较容易受外界的电磁干扰,加上拉电阻可以提高总线的抗电磁干扰能力。因此,多余的引脚不要悬空,尤其是输入阻抗高的,更不能悬空。例如在 CMOS 电路中,如果输入口悬空,可能会导致输入电平处于非 0 和非 1 的中间状态,这将会使输出级的上下两个推动管同时导通,从而产生很大电流。一般的做法是采用上拉或下拉电阻。若输出口则可以悬空,P0 作为输入口的 I/O 是处于高阻态的,需要常态高电平时,就必须接上拉电阻。

② 当前端逻辑输出驱动输出的高电平低于后级逻辑电路输入的最低高电平时,就需要在前级的输出端接上拉电阻,以提高输出高电平的值,同时加大高电平输出时引脚的驱动能力和提高芯片输入信号的噪声容限增强抗干扰能力。

③ OD 门必须加上拉电阻使引脚悬空时有确定的状态,实现"线与"功能。

④ 在 COMS 芯片上,为了防止静电造成损坏,不用的引脚不能悬空,一般接上拉电阻降低输入阻抗,提供泄荷通路。

⑤ 长线传输中电阻不匹配容易引起反射波干扰,加上、下拉电阻是电阻匹配,可有效地抑制反射波干扰。

上拉电阻阻值的选择原则包括:

① 从节约功耗及芯片的灌电流能力考虑应当足够大。电阻大,电流小。

② 从确保足够的驱动电流考虑应当足够小。电阻小,电流大。

③ 对于高速电路,过大的上拉电阻可能使边沿变平缓。因为上拉电阻和开关管漏源级之间的电容和下级电路之间的输入电容会形成 RC 延迟,电阻越大,延迟越大。

综合考虑以上三点,通常在 $1\sim10$ kΩ 之间选取。驱动能力与功耗的平衡,以上拉电阻为例,一般地说,上拉电阻越小,驱动能力越强,但功耗越大,设计时应注意两者之间的均衡。

上拉电阻的阻值主要是要顾及端口的低电平吸入电流的能力。例如,在 5 V 电压下,加 1 kΩ 上拉电阻,将会给端口低电平状态增加 5 mA 的吸入电流。因此上拉电阻的选择必须考虑下级电路的驱动需求。当 OD 门输出高电平时,开关管断开,其上拉电流要由上拉电阻来提供,上拉电阻选择应适当以能够向下级电路提供适当的电流,同时也要考虑后级能吸入电流的多少。OD 门的上拉电阻值被限定在一个区域。设外设输入端每端口灌电流不大于 100 μA,外设输出端灌电流约 500 μA,标准工作电压是 5 V,输入口的低、高电平门限为 0.8 V(低于此值为低电平)和 2 V(高电平门限值),则计算方法如下:

① 单片机的 I／O 作为输入口,由 500 μA×8.4 kΩ = 4.2 V,即上拉电阻选大于 8.4 kΩ 时接口能下拉至 0.8 V 以下,此为最小阻值,再小就拉不下来了,也就是单片机无法读回低电平。如果外设输出口可灌入较大电流,则上拉电阻的阻值可减小,保证单片机读入低电平时能低于 0.8 V 即可。

② 当单片机输出高电平时,后接两个该外设输入口需 200 μA。200 μA×15 kΩ＝3 V,即上拉电阻压降为 3 V,输出口可达到 2 V,此阻值为最大阻值,再大就拉不到 2 V了。此例中,综合以上两种情况,选 10 kΩ 可用。

上述仅仅是原理,一句话概括为 OD 门结构 I／O 口输出高电平时要有足够的电流给后面的输入口,输出低电平要限制吸入电流的大小。

5.4　MCS－51 单片机与 LED 显示器接口

在单片机应用系统中,经常用到 LED 数码管作为显示输出设备。LED 数码管显示器虽然显示信息简单,但它具有显示清晰、使用电压低、寿命长、与单片机接口方便等特点,基本上能满足单片机应用系统的需要,所以在单片机应用系统中经常用到。

5.4.1　LED 显示器的结构与原理

LED 数码管显示器是由发光二极管按一定的结构组合起来的显示器件。在单片机应用系统中通常使用的是 8 段式 LED 数码管显示器,它有共阴极和共阳极两种,如图 5.8 所示。

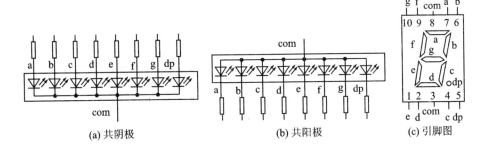

(a) 共阴极　　　　　　　(b) 共阳极　　　　　　(c) 引脚图

图 5.8　8 段式 LED 数码管结构图

其中:图 5.8(a)为共阴极结构,8 段发光二极管的阴极端连接在一起,阳极端分开控制,使用时公共端接地,要使哪段发光二极管亮,则对应的阳极端接高电平。图 5.8(b)为共阳极结构,8 段发光二极管的阳极端连接在一起,阴极端分开控制,使用时公共端接电源,要使哪段发光二极管亮,则对应的阴极端接低电平。其中 7 段发光二极管构成 7 笔的字形"8",还有 1 个发光二极管形成小数点,图 5.8 (c)为引脚图。因此,有人将数码管按段数分为 7 段数码管和 8 段数码管,8 段数码管比 7 段数码管多一个发光小数点。当然,除了 1 位"8"数码管外,还有 2 位和 4 位等数码管,如图 5.9 所示。

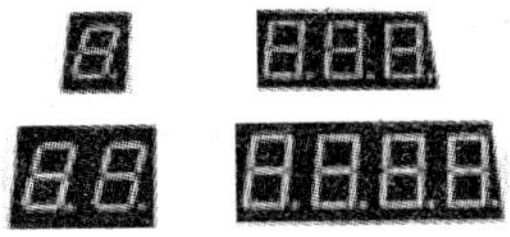

数码管中的每个 LED 的工作电压为 2～3 V,工作电流为 3～10 mA。因此,3.3 V 和 5 V 电平系统,不可以直接驱动发光二极管,而是要串接限流分压电阻。限流电阻的阻值范围为 200～1 000 Ω。加之,MCS－51 的 I/O 口作为通用 I/O 口时是 OD 门结

图 5.9　常见 8 段式 LED 数码管

构,对于共阴极接法,上拉电阻就是数码管每个段选的限流电阻;若共阳极驱动数码管,则直接串入限流电阻,如图 5.10 所示。

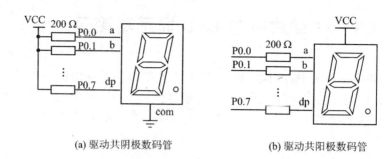

(a) 驱动共阴极数码管   (b) 驱动共阳极数码管

图 5.10 静态显示电路

对于 MCS - 51 的 OD 门结构,建议采用共阳极接法。因为,共阳极接法只有亮(LED 导通)的段耗费电流,而共阴极接法上拉电阻始终耗费电流,尤其是不亮的段会形成大电流灌入 I/O 口。

5.4.2 LED 数码管显示器的译码方式

参见图 5.8 (c),从 a~g 引脚输入不同的 8 位二进制编码,可显示不同的数字或字符。通常把控制发光二极管的 7(或 8)位二进制编码称为字段码。不同数字或字符其字段码不一样,对于同一个数字或字符,共阴极连接和共阳极连接的字段码也不一样,共阴极和共阳极的字段码互为反码,常见数字和字符的共阴极和共阳极 7 段码见表 5.2。其中 b7~b0 对应 dp、g、f、e、d、c、b 和 a。

表 5.2 常见数字和字符的共阴极和共阳极字段码

显示字符	共阴极字段码	共阳极字段码	显示字符	共阴极字段码	共阳极字段码
0	3FH	C0H	A	77H	88H
1	06H	F9H	B	7CH	83H
2	5BH	A4H	C	39H	C6H
3	4FH	B0H	D	5EH	A1H
4	66H	99H	E	79H	86H
5	6DH	92H	F	71H	8EH
6	7DH	82H	P	73H	8CH
7	07H	F8H	L	38H	C7H
8	7FH	80H	"灭"	00H	FFH
9	6FH	90H			

因此必须通过译码实现 BCD 码到 7 段码转换,且由于数与显示码没有规律,不能通过运算得到。对于 LED 数码管显示器,通常的译码方式有两种:硬件译码方式和软件译码方式。

1. 硬件译码方式

硬件译码方式是指利用专门的硬件电路来实现显示字符到字段码的转换,这样的硬件电路有很多,如 74HC48 和 CD4511 都是共阴极 BCD 码到 7 段码的转换芯片。

硬件译码时,要显示一个数字,只需送出这个数字的 4 位二进制编码即可。而软件开销较小,不需要增加硬件译码芯片,被广泛应用。在单片机这样的智能系统中,数码管的硬件译码方式早已被淘汰。

2. 软件译码方式

软件译码方式就是编写软件译码程序,通过译码程序来得到要显示字符的字段码。译码程序通常为查表程序,增加了少许的软件开销,但硬件线路简单,在实际系统中经常使用。0~9 的共阴极和共阳极 7 段码译码一般放到如下的数组中,方便程序调用。

汇编译码表如下:

```
BCDto7SEG_C:    ;共阴极 7 段码译码
                DB3fH,06H,5bH,4fH,66H,6dH,7dH,07H,7fH,6fH          ;对应 0~9
BCDto7SEG_A:    ;共阳极 7 段码译码
                DB0C0H,0f9H,0a4H,0b0H,99H,92H,82H,0f8H,80H,90H    ;对应 0~9
```

C 语言译码表如下:

```
unsigned char codeBCDto7SEG_C[10] =            //共阴极 7 段码译码
            {0x3f,0x06,0x5b,0x4f,0x66,0x6d,0x7d,0x07,0x7f,0x6f};  //对应 0~9
unsigned char codeBCDto7SEG_A[10] =            //共阳极 7 段码译码
            {0xc0,0xf9,0xa4,0xb0,0x99,0x92,0x82,0xf8,0x80,0x90};  //对应 0~9
```

对于汇编译码表,通过 DPTR 指向对应译码表的首址,将 A 中的 BCD 码,通过"MOV A,@A+DPTR"指令查表译码。数放在 R2 中,查得的显示码放于 A 中,参考汇编例程如下:

```
CONVERT: MOV  DPTR,#TAB      ;DPTR 指向表首地址
         MOV  A,R2           ;转换的数放于 A
         MOVC A,@A+DPTR      ;查表指令转换
         RET
    TAB: DB 0C0H,0f9H,0a4H,0b0H,99H,92H,82H,0f8H,80H,90H;显示码表,对应 0~9
```

5.4.3　LED 数码管的显示方式

n 个数码管可以构成 n 位 LED 显示器,共有 n 根位选线(即公共端)和 $8n$ 根段选线。依据位选线和段选线连接方式的不同,LED 显示器有静态显示和动态显示两

种方式。

1. LED 静态显示

采用静态显示时,位选线同时选通,每位的段选线分别与一个8位锁存器输出相连,各数码管间相互独立。各数码管显示一经输出,端口锁存器将维持各显示内容不变,直至显示下一字符为止。其共阳极电路原理如图5.11所示。静态显示方式有较高的亮度和简单的软件编程,缺点是占用I/O口线资源太多。当然,也可利用74HC573和74HC595进行多输出

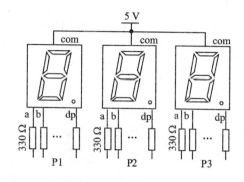

图 5.11　静态显示电路

口扩展(见第6章的图6.20和第9章的图9.5),但是连线过于复杂,尤其是基于74HC573扩展将占用单片机并行总线口,即占用大量的I/O。

2. LED 动态显示方式

动态扫描显示接口是单片机中应用最为广泛的一种显示方式。其接口电路是把所有数码管的8个笔画段a、b、…、dp同名端连在一起构成8根段选线,而每一个显示器的公共极COM则各自独立地受I/O线控制形成8根位选线。其实,所谓动态扫描就是指采用分时扫描的方法,单片机向段选线输出口送出字形码,此时所有显示器接收到相同的字形码,但究竟是哪个显示器亮,则取决于由I/O控制的COM端,如图5.12所示。设有 n 个数码管,则动态显示过程如下:

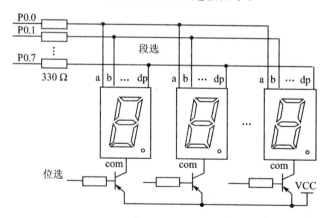

图 5.12　数码管动态显示电路

单片机首先送出第一个数码管的译码,然后仅让第一个数码管位选导通,其他数码管公共端截止,这样,只有第一个数码管显示单片机送出的段码信息。

显示延时一会,保证亮度,然后关闭该数码管显示,即关闭位选。

单片机再给出第二个数码管的译码信息,同样,仅让第二个数码管导通一会。

依次类推,显示完最后一个数码管后,再重新动态扫描第一个数码管,使各个显示器轮流刷新点亮。

在轮流点亮扫描的过程中,每位显示器的点亮时间是极为短暂的(≥1 ms),但由于人的视觉暂留现象及发光二极管的余辉效应,尽管实际上各位显示器并非同时点亮,但只要扫描的速度足够快(一般为不小于 40 Hz),给人的印象就是一组稳定的显示数据,不会有闪烁感。

动态显示方式在使用时需要注意三个方面的问题。第一,显示扫描的刷新频率。每位轮流显示一遍称为扫描(刷新)一次,只有当扫描频率足够快时,对人眼来说才不会觉得闪烁。对应的临界频率称为临界闪烁频率。临界闪烁频率跟多种因素相关,人的视觉反应是 25 ms,即一般当刷新频率大于 40 Hz 就不会有闪烁感。第二,数码管个数与显示亮度问题。若一位数码管显示延时为 1 ms,若扫描大于 25 位则就大于 25 ms 了,会产生闪烁;然而,为了增多数码管而减少延时,会降低数码管亮度。当然,在能保证扫描频率下,增大延时,会增强数码管亮度。第三,LED 显示器的驱动问题。LED 显示器驱动能力的高低是直接影响显示器亮度的又一个重要的因素。驱动能力越强,通过发光二极管的电流越大,显示亮度越高。通常一定规格的发光二极管有相应的额定电流的要求,这就决定了段驱动器的驱动能力,而位驱动电流则应为各段驱动电流之和,因此位选要有专门的驱动电路。从理论上看,对于同样的驱动器而言,n 位动态显示的亮度不到静态显示亮度的 $1/n$。当然,动态显示技术仅为静态显示功耗的 $1/n$,任意时刻只有一个数码管耗费功率。

在实际的工作中,除显示外,在扫描间隔时间还要同时做其他的事情,但是在两次调用显示程序之间的时间间隔很难控制,如果时间间隔比较长,就会使显示不连续,而且在实际工作中是很难保证所有工作都能在很短的时间内完成,也就是每个数码管显示都要占用大于或等于 1 ms 的时间,这在很多场合是不允许的,怎么办呢?我们可以借助于定时器,定时时间一到,产生中断,点亮一个数码管,然后马上返回,这个数码管就会一直亮到下一次定时时间到,而不用调用延时程序了,这段时间可以留给主程序干其他的事。到下一次定时时间到则显示下一个数码管,这样就浪费很少了。但注意数码管定时时间不能很短,否则可能会因单片机中断的频率太高,造成其他的任务出错。或者,直接将运行时间约为 1 ms 的任务作为显示延时,以避免采用中断的顾虑。

动态显示所用的 I/O 接口信号线少((8+n)条),平均为 1 个数码管的功耗,但软件开销大,需要单片机周期性地对它刷新,因此也会占用 CPU 大量的时间。

【例5.2】　动态显示方式驱动 4 位共阳极数码管,P0 口作为段选,P2.4~P2.7 作为位选(有三极管驱动)。待显示的显存为 4 个元素的数组,比如在片内 30H~33H 地址单元,C 语言中将该数组定义为 d[4]。采用汇编语言和 C51 分别编写驱动程序。

根据动态显示原理,驱动程序代码如下:

汇编语言程序如下:

```
            ORG    0000H
            LJMP   MAIN
            ORG    0030H
MAIN:  MOV    DPTR,#BCDto7_TAB
LOOP:
            ;
            LCALL  DISPLAY
            LJMP   LOOP
DISPLAY:
            MOV    R7,#4
            MOV    R0,#30H  ;R0 指针指向显示缓存首址
            MOV    R2,#7FH  ;P2.7 对应第 1 个数码
                            ;管位选
NEXTD: MOV    A,@R0
            MOVC   A,@A+DPTR  ;译码
            MOV    P0,A          ;给出段选
            MOV    A,R2
            ANL    P2,A      ;给出位选,对应数码管显示
            INC    R0        ;R0 指针指向下 1 个显存
            MOV    A,R2
            RR     A             ;位选移到下 1 位
            MOV    R2,A          ;保存位选信息
            LCALL  DELAY_1MS  ;亮一会
            ORL    P2,#0F0H   ;关显示
            DJNZ   R7,NEXTD
            RET
BCDto7_TAB:               ;软件译码表
            DB     c0H,0f9H,0a4H,0b0H,99H
            DB     92H,82H,0f8H,80H,90H
DELAY_1MS:
            MOV    R6,#4
D1MS:       MOV R5,#125
            DJNZ   R5,$
            DJNZ   R6,D1MS
            RET
```

C 语言程序如下:

```c
unsigned char d[4];        //显示缓存
void delay_1ms(void)
{ unsigned int i;
  for(i=0;i<124;i++);
}
void display(void)        //循环扫描 1 遍
{unsigned char i;
 //软件译码表
 codeunsigned char BCD_7[10] = {
 0xc0,0xf9,0xa4,0xb0,0x99,
 0x92,0x82,0xf8,0x80,0x90};
  for(i=0;i<4;i++)
  {P0 = BCD_7[d[i]];
   P2 &= ~(0x80>>i);  //开显示
   delay_1ms();        //亮一会
   P2 |= 0xf0;         //关显示
  }
}
int main(void)
{
  while(1)
  {
  //…
  display();
  }
}
```

另外,市场上还有一些专用的 LED 扫描驱动显示模块,如 MAX7219、HD7279、ZLG7290 和 CH452 等,内部都带有译码单元等,功能很强大。成本允许时建议使用,可大幅简化软件设计难度,并增强软件的可读性。

总之,数码管作为广泛使用的仪器显示器件是每一位单片机工程师必须掌握的知识之一,具体应用对象不同会出现各种数码管应用技术。

5.5　MCS-51 单片机与键盘的接口

键盘是单片机应用系统中最常用的输入设备,在单片机应用系统中,操作人员一般都是通过键盘向单片机系统输入指令、地址和数据,实现简单的人机通信。本节对键盘设计中按键去抖、按键确认、键盘的设计方式、键盘的工作方式等问题进行讨论。

5.5.1　键盘的工作原理

键盘实际上是一组按键开关的集合,平时按键开关总是处于断开状态,当键按下时它才闭合。它的结构和产生的工作电压波形如图 5.13 所示。

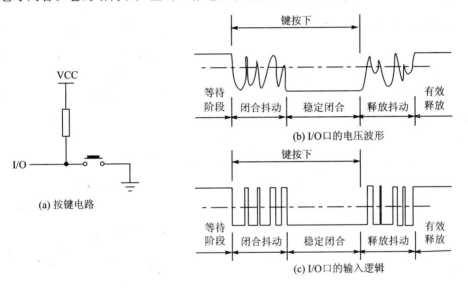

图 5.13　键盘开关及波形

在图 5.13 (a)中,当按键开关未按下时,开关处于断开状态,由上拉电阻确定常态,I/O 输入为高电平;当按键开关按下时,开关处于闭合状态,I/O 输入为低电平。也就是说,I/O 读入低电平,表示有按键动作。通常按键开关为机械式开关,由于机械触点的弹性作用,一个按键开关在闭合时不会马上稳定地接通,断开时也不会马上断开,因而在闭合和断开的瞬间都会伴随着一串的抖动,如图 5.13 (b)所示。相对于门槛电压,在抖动处产生一串脉冲,如图 5.13 (c)所示。抖动时间的长短由按键开关的机械特性决定,一般为 5～10 ms,这种抖动对于人来说是感觉不到的,但对于单片机微秒级的工作速度来说,则是可以感应到每一个"细节"的漫长过程。按键动作形成的电压波形过程说明如下:

① 等待阶段:此时按键尚未按下,处于常态的空闲阶段。

② 闭合抖动阶段:此时按键刚刚按下,信号处于抖动状态,也称为前沿抖动

阶段。

③ 有效闭合阶段：此时抖动已经结束，一个有效的按键动作已经产生约为200～400 ms。系统应该在此时执行按键功能，或将按键所对应的编号（简称"键号"或"键值"）记录下来，待按键释放时再执行。

④ 释放抖动阶段：此时按键处于抬起动作过程中，信号输出处于抖动状态，也称为后沿抖动阶段。

⑤ 有效释放阶段：如果按键是采用释放后再执行功能，则可以在这个阶段进行相关处理。处理完成后转到等待阶段，如果按键是采用闭合时立即执行功能，则在这个阶段可以直接切换到等待阶段。

键盘的处理主要涉及五个方面的内容。

1．抖动的消除

按键动作，无论按下还是放开都会产生抖动。对于高速的单片机，5～10 ms 的抖动时间太过"漫长"，极易形成一次按键请求，但被多次响应的系统级错误后果。为了使 CPU 能正确地读出端口的状态，对每一次按键只作一次响应，就必须考虑如何去除抖动。同时，消除抖动的另一个作用是可以剔除信号线上的干扰，防止误动作。消除按键抖动通常有两种方法：硬件消抖和软件消抖。

软件消抖法其实很简单，就是在单片机获得端口为低的信息后，不是立即认定按键开关已被按下，而是延时 10 ms 或更长一些时间后再次检测端口，如果仍为低，说明按键开关的确被按下了，这实际上是避开了按键按下时的抖动时间。而在检测到按键释放后（端口为高）再延时 10 ms 左右，消除后沿的抖动，然后再对键值处理。不过在一般情况下，通常不对按键释放的后沿进行处理。因为，若在该阶段检测按键情况，延时去抖动时间过后已经是稳定的高电平了，自然跳过后沿抖动时间而消除后沿抖动。当然，在实际应用中，对按键的要求也是千差万别的，要根据不同的需要来编制处理程序，但以上是消除键抖动的原则。软件去抖无需额外的硬件开销，处理灵活，但会消耗较多的 CPU 时间。硬件去抖动则是采用额外的硬件电路来实现，如可以利用积分电路来吸收抖动带来的干扰脉冲，如图 5.14 所示，只要选择适当的器件参数，就可获得较好的去抖效果。由于软件去抖动节省硬件，所以本书所有的按键处理都采用软件去抖动方法，实际的工程应用也经常采用软件去抖。

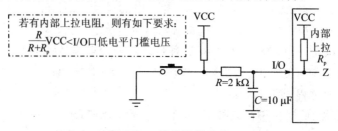

图 5.14　滤波消抖电路

2. 按键的事件类型

在单片机系统中,常见的击键类型,也就是用户有效的击键确认方式,按照击键时间来划分,可以分为"短击"和"长击";按照击键后执行的次数来划分,可以分为"单击"和"连击";另外还有一些组合击键方法,如"双击"或"同击"等。常用的击键类型如表 5.3 所列。

表 5.3　常用的击键类型

击键类型	类型说明	应用领域
单键单次短击 (简称"短击"或"单击")	用户快速按下单个按键,然后立即释放	基本类型,应用非常广泛,大多数地方都会使用
单键单次长击 (简称"长击")	用户按下按键并延时一定时间再释放	(1)用于按键的复用; (2)某些隐藏功能; (3)某些重要功能(如"总清"键或"复位"键),为了防止用户误操作,也会采取长击类型
单键连续按下 (简称"连击")	用户按下按键不放,此时系统要按一定的时间间隔连续响应。其连击频率可自己设定,如 3 次/秒、4 次/秒等	用于调节参数,达到连加或连减等连续调节的效果(如 UP 键和 DOWN 键)
单键连按两次或多次 (简称"双击"或"多击")	相当于在一定的时间间隔内两次或多次单击	(1)用于按键的复用; (2)某些隐藏功能
双键或多键同时按下 (简称"同击"或"复合按键")	用户同时按下两个按键,然后再同时释放	(1)用于按键的复用; (2)某些隐藏功能
无键按下 (简称"无键"或"无击")	当用户在一定时间内未按任何按键时需要执行某些特殊功能	(1) 设置模式的"自动退出"功能; (2)自动进待机或睡眠模式

针对不同的击键类型,按键响应的时机也是不同的:

① 有些类型必须在按键闭合时立即响应,如:长击、连击。

② 而有些类型则需要等到按键释放后才执行,如:当某个按键同时支持"短击"和"长击"时,必须等到按键释放,排除了本次击键是"长击"后,才能执行"短击"功能。

③ 还有些类型必须等到按键释放后再延时一段时间,才能确认。如:

➢ 当某个按键同时支持"单击"和"双击"时,必须等到按键释放后,再延时一段时间,确认没有第二次击键动作,排除了"双击"后,才能执行"单击"功能。

➢ 而对于"无击"类型的功能,也是要等到键盘停止触发后一段时间才能被响应。

本教材只讲述"单击"和"无击"按键事件的按键工作原理。

3. 按键连接方式

从硬件连接方式看,键盘通常可以分为独立式键盘和矩阵(行列)式键盘两类。

所谓独立式键盘是指各按键相互独立,每个按键分别与单片机或外扩 I/O 芯片的一根输入线相连。通常每根输入线上按键的工作状态不会影响其他输入线的工作状态。通过检测输入线的电平就可以很容易地判断哪个按键被按下了。独立式键盘电路配置灵活,软件简单,但在按键数较多时会占用大量的输入口线。该设计方法适用于按键较少或操作速度较高的场合。图 5.15 为查询方式工作的独立式键盘的结构形式。

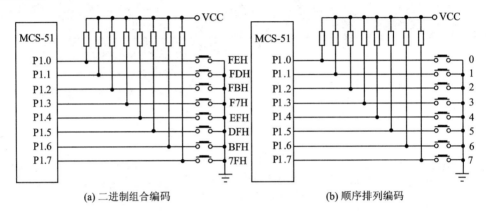

(a) 二进制组合编码　　　　　　　　　　(b) 顺序排列编码

图 5.15　独立式键盘及编码

矩阵式键盘的相关内容将在 5.5.2 小节进行介绍。

4. 键位的编码

通常在一个单片机应用系统中用到的键盘都包含多个键位,这些键都通过 I/O 线来进行连接,按下一个键后,通过键盘接口电路就得到该键位的编码,一个键盘的键位怎样编码,是键盘工作过程中的一个很重要的问题。通常有两种编码方法。

① 用连接键盘的 I/O 线的二进制组合进行编码。如图 5.15(a)所示,当单个按键按下时,直接采用读回的值作为按键编码称为二进制组合编码。这种编码简单,但不连续,处理起来不方便。

② 顺序排列编码。如图 5.15(b)所示,这种编码将获得的二进制编码值进行编号,因此称为顺序排列编码。

当没有按键按下时,也要给键位分配一个编码。本书将 FFH 作为无按键按下时的编码。

5. 键盘的工作方式

单片机的键盘有三种工作方式:查询工作方式、中断工作方式和定时扫描工作方式。

(1) 查询工作方式

这种方式是直接在主程序中插入键盘检测子程序,主程序每执行一次则键盘检测子程序被执行一次,对键盘进行检测一次。如果没有键按下,则跳过键识别,直接执行主程序;如果有键按下,则通过键盘扫描子程序识别按键,得到按键的编码值,然后根据编码值进行相应的处理,处理完后再回到主程序执行。键盘扫描子程序流程图如图 5.16 所示。

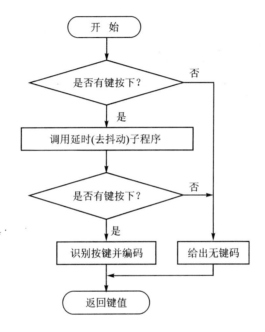

图 5.16　键盘扫描子程序流程图

查询工作方式涉及等待按键抬起问题。单片机在查询读取按键时,不断地扫描键盘,扫描到有键按下后,进行键值处理。它并不等待键盘释放再退出键盘程序,而是直接退出键盘程序,返回主程序继续工作。计算机系统执行速度快,很快又一次执行到键盘程序,并再次检测到键还处于按下的状态,单片机还会去执行键值处理程序。这样周而复始,按一次按键,系统会执行相同的处理程序很多次。而程序员的意图一般是只执行一次,这就是等待按键抬起问题。

对于单击和长击,等待按键抬起问题的一般解决办法是,等待直至按键抬起后再次按下才再次执行相应的处理程序,等待时间一般在几百 ms 以上。例如,在软件编程中,当执行完相应处理程序后,可以加一个非常大的延时函数,再往下执行;或者一直读取按键,直到读取到按键的返回值是无键后,再往下执行。

下面是针对图 5.15(a) 和图 5.16 查询方式的键盘程序,采用二进制按键编码。总共有 8 个键位,KEY0～KEY7 为 8 个键的功能程序。

单片机及工程应用基础

156

汇编语言程序如下：

```
        ORG   0000H
        LJMP  MAIN
        ORG   0030H
MAIN:
        ;…
LOOP:
        ;…
        LCALL   READ_KEY
        CJNE A,#0FFH, DO_KEY
        LJMP LOOP        ;无键按下返回死循环开始
DO_KEY:
        JNB   ACC.0, KEY0  ;0 号键按下,按下转 KEY0
        JNB   ACC.1, KEY1  ;1 号键按下,按下转 KEY1
                ⋮
        JNB   ACC.7, KEY7  ;7 号键按下,按下转 KEY7
KEY0:…                ;0 号键功能程序
                ⋮
        LJMP OUTKEY      ;0 号键功能程序执行完
KEY1:                ;1 号键功能程序
                ⋮
        LJMP OUTKEY      ;1 号键功能程序执行完
                ⋮
KEY7:…                ;7 号键功能程序
                ⋮
                    ;7 号键功能程序执行完
OUTKEY:              ;等待按键抬起
        LCALL   READ_KEY
        CJNE A,#0FFH, OUTKEY
        LJMP LOOP

READ_KEY:            ;按键值通过 A 返回
        MOV   P1,#0FFH   ;置 P1 口为输入状态
        MOV   A,P1       ;键状态输入
        CJNE A,#0FFH,Nk  ;没有键按下,则转开始
        RET
Nk: LCALL DELAY_10MS
        MOV   A,P1       ;键状态输入
        RET
DELAY_10MS:
        MOV   R6,#20
DL1:MOV   R5,#249
        DJNZ R5,$
        DJNZ R6,DL1
        RET
```

C 语言程序如下：

```c
#include"reg52.h"
unsigned char key;
void delay_ms(unsigned char t)
{unsigned int i;
    for(;t>0;t--)
        for(i=0;i<123;i++);
}
unsigned char Read_key(void)
{ unsigned char temp;
    P1 = 0xff; //置 P1 口为输入状态
    temp = P1;
    if(temp!=0xff)
    { delay_ms(10);
        temp = P1;
        if(temp!=0xff)return temp;
        else return 0xff;
    }
    else return 0xff;
}
int main(void)
{
    while(1)
    {key = Read_key();
        if(key!=0xff)
        {switch(key)
            {case 0xfe:
                ⋮            //0 号键功能程序
                break;
            case 0xfd:
                ⋮            //1 号键功能程序
                break;
                ⋮
            case 0x7f:
                ⋮            //7 号键功能程序
                break;
            default:
            }
            //等待按键抬起
            while(Read_key()!=0xff);
        }
    }
}
```

（2）定时扫描工作方式

定时扫描工作方式是利用单片机内部定时器产生定时中断（例如 10 ms），当定时时间到时，CPU 执行定时器中断服务程序，对键盘进行扫描。如果有键位按下则识别出该键位，并执行相应的键处理功能程序。定时扫描方式的键盘硬件电路与查询方式的电路相同。软件处理过程如图 5.17 所示。每隔 10 ms 该流程被执行 1 次。

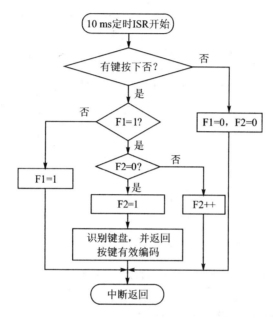

图 5.17　定时扫描方式定时器中断服务程序流程图

定时扫描方式实际上是通过定时器中断来实现处理的，为处理方便，在单片机中设置了标志位 F1 和计数器 F2，F1 作为消除抖动标志，F2 则作按键处理标志变量。由于定时开始一般不会有键按下，故 F1、F2 初始化为 0，定时中断扫描键盘无按键按下，也会将 F1 和 F2 清 0。而当键盘上有键按下时先检查消除抖动标志 F1，如果 F1＝0，表示还未消除抖动，这时把 F1 置 1，直接中断返回，因为中断返回后 10 ms 才能再次中断，相当于实现了 10 ms 的延时，从而实现了消除抖动；当再次定时中断时，按键仍处于按下，如果 F1＝1，则说明抖动已消除，再检查 F2，如果 F2＝0，则扫描识别键位，识别按键的编码，并将 F2 置 1 返回，也就是说 F2＝1 时要响应按键请求；当再一次定时中断时，按键仍处于按下，检查到 F2＞0，说明当前按键已经处理了，F2 再自加 1 后直接返回，软件设计时可根据 F2 的其他值确定相应的功能。请读者学完第 7 章的定时器知识后再次品味该种工作方式。

（3）中断工作方式

在计算机应用系统中，大多数情况下并没有按键输入，但无论是查询方式还是定时扫描方式，CPU 都在不断地对键盘进行检测，这样会大量占用 CPU 执行时间。为了提高效率，可采用中断方式，中断方式通过增加一根外中断请求信号线，如图 5.18

所示(其中的"与"门可采用二极管"与"门),当没有按键时无中断请求,有按键时,向CPU 提出中断请求,CPU 响应后执行中断服务程序,在中断服务程序中才对键盘进行扫描。这样在没有键按下时,CPU 就不会执行扫描程序,提高了 CPU 的工作效率。中断方式处理时需编写中断服务程序,在中断服务程序中对键盘进行扫描,具体处理与查询方式相同,可参考查询程序流程。

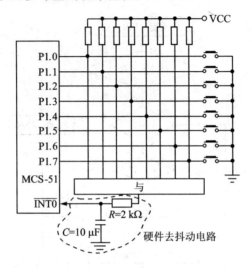

图 5.18　中断工作方式的独立式键盘的结构形式

5.5.2　矩阵式键盘与单片机的接口

矩阵式键盘又叫行列式键盘,用 I／O 接口线组成行、列结构,键位设置在行、列的交点上。例如,4×4 的行、列结构可组成 16 个键的键盘,比一个键位用一根 I／O接口线的独立式键盘少了大量的 I／O 接口线,而且键位越多,情况越明显。因此,在按键数量较多时,往往采用矩阵式键盘,如图 5.19 所示。

矩阵键盘按键的识别通常有两种方法:扫描法和反转法。图 5.19(a)为扫描法读取矩阵键盘原理图,图 5.19(b)为反转法读取矩阵键盘原理图。但无论是扫描法,还是反转法,读取矩阵键盘的步骤都分为确定按键动作和确定键值两步。确定按键动作是为了判断键盘是否有键被按下,其方法是:让所有行线输出低电平,读入各列线值,若不全为高电平,则有键按下;若有键按下,延时去抖动后,再读入各列线值,若不全为高电平,接下来进行确定键值,确定按键位置。也就是说,确定键值时才有扫描法和反转法之分,如图 5.20 所示。

对于扫描法,当延时去抖动后,确认确实有按键按下,接下来进行逐行扫描,确定按键位置。逐行扫描就是逐行置低电平,其余行置高电平,检查各列线电平的值,若某列对应的为低电平,即可确定该行该列交叉点处的按键被按下。

P1 口接 4×4 矩阵键盘,低 4 位为行,高 4 位接列线。行输出列扫描,列上拉即

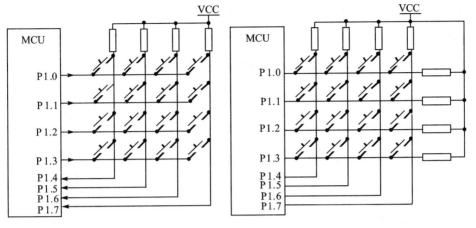

(a) 扫描法读取矩阵键盘原理图　　　　(b) 反转法读取矩阵键盘原理图

图 5.19　矩阵式键盘电路

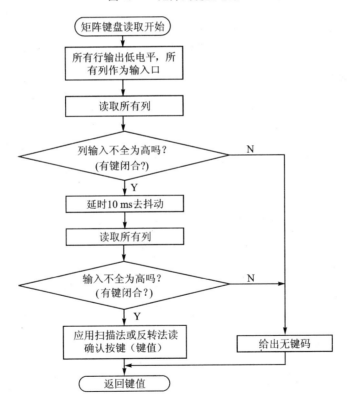

图 5.20　矩阵键盘读取流程图

可。P1 口内置上拉,无需焊接上拉电阻。采用顺序排列编码时,如果一行有 K 个键,则编码值=行首编码值 m(自然数编号)$\times K$+列号 n(自然数编号)。当然,也可以采用其他编码方式。扫描法读取按键子函数如下：

汇编程序：

```
Read_key:MOV R2, #0FFH ;通过 R2 返回按键值
                   ;0~15,无按键返回 FFH
         MOV P1, #0F0H ;行输入全为 0,
                   ;列给 1 作输入口
         MOV A, P1
         ANL A, #0F0H ;读列信息
         CJNE A, #0F0H, KEY_C
         MOV A, #0FFH ;无按键返回 FFH
         RET
  KEY_C: LCALL Delay_10ms   ;延时去抖动
         MOV A, P1
         ANL A, #0F0H
         CJNE A, #0F0H, KEY_SCAN
         MOV  A, #0FFH ;无按键返回 FFH
         RET
 KEY_SCAN:            ;行输出列扫描确定键值
         MOV R5, #0   ;按键编码,确定行号
         MOV R4, #0FEH
   S_C: MOV P1, R4    ;行输出
         MOV A, P1
         ANL A, #0F0H ;读行信息
         CJNE A, #0F0H, H_ok
         INC R5
         MOV  A, R4
         RL  A
         MOV R4, A
         SJMP S_C
  H_ok: MOV R4, #0    ;确定列号
  R_C: JNB ACC.4, L_over
         INC R4
         RR  A
         SJMP R_C
 L_over: MOV A, #4
         MOV B, R5
         MUL AB   ;按键编码 = 行号 * 4 + 列号
         ADD A, R4
         RET
Delay_10ms:
         MOV R6, #20
   DY: MOV R7, #250
         DJNZ R7, $
         DJNZ R6, DY
         RET
```

C51 语言程序：

```
unsigned char Read_key(void) //扫描法
{unsigned char i,j,k;
  P1 = 0xf0;
  //行全输入 0,列给 1 作为输入口
  k = P1&0xf0;       //读列
  if(k == 0xf0)
  {
     return 0xff;   //无按键返回 0xff
  }
  else
  {Delay_10ms();   //延时去抖动
  k = P1&0xf0;       //再次读列
  if(k == 0xf0)
  {
     return 0xff;   //无按键返回 0xff
  }
  else         //行输出列扫描确定键值
  {
     for(i = 0;i<4;i ++ )
     {P1 = ~(1<<i);
     k = P1&0xf0;
     if(k != 0xf0)
     { for(j = 0; j<4; j ++ )
       {
          if((k&(0x10<<j)) == 0)
          {
             return i * 4 + j;
          }
       }
     }
   }
  }
 }
}
void Delay_10ms(void)
{unsigned char i;
 unsigned int j;
 for(i = 0;i<10;i ++ )
   {
      for(j = 0;j<123;j ++ );
   }
}
```

如图5.19(b)所示为反转法识别矩阵键盘的原理图,单片机与矩阵键盘连接的线路也分为两组,即行和列。但是与扫描法不同的是不再限定行和列的输入/输出属性,且分时分别作为输入口和输出口,因此,都有作为输入口的时候,也就要求所有口线都要加上拉电阻,这些上拉电阻作为输入口时的常态上拉,提供高电平。

反转法识别矩阵键盘的核心原理就是行和列的输入/输出属性互换,即当行全部输出0,读列,去抖动后确定确实有按键按下,并记录了不是"1"的列号后,行列的输入/输出反转,将列全部设为输出口,并全部输出0,并把所有行设为上拉输入口,然后读取所有行的状态,并记录下电平为0的行线作为行号。最终由列号和行号即可确定按下的按键。

反转法读取按键子函数如下:

汇编程序:

```
Read_key:MOV R2,#0FFH;通过 R2 返回按键值
                    ;0~15,无按键返回 FFH
         MOV P1,#0F0H;行输入全为 0,
                    ;列给 1 作为输入口
         MOV A,P1
         ANL A,#0F0H   ;读列信息
         CJNE A,#0F0H,KEY_C
         MOV A,#0FFH   ;无按键返回 FFH
         RET
KEY_C:   LCALL Delay_10ms ;延时去抖动
         MOV A,P1
         ANL A,#0F0H
         CJNE A,#0F0H,KEY_C1
         MOV A,#0FFH
         RET
KEY_C1:  MOV B,A       ;保存列信息
         MOV P1,#0FH
         ;反转:列全为 0,行作为输入口
         MOV A,P1
         ANL A,#0FH    ;读行信息
         MOV R5,#0
H_C:     JNB ACC.0,H_over
                      ;按键编码,确定行号
         INC R5
         RR A
         SJMP H_C
H_over:  MOV A,B
         MOV R4,#0
L_C:     JNB ACC.4,L_over
         INC R4
         RR A
         SJMP L_C
```

C51 语言程序:

```
//读按键(反转法),无按键返回 0xff
unsigned char Read_key(void)
{ unsigned char i,m,n,k;
  P1 = 0xf0;        //行全输出 0,
                    //列给 1 作为输入口
  n = P1&0xf0;      //读列信息
  if(n == 0xf0)return 0xff;
  else
    { Delay_10ms ();       //延时去抖动
    n = P1&0xf0;
    if(n == 0xf0)return 0xff;
    else
    {P1 = 0x0f;    //列全输出 0,
                   //行给 1 作为输入口
  m = P1&0x0f;    //读行信息
  //按键编码,确定行号
  for(i = 0;i<4;i ++ )
  {  if((m&(1<<i)) == 0)
     {  k = 4 * i;
        break;
     }
  }
  //按键编码,确定列号
  for(i = 0;i<4;i ++ )
  {  if((n&(0x10<<i)) == 0)
     {
        return k + i;
     }
  }
}
```

161

汇编程序:	C51 语言程序:

L_over:MOV A, ♯ 4
　　　 MOV B, R5
　　　 MUL AB ;按键编码 = 行号 * 4 + 列号
　　　 ADD A, R4
　　　 RET
Delay_10ms:
　　　 MOV R6, ♯ 20
DY:　　 MOV R7, ♯ 250
　　　 DJNZ R7, $
　　　 DJNZ R6, DY
　　　 RET
	}
	　 }
	void Delay_10ms(void)
	{unsigned char i;
	　unsigned int j;
	　for(i = 0;i<10;i ++)
	　　 {
	　　　　 for(j = 0;j<123;j ++);
	　　 }
	}

当然,把矩阵键盘的所有列线接于"与"门输入,并将"与"门输出连至外中断,矩阵键盘也可基于外中断响应,以降低软件查询的时间消耗。

注意:常态时行线必须都输出低电平以等待中断。

*5.5.3　基于扫描法改进矩阵式键盘与单片机的接口方法

以 4×4 矩阵键盘为例,采用扫描法识别按键,且基于行线作为输入,列线分时输出低电平的方式,即各列线分时、分别输出低电平,然后输入行线,逐行检测是否存在低电平。如果在某行有低电平出现,就说明该行、列的交叉点上的按键,被按下了。

其实,这些行线和列线是"分时"工作的,当在某一列输出低电平的时候,其他的列,输出的就是高电平。如果利用这些输出高电平的列,进行输入,那么就可以极大地节省 I/O 接口的数量。基于这个道理,4 个列驱动引脚就完全可以省去,只使用行驱动引脚来分时输出低电平即可,如图 5.21 所示。同时,为了对引脚之间进行隔离,图 5.21 中加了 4 个二极管。

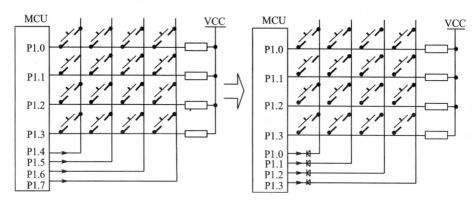

图 5.21　扫描法矩阵式键盘电路的改进

如图 5.21 所示电路的按键识别方法和常规的 4×4 键盘检测思路是相同的。例如:当在 P1.0 输出低电平,即最左边的列为低电平,这时检测 P1.1、P1.2 及 P1.3 是否为低电平,可以判断最左边的三个按键是否按下;当在 P1.1 输出低电平,即左边第二列为低电平,这时检测 P1.0、P1.2 及 P1.3 是否为低电平,可以判断左边第二列的三个按键是否按下……。

但是,因为行和列使用了相同的 I/O,所以连接在同一个引线的行、列交叉点处的按键就已经失效了。那么把原来的按键移动出来,把二极管画在交叉点,电路如图 5.22 所示。

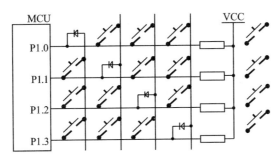

图 5.22　改进的扫描法矩阵式键盘电路

把移出来 4 个按键连接在 I/O 上,另一端直接接地,构成 4 个独立式按键电路,得到如图 5.23 所示电路。识别键盘时,首先将所有 I/O 口线设为输入口,来确定 4 个独立式按键是否有按键动作,若没有动作,接下来则分 4 次扫描获取 4 个列的 3×4 按键动作情况。

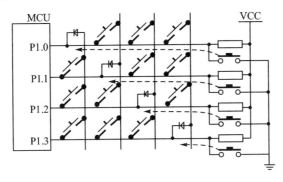

图 5.23　4 个 I/O 口读取 4×4 矩阵式键盘电路

C51 驱动软件代码如下,汇编驱动软件请读者尝试编写。

```
void Delay_10ms(void)
{unsigned char i;
 unsigned int j;
 for(i = 0;i<10;i++)
     for(j = 0;j<123;j++);
}
```

```
unsigned char LookUp_key(void)          //识别是否有按键动作
{unsigned char i, j, nc , m;
 P1| = 0x0f;                            //作为输入口
 m = P1&0x0f;                           //读独立键盘
 if(m! = 0x0f)                          //有按键动作
 { for(i = 0;i<4;i ++ )
   { it(! (m&(1<<i)))return i * 4 + i;  //独立式键盘充当二极管处按键
   }
 }

 for(i = 0;i<4;i ++ )                   //扫描法
 {P1| = 0x0f;
  nc = 0x0f & (~(1<<i));
  P1& = nc;                            //列输出
  m =  P1& nc;
  if(m! = nc)
  { for(j = 0;j<4;j ++ )
    { if(i == j)continue;
      if(!(m&(1<<j)))return j * 4 + i;
    }
  }
 }

 return 0xff;
 }
//无按键返回 0xff,有按键返回 0~15
unsigned char Read_key(void)
{uchar k;
 k = LookUp_key( );                     //识别是否有按键动作
 if(k == 0xff)return 0xff;              //没有按键动作
 else
 { Delay_10ms( );                       //延时去抖动
   k = LookUp_key( );                   //再次识别是否有按键动作
   return k;
 }
 }
```

　　这个电路比常规的 $4×4$ 键盘电路仅多用了 4 个二极管,但是却节省了 4 条 I/O 口,这个意义十分巨大。按照这个电路的设计思路,使用 n 个 I/O 口就可以驱动 $n×n$ 个按键。

　　要注意的是,扫描时,读入行信息引脚要设置为输入状态,对于经典式 MCS - 51 系列单片机就是将对应该 I/O 口设置为高电平。但是,当该电路移植到其他单片机应用系统是推挽式 I/O 口时,这些 I/O 口千万不要设置为输出高电平,而是要设置为高阻输入口,否则独立式按键按下会烧毁相应引脚。

习题与思考题

5.1　试比较 MCS－51 单片机 P0～P3 口结构的异同。

5.2　为什么 MCS－51 单片机的 I/O 口作为输入口使用时要事先写入 1?

5.3　试分析 MCS－51 端口的两种读操作(读端口引脚和读锁存器),"读—修改—写"操作是按哪一种操作进行的? 结构上的这种安排有何作用?

5.4　MCS－51 单片机 I/O 口拉电流和灌电流驱动电路有哪些异同?

5.5　试说明上拉电阻的作用。

5.6　LED 的静态显示方式与动态显示方式有何区别? 各有什么优缺点?

5.7　请说明动态扫描显示数码管原理。

5.8　为什么要消除按键的机械抖动? 软件消除按键机械抖动的原理是什么?

5.9　矩阵式键盘识别方法有几种? 试说明各自的识别原理及识别过程。

第 **6** 章

系统总线与系统扩展技术

　　系统总线是指 CPU 通过存储器命令自动寻址的总线系统，用来在系统内连接各大组成部件，如 CPU、Memory 和 I/O 设备等，因此它是计算机系统级扩展应用的基础。MCS‑51 系列单片机的重要特点就是系统结构紧凑，硬件设计灵活，外露系统总线，方便系统级扩展。在很多复杂的应用情况下，单片机内的 RAM、ROM 和 I/O 接口数量有限，不够使用，尤其是数据存储器或程序存储器不够用时一般只能通过系统进行扩展，以满足应用系统的需要。

6.1　系统总线和系统扩展方法

　　系统总线有 Intel 8080 和 Motorola 6800 两种总线时序，每种总线时序都是通过三总(线地址总线、数据总线和控制总线)来与外部交换信息的。MCS‑51 系列单片机源于 Intel 设计，采用 Intel 8080 时序。

　　能与单片机系统总线接口的芯片也具备三总线引脚。其中，数据总线是双向端口，地址总线和控制总线是单向的。单片机和这些芯片的连接方法是对应的线相连，单片机通过系统总线扩展存储器连接框图如图 6.1 所示。

　　存储器芯片的存储体是存储芯片的主体，由基本存储元按照一定的排列规律构成。其地址译码器接收来自 CPU 的 M 位地址，经译码后产生 2^M 个地址选择信号，实现对片内存储单元的选址。存储器地址寄存器(AR)用来缓存输入地址。存储器数据寄存器(DR)用来缓存来自计算机的写入数据或从存储体内读出的数据。时序控制逻辑电路将来自计算机控制总线的读/写等控制信号分配给存储器芯片的相应部分，控制数据的读出和写入。

　　数据总线传送指令码和数据信息，各外设芯片都要并接在它上面，才能和 CPU 进行信息交流。由于数据总线是信息的公共通道，各外围芯片必须分时使用才不至于产生使用总线的冲突。基于系统总线扩展的外围芯片，在其片选引脚未使能时，其数据总线为高阻状态，计算机正是分时给出片选使能信号，而使对应的外围芯片数据总线接入总线(脱离高阻状态)。使用存储器或芯片的哪个单元，是靠地址总线区分的。什么时候指定地址的哪个芯片，是受控制总线信号控制的，而这些信号是通过执行相应的指令产生的，这就是计算机系统总线的工作机理。因此，单片机的系统扩展

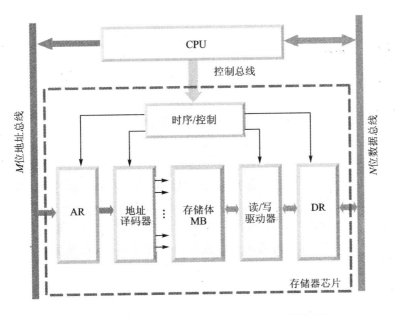

图 6.1　单片机通过系统总线扩展存储器连接框图

就归结为数据存储器、程序存储器和外设与三总线的连接。

6.1.1　MCS‐51 单片机系统总线结构

MCS‐51 单片机的系统三总线接口信号如图 6.2 所示。

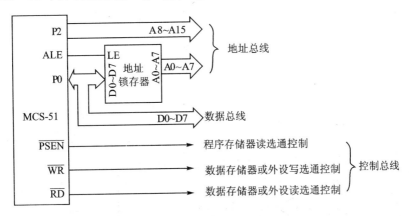

图 6.2　MCS‐51 系列单片机总线

① P0 口作为地址总线和数据总线复用,分时传送数据和低 8 位地址信息。在接口电路中,单片机的 ALE 信号用于配合外置地址锁存器锁存低 8 位地址 A0～A7,以分离地址和数据信息,实现地址总线向数据总线的切换和复用。总线复用可以节约单片机自身的 I/O 数目。

② P2 口作为地址总线的高 8 位,扩展外部存储器或设备时传送高 8 位地址

A8～A15。

由于 MCS-51 单片机地址总线宽度为 16 位,因此,片外可扩展的芯片最大寻址范围为 $2^{16}=64$ KB,即地址范围为 0000H～FFFFH。扩展芯片的地址线与单片机的地址总线(A0～A15)按低位到高位的顺序顺次相接。

③ $\overline{PSEN}$ 作为程序存储器的读选通控制信号线,$\overline{RD}$(P3.7)、$\overline{WR}$(P3.6)为数据存储器或外设的读/写控制信号线,这是区分访问对象的唯一依据。它们是在执行不同指令时,由硬件自动产生的不同的控制信号。因此,单片机的 $\overline{PSEN}$ 应连接程序存储器的输出允许端 $\overline{OE}$,单片机的 $\overline{RD}$ 应连接数据存储器或外设的 $\overline{OE}$(输出允许)或 $\overline{RD}$ 端,单片机的 $\overline{WR}$ 应连接数据存储器或外设的 $\overline{WR}$ 或 $\overline{WE}$ 端。由于很少扩展程序存储器,因此 $\overline{PSEN}$ 很少用。

常用的 8 位地址锁存器有 74HC373 和 74HC573,引脚及内部结构如图 6.3 所示。74HC373 和 74HC573 都是带三态控制的 D 型锁存器,在很多经典书籍和应用中一般都采用 74HC373,不过鉴于 74HC373 引脚排列不规范,不利于 PCB 板的设

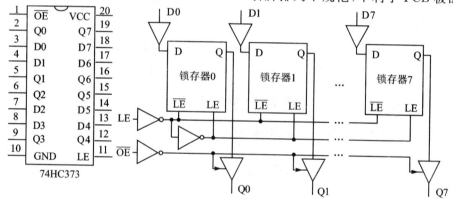

(a) 74HC373的引脚及内部结构图

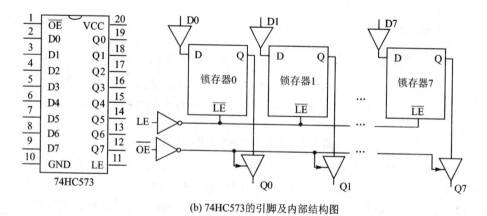

(b) 74HC573的引脚及内部结构图

图 6.3　8 位地址锁存器 74HC373 和 74HC573 的引脚及内部结构图

计,建议锁存器采用 74HC573。地址锁存器使用时,74HC373 或 74HC573 的 LE 端接至单片机的 ALE 引脚,$\overline{OE}$ 输出使能端接地。当 ALE 为高电平时,锁存器输入端数据直通到输出端,当 ALE 负跳变时,数据锁存到锁存器中。

　　单片机执行 MOVX 指令,以及系统自片外扩展的程序存储器中读取指令或执行 MOVC 指令时,会自动产生总线时序,完成信息的读取或存储。

6.1.2　MCS-51 系统总线时序

　　当 $\overline{EA}$ 引脚接至高电平,且 PC 小于片内存储器最大地址时,访问片内程序存储器,否则访问片外程序存储器。访问片内程序存储器时不会产生读取外部程序存储器时序,也就是说,当 $\overline{EA}$ 引脚接至高电平访问片内程序存储器时,不会产生外部三总线时序访问程序存储器,且若还不使用 MOVX 指令,单片机所有的三总线引脚都作为普通 I/O 使用。下面分析当 $\overline{EA}$ 引脚接至低电平和执行 MOVX 指令等情况的三总线工作情况。

1. $\overline{EA}$ 引脚接至低电平,访问片外程序存储器,且不执行 MOVX 指令

　　当访问片外程序存储器,且不执行 MOVX 指令(无片外数据存储器或设备)时,其目的和作用就是为了读取外部程序存储器中的指令,其连接框图及时序图分别如图 6.4 和图 6.5 所示。

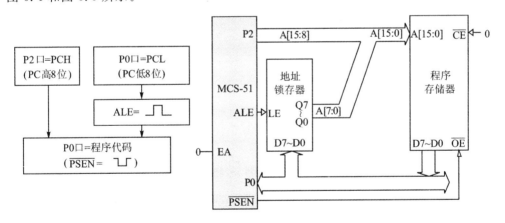

图 6.4　程序存储器扩展及时序流程

2. $\overline{EA}$ 引脚接至低电平,执行 MOVX 指令

　　当通过"MOVX A,@DPTR"和"MOVX @DPTR,A"指令访问外部数据存储器或设备时,其连接框图及时序图分别如图 6.6 和图 6.7 所示。当 $\overline{RD}$ 或 $\overline{WR}$ 有效时,P0 口将读或写数据存储器(或外设)中的数据。

　　综上所述可以看出:

　　① 执行 MOVX 时,ALE 被 $\overline{RD}$ 或 $\overline{WR}$ 屏蔽,一次 MOVX 会减少一个脉冲。如果

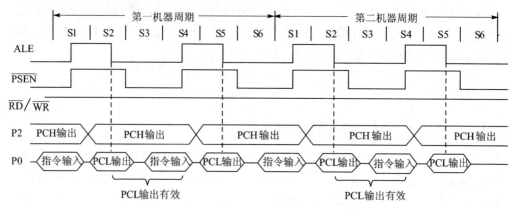

图 6.5　不执行 MOVX 指令的操作时序图

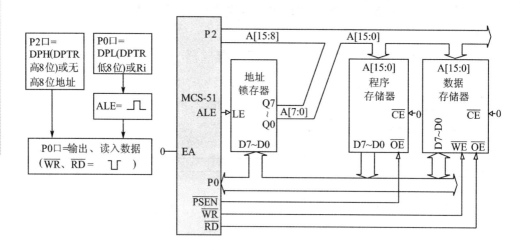

图 6.6　数据存储器扩展与 MOVX 指令流程

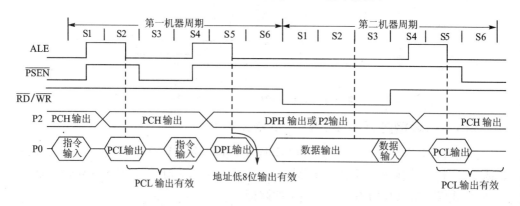

图 6.7　执行 MOVX 指令的操作时序图

想用 ALE 作为定时脉冲（$f_{osc}/6$），应注意执行 MOVX 指令对脉冲的影响，也就是说

ALE 作为定时脉冲时,一定不要使用 MOVX 指令。

② 当执行"MOVX @Ri,A"或"MOVX A,@Ri"时,P2 口不输出 DPH 而是输出 P2 特殊功能寄存器的内容,即此时 P2 不是地址总线,可作为普通 I/O 使用。

③ $\overline{PSEN}$ 和 $\overline{RD}/\overline{WR}$ 不会同时出现,MCS-51 可以同时扩展 64 KB 程序存储器和 64 KB 的数据存储器。

6.1.3　基于系统总线进行系统扩展的总线连接方法

系统总线扩展的原则是,使用相同控制信号的芯片之间,不能有相同的地址;使用相同地址的芯片之间,控制信号不能相同。例如外设和外部数据存储器,均以 $\overline{RD}$ 和 $\overline{WR}$ 作为读、写控制信号,均使用 MOVX 指令传送信息,它们不能具有相同的地址;外部程序存储器和外部数据存储器的操作采用不同的选通信号(程序存储器使用 $\overline{PSEN}$ 控制,包括使用 MOVC 指令操作;外设和外部数据存储器使用 $\overline{RD}$ 和 $\overline{WR}$ 作为读、写控制信号,使用 MOVX 指令操作),它们可具有相同的地址。

能与单片机系统总线接口的芯片也具备三总线引脚,单片机和这些芯片的连接方法是对应的线相连。其会有 n 根地址线引脚,且地址线的根数因芯片不同而不同,取决于片内存储单元的个数或外设内寄存器(又称为端口)的个数,n 根地址线和单元的个数关系是:单元的个数 $=2^n$。

同时,所扩展的芯片一般还会有 1 个片选引脚($\overline{CE}$ 或 $\overline{CS}$)。当片选端接高,芯片所有的总线引脚处于高阻或输入状态。当接入单片机的同类(外设和外部数据存储器为一类,程序存储器为一类)扩展芯片仅一片时,其芯片的片选端可直接接地。因为此类芯片仅此一片,别无选择,使它始终处于选中状态,如图 6.8(a)所示。

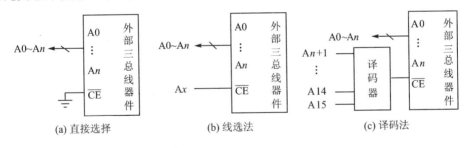

图 6.8　三总线外围芯片片选引脚的几种接法

一般来说,扩展芯片的地址线数目总是少于单片机地址总线的数目,因此连接后,单片机的高位地址线总有剩余。当由于系统应用需要,需要扩展多个同类和同样的芯片时,地址总线分成两部分,即字选和片选。用于选择片内的存储单元或端口的地址线,称为字选或片内选择。为区别同类型的不同芯片,利用系统总线扩展芯片的片选引脚与单片机地址总线高位直接或间接相连,即超出扩展芯片地址线数目的剩余地址线直接或间接地作为片选,与扩展芯片的片选信号线($\overline{CE}$ 或 $\overline{CS}$)相接。一个芯片的某个单元或某个端口的地址由片选的地址线和片内字选地址线共同组成。即

　　字选:外围芯片的字选(片内选择)地址线引脚直接接单片机从 A0 开始的低位地址线。

　　片选:当接入单片机的同类扩展芯片为多片时,要通过片选端确定操作对象,有线选法和译码法两种方法。

1. 线选法

　　不同扩展芯片的片选引脚分别接至单片机用于片内寻址剩下的高位地址线上,称为线选法。线选法用于外围芯片不多的情况,是最简单、最低廉的方法,如图 6.8(b)所示。但线选法的缺点是寻址外部器件时,只有一个连接于器件片选的高位地址为 0,其他全为 1,这就造成扩展的同类芯片间地址不连续,浪费地址空间,且当有高位地址线剩余时地址不唯一。同时,可扩展芯片数量受剩余高位地址线多少的限制。

2. 译码法

　　片选引脚接至高位地址线进行译码后的输出,称为译码法。当采用剩余地址线的低位地址线作为译码输入时,译码法具有地址连续的优点。译码可采用部分译码法或全译码法。所谓部分译码,就是用片内寻址剩下的高位地址线中的几根,进行译码;所谓全译码,就是用片内寻址剩下的所有的高位地址线,进行译码,全译码法的优点是地址唯一,能有效地利用地址空间,适用于大容量多芯片的连接,以保证地址连续。译码法的缺点是要增加地址译码器,如图 6.8(c)所示。

(1) 使用逻辑门译码

　　设某一芯片的字选地址线为 A0~A12(8 KB 容量),使用逻辑门进行地址译码,其输出接芯片片选$\overline{CE}$,电路及芯片的地址排列如图 6.9 所示。

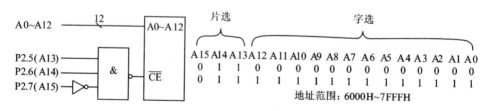

图 6.9　用逻辑门进行地址译码

　　在上面地址的计算中,16 位地址的字选部分是从片内最小地址($A[12:0]=0000H$)到片内最大地址($A[12:0]=1FFFH$),共 8 192 个地址,16 位地址的高 3 位地址由图 6.9 中 A15、A14 和 A13 的硬件电路接法决定,仅当 $A[15:13]=011$ 时,$\overline{CE}$才为低电平,选择该芯片工作,因此它的地址范围为 6000H~7FFFH。由于 16 根地址线全部接入,因此是全译码方式,每个单元的地址是唯一的。如果 A15、A14 和 A13 的 3 根地址线中只有 1~2 根接入电路,即采用部分译码方式,未接入电路的地址可填 1,也可填 0,单片机中通常填 1 以方便将来扩展。

（2）利用译码器芯片进行地址译码

如果利用译码器芯片进行地址译码,常用的译码器芯片有:通过非门实现 1-2 译码器、74HC139（双 2-4 译码器）、74HC138（3-8 译码器）和 74HC154（4-16 译码器）等。74HC138 是 3-8 译码器,它有 3 个输入端、3 个控制端及 8 个输出端,引线及功能如图 6.10 所列,真值表如表 6.1 所列。74HC138 译码器只有当控制端 OE3、$\overline{OE1}$、$\overline{OE2}$ 为 100 时,才会在输出的某一端（由输入端 C、B、A 的状态决定）输出低电平信号,其余的输出端仍为高电平。74HC154 很少用,一般采用两片 74HC138 利用使能端构成 4-16 译码器。

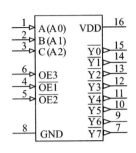

图 6.10　74HC138 引脚

表 6.1　74HC138 真值表

输　　入						输　　出							
$\overline{OE1}$	$\overline{OE2}$	OE3	C	B	A	$\overline{Y0}$	$\overline{Y1}$	$\overline{Y2}$	$\overline{Y3}$	$\overline{Y4}$	$\overline{Y5}$	$\overline{Y6}$	$\overline{Y7}$
L	L	H	L	L	L	L	H	H	H	H	H	H	H
L	L	H	L	L	H	H	L	H	H	H	H	H	H
L	L	H	L	H	L	H	H	L	H	H	H	H	H
L	L	H	L	H	H	H	H	H	L	H	H	H	H
L	L	H	H	L	L	H	H	H	H	L	H	H	H
L	L	H	H	L	H	H	H	H	H	H	L	H	H
L	L	H	H	H	L	H	H	H	H	H	H	L	H
L	L	H	H	H	H	H	H	H	H	H	H	H	L
1	×	×	×	×	×	H	H	H	H	H	H	H	H
×	1	×	×	×	×	H	H	H	H	H	H	H	H
×	×	0	×	×	×	H	H	H	H	H	H	H	H

【例 6.1】　用 8 KB×8 位的存储器芯片组成容量为 64 KB×8 位的存储器,试问:

（1）共需几个芯片? 共需几根地址线寻址? 其中几根为字选线? 几根为片选线?

（2）若用 74HC138 进行地址译码,试画出译码电路,并标出其输出线的地址范围。

（3）若改用线选法,能够组成多大容量的存储器? 试写出各线选线的选址范围。

解：(1) 64 KB/8 KB=8;即共需要 8 片 8 KB×8 位的存储器芯片。

64 KB=2^{16} B,所以组成 64 KB 的存储器共需要 16 根地址线寻址。

8 KB=2^{13} B,即 13 根为字选线,选择存储器芯片片内的单元。

16−13＝3,即3根为片选线,选择8片存储器芯片。

(2) 8 KB×8位芯片有13根地址线,A12～A0为字选,余下的高位地址线是A15～A13,所以译码电路对A15～A13进行译码,译码电路及译码输出线的选址范围如图6.11所示。

(3) 改用线选法,地址线A15、A14和A13各作为1片8 KB×8位存储器的片选。3根地址线只能接3个芯片,故仅能组成容量为24 KB×8位的存储器,A15、A14和A13所选芯片的地址范围分别为6000H～7FFFH、A000H～BFFFH和C000H～DFFFH。

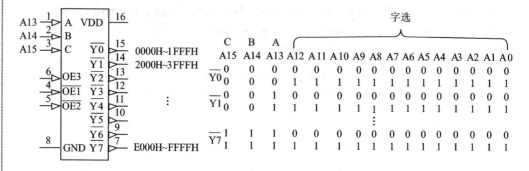

图6.11　74HC138地址译码及其选址范围

6.2　系统存储器扩展举例

由于MCS−51单片机地址总线宽度为16位,片外可扩展的存储器最大容量为64 KB,地址为0000H～FFFFH。因为程序存储器和数据存储器通过不同的控制信号和指令进行访问,允许两者的地址空间重叠,所以片外可扩展的程序存储器与数据存储器都为64 KB。

6.2.1　程序存储器扩展

1. 程序存储器及扩展时序

当引脚$\overline{EA}$＝0时执行单片机外接的程序存储器。单片机读取指令时,首先由P0口提供PC低8位(PCL),ALE提供PC低8位(PCL)锁存信号(供外接锁存器锁存PCL),P2口提供PC高8位(PCH),$\overline{PSEN}$提供读信号,8位程序代码由P0口读入单片机。

可用来扩展的存储器芯片如下:

EPROM:2732(4 KB×8位)、2764(8 KB×8位)和27256(32 KB×8位)等;

E²PROM:2816(2 KB×8位)、2864(8 KB×8位)、28128(16 KB×8位)等。

当然,E²PROM也可作为数据存储器扩展,因为E²PROM支持电可擦除,即可写。

2. 单片程序存储器的扩展

图 6.12 为单片程序存储器的扩展,$\overline{EA}$ 接地,程序存储器芯片用的是 2764。2764 是 8 KB×8 位程序存储器,芯片的地址线有 13 条,顺次和单片机的地址线 A0～A12 相接。由于单片连接,没有用地址译码器,高 3 位地址线 A13、A14、A15 不接,故有 $2^3 = 8$ 个重叠的 8 KB 地址空间。输出允许控制线 $\overline{OE}$ 直接与单片机的 PSEN 信号线相连。因只用一片 2764,其片选信号线 $\overline{CE}$ 直接接地。

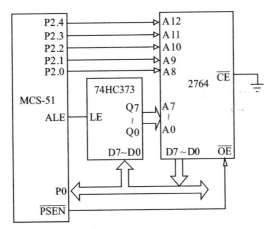

图 6.12　单片程序存储器芯片 2764 与 MCS－51 单片机的扩展连接图

由于 A15～A13 悬空,因此地址不唯一,其中 8 个重叠的地址范围如下:

0000000000000000～0001111111111111,即 0000H～1FFFH;

0010000000000000～0011111111111111,即 2000H～3FFFH;

0100000000000000～0101111111111111,即 4000H～5FFFH;

0110000000000000～0111111111111111,即 6000H～7FFFH;

1000000000000000～1001111111111111,即 8000H～9FFFH;

1010000000000000～1011111111111111,即 A000H～BFFFH;

1100000000000000～1101111111111111,即 C000H～DFFFH;

1110000000000000～1111111111111111,即 E000H～FFFFH。

3. 多片程序存储器的扩展

多片程序存储器的扩展方法比较多,芯片数目不多时可以通过部分译码法和线选法,芯片数较多时可以通过全译码法。

图 6.13 是通过译码法实现的两片 2764 扩展成 16 KB 程序存储器。两片 2764 的地址线 A[12:0]与地址总线的 A[12:0]对应相连,2764 的数据线 D[7:0]与数据总线 D[7:0]对应相连,两片 2764 的输出允许控制线连在一起与 MCS－51 的 PSEN

信号线相连。第一片 2764 的片选信号线 $\overline{CE}$ 与 MCS-51 地址总线的 P2.7 直接相连,第二片 2764 的片选信号线 $\overline{CE}$ 与单片机地址总线的 P2.7 取反后相连,当 P2.7 为 0 时选中第一片,为 1 时选中第二片,即采用非门进行 1-2 译码。单片机地址总线的 P2.5 和 P2.6 未用,两个芯片各有 $2^2=4$ 个重叠的地址空间。

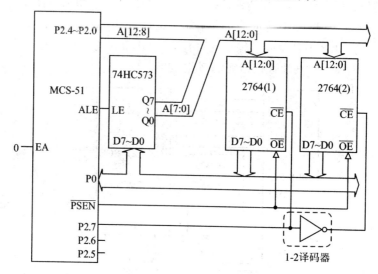

图 6.13 采用线选法实现两片 2764 与 MCS-51 单片机的扩展连接图

两片的地址空间分别为:

第一片: 00000000000000000～0001111111111111,即 0000H～1FFFH;
          00100000000000000～0011111111111111,即 2000H～3FFFH;
          01000000000000000～0101111111111111,即 4000H～5FFFH;
          01100000000000000～0111111111111111,即 6000H～7FFFH。

第二片: 10000000000000000～1001111111111111,即 8000H～9FFFH;
          10100000000000000～1011111111111111,即 A000H～BFFFH;
          11000000000000000～1101111111111111,即 C000H～DFFFH;
          10000000000000000～1111111111111111,即 E000H～FFFFH。

图 6.14 为采用全译码法实现的 4 片 2764 扩展成 32 KB 程序存储器。单片机剩余的高 3 位地址总线 P2.5、P2.6 和 P2.7 通过 74HC138 译码器形成 4 个 2764 的片选信号,各 2764 的片选信号线 $\overline{CE}$ 分别与 74HC138 译码器的 $\overline{Y0}$、$\overline{Y1}$、$\overline{Y2}$ 和 $\overline{Y3}$ 相连,由于采用全译码,每片 2764 的地址空间都是唯一的。它们分别是:

00000000000000000～0001111111111111,即 0000H～1FFFH;
00100000000000000～0011111111111111,即 2000H～3FFFH;
01000000000000000～0101111111111111,即 4000H～5FFFH;
01100000000000000～0111111111111111,即 6000H～7FFFH。

多片程序存储器的扩展在软件设计时,分别要用 ORG 指令定义软件的具体存储器芯片起始位置,且各部分分别编译,分别烧写。

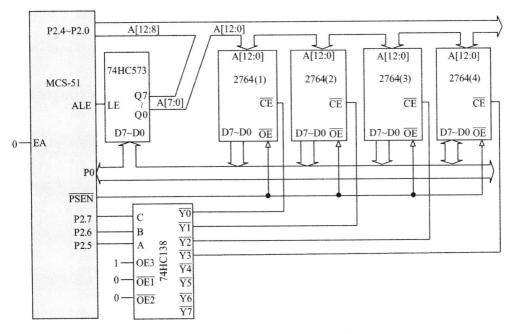

图 6.14　采用全译码法实现的 4 片 2764 与 MCS-51 单片机的扩展连接图

6.2.2　数据存储器扩展

数据存储器扩展与程序存储器扩展基本相同,只是数据存储器控制信号一般为输出允许信号 $\overline{OE}$ 和写控制信号 $\overline{WR}$,其分别与单片机的片外数据存储器的读控制信号 $\overline{RD}$ 和写控制信号 $\overline{WR}$ 相连,其他信号线的连接与程序存储器完全相同。

若地址指针为 DPTR,首先由 P0 口提供 DPTR 低 8 位(DPL),ALE 提供 PC 低 8 位(DPL)锁存信号(供外接锁存器锁存 DPL)。P2 口提供 DPTR 高 8 位(DPH)。单片机提供读信号 $\overline{RD}$,8 位数据由 P0 口读入单片机。若地址指针为 Ri,则 P2 口不作为 MOVX 指令的地址总线。

在单片机系统中,作为外扩数据存储器使用较多的为静态 RAM,这类芯片在单片机应用系统中以 6216,6264,62256 使用较多,分别为 2 KB×8 位、8 KB×8 位和 32 KB×8 位 RAM。

图 6.15 是 MCS-51 单片机采用线选法扩展两片 8 KB×8 位数据存储器芯片 6264 的连接图。6264 具有 13 根地址线、8 根数据线、1 根输出允许信号线 $\overline{OE}$、1 根写控制信号线 $\overline{WE}$、两根片选信号线 $\overline{CE1}$ 和 $\overline{CE2}$,使用时都应为低电平。扩展时 6264 的 13 根地址线与 MCS-51 的地址总线低 13 位 A[12:0]对应相连,8 根数据线与 8051 的数据总线对应相连,输出允许信号线 $\overline{OE}$ 与单片机读控制信号线 $\overline{RD}$ 相连,写控制信号线 $\overline{WE}$ 与单片机的写控制信号线 $\overline{WR}$ 相连,两根片选信号线 $\overline{CE1}$ 和 $\overline{CE2}$ 连在

一起,第一片与 MCS-51 地址线 A13 直接相连,第二片与 MCS-51 地址线 A14 直接相连,则地址总线 A13 为低电平 0 选中第一片,地址总线 A14 为 0 选中第二片,A15 未用,可为高电平,也可为低电平。

P2.7 为低电平 0,两片 6264 芯片的地址空间为:

第一片:0100000000000000~0101111111111111,即 4000H~5FFFH;

第二片:0010000000000000~0011111111111111,即 2000H~3FFFH。

P2.7 为高电平 1,两片 6264 芯片的地址空间为:

第一片:1100000000000000~1101111111111111,即 C000H~DFFFH;

第二片:1010000000000000~1011111111111111,即 A000H~BFFFH。

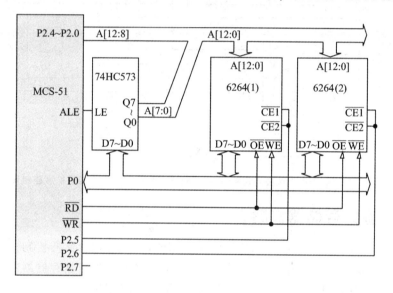

图 6.15 两片数据存储器芯片 6264 与 MCS-51 单片机的扩展连接图

分别用地址线直接作为芯片的片选信号线使用时,要求一片片选信号线为低电平,则另一片的片选信号线就应为高电平,否则会出现两片同时被选中的情况。

6.2.3 程序存储器与数据存储器综合扩展

图 6.16 是一个 MCS-51 单片机外接 16 KB 程序存储器及 32 KB 数据存储器的原理框图。其中程序存储器采用 27256,数据存储器采用 62256。由于只有一片程序存储器和一片数据存储器,所以未考虑片选问题。如果有多片程序或数据存储器时,就需要利用高 8 位地址进行译码产生片选信号,用于选择多片程序或数据存储器中的一个芯片,如果没有片选信号会造成数据总线上的混乱。以扩展两片 2764 和两片 6264 为例,采用译码法进行程序存储器与数据存储器综合扩展的电路如图 6.17 所示。

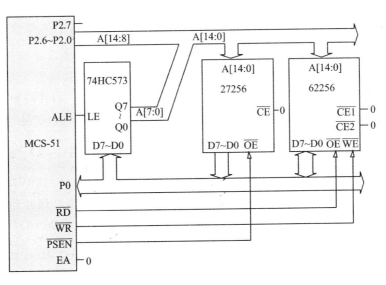

图 6.16　MCS－51 单片机外扩 16 KB 程序存储器及 32 KB 数据存储器的原理框图

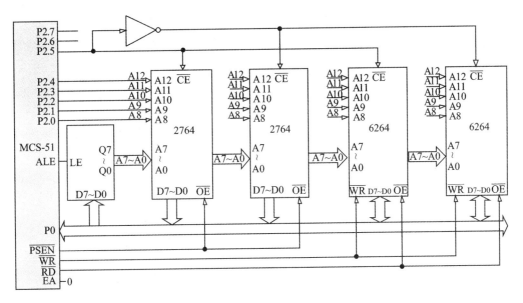

图 6.17　程序存储器与数据存储器综合扩展

6.3　输入/输出接口及设备扩展

　　MCS－51 单片机有 4 个并行 I/O 接口，每个 8 位，且当有系统总线扩展设备时 P0、P2 口要被用来作为数据、地址总线，P3 口中的某些位也要用来作为控制总线，这时留给用户的 I/O 线就很少了。因此，在大部分的 MCS－51 单片机应用系统中都要进行 I/O 扩展。

8155 和 8255 是典型的单片机外围 I/O 扩展芯片。但是由于体积大、相对价格高,以及占用 I/O 多等原因已经逐渐退出电子系统设计。目前,一般采用锁存器和三态数据缓冲器等数字电路来扩展 I/O 口。通常的锁存器和三态数据缓冲器有 74HC573、74HC373、74HC244、74HC273、74HC245 等芯片都可以作简单 I/O 扩展。实际上,只要具有输入三态、输出锁存的电路,就可以用作 I/O 接口扩展。

6.3.1 利用 74HC573 和 74HC244 扩展的简单 I/O 接口

图 6.18 是利用 74HC573 和 74HC244 扩展的简单 I/O 接口,其中 74HC573 扩展并行输出口,74HC244 扩展并行输入口。74HC244 是单向数据缓冲器,带两个控制端 $\overline{1G}$ 和 $\overline{2G}$,当它们为低电平时,输入端 D0～D7 的数据输出到 Q0～Q7。

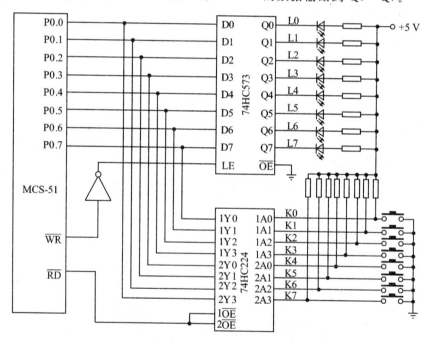

图 6.18 用 74HC573 和 74HC244 扩展并行 I/O 口

图中,74HC573 的控制端 LE 是由 MCS - 51 单片机的写信号 $\overline{WR}$ 通过"非"门后相连,输出允许端 $\overline{OE}$ 直接接地,所以当 74HC573 输入端有数据进来时直接通过输出端输出。当执行向片外数据存储器写的指令,$\overline{WR}$ 通过"非"门后有效信号为高电平,则 4HC573 的控制端 LE 有效,数据总线上的数据就送到 74HC573 的输出端。74HC244 的控制端 $1\overline{OE}$ 和 $2\overline{OE}$ 连在一起与单片机的读信号 $\overline{RD}$ 相连,当执行从片外数据存储器读的指令,且 $\overline{RD}$ 为低电平时,则控制端 $1\overline{OE}$ 和 $2\overline{OE}$ 有效,74HC244 的输入端的数据通过输出端送到数据总线,然后传送到单片机内部,否则 74HC244 的输出处于高阻状态,脱离数据总线。

在图 6.18 中,扩展的输入口接 K0~K7 八个开关,扩展的输出口接 L0~L7 八个发光二极管,实现 K0~K7 的开关状态通过 L0~L7 发光二极管来显示,程序如下:

汇编程序	C 语言程序

$\vdots$
LOOP:MOVX　A,@R0　;与 R0 数据无关
　　MOVX　@R0,A　;与 R0 数据无关
　　$\vdots$
　　SJMP　LOOP
	♯ include <absacc.h>
	　　$\vdots$
	unsigned char　i;
	while(1)
	{i = PBYTE[0];　//与地址数据无关
	　PBYTE[0] = i;　//与地址数据无关
	　　$\vdots$
	}

程序中,对扩展的 I/O 访问直接通过片外数据存储器指令 MOVX 来进行。

6.3.2　利用多片 74HC573 和系统总线扩展输出口

1. 利用 74HC573 和 "MOVX @Ri,A" 指令进行双输出口扩展

采用 74HC573 作并行接口芯片具有效率高、可靠性好、易扩展、编程简单等诸多优点。图 6.19 是一个利用三总线扩展 16 个输出 I/O 口的例子。@Ri 给出的 8 位地址 R0 通过 ALE 锁存到 74HC573(1)输出,而 A 给出的 8 位数据通过 $\overline{WR}$ 和 "非"门锁存到 74HC573(2)输出。

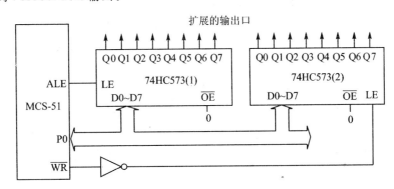

图 6.19　利用 74HC573 和 "MOVX A,@Ri" 指令进行双输出口扩展

使用 "MOVX @Ri,A" 类指令由 P0 口送出 8 位地址,P2 口上引脚的信号在整个访问外部数据存储器期间也不会改变,即 P2 口作为通用 I/O 端口使用,此时不作为地址总线。

2. 利用 8 片 74HC573 和 MOVX 指令扩展 8 个输出端口

如图 6.20 所示为利用 8 片 74HC573 和"MOVX @DPTR，A"指令扩展 8 个输出端口的电路图。单片机的 $\overline{WR}$ 与 74HC138 译码器的 1 个低电平使能端相连。当没有"MOVX @DPTR，A"指令时，$\overline{WR}$ 始终处于高电平，3 - 8 译码器的输出全为高，即每个 74HC573 的 LE 引脚保持低电平输入。

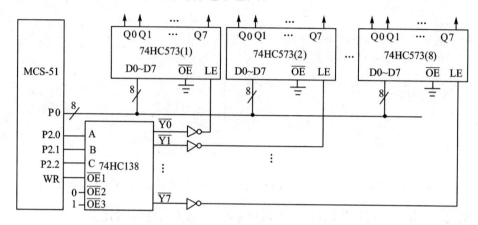

图 6.20　利用 8 片 74HC573 和"MOVX @DPTR，A"指令扩展 8 个输出端口

当执行"MOVX @DPTR，A"指令时，DPTR[10:8] 作为 3 - 8 译码器的译码输入，且当 $\overline{WR}$ 在低脉冲期间，3 - 8 译码器译码输出致使对应的 74HC573LE 引脚为高，此时数据总线上的数据（即累加器 A 中的数据）从对应的 74HC573 锁存输出。

如图 6.21 所示为利用 8 片 74HC573 和"MOVX @R0，A"指令扩展 8 个输出端口的电路图。将低 8 位地址的地址锁存器输出作为译码器的输入端，使得 P2 口解放出来作为普通 I/O 使用。当执行"MOVX @R0，A"指令时，R0[2:0] 作为 3 - 8 译码器的译码输入，且当 $\overline{WR}$ 在低脉冲期间，3 - 8 译码器对应的输出将数据总线数据锁存入对应的 74HC573。

当然，若放弃 MOVX 指令，而自行操作引脚模拟时序，例如以 P0 作为 8 位数据输出，P2 的 8 个引脚分别作为 8 个 74HC573 的锁存引脚，则可扩展 64 个 I/O，如图 6.22 所示。需要注意的是，此时，P0 口工作在普通 I/O 状态，必须外接上拉电阻。

例如，74HC573(8) 输出 56H，其他口状态不变，则代码如下：

```
MOV  P2, #00H
     ⁝
MOV  P0, #56H
SETB P2.7
CLR  P2.7
     ⁝
```

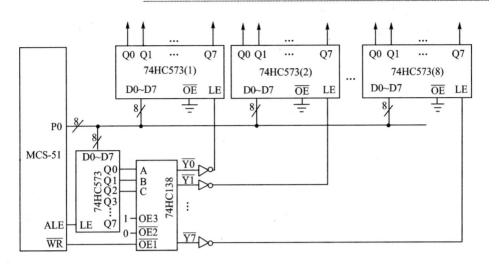

图6.21 利用8片74HC573和"MOVX @R0，A"指令扩展8个输出端口

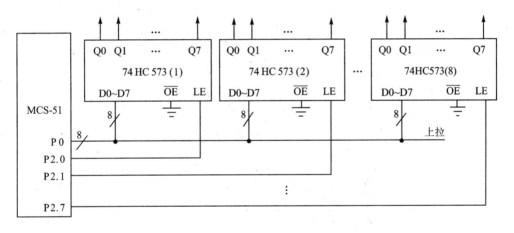

图6.22 利用74HC573进行多输出口扩展

读者不要"惧怕"这么复杂的连线，基于原理图方式，将它们都放入到CPLD即可，既实用，成本又低。当然，基于HDL进行描述更好，请读者自行尝试编写。

3. 扩展1片8 KB数据存储器的同时扩展两个输出端口

两个输出端口通过两片74HC573实现。两个端口和1片数据存储器共扩展3个外设。8 KB的数据存储器有13根地址线，剩余的地址线共3条，所以直接应用线选法即可，直接通过高位的剩余地址线选择扩展器件，即哪个高位地址线为低哪个就被选中，电路如图6.23所示。

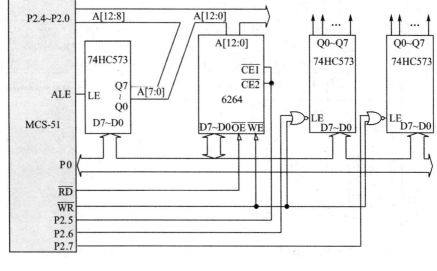

图 6.23　扩展 1 片 8 KB 数据存储器的同时扩展两个输出端口

6.3.3　利用多片 74HC244 和系统总线扩展输入口

图 6.24 所示为利用 8 片 74HC244 和"MOVX A，@DPTR"指令扩展 8 个输入端口的电路图。单片机的$\overline{RD}$与 74HC138 译码器的 1 个低电平使能端相连。当没有"MOVX A,@DPTR"或"MOVX A,@Ri"指令时，$\overline{RD}$始终处于高电平，3 - 8 译码器的输出全为高，即每个 74HC244 的$\overline{1G}$和$\overline{2G}$引脚保持高电平输入。

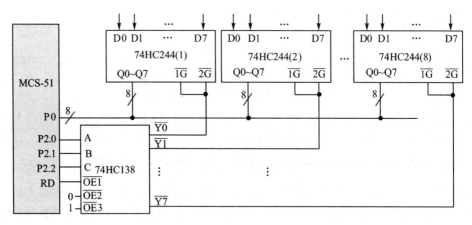

图 6.24　利用 8 片 74HC244 和"MOVX A，@DPTR"指令扩展 8 个输入端口

当执行"MOVX A,@DPTR"指令时，DPTR[10:8]作为 3 - 8 译码器的译码输入，且当$\overline{RD}$在低脉冲期间，3 - 8 译码器译码输出致使对应的 74HC244 的$\overline{1G}$和$\overline{2G}$引脚为低，此时数据总线上的数据对应为 74HC244 输入端数据，读入累加器 A 中。未被译码选中的 74HC244 输出处于高阻状态。

　　结合上一小节的内容可以综合扩展输入/输出口,主要看使用的是 74HC573,还是 74HC244。当然,扩展输出口时,3-8 译码器的译码输出需要加"非"门。

　　同时,读者也不要"惧怕"这么复杂的连线,基于 PLD 实现既方便又实用。

*6.3.4　基于系统总线和 Verilog HDL 实现输入/输出接口扩展设计

　　过去,当扩展输入/输出接口,除了采用前述分立小规模集成电路方法,更多的是想到集成芯片 8155 和 8255。这两个芯片都是基于系统总线实现 PA、PB 和 PC 三个 8 位输入/输出端口的扩展,使用也较灵活,端口既可以配置为输入口,也可以配置为输出口。但是,它们作为早期的集成电路产品,价格昂贵、体积和功耗过大,相比目前的 CPLD 等产品,不但缺乏体积和功耗的优势,更谈不上灵活。尤其,CPLD 和 FPGA 作为典型的器件与单片机形成互补应用的电子系统非常广泛,借助 CPLD 和 FPGA 的强大资源,顺便形成所需要的输入/输出端口,可谓是一举多得。本小节介绍基于 Verilog HDL 完成具有较强功能的专用输入/输出接口芯片的设计。

　　基于系统总线与单片机接口,就需要 8 位的地址锁存器。鉴于已经采用 PLD 器件,所以,8 位的地址锁存器也集成到 PLD 中。因此,器件具有 LE 锁存输入引脚,且地址锁存输出 AB[7:0] 外漏,为基于系统总线进行其他扩展提供方便。如图 6.25 所示,8 位的双向总线 DB 既可以作为数据总线,也可以作为地址总线。nRD 和 nWR 作为读/写控制总线。CS1 和 CS2 的异或输出(低有效)作为器件的片选,以方便各种有效电平方式应用。器件具有 PA、PB、PC 和 PD 共 4 个双向 8 位端口,每个引脚都可以独立控制其输入/输出属性,其内部有 4 个 8 位的输入/输出设置寄存器(DDRA、DDRB、DDRC 和 DDRD)用于设置每个引脚的输入/输出工作状态,对应位设置为 1 则作为输出口,对应位设置为 0 则作为输入口。

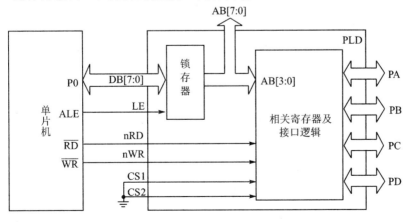

图 6.25　基于系统总线和 Verilog HDL 实现输入/输出接口扩展设计

単片机及工程应用基础

通过系统总线访问这 4 个端口。器件支持输出锁存功能,且输出锁存器和方向寄存器都支持双向访问,输出锁存器 PORTA、PORTB、PORTC 和 PORTD,方向寄存器 DDRA、DDRB、DDRC 和 DDRD 的地址依次为 0、1、2、3、4、5、6 和 7。读 PA、PB、PC 和 PD 引脚的地址分别为 8、9、10 和 11。可见,本定制芯片内部共有 8 个寄存器和 12 个地址,前 8 个地址对应单元是可读可写的,而后 4 个地址是只读的。DB 和各端口引脚的双向控制是 HDL 描述的核心问题,输出高阻和作为输入是等价的。

基于 Verilog HDL 实现的描述如下:

```
module io(LE, nWR, nRD, CS1, CS2, DB, PA, PB, PC, PD, AB);
    input LE, nWR, nRD, CS1, CS2;
    inout[7:0]DB, PA, PB, PC, PD;
    output[7:0] AB;

    reg[7:0] Addr_Latch;
    reg[7:0] PORTA, PORTB, PORTC, PORTD;
    reg[7:0]DDRA, DDRB, DDRC, DDRD;

    reg[7:0] Bus_Q;                 //读入数据的内部缓冲器

    wire nCS;
    assign nCS = CS1 ^ CS2;         //CS1 和 CS2 的异或作为片选

    always @(negedge LE) begin      //8 位地址锁存器
        if(!nCS)Addr_Latch <= DB;
    end
    assign AB = Addr_Latch;

    always @(posedge nWR) begin     //nWR 的上升沿写入数据
        if(!nCS)
            case (Addr_Latch[2:0])
                4'b0000: PORTA <= DB;
                4'b0001: PORTB <= DB;
                4'b0010: PORTC <= DB;
                4'b0011: PORTD <= DB;
                4'b0100: DDRA <= DB;
                4'b0101: DDRB <= DB;
                4'b0110: DDRC <= DB;
                4'b0111: DDRD <= DB;
            endcase
    end
```

```
always @(negedge nRD) begin        //读入数据是 nRD 的下降沿时刻端口状态
    if(!nCS)
        case(Addr_Latch[3:0])
            4'b0000: Bus_Q <= PORTA;
            4'b0001: Bus_Q <= PORTB;
            4'b0010: Bus_Q <= PORTC;
            4'b0011: Bus_Q <= PORTD;
            4'b0100: Bus_Q <= DDRA;
            4'b0101: Bus_Q <= DDRB;
            4'b0110: Bus_Q <= DDRC;
            4'b0111: Bus_Q <= DDRD;
            4'b1000: Bus_Q <= PA;
            4'b1001: Bus_Q <= PB;
            4'b1010: Bus_Q <= PC;
            4'b1011: Bus_Q <= PD;
        endcase
end
assign DB = ((~nRD) && nWR && (~nCS))? Bus_Q : 8'bzzzzzzzz;

//以下是每个引脚的双向控制
assign PA[0] = (DDRA[0])? PORTA[0] : 1'bz;
assign PA[1] = (DDRA[1])? PORTA[1] : 1'bz;
assign PA[2] = (DDRA[2])? PORTA[2] : 1'bz;
assign PA[3] = (DDRA[3])? PORTA[3] : 1'bz;
assign PA[4] = (DDRA[4])? PORTA[4] : 1'bz;
assign PA[5] = (DDRA[5])? PORTA[5] : 1'bz;
assign PA[6] = (DDRA[6])? PORTA[6] : 1'bz;
assign PA[7] = (DDRA[7])? PORTA[7] : 1'bz;

assign PB[0] = (DDRB[0])? PORTB[0] : 1'bz;
assign PB[1] = (DDRB[1])? PORTB[1] : 1'bz;
assign PB[2] = (DDRB[2])? PORTB[2] : 1'bz;
assign PB[3] = (DDRB[3])? PORTB[3] : 1'bz;
assign PB[4] = (DDRB[4])? PORTB[4] : 1'bz;
assign PB[5] = (DDRB[5])? PORTB[5] : 1'bz;
assign PB[6] = (DDRB[6])? PORTB[6] : 1'bz;
assign PB[7] = (DDRB[7])? PORTB[7] : 1'bz;

assign PC[0] = (DDRC[0])? PORTC[0] : 1'bz;
assign PC[1] = (DDRC[1])? PORTC[1] : 1'bz;
assign PC[2] = (DDRC[2])? PORTC[2] : 1'bz;
assign PC[3] = (DDRC[3])? PORTC[3] : 1'bz;
```

```
assign PC[4] = (DDRC[4])? PORTC[4] : 1'bz;
assign PC[5] = (DDRC[5])? PORTC[5] : 1'bz;
assign PC[6] = (DDRC[6])? PORTC[6] : 1'bz;
assign PC[7] = (DDRC[7])? PORTC[7] : 1'bz;

assign PD[0] = (DDRD[0])? PORTD[0] : 1'bz;
assign PD[1] = (DDRD[1])? PORTD[1] : 1'bz;
assign PD[2] = (DDRD[2])? PORTD[2] : 1'bz;
assign PD[3] = (DDRD[3])? PORTD[3] : 1'bz;
assign PD[4] = (DDRD[4])? PORTD[4] : 1'bz;
assign PD[5] = (DDRD[5])? PORTD[5] : 1'bz;
assign PD[6] = (DDRD[6])? PORTD[6] : 1'bz;
assign PD[7] = (DDRD[7])? PORTD[7] : 1'bz;

endmodule
```

例如，将 PA 口作为输出口，并输出 55H，则软件代码如下：

188

汇编程序：	C 语言程序：
	# include "absacc. h"
MOV　R0, #4　　　;DDRA	# defineDDRA　　PBYTE[0]
MOV　A, #0FFH	# define PORTA　PBYTE[4]
MOVX @R0, A　　　;设定 PA 为输出口	# define PINA　　PBYTE[8]
⋮	⋮
MOV　R0, #1　　　;PORTA	DDRA = 0xff;　　//设定 PA 为输出口
MOV　A, #055H	PORTA = 0x55；　// PA 输出 55H
MOVX @R0, A　　　;PA 输出 55H	⋮
⋮	

综上，在系统级扩展中，控制外围芯片的数据操作有三要素：地址、类型控制（数据存储器、程序存储器）和操作方向（读、写）。三要素中有一项不同，就能区别不同的芯片；如果三项都相同，就会造成总线操作混乱。因此在扩展中应注意的问题如下：

① 要扩展程序存储器，使用 $\overline{PSEN}$ 进行选通控制。

② 要扩展 RAM 和 I/O 接口，使用 $\overline{WR}$（写）和 $\overline{RD}$（读）进行选通控制，RAM 和 I/O 口使用相同的 MOVX 指令进行控制。

③ 如果将 RAM（或 E^2 PROM）既作为程序存储器又作为数据存储器使用，使 $\overline{PSEN}$ 和 $\overline{RD}$ 通过"与"门接入芯片的 $\overline{OE}$ 即可。这样无论 $\overline{PSEN}$ 或 $\overline{RD}$ 哪个信号有效，都能允许输出。

6.4　1602 字符液晶及其 6800 接口技术

　　在日常生活中,我们对液晶显示器并不陌生。液晶显示模块已作为很多电子产品的通过器件,如在计算器、万用表、电子表及很多家用电子产品中都可以看到,显示的主要是数字、专用符号和图形。在单片机的人机交流界面中,一般的输出方式有以下几种:发光管、LED 数码管、液晶显示器。液晶显示的分类方法有很多种,通常可按其显示方式分为段式、字符式、点阵式等。除了黑白显示外,液晶显示器还有多灰度有彩色显示等。本节介绍字符型液晶显示器 1602 的应用。

　　1602 就是一款极常用的字符型液晶,可显示 1 行 16 个字符或 2 行 16 个字符。1602 液晶模块内带标准字库,内部的字符发生存储器已经存储了 160 个 5×7 点阵字符,32 个 5×10 的点阵字符,每一个字符与其 ASCII 码相对应,比如大写的英文字母"A"的代码是 01000001B(41H),显示时,我们只要将 41H 存入显示数据存储器 DDRAM 即可,液晶显示器自动将地址 41H 中的点阵字符图形显示出来,我们就能看到字母"A"。另外还有 64 字节 RAM,供用户自定义字符。1602 工作电压在 4.5～5.5 V 之间,典型值为 5 V。当然,也有 3.3 V 供电的 1602 液晶,选用时要加以确认。

6.4.1　6800 系统总线接口时序及 1602 驱动方法

　　1602 采用标准 16 引脚接口,引脚功能如表 6.2 所列,其中 8 位数据总线 D0～D7,和 RS、R/$\overline{W}$、EN 三个控制端口,分解时序操作的速度支持到 1 MHz,并且带有字符对比度调节和背光。

表 6.2　1602 引脚使用说明

编　号	符　号	引脚说明	使用方法
1	VSS	电源地	—
2	VDD	电源	—
3	V0	液晶显示偏压(对比度)信号调整端	外接分压电阻,调节屏幕亮度。接地时对比度最高,接电源时对比度最低
4	RS	数据/命令选择端	高电平时选择数据寄存器,低电平时选择指令寄存器
5	R/$\overline{W}$	读/写选择端	当 RW 为高电平时,执行读操作;低电平时,执行写操作
6	E	使能信号	高电平使能
7～14	D0～D7	数据 I/O	双向数据输入与输出
15	BLA	背光源正极	直接或通过 10 Ω 左右电阻接到 VDD
16	BLK	背光源负极	接到 VSS

　　1602 采用 6800 系统总线时序。E 为使能端,当 R/$\overline{W}$ 为高电平时,E 为高电平执行读操作;当 RW 为低电平时,E 下降沿执行写操作。RS 和 R/$\overline{W}$ 的配合选择决

189

定操作时序的 4 种模式,如表 6.3 所列。

表 6.3　6800 并行时序的 RS、R/W 与 E

RS	R/$\overline{W}$	功能说明	通过 E 执行动作实现功能
L	L	MPU 写指令到液晶指令暂存器(IR)	高→低:MCU I/O 缓冲→液晶数据寄存器 DR
L	H	读出忙标志(BF)及地址计数器(AC)的状态	高:液晶数据寄存器 DR→MCU I/O 缓冲
H	L	单片机写入数据到数据寄存器(DR)	高→低:MCU I/O 缓冲→液晶数据寄存器 DR
H	H	单片机从数据寄存器(DR)中读出数据	高:液晶数据寄存器 DR→MCU I/O 缓冲

E 为低,或者是低→高,无动作

忙标志 BF 提供内部工作情况。BF=1 表示模块在进行内部操作,此时模块不接受外部指令和数据;当 BF=0 时,模块为准备状态,随时可以接受外部指令和数据。利用读指令可以将 BF 读到 DB7 总线,从而检验模块内部的工作状态。

读 1602 的时序如图 6.26 所示。

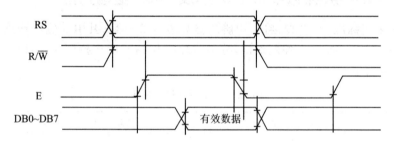

图 6.26　读 1602 的时序图

写 1602 的时序如图 6.27 所示。

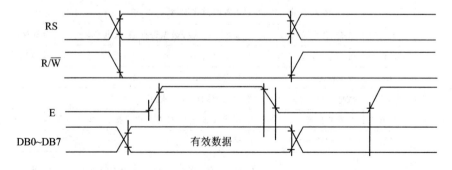

图 6.27　写 1602 的时序图

单片机采用软件模拟 6800 时序与 1602 接口电路如图 6.28 所示。

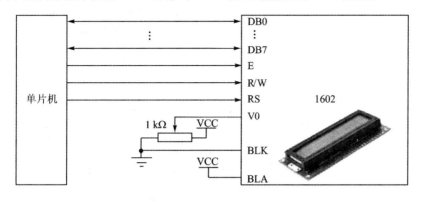

图 6.28　单片机与 1602 典型接口电路

软件模拟 6800 时序驱动软件代码如下：

汇编程序：

```
LCM_RS     EQU   P2.0        ;定义引脚
LCM_RW     EQU   P2.1;
LCM_E      EQU   P2.2;
LCM_Data   EQU   P0
Busy       EQU   80H         ;用于检测忙标志

;---------- 读数据,返回值在 A 中 -----
ReadDataLCM:
  SETB    LCM_RS
  SETB    LCM_RW
  SETB    LCM_E
  MOV     A , LCM_Data
  CLR     LCM_E;
  RET
;------------读状态-------------
ReadStatusLCM:
  MOV     LCM_Data,#0FFH    ;输入口
  CLR     LCM_RS
  SETB    LCM_RW
  SETB    LCM_E
T_Busy:                     ;检测忙信号
  MOV     A ,LCM_Data
  ANL     A,#Busy           ;测试
  JNZ     T_Busy
  CLR     LCM_E
  RET
```

C 语言程序：

```c
#include <reg52.h>
sbit      LCM_RS = P2^0；//定义引脚
sbit      LCM_RW = P2^1；
sbit      LCM_E = P2^2；
#define LCM_Data   P0
#define Busy   0x80 //用于检测忙标志
//----------读数据----------
unsigned char ReadDataLCM(void)
{unsigned char temp;
 LCM_RS = 1；
 LCM_RW = 1；
 LCM_E = 1；
 temp = LCM_Data；
 LCM_E = 0；
 return(temp)；
}
//---------读状态----------
void ReadStatusLCM(void)
{LCM_Data = 0xFF；        //输入口
 LCM_RS = 0；
 LCM_RW = 1；
 LCM_E = 1；
 while (LCM_Data & Busy)；//检测忙信号
 LCM_E = 0；
 return ；
}
```

```asm
;----------写数据,参数由A传入-----
WriteDataLCM:
    MOV  LCM_Data , A
    SETB LCM_RS
    CLR  LCM_RW
    SETB LCM_E
    CLR  LCM_E
    RET
;----------写指令,参数由A传入------
WriteCommandLCM:
    MOV  LCM_Data , A
    CLR  LCM_RS
    CLR  LCM_RW
    SETB LCM_E
    CLR  LCM_E
    RET
```

```c
//----------写数据----------
void WriteDataLCM(unsigned char WDLCM)
{LCM_Data = WDLCM;
 LCM_RS = 1;
 LCM_RW = 0;
 LCM_E = 1;
 LCM_E = 0;
}
//----------写指令----------
void WriteCommandLCM ( unsigned  char
WCLCM)
{LCM_Data = WCLCM;
 LCM_RS = 0;
 LCM_RW = 0;
 LCM_E = 1;
 LCM_E = 0;
}
```

软件模拟 6800 时序有操作速度慢的缺点,当有较快操作要求且具备 8088 系统总线接口转换为 6800 接口的硬件允许条件时,通过转换电路,可直接采用 MCS-51 的系统总线操作 6800 系统总线设备,转换接口电路如图 6.29 所示。

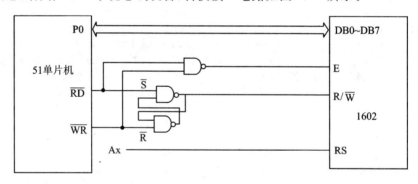

图 6.29　MCS-51 的系统总线操作 6800 系统总线设备的转换接口电路

8088 系统总线接口的 $\overline{WR}$ 和 $\overline{RD}$ 都为低有效给出具体的执行有效命令,而 6800 系统总线是通过 E 高有效给出具体的执行有效命令。因此,$\overline{WR}$ 和 $\overline{RD}$ 的"与非"输出即可得到转换后的 E 信号。

$\overline{WR}$ 和 $\overline{RD}$ 分别给出了写和读信息,其转换后的 R/$\overline{W}$ 要在 E 有效结束前保持稳定的状态,为此,$\overline{WR}$ 和 $\overline{RD}$ 利用基本 RS 存储器的记忆功能得到转换后的 R/$\overline{W}$。切忌将 $\overline{WR}$ 直接连至 R/$\overline{W}$,否则,写数据时 R/$\overline{W}$ 和 E 同时结束,会导致写过程失败。当然,基本 RS 存储器也可以用 D 触发的异步清零和异步置位端实现,如图 6.30 所示。

8088 系统总线的任一根地址线都可以作为 6800 系统总线的 RS。

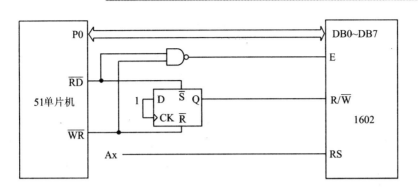

图 6.30　基于 D 触发器的 8088 与 6800 系统总线的转换接口电路

若 P2.0(即 A8)连至 RS,系统总线驱动 1602 液晶的驱动软件代码如下:

汇编程序:

```
Busy   EQU   0x80    ;用于检测忙标志
;-------读数据,返回值在 A 中--------
ReadDataLCM:
   MOV   DPH,#01H   ;A8 = 1(RS = 1)
   MOVX  A,@DPTR
   RET
;---------读状态----------
ReadStatusLCM:
   MOV   DPH,#00H    ;A8 = 0(RS = 0)
T_Busy:               ;检测忙信号
   MOVX  A,@DPTR
   ANL   A,Busy        ;测试
   JNZ   T_Busy
   RET
;-------写数据,参数由 A 传入--------
WriteDataLCM:
   MOV   DPH,#01H   ;A8 = 1(RS = 1)
   MOVX  @DPTR,A
   RET
;-------写指令,参数由 A 传入--------
WriteCommandLCM:
   MOV   DPH,#00H   ;A8 = 0(RS = 0)
   MOVX  @DPTR,A
   RET
```

C 语言程序:

```c
#include <reg52.h>
#define Busy   0x80  //用于检测忙标志
//--------读数据--------
unsigned char ReadDataLCM(void)
{xdata unsigned char * p = 0x0100;
                    //A8 = 1(RS = 1)
 return * p;
}
//--------读状态--------
void ReadStatusLCM(void)
{ xdata unsigned char * p = 0x0000;
                    //A8 = 0(RS = 0)
  while ( * p & Busy);    //检测忙信号
  return ;
}

//--------写数据--------
void WriteDataLCM(unsigned char WDLCM)
{ xdata unsigned char * p = 0x0100;
                    //A8 = 1(RS = 1)
  * p = WDLCM;
}
//--------写指令--------
void WriteCommandLCM(unsigned char WCLCM)
{ xdata unsigned char * p = 0x0000;
                    //A8 = 0(RS = 0)
  * p = WCLCM;
}
```

193

6.4.2　操作1602的11条指令详解

对1602显示字符控制，通过访问1602内部RAM地址实现，1602内部控制器具有80个字节RAM，RAM地址与字符位置对应关系如图6.31所示。

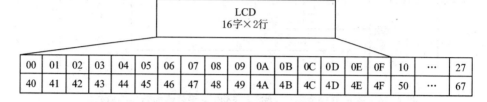

| 00 | 01 | 02 | 03 | 04 | 05 | 06 | 07 | 08 | 09 | 0A | 0B | 0C | 0D | 0E | 0F | 10 | … | 27 |
| 40 | 41 | 42 | 43 | 44 | 45 | 46 | 47 | 48 | 49 | 4A | 4B | 4C | 4D | 4E | 4F | 50 | … | 67 |

图6.31　SMC1602A的RAM地址与字符位置对应关系

1602的读/写操作，即显示控制，是通过11条控制指令实现的。详见表6.4。

表6.4　SMC1602A指令诠释表

指令序号	指令动作	指令编码										执行时间/μs
		RS	RW	D7	D6	D5	D4	D3	D2	D1	D0	
1	清显示	0	0	0	0	0	0	0	0	0	1	1.64
2	光标复位	0	0	0	0	0	0	0	0	1	—	1.64
3	光标和显示模式设置	0	0	0	0	0	0	0	1	I/D	S	40
4	显示开/关控制	0	0	0	0	0	0	1	D	C	B	40
5	光标或字符移位	0	0	0	0	0	1	S/C	R/L	—	—	40
6	功能设置命令	0	0	0	0	1	DL	N	F	—	—	40
7	字符发生器RAM地址设置	0	0	0	1	设定下一个要存入资料的自定义字符发生存储器CGRAM地址，64个地址，8个字符						40
8	数据存储器RAM地址设置	0	0	1	设定下一个要存入资料的显示数据存储器DDRAM地址设置，用该指令码可以把光标移动到想要的位置							40
9	读忙标志或光标地址	0	1	BF	计数器地址AC							0
10	写数据到存储器	1	0	将字符写入DDRAM以使LCD显示出相应的字符，或将使用者自创的图形写入CGRAM。写入后内部对应存储器地址会自动加1								40
11	读数据	1	1	读出相应的数据								40

① 清显示，写该指令，所有显示清空，即DDRAM的内容全部写入空格的ASCII码20H，同时地址计数器AC的值归00H，光标归位（光标回到显示器的左上方）。

② 光标复位,写该指令,地址计数器 AC 的值归 00H,光标归位(光标回到显示器的左上方)。

③ 光标和显示模式设置,用于设定每写入 1 个字节数据后,光标的移动方向,及设定每写入 1 个字符是否移动,I/D 位用于光标移动方向控制,S 位用于屏幕上所有文字的移位控制,如表 6.5 所列。

表 6.5　写入 1602 1 个字节数据后的光标或字符移位控制

I/D	S	动作情况
0	0	每写入 1602 的 1 个字节数据后光标左移 1 格,且 AC 的值减 1
0	1	每写入 1602 的 1 个字节数据后显示器的字符全都右移 1 格,但光标不动
1	0	每写入 1602 的 1 个字节数据后光标右移 1 格,且 AC 的值加 1
1	1	每写入 1602 的 1 个字节数据后显示器的字符全都左移 1 格,但光标不动

④ 显示开/关控制,写该指令作用如下:

➢ D 位控制整体显示的开、关,高电平显示开,低电平显示关;

➢ C 位控制光标的开、关,高电平有光标,低电平无光标;

➢ B 位控制光标是否闪烁(Blink),高电平闪烁,低电平不闪烁。

⑤ 光标或字符移位,S/C 位为高电平移动显示的文字,低电平移动光标;R/L 位为移动方向控制,高电平右移,低电平左移。写该指令作用如表 6.6 所列。

表 6.6　1602 的直接光标或字符移位控制

S/C	R/L	动作情况
0	0	光标左移 1 格,且 AC 的值减 1
0	1	光标右移 1 格,且 AC 的值加 1
1	0	显示器的字符全都左移 1 格,但光标不动
1	1	显示器的字符全都右移 1 格,但光标不动

⑥ 功能设置命令,写该指令作用如下:

DL 位为高电平时为 8 位总线,低电平时为 4 位总线。当为 4 位总线时,DB4～DB7 为数据口,一个字节的数据或命令需要传输两次,单片机发送输出给 1602 时,先传高 4 位,后传送低 4 位;自 1602 读数据时,第一次读取到的 4 位数据为低 4 位数据,后读取到的是高 4 位数据;自 1602 读忙时,第一次读取到的就是忙的高 4 位,后 4 位数据传送只要增加一个周期的时钟信号就可以了,内容无意义。1602 初始化成 4 位数据线之前默认为 8 位,此时命令发送方式是 8 位格式,但数据线只需接 4 位,然后改到 4 位线宽,以进入稳定的 4 位模式。

➢ N 位设置为高电平时双行显示,设置为低电平时单行显示;

➢ F 位设置为高电平时显示 5×10 的点阵字符,低电平时显示 5×7 的点阵字符。

195

⑦ 读忙信号和地址计数器 AC 的内容,其中 BF 为忙标志位,高电平表示忙,此时模块不能接收命令或数据,低电平表示不忙。在每次操作 1602 之前,一定要确认液晶屏的"忙标志"为低电平(表示不忙),否则指令无效。

1. 1602 初始化

正确的初始化过程是这样的:

① 上电并等待 15 ms 以上。

② 8 位模式写命令 0b0011xxxx(后面 4 位线不用接,所以是无效的)。

③ 等待 4.1 ms 以上。

④ 同②,8 位模式写命令 0b0011xxxx(后面 4 位线不用接,所以是无效的)。

⑤ 等待 100 μs 以上。

以上步骤中不可查询忙状态,只能用延时控制;从以下步骤开始可以查询 BF 状态确定模块是否忙。

⑥ 8 位模式写命令 0b0011xxxx 进入 8 位模式,写命令 0b0010xxxx 进入 4 位模式。后面所有的操作要严格按照数据模式操作。若为 4 位模式,该步骤后一定要进行重新显示模式设置。

⑦ 写命令 0b00001000 关闭显示。

⑧ 写命令 0b00000001 清屏。

⑨ 写命令 0b000001(I/D)S 设置光标模式。

⑩ 写命令 0b001-DL-N-F-xx。NF 为行数和字符高度设置位,之后行数和字符高不可重设。

初始化完成,即可写字符。那么如何实现在既定位置显示既定的字符呢?

2. 显示字符

显示字符时要先输入显示字符地址,即将此地址写入显示数据存储器地址中,告知液晶屏在哪里显示字符,参见图 6.31。比如,要在第二行第一个字符的位置显示字母 A,首先对液晶屏写入显示字符地址 C0H(0x40+0x80),再写入 A 对应的 ASCII 字符代码 41H,字符就会在第二行的第一个字符位置显示出来了。ASCII 表见附录 C。

3. 利用 1602 的自定义字符功能显示图形或汉字

字符发生器 RAM(CGRAM)可由设计者自行写入 8 个 5×7 点阵字形或图形。一个 5×7 点阵字形或图形需用到 8 字节的存储空间,每个字节的 b5、b6 和 b7 都是无效位,5×7 点阵自上而下取 8 个字节,即 7 字节字模加上一字节 0x00。

将自定义点阵字符写入到 1602 液晶的步骤如下:

① 给出地址 0x40,以指向自定义字符发生存储器 CGRAM 地址。

② 按每个字形或图形自上而下 8 字节,一次性依次写入 8 个字形或图形的

64 字节即可。

要让 1602 液晶显示自定义字形或图形，只需要在 DDRAM 对应地址写入 00H～07H 数据，即可在对应位置显示自定义资料了。

6.4.3　1602 液晶驱动程序设计

具体编程时，程序开始时对液晶屏功能进行初始化，约定了显示格式。

注意：显示字符时光标是自动右移的，无需人工干涉。

AT89S52 采用 12 MHz 晶振，V0 接 1 kΩ 电阻到 GND。8 位模式 C51 程序代码如下：

```
# include <reg52.h>
# define uchar unsigned char
# define uint  unsigned int
sbit    LCM_RS = P2^0;                //定义引脚
sbit    LCM_RW = P2^1;
sbit    LCM_E = P2^2;
# define LCM_Data   P0
# define Busy       0x80              //用于检测 LCM 状态字中的 Busy 标识

unsigned char code name[] = {"1602demo test"};
unsigned char code email[] = {"sauxo@126.com"};
void Delay_ms(unsigned char t)      //t ms 延时
{unsigned int i;
 for(;t>0;t--)
 for(i=0;i<124;i++);
}
//---------------------读数据---------------------
unsigned char ReadDataLCM(void)
{unsigned char temp;
 LCM_RS = 1;
 LCM_RW = 1;
 LCM_E = 1;
 temp = LCM_Data;
 LCM_E = 0;
 return(temp);
}
//---------------------读状态---------------------
void ReadStatusLCM(void)
{LCM_Data = 0xFF;                    //输入口
 LCM_RS = 0;
 LCM_RW = 1;
```

```
    LCM_E = 1;
    while (LCM_Data & Busy);              //检测忙信号
    LCM_E = 0;
    return ;
}
//--------------------写数据--------------------
void WriteDataLCM(unsigned char WDLCM)
{ReadStatusLCM();                         //检测忙
  LCM_Data = WDLCM;
  LCM_RS = 1;
  LCM_RW = 0;
  LCM_E = 1;                              //若晶振速度太高可以在这之后加小的延时
  LCM_E = 0;
}
//--------------------写指令--------------------
void WriteCommandLCM(unsigned char WCLCM, unsigned char BuysC)  //BuysC 为 0 时忽略忙检测
{
if (BuysC) ReadStatusLCM();              //根据需要检测忙
LCM_Data = WCLCM;
LCM_RS = 0;
LCM_RW = 0;
LCM_E = 1;
LCM_E = 0;
}
//--------------------1602 初始化--------------------
void LCMInit(void)
{WriteCommandLCM(0x38,0);                 //三次显示模式设置,不检测忙信号
 Delay_ms (5);
 WriteCommandLCM(0x38,0);
 Delay_ms (1);

 WriteCommandLCM(0x38,1);                 //8 位总线,两行显示,开始要求每次检测忙信号
 WriteCommandLCM(0x08,1);                 //关闭显示
 WriteCommandLCM(0x01,1);                 //显示清屏
 WriteCommandLCM(0x06,1);                 //显示光标移动设置
 WriteCommandLCM(0x0C,1);                 //显示开及光标设置
}
//--------------------按指定位置显示一个字符--------------------
void DisplayOneChar(unsigned char X, unsigned char Y, unsigned char DData)
{
  X &= 0xF;                               //限制 X 不能大于 15,Y 不能大于 1
  if (Y) X |= 0x40;                       //当要显示第二行时地址码 + 0x40;
```

```
    X | = 0x80;
    WriteCommandLCM(X, 1);          //发送地址码
    WriteDataLCM(DData);
}
```

```
//----------------按指定位置显示一串字符----------------
void DisplayListChar(unsigned char X, unsigned char Y,
                    unsigned charcode * DData, unsigned char num)
{unsigned char i;
    X & = 0xF;                       //限制 X 不能大于 15，Y 不能大于 1
    if (Y) X | = 0x40;               //当要显示第二行时地址码 + 0x40；
    X | = 0x80;
    WriteCommandLCM(X, 1);          //发送地址码
    X& = 0x0f;
    for(i = 0;i<num;i++)             //发送 num 个字符
      {WriteDataLCM(DData[i]);       //写并显示单个字符
       if (( ++ X)> 0xF)break;       //每行最多 16 个字符,已经到最后一个字符
     }
}
//----------------------------------------
void main(void)
{Delay_ms(20);                       //启动等待,等 1602 进入工作状态
    LCMInit();                        //LCM 初始化

    DisplayListChar(0, 0, name,13);
    DisplayListChar(0, 1, email,13);
    while(1);
}
```

很多时候为节省 I/O 口而采用 4 位总线模式,P0 的高 4 位作为总线口,C51 需要修改的子函数代码如下：

```
unsigned char ReadDataLCM(void)     //读数据
{unsigned char temp;
    LCM_Data| = 0xF0;                //输入口
    LCM_RS = 1;
    LCM_RW = 1;
    LCM_E = 1;
    temp = LCM_Data>>4;              //先读回低 4 位
    LCM_E = 0;
    LCM_E = 1;
    temp| = LCM_Data&0xf0;
    LCM_E = 0;
```

单片机及工程应用基础

```
    return(temp);
  }
// ------------------------读状态-----------------------
void ReadStatusLCM(void)
{unsigned char temp;
  LCM_Data| = 0xF0;                      //输入口
  LCM_RS = 0;
  LCM_RW = 1;
  do
  {LCM_E = 1;
  temp = LCM_Data;
  LCM_E = 0;
  LCM_E = 1;                             //补一个时钟
  LCM_E = 0;
  }while(temp&0x80);
  }
// -----------写数据线命令(四线模式数据要分两次写)---------------
void out2_4bit(unsigned char d8)
{LCM_Data = (LCM_Data&0X0f)|(d8&0xf0);  //写高四位数据
  LCM_E = 1;
  LCM_E = 0;
  LCM_Data = (LCM_Data&0X0f)|(d8<<4);   //写低四位数据
  LCM_E = 1;
  LCM_E = 0;
  }
// -----------写数据------------
void WriteDataLCM(unsigned char WDLCM)
{ReadStatusLCM();                       //检测忙
  LCM_RS = 1;
  LCM_RW = 0;
  out2_4bit(WDLCM);
  }
// -----------写指令------------
void WriteCommandLCM(unsigned char WCLCM, unsigned char BuysC)
{                                       //BuysC 为 0 时忽略忙检测
  if (BuysC) ReadStatusLCM();           //根据需要检测忙
  LCM_RS = 0;
  LCM_RW = 0;
  out2_4bit(WCLCM);
  }
// -----------1602 初始化------------
void LCMInit(void)
```

```
{LCM_RS = 0;
 LCM_RW = 0;
 //WriteCommandLCM(0x38,0);              //三次显示模式设置,不检测忙信号
 LCM_Data = (LCM_Data&0x0f)|(0x38&0xf0); //写高四位数据
 LCM_E = 1;
 LCM_E = 1;
 LCM_E = 0;
 Delay_ms(5);
 //WriteCommandLCM(0x38,0);
 LCM_E = 1;
 LCM_E = 1;                              //延时
 LCM_E = 0;
 Delay_ms(1);

 //WriteCommandLCM(0x28,1);
 LCM_Data = (LCM_Data&0x0f)|(0x28&0xf0); //写高四位数据,4位总线
 LCM_E = 1;
 LCM_E = 1;                              //延时
 LCM_E = 0;

 WriteCommandLCM(0x28,1);                //显示模式设置
 WriteCommandLCM(0x08,1);                //关闭显示
 WriteCommandLCM(0x01,1);                //显示清屏
 WriteCommandLCM(0x06,1);                //显示光标移动设置
 WriteCommandLCM(0x0C,1);                //显示开及光标设置
}
```

*6.5　DMA 及接口技术

　　单片机应用系统中,信息的实时处理经常涉及数据的批量传送。不管是采用中断技术,还是采用软件查询,每次传送都需要单片机执行若干条指令,因而传输速度受单片机指令速度的限制。尤其对于批量数据交换的场合,速度远远不够用。

　　DMA(Direct Memory Access)控制器是在处理器的软件设置下,能够通过一组专用总线将内部或外部存储器与具有 DMA 能力的外设连接起来并自动完成数据传输。当 CPU 初始化这个传输任务时,该传输任务由 DMA 控制器来执行和完成,CPU 得到了释放以用作其他用途。可见 DMA 方式,即在 DMA 控制器控制下的直接存储器存储方式,在此方式下外设与内存之间的数据传送过程不再由 CPU 控制,而是在 DMA 控制器的控制和管理下进行直接传送,节省了 CPU 的中转时间,从而提高了传送速率。

DMA 传送方式是以增加系统硬件的复杂程度和成本为代价的,是用硬件控制代替了软件控制,DMA 传送虽然脱离了 CPU 的控制,但这并不意味着 DMA 的传送不需要进行控制和管理,而实际上是用 DMA 控制器来取代 CPU,负责 DMA 传送的全过程。DMA 传输结束后会给出标志,CPU 可以查询或以中断处理方式进行后续工作安排。

经典的 51 系列单片机没有集成的 DMA 控制器,为实现单片机与高速外设交换数据,设计独立的 DMA 控制器及接口电路是重要的单片机应用知识。

下面介绍两类常用数据缓冲器的 DMA 控制器及接口电路设计方法。

1. 基于"CPLD＋高速 SRAM"数据缓冲的 DMA 控制器及接口电路

对于高速 SRAM,其电路控制时序简单、容量大、易于扩展,且作为缓存的同时可作为单片机的系统存储器使用。基于"CPLD＋高速 SRAM"数据缓冲的 DMA 控制器及接口电路如图 6.32 所示。

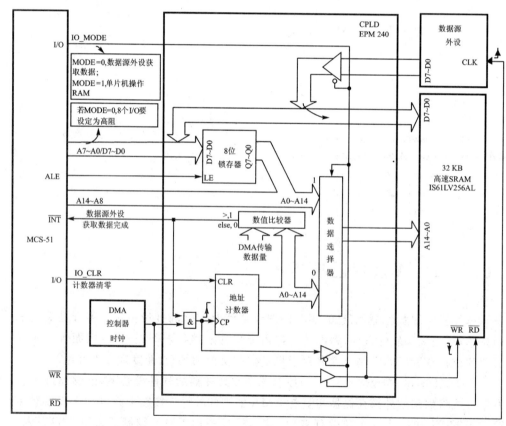

图 6.32　基于"CPLD＋高速 SRAM"数据缓冲的 DMA 控制器及接口电路

电路中 CPLD 起到了桥接的作用,通过实现地址锁存器、数据选择器、数值比较器和 SRAM 的地址发生器,将 SRAM 的访问划分为两个通道,对应两种工作状态。IO_MODE 引脚电平决定了工作状态如下:

若 IO_MODE＝0,建立了数据源外设数据到 SRAM 的通道,以实现 DMA 传输。该状态下,单片机通过 IO_CLR 清零计数器启动一次传输,单片机处于被释放状态,可以处理任何与此次传输没有关系的其他任务。加法地址计数器的值达到传输数据量阈值时,触发单片机外中断告知 DMA 传输结束。

若 IO_MODE＝1,则高速 SRAM 的三总线脱离采集电路,并且桥接器件总线控制时序,形成与单片机存储器访问的通路,单片机通过 CPLD 直通读/写高速 SRAM数据。

2. 基于 FIFO 数据缓冲的 DMA 控制器及接口电路

FIFO 存储器是一种具有先入先出特性的双口 SRAM,其没有地址总线,随着写入或读取信号,数据地址指针自动递增或递减,来实现寻址。FIFO 的读数据和写数据是分开执行的,在写操作时,当 $\overline{WR}$ 写引脚在下降沿的时候,数据写入到 RAM 中,同时写地址指针递增;当读操作时,在 $\overline{RD}$ 引脚出现下降沿的时候,数据从 RAM 中读出,同时读地址指针递增;当 FIFO 的复位引脚出现低电平时,读/写指针均清零,并且读/写操作均不能执行。FIFO 存储器有 3 个标志位引脚,分别为 FF(满标志):当存储器存满后置位该标志,此时存储器忽略一切写数据操作。HF(半满标志):当存储器存满一半后置位该标志。EF(空标志):当存储器被读空时置位该标志,此时存储器忽略一切读数据操作。

数据源外设与 FIFO 的接口电路如图 6.33 所示。

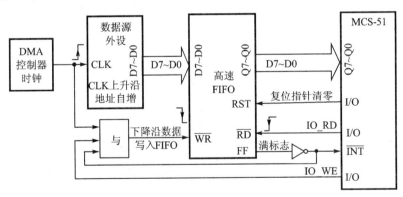

图 6.33 数据源与 FIFO 的接口电路

在 DMA 控制器时钟(相对于单片机的机器周期)作用下,每个上升沿将会有一个新的数据字节自数据源外设接入 FIFO 的输入端,时钟下降沿将数据锁入 FIFO存储器。一次 DMA 传输之前,单片机给出复位脉冲,FIFO 地址归零,并且 IO_WE引脚置高,使能 FIFO 写时钟门控。之后,在 DMA 控制器时钟的作用下,数据源外设的数据依次写入 FIFO。传输过程中,单片机处于被释放状态,可以处理任何与此次传输没有关系的其他任务。当 FIFO 存满时,FIFO 的 FF 引脚置位,FIFO 写选通

门控禁止,同时触发单片机外中断,单片机进入到读 FIFO 数据阶段。单片机将 IO_
WE 引脚置低,彻底封闭 FIFO 写选通门控,且单片机给出复位脉冲将 FIFO 地址归
零,然后单片机给 $\overline{\text{RD}}$ 引脚脉冲时序,通过 Q7~Q0 依次读回数据。

习题与思考题

6.1 在 MCS-51 单片机系统中,外接程序存储器和数存储器共用 16 位地址线
和 8 位数据线,为何不会发生冲突?

6.2 区分 MCS-51 单片机片外程序存储器和片外数据存储器的最可靠的方法
是(　　)。

(1) 看其位于地址范围的低端还是高端

(2) 看其离 MCS-51 芯片的远近

(3) 看其芯片的型号时 ROM 还是 RAM

(4) 看其是与 $\overline{\text{RD}}$ 信号连接还是与 $\overline{\text{PSEN}}$ 信号连接

6.3 在存储器扩展中,无论是线选法还是译码法,最终都是为所扩展芯片的
(　　)端提供信号。

6.4 起止范围为 0000H~3FFFH 的存储器的容量是(　　)KB。

6.5 在 MCS-51 中,PC 和 DPTR 都用于提供地址,但 PC 是为访问(　　)存储
器提供地址,而 DPTR 是为访问(　　)存储器提供地址。

6.6 11 根地址线可选(　　)个存储单元,16 KB 存储单元需要(　　)根地址线。

6.7 32 KB RAM 存储器的首地址若为 2000H,则末地址为(　　)H。

6.8 现有 8031 单片机、74HC373 锁存器、1 片 2764 的 EPROM 和两片 6116 的
RAM,请使用它们组成一个单片机应用系统,要求:

(1) 画出硬件电路连线图,并标注主要引脚;

(2) 指出该应用系统程序存储器空间和数据存储器空间各自的地址范围。

6.9 使用 AT89S52 芯片外扩 1 片 128 KB RAM 628128,要求其分成两个 64 KB
空间,分别作为程序存储器和数据存储器。画出该应用系统的硬件连线图。

6.10 使用 AT89S52 芯片外扩 1 片 8 KB E^2PROM 2864,要求 2864 兼作程序存
储器和数据存储器,且首地址为 8000H。要求:

(1) 确定 2864 芯片的末地址;

(2) 画出 2864 片选端的地址译码电路;

(3) 画出该应用系统的硬件连线图。

6.11 请设计在扩展 8 KB 数据存储器的同时扩展 16 个输入口的电路,并写出访
问地址。

6.12 请说明 Intel 8080 和 Motorola 6800 两种总线时序的异同。

6.13 说明 DMA 控制器与 CPU 间的协同工作关系。

## 第 7 章

定时器/计数器及应用

定时器/计数器(Timer/Counter,T/C)是计算机与嵌入式应用系统中最重要的组成部分之一。本章将重点讲述 MCS-51 的 T/C0、T/C1 和 T/C2 的工作原理,以及基于定时器/计数器的时频测量及频率控制应用等内容。

7.1 定时器/计数器及应用概述

时间是国际单位制中 7 个基本物理量之一,它的基本单位是秒,用 s 表示。在年历计时中,因为秒的单位太小,常用日、星期、月和年;在电子测量中,有时又因为秒的单位太大,常用毫秒(ms,10^{-3} s)、微秒(μs, 10^{-6} s)、纳秒(ns, 10^{-9} s)和皮秒(ps,10^{-12} s)。

时间在一般概念中有两种含义:一是指"时刻",指某事件发生的瞬间,为时间轴上的 1 个时间点;二是指"间隔",即时间段,两个时刻之差,表示该事件持续了多久。周期是指用一事件重复出现的时间间隔,记为 T。频率是指单位时间(1 s)内周期性事件重复的次数,记为 f,单位是赫兹(Hz),显而易见,$f=1/T$。

时间和频率是电子测量技术领域中最基本的参量,尤其是长度和电压等参数也可以转化为频率的测量技术来实现。因此,对时间、时刻和频率的测量十分重要,广泛应用于各类电子应用系统中。定时器一般具有测频、测周期、测脉宽、测时间间隔和计时等多种测量功能。在电子测量和智能仪器仪表中,可以将被测信号经信号调理及电平转换电路将其转换为适合单片机处理的信号,如果待测信号适合单片机的定时器处理,则可直接利用定时器实现测量。

定时器/计数器用于实现时间、时刻和频率的测量与控制,应用非常广泛。定时的应用如定时采样、定时事件控制、产生脉冲波形、制作日历等。利用计数特性,可以检测信号波形的频率、周期、占空比,检测电机转速、工件的个数(通过光电器件将这些参数变成脉冲)等。因此定时器/计数器是计算机与嵌入式应用技术中的一项重要技术,应该熟练掌握。

定时器/计数器的核心为计数器。计数器有加法计数器、减法计数器和加减法计数器之分。图 7.1 为基于加法计数器的定时器/计数器的原理性框图,当计数器的时钟端出现下降沿时计数。计数器的时钟源来自数据选择器的输出端,当选择外部引脚的未知信号作为计数器的时钟源,此时计数器仅作为计数器对未知信号进行计数;当选择已知频率的标准时钟 f_{bi} 作为计数器的时钟源,那么每加 1 个时钟脉冲,时间过去 $1/f_{bi}$,因此,读取计数器中的值就知道过去了多长时间,此时,计数器作为定时器使用。定时器的本质就是计数器,只是时钟源频率已知。

TF 为溢出标志,当 N 位计数器计到 2^N-1 时,再来一个上升沿,TF 将变成 1,指示计数器发生了溢出。

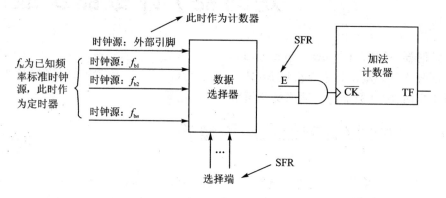

图 7.1　基于加法计数器的定时器/计数器的原理性框图

MCS-51 基本型单片机有 T/C0 和 T/C1 两个定时器/计数器,增强型还有 T/C2。它们都是下降沿计数型的加法计数器。作为定时器使用时,它们的时钟源固定为对机器周期进行计数。

7.2　定时器／计数器 T/C0 和 T/C1

MCS-51 基本型系列有两个 16 位的可编程定时器/计数器,T/C0 和 T/C1。每个定时器/计数器都有多种工作方式,其中,T/C0 有 4 种工作方式,T/C1 有 3 种工作方式。它们的区别就在于 T/C0 比 T/C1 多一种工作方式(方式 3),以及 T/C1 可以作为波特率发生器(该知识将在第 8 章学习),而 T/C0 不可以。

T/C0 和 T/C1 的时钟使能后,开始计数,当计数到最大值并再来计数脉冲时产生溢出,使相应的溢出标志位置位,可通过查询溢出中断标志或中断方式处理溢出事件。

7.2.1　定时器／计数器 T/C0 和 T/C1 的结构及工作原理

定时器/计数器 T/C0、T/C1 的结构如图 7.2 所示。它由加法计数器、工作模式寄存器 TMOD 和控制寄存器 TCON 等组成。

工作模式寄存器 TMOD 用于设定 T/C0 和 T/C1 的时钟源和工作方式。T/C0和 T/C1 的计数器位数基于不同的工作方式选择有 3 种情况:8 位计数器、为 13 位计

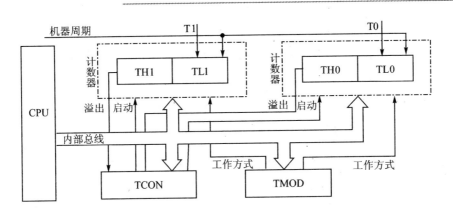

图 7.2　定时器/计数器 T/C0 和 T/C1 的基本结构

数器和 16 位计数器。当为 16 位计数器时,TH0 和 TL0 是 T/C0 加法计数器的高 8 位和低 8 位,TH1、TL1 是 T/C1 加法计数器的高 8 位和低 8 位。为 13 位计数器时,TL0(或 TL1)的低 5 位和 TH0(或 TH1)的 8 位组成 13 位计数器。作为 8 位计数器使用时,TL0 和 TL1 就是对应的 8 位计数器。

定时器控制寄存器 TCON 用于对 T/C0 和 T/C1 的启动控制(即时钟是否使能)等。

当定时器/计数器用于定时时,加法计数器对内部机器周期计数。由于机器周期时间是定值,所以对机器周期的计数就是定时,如机器周期为 1 μs,计数 100,则定时 100 μs。当定时器/计数器用于计数时,加法计数器对单片机芯片引脚 T0(P3.4)或 T1(P3.5)上的输入脉冲计数,每来一个输入脉冲(下降沿计数),加法计数器加 1。无论计时,还是计数,当计数器由全 1 再加 1 变成全 0 时产生溢出,使 TCON 中的 (溢出)中断标志位 TF0 或 TF1 置位。如中断允许,则向 CPU 提出中断请求,如中断不允许,则只有通过查询方式使用溢出中断标志位。

加法计数器在使用时应注意以下两个方面:

第一,由于它是加法计数器,每来一个计数脉冲,加法器中的内容加 1 个单位,当由全 1 加到全 0 时计满溢出。因而,如果 N 位计数器要计 n 个单位,则首先应向计数器置初值为 x,且有:

$$初值\ x = [最大计数值(满值)+1]-n$$

即

$$初值\ x = 2^N - n \qquad (7.1)$$

第二,当定时器/计数器作为计数器使用时,在每一个机器周期的 S5P2 时刻对 T0(P3.4)或 T1(P3.5)上信号采样一次,如果上一个机器周期采样到高电平,下一个机器周期采样到低电平,则计数器在下一个机器周期的 S3P2 时刻加 1 计数一次,即下降沿计数。因而需要两个机器周期才能识别一个计数脉冲,所以外部计数脉冲的频率应小于振荡频率的 1/24。若系统晶振时钟为 12 MHz,那么片外计数脉冲上限为 12 MHz/24＝500 kHz。

7.2.2　定时器/计数器 T/C0 和 T/C1 的相关 SFR

T/C0 和 T/C1,除了 TH0、TL0、TH1 和 TL1 外还有 TMOD 和 TCON 两个重要的 SFR。当然,中断系统的 IE 和 IP 寄存器也有相关设置。

1. 定时器控制寄存器 TCON

TCON 用于控制定时器/计数器的启动与溢出,它的字节地址为 88H,可以进行位寻址。格式如下:

	b7	b6	b5	b4	b3	b2	b1	b0
TCON	TF1	TR1	TF0	TR0	IE1	IT1	IE0	IT0

TF1:T/C1 的溢出中断标志位,进入 ISR 后由内部硬件电路自动清除。

TF0:与 TF1 同理。TF0 是 T/C0 的溢出中断标志位,进入 ISR 后由内部硬件电路自动清除。

TR1:T/C1 的启动位,由软件置位或清零。当 TR1＝1 时启动(使能计数时钟有效);TR1＝0 时停止。当对应 GATE＝1 时,为双启动模式,TR1＝1 和 $\overline{INT1}$ 引脚为高电平同时满足才启动。

TR0:与 TR1 同理。定时器/计数器 T/C0 的启动位,由软件置位或清零。当 TR0＝1 时启动;TR0＝0 时停止。同样,当对应 GATE＝1 时,为双启动模式。

TCON 的低 4 位是用于外中断控制的,有关内容前面已经介绍,这里不再赘述。

2. 定时器/计数器 T/C0 和 T/C1 的工作模式寄存器 TMOD

工作模式寄存器 TMOD 用于设定 T/C0 和 T/C1 的工作方式和选择时钟源。它的字节地址为 89H,不支持位寻址。TMOD 的高 4 位用于 T/C1 的设置,低 4 位用于 T/C0 的设置,格式如下:

	b7	b6	b5	b4	b3	b2	b1	b0
TMOD	GATE	C/$\overline{T}$	M1	M0	GATE	C/$\overline{T}$	M1	M0
	←		T/C1	→	←		T/C0	→

C/$\overline{T}$:定时或计数方式选择位,即为计数器选择时钟源。当 C/$\overline{T}$＝1 时,工作于计数模式;当 C/$\overline{T}$＝0 时,工作于定时模式。

M1、M0 为工作方式选择位,用于对 T/C0 的四种工作方式,T/C1 的三种工作方式进行选择,工作方式选择表如表 7.1 所列。因为方式 1 的 16 位计数器以更大的计数范围包含方式 0 的 13 位计数器的所有功能,所以,实际应用中不会刻意选择方式 0。实际应用中主要以应用方式 1 和方式 2 为主。

表 7.1 定时器/计数器 T/C0 和 T/C1 的工作方式选择表

M1	M0	方 式	说 明
0	0	0	13 位定时器/计数器
0	1	1	16 位定时器/计数器
1	0	2	自动重载 8 位定时器/计数器
1	1	3	对 T/C0 分为两个 8 位独立计数器,对 T/C1 置方式 3 时停止工作

GATE:门控位,用于控制定时器/计数器的启动是否受外部中断请求信号的影响。如果 GATE=1,定时器/计数器 T/C0 的启动同时还受芯片外部中断请求信号引脚 $\overline{INT0}$(P3.2)的控制,定时器/计数器 T/C1 的启动还受芯片外部中断请求信号引脚 $\overline{INT1}$(P3.3)的控制。只有当外部中断请求信号引脚 $\overline{INT0}$(P3.2)或 $\overline{INT1}$(P3.3) 为高电平时才开始启动计数;如果 GATE=0,定时器/计数器的启动与外部中断请求信号引脚 $\overline{INT0}$(P3.2)和 $\overline{INT1}$(P3.3)无关。GATE=1 主要应用于脉宽测量,一般情况下 GATE=0。

7.2.3 定时器/计数器 T/C0 和 T/C1 的工作方式

1. 方式 0 和方式 1

当 M1、M0 两位为 00 时,定时器/计数器工作于方式 0;当 M1、M0 两位为 01 时,定时器/计数器工作于方式 1。方式 0 和方式 1 的工作方式完全相同,只是计数器的位数不同,方式 0 为 13 位(TL0(或 TL1)的低 5 位和 TH0(或 TH1)的 8 位,当 TL0(或 TL1)的低 5 位计满时向 TH0(或 TH1)进位),方式 1 为 16 位(TL0(或 TL1)作低 8 位,TH0(或 TH1)作高 8 位)。鉴于 16 位计数器具有较大的计数范围,实际应用中 13 位的方式 0 已经被淘汰,因此下面以方式 1 说明方式 0 和方式 1 的工作方式,如图 7.3 所示。

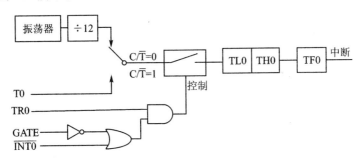

图 7.3 T/C0 方式 0 和方式 1 的逻辑电路结构图

当 TH0(或 TH1)也计满时则溢出,使 TF0(或 TF1)置位。如果中断允许,则提出中断请求。另外也可通过查询 TF0(或 TF1)判断是否溢出。由于采用 16 位的定时器/计数器方式因而最大计数值(满值)为 $2^{16}=65\ 536$。如计数值为 n,则置入的初值 x 为:

$$x=65\ 536-n \tag{7.2}$$

在实际使用时,先根据计数值计算出初值,然后按位置置入到初值寄存器中。如 T/C0 的计数值为 1 000,则初值为 64 536,TH0 = 64 536/256=11111100B,TL0= 64 536%256=00011000B。

计数的过程中,当计数器计满溢出,计数器的计数过程并不会结束,计数脉冲来时同样会进行加 1 计数。只是这时计数器是从 0 开始计数,计数值为满值。如果要重新实现 n 个单位的计数,则这时应重新通过软件置入初值。

2. 方式 2

当 M1、M0 两位为 10 时,定时器/计数器工作于方式 2,方式 2 的结构如图 7.4 所示。

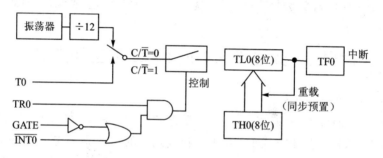

图 7.4　T/C0 方式 2 的逻辑结构图

在方式 2 下,16 位的计数器仅用 TL0(或 TL1)的 8 位来进行计数,而 TH0(或 TH1)用于保存初值。计数时,当 TL0(或 TL1)计满时则溢出,一方面使 TF0(或 TF1)置位,另一方面溢出信号又会触发重载,TH0(或 TH1)中的值会同步预置到 TL0(或 TL1)。同样可通过中断或查询方式来处理溢出信号 TF0(或 TF1)。因此如果要重新实现 n 个单位的计数,不用手动(用程序实现)重新置入初值,只需要事先将初值写入 TH0(或 TH1)即可。因此,方式 2 为 8 位可自动重载工作方式。

由于是 8 位的定时计数方式,因而最大计数值满值为 2 的 8 次幂,等于 256。例如,计数值为 n,则置入的初值 x 为:

$$x=256-n \tag{7.3}$$

如定时器/计数器 T/C0 的计数值为 100,则初值为 $256-100 = 156$,则 TH0= TL0=156。

其实,定时器的工作模式与精确定时关系紧密。因为,一般定时器的时钟源频率都较高,以采用 12 MHz 晶振的经典型 MCS-51 系列单片机应用系统来说,16 位的定时,最多计时 65.535 ms$((2^{16}-1)\mu s)$。若系统应用需要更长时间的定时,就需要定时中断次数累计。对于非自动重载方式的定时,由于中断响应时间的影响,势必造成由定时中断引起的中断响应时间累计误差。因此,自动重载是解决消除累积定时误差的重要途径,以实现连续准确的定时。MCS-51 的 T/C0 和 T/C1 的工作方式 2 为 8 位自动重载方式,增强型的 T/C2 可工作在 16 位的自动重载状态。因此,可以通过单片机内的通用定时器的自动重载方式实现精确的定时和计时。

3. 方式 3

当 M1、M0 两位为 11 时,定时器/计数器 T/C0 工作于方式 3。方式 3 的结构如图 7.5 所示。

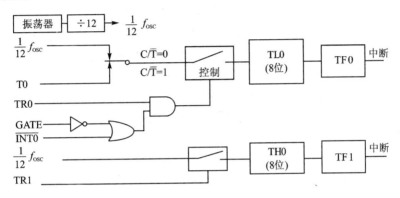

图 7.5 T/C0 方式 3 的逻辑结构

方式 3 只有定时器/计数器 T/C0 才有,T/C1 设置为方式 3 时停止工作。在方式 3 下,定时器/计数器 T/C0 被分为两个部分 TL0 和 TH0。其中,TL0 可作为定时器/计数器使用,占用 T/C0 的全部控制位:GATE、C/$\overline{T}$、TR0 和 TF0;而 TH0 固定只能作定时器使用,对机器周期进行计数,它占用定时器/计数器 T/C1 的 TR1 位、TF1 位和 T/C1 的中断资源。因此这时 T/C1 不能使用启动控制位和溢出标志位。通常将 T/C1 设定为方式 2 定时方式作为串行口的波特率发生器,只要赋初值,设置好工作方式,它便自动启动,溢出信号直接送串行口。如要停止工作,只需送入一个把 T/C1 设置为方式 3 的方式控制字即可。在方式 3 下,计数器的最大计数值、初值的计算与方式 2 完全相同。实际应用中不建议使用方式 3。

7.2.4 定时器/计数器 T/C0 和 T/C1 的初始化编程及应用

1. 定时器/计数器 T/C0 和 T/C1 的编程

MCS-51 的定时器/计数器是可编程的,可以设定为对机器周期进行计数实现定时功能,也可以设定为对外部脉冲计数实现计数功能。有 4 种工作方式,使用时可根据情况选择其中一种。MCS-51 单片机的定时器/计数器初始化过程如下:

① 根据要求选择方式,确定方式控制字,写入方式控制寄存器 TMOD。

单片机及工程应用基础

② 根据要求计算定时器／计数器的计数值，再由计数值求得初值，写入初值寄存器。

③ 根据需要开放定时器／计数器中断（后面需编写中断服务程序）。

④ 设置定时器／计数器控制寄存器 TCON 的值，启动定时器／计数器开始工作。

⑤ 等待定时／计数时间到，到了则执行中断服务程序。如用查询处理则编写查询程序判断溢出标志，溢出中断标志等于 1，则进行相应处理。查询处理要注意需要软件清零溢出标志。

2. 定时器／计数器 T／C0 和 T／C1 的应用

通常利用定时器／计数器来产生周期性的波形。利用定时器／计数器产生周期性波形的基本思想是：利用定时器／计数器产生周期性的定时，定时时间到则对输出端进行相应的处理。例如，产生周期性的方波只需定时时间到对输出端取反一次即可。不同的方式定时的最大值不同，如定时的时间很短，则选择方式 2，方式 2 形成周期性的定时不需重置初值；如定时比较长，则一般采用方式 1 实现。

【例 7.1】　设系统时钟频率为 12 MHz，用定时器／计数器 T／C0 编程实现从 P1.0 输出周期为 500 μs 的方波。

分析：从 P1.0 输出周期为 500 μs 的方波，只需 P1.0 每 250 μs 取反一次则可。当系统时钟为 12 MHz，定时器／计数器 T／C0 工作于方式 2 时，最大的定时时间为 256 μs，满足 250 μs 的定时要求，方式控制字应设定为 00000010B（02H），T／C0 工作于定时器模式，以方式 2 计数。系统时钟为 12 MHz，定时 250 μs，计数值 n 为 250，初值 $x = 256 - 250 = 6$，则 TH0 ＝ TL0 ＝ 06H。

① 采用中断处理方式的程序如下：

汇编程序：

```
        ORG   0000H
        LJMP  MAIN
        ORG   000BH        ;中断处理程序
        CPL   P1.0

        RETI
        ORG   0030H        ;主程序
MAIN:   MOV   TMOD, #02H
        MOV   TH0,  #06H
        MOV   TL0,  #06H
        SETB  EA
        SETB  ET0
        SETB  TR0
        SJMP  $
        END
```

C 语言程序：

```c
# include  <reg52.h>
sbit  SQ = P1^0;
int main(void)
{     TMOD = 0x02;
      TH0 = 0x06;
      TL0 = 0x06;
      EA = 1;
      ET0 = 1;
      TR0 = 1;
      while(1);
}
void  T0_ISR(void) interrupt 1
{//中断服务程序
      SQ = !SQ;
}
```

② 采用查询方式处理的程序如下：

汇编程序：

```
        ORG    0000H
        LJMP   MAIN
        ORG    0100H        ;主程序
MAIN:   MOV    TMOD, #02H
        MOV    TH0, #06H
        MOV    TL0, #06H
        SETB   TR0
LOOP:   JBC    TF0, NEXT ;查询计数溢出
        SJMP   LOOP
NEXT:   CPL    P1.0
        SJMP   LOOP

        END
```

C语言程序：

```c
# include "reg52.h"
sbit  SQ = P1^0;
int main(void)
{  unsigned char  i;
    TMOD = 0x02;
    TH0 = 0x06;
    TL0 = 0x06;
    TR0 = 1;
    while(1)
    { if (TF0)          //查询计数溢出
        {TF0 = 0;        //清标志
         SQ = !SQ;
        }
    }
}
```

在例 7.1 中，定时的时间在 256 μs 以内，用方式 2 处理很方便；如果定时时间大于 256 μs，则此时不能直接用方式 2 处理。如果定时时间小于 8 192 μs，则可用方式 0 直接处理；如果定时时间小于 65 536 μs，则可用方式 1 直接处理。方式 0 和方式 1 在处理时与方式 2 不同，其定时时间到后需重新置初值。如果定时时间大于 65 536 μs，这时用一个定时器/计数器不能直接处理实现，这时可用两个定时器/计数器共同处理或一个定时器/计数器配合软件计数方式处理。

【例 7.2】 设系统时钟频率为 12 MHz，编程实现从 P1.1 输出周期为 1 s 的方波。

分析：根据上例的处理过程，这时应产生 500 ms 的周期性的定时，定时到则可对 P1.1 取反实现。由于定时时间较长，一个定时器/计数器不能直接实现，可用 T/C0 产生周期性为 50 ms 的定时，然后用一个寄存器 R1 对 50 ms 计数 10 次或用 T/C1 对 50 ms 计数 10 次实现。系统时钟为 12 MHz，T/C0 定时 50 ms，只能选方式 1，方式控制字为 00000001B(01H)，初值 x 为

$$x = 65\ 536 - 50\ 000 = 15\ 536$$

则 TH0 = 15 536/256 = 60，TL0 = 15 536%256 = 176。

① 用寄存器 R2 作计数器软件计数，采用中断处理方式，程序如下：

汇编程序：

```
        ORG   0000H
        LJMP  MAIN
        ORG   000BH
        LJMP  INTT0    ;2μs
        ORG   0100H
MAIN:   MOV   TMOD, #01H
        MOV   TH0,  #60
        MOV   TL0,  #176
        MOV   R2,   #10
        SETB  EA
        SETB  ET0
        SETB  TR0
LOOP:

        LJMP  LOOP
INTT0:  MOV   TH0, #60 ;2μs
        MOV   TL0, #182 ;176+2+2+2=182
        DJNZ  R2, NEXT
        CPL   P1.1
        MOV   R2, #10
NEXT:   RETI
        END
```

C语言程序：

```c
# include"reg52.h"
sbit  SQ = P1^1;
unsigned  char times;
int main(void)
{  TMOD = 0x01;
   TH0 = 60;
   TL0 = 176;
   EA = 1;
   ET0 = 1;
   times = 0;
   TR0 = 1;
   while(1)
   {;
   }
}
void T0_ ISR(void) interrupt 1
{  TH0 = 60;
   TL0 = 182; //由汇编分析需要中断补偿
   times ++;
   if (times > 9)
   { SQ = !SQ;
     times = 0;
   }
}
}
```

214

② 用定时器/计数器 T/C1 计数实现。T/C1 工作于计数方式时，计数脉冲通过 T1(P3.5)输入。设 T/C0 定时 250 μs，工作于方式 2，初值为 6，定时时间到对 T1 (P3.5)引脚取反一次，则 T1(P3.5)每 500 μs 产生一个计数脉冲，那么定时 500 ms 只需计数 1 000 次。设定时计数器 T1 工作于方式 1，初值 $x = 65\,536 - 1\,000 = 64\,536$，$TH1 = 64\,536/256 = 252$，$TL1 = 64\,536\%256 = 24$。定时器/计数器 T/C0 和 T1 都采用中断方式工作。程序如下：

汇编程序：

```
        ORG   0000H
        LJMP  MAIN
        ORG   000BH
        CPL   P3.5; T/C0 定时取反信号接入 T1
        RETI
        ORG   001BH
        MOV   TH1, #252
        MOV   TL0, #24
        CPL   P1.1
        RETI
        ORG   0030H
```

C语言程序：

```c
# include  "reg52.h"
sbit P1_1 = P1^1;
sbit P3_5 = P3^5;
int main(void )
{
   TMOD = 0x52;
   TH0 = 6;TL0 = 6;
   TH1 = 252;TL1 = 24;
   EA = 1;
   ET0 = 1;ET1 = 1;
   TR0 = 1;TR1 = 1;
```

```
MAIN:MOV  TMOD, #52H              while(1)
     MOV  TH0,  #6                {;
     MOV  TL0,  #6                }
     MOV  TH1,  #252          }
     MOV  TL1,  #24           void time0_int(void)  interrupt 1 using 1
     SETB EA                  {
     SETB ET0                     P3_5 = !P3_5;//T0定时取反信号接入T1
     SETB ET1                 }
     SETB TR0                 void T1_ISR(void) interrupt 3 using 2
     SETB TR1                 {   TH1 = 252;
     SJMP $                       TL1 = 24;
     END                          P1_1 = !P1_1;
                              }
```

由于 T/C0 采用方式2,其自动重载特性致使该方法无定时累计误差,但是却使用了两个定时器。

3. 门控位的应用

当门控位 GATE 为1时,TRx=1,$\overline{\text{INTx}}$=1才能启动定时器。利用这个特性,可以测量外部输入脉冲的宽度。

【例7.3】 利用 T/C0 门控位测试$\overline{\text{INT0}}$引脚上出现的方波的正脉冲宽度,已知晶振频率为12 MHz,将所测得值的高位存入片内71H单元,低位存入70H单元。

分析:设外部脉冲由 P3.2 输入,T/C0 工作于定时方式1(16位计数),GATE 设为1。如图7.6所示,测试时,应在$\overline{\text{INT0}}$为低电平时,设置 TR0 为1;当$\overline{\text{INT0}}$变为高电平时,满足双启动条件,启动计数;$\overline{\text{INT0}}$再次变低时,停止计数。此计数值与机器周期的乘积即为被测正脉冲的宽度。f_{osc}=12 MHz,机器周期为1 μs。

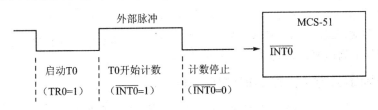

图7.6 基于 GATE 位实现高脉宽测量

这种方案所测脉冲的宽度最大为 65 535 个机器周期。此例中,在读取定时器的计数之前,已把它停住,否则,读取的计数值有可能是错的,因为我们不可能在同一时刻读取 THx 和 TLx 的内容。比如我们先读 TL0,然后读 TH0,由于定时器在不停地运行,读 TH0 前,若恰好产生 TL0 溢出向 TH0 进位的情形,则读到的 TL0 值就完全不对了。

汇编程序：	C语言程序：
| ```
    ORG   0000H
    MOV   TMOD，#09H；设T/C0为方式1
LOOP：
    MOV   TL0，#00H；设定计数初值
    MOV   TH0，#00H
    JB    P3.2，$   ；等待INT0变低
    SETB  TR0       ；启动T/C0，准备工作
    JNB   P3.2，$   ；等待INT0变高
    JB    P3.2，$   ；等待INT0再变低
    CLR   TR0
    CLR   TR0
    MOV   30H，TL0 ；保存测量结果
    MOV   31H，TH0
    LJMP  LOOP
``` | ```
# include"reg52.h"
sbit P3_2 = P3^2;
unsigned int T;
int main(void)
{
  TMOD = 0x09;
  while(1)
  {
    TH0 = 0;
    TL0 = 0;
    while(P3_2 == 1);//等待INT0变低
    TR0 = 1;        //启动T/C0，准备工作
    while(P3_2 == 0);//等待INT0变高
    while(P3_2 == 1);//等待INT0再变低
    TR0 = 0;
    T = TH0 * 256 + TL0;
  }
}
``` |

当然不停住也可以解决错读问题，方法是：先读 THx，后读 TLx，再读 THx，若两次读到的 THx 没有发生变化，则可确定读到的内容是正确的。若前后两次读到的 THx 有变化，则再重复上述过程，重复读到的内容就应该是正确的了。

在增强型的 52 系列单片机中，定时器／计数器 T/C2 的捕获方式可解决此问题。

利用 GATE 位也可以测周期，这要借助 D 触发器对被测信号二分频来实现。如图 7.7 所示，信号从 D 触发器 CLK 输入，从 Q 端输出。此时，Q 端每个高电平时间即为原信号的周期。

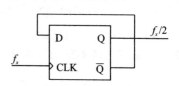

图 7.7　D 触发器二分频器

4. 利用定时器／计数器扩展外中断

MCS-51 系列只有两个外中断，除了采用"与"逻辑查询扩展多个外中断外，利用定时器／计数器也可以扩展外中断。方法如下：

定时器／计数器 T/C0 或 T/C1 采用 8 位自动重载的计数器模式，外部计数引脚即为外部中断源输入引脚。计数器赋初值和重载值都为 FFH，计数器再加 1 就溢出产生中断。响应中断后自动重载初值，为下一次中断请求做准备。由于外中断为下降沿申请，而计数器下降沿计数，所以利用定时器／计数器作为外部中断源可收到与直接利用外中断同样的效果。利用定时器／计数器扩展外中断的缺点是占用了定时器。

7.3　定时器 / 计数器 T / C2

在增强型的 8 位 MCS‐51 单片机 52 增强型系列中,除了片内 RAM 和 ROM 增加一倍外,还增加了一个定时器/计数器 T/C2。为此,增强型单片机又增加了一个 T/C2 中断源,在中断标志 TF2 或 EXF2 为 1 时产生 T/C2 中断,中断向量地址为 002BH。

T/C2 与 T/C0、T/C1 不同,除了增强为 16 位自动重载计数器外,还具有捕获功能、方波输出功能和加、减计数方式控制等功能。

所谓捕获方式就是把 16 位瞬时计数值同时记录在特殊功能寄存器的 RCAP2H 和 RCAP2L 中,使单片机具有记录时刻的功能。并且,CPU 在读计数值时,还避免了在读高字节时低字节变化可能引起的读数误差。

T/C2 根据应用情况,会占用两个外部引脚 P1.0 和 P1.1,作用如下:

> P1.0(T2)：T/C2 的外部计数脉冲输入,或者是方波脉冲输出。
> P1.1(T2EX)：在 T/C2 的时刻捕获输入/重装载方式中,其作为下降沿触发控制输入信号。

7.3.1　定时器 / 计数器 T / C2 的寄存器

1. 16 位计数器 TH2 和 TL2

TH2 和 TL2 的地址分别为 CDH 和 CCH,TH2 存放计数值的高 8 位,TL2 存放计数值的低 8 位。

2. 捕获寄存器 RCAP2H 和 RCAP2L

RCAP2H 和 RCAP2L 的地址分别为 CBH 和 CAH。在捕获方式时,存放捕获时刻 TH2 和 TL2 的瞬时值;在重装方式时存放重装初值。当捕获事件发生时,RCAP2H = TH2,RCAP2L = TL2;当重装事件发生时,TH2 = RCAP2H,TL2 = RCAP2L。

3. 定时器 / 计数器 2 控制寄存器 T2CON

T2CON 为 8 位寄存器,地址 C8H,用于对 T/C2 进行控制,当系统复位后其值为 00H,支持位寻址。T2CON 的格式如下:

	b7	b6	b5	b4	b3	b2	b1	b0
T2CON	TF2	EXF2	RCLK	TCLK	EXEN2	TR2	C/$\overline{\text{T2}}$	CP/$\overline{\text{RL2}}$

TF2：T/C2 的溢出中断标志。由单片机硬件自动置位,但是中断时必须由控制软件来清 0。当 RCLK=1 或 TCLK=1 时,T/C2 溢出不对 TF2 置位。

EXF2：T/C2 的捕获中断标志。当 EXEN2=1,且 T2EX 引脚上出现负跳变而造成捕获或重装载时,EXF2 置位,申请中断。这时若已允许 T/C2 中断,CPU 将响应中断,转向执行 T/C2 的中断服务程序。在 ISR 中,EXF2 同样要靠软件清除,这是因为在 ISR 中要根据中断标志判断是何种中断。

RCLK:接收时钟标志。RCLK＝1 时,用 T/C2 溢出脉冲作为串行口(工作于方式 1 或 3 时)的接收波特率发生器;RCLK－0 时,用 T/C1 的溢出脉冲作为接收波特率发生器。

TCLK:发送时钟标志。TCLK＝1 时,用 T/C2 送出脉冲作为串行口(工作于方式 1 或 3 时)的发送波特率发生器;TCLK＝0 时,用 T/C1 的溢出脉冲作为发送波特率发生器。

EXEN2(T2CON.3):定时器 2 捕获引脚 T2EX 的使能位。当 EXEN2＝1 时,若 T/C2 未用作串行口的波特率发生器,则在 T2EX 端出现信号负跳变时,触发 T/C2 捕获或重载。EXEN2＝0,T2EX 端的外部信号不起作用,P1.1(T2EX)作为通用 I/O。

TR2:T/C2 的运行控制位。TR2＝1 时,启动 T/C2;否则 T/C2 不工作。

C/$\overline{T}$2:定时方式或计数方式选择位。C/$\overline{T}$2＝0 时,T/C2 为内部定时器;C/$\overline{T}$2＝1 时为计数器,计 P1.0 (T2) 引脚脉冲(负跳沿触发)。软件编写时该位写为 C_T2。

CP/$\overline{RL}$2:捕获/重装载标志。CP/$\overline{RL}$2＝1 时,且 EXEN2＝1,T2EN 端的信号负跳变触发捕获操作,TH2→RCAP2H,TL2→RCAP2L;CP/$\overline{RL}$2＝0 时,若 T/C2 溢出,或在 EXEN2＝1 条件下,T2EX 端信号负跳变,都会造成自动重装载操作,RCAP2H→ TH2,RCAP2L→TL2;当 RCLK＝1 或 TCLK＝1 时,该位不起作用,在 T/C2 溢出时,强制其自动重装载。软件编写时该位写为 CP_RL2。

4. 定时器/计数器 T/C2 工作模式寄存器 T2MOD

T2MOD 为 8 位的寄存器,地址 C9H,但只有两位有效,复位时为 xxxxxx00,不支持位寻址。格式如下:

	b7	b6	b5	b4	b3	b2	b1	b0
T2MOD				—			T2OE	DCEN

T2OE:输出允许位。T2OE 为 0,禁止定时时钟从 P1.0 输出;T2OE 为 1,允许自 P1.0 输出占空比为 50% 的方波。输出频率 $f_{\text{CLKout}} = f_{\text{osc}}/[4 \times (65\ 536 - \text{RCAP2})]$。当 $f_{\text{osc}} = 12$ MHz 时,$f_{\text{CLKout}} \in (45.7\ \text{Hz}, 3\ \text{MHz}]$。

DCEN:计数方式选择。DCEN＝1,T/C2 的计数方式由 P1.1 引脚状态决定。P1.1＝0,T/C2 减计数;P1.1＝1,T/C2 加计数。DCEN＝0,计数方式与 P1.1 无关,同 T/C0 和 T/C1 一样,采用加计数方式。

7.3.2　定时器/计数器 T/C2 的工作方式

当 T2OE＝0 时,T/C2 工作方式的设置如表 7.2 所列。

表 7.2　T/C2 的工作方式

RCLK|TCLK	CP/$\overline{RL}$2	TR2	工作方式	备　注
0	0	1	16 位自动重载	溢出时：RCAP2H→TH2 RCAP2L→TL2
0	1	1	16 位捕获方式	捕获时：RCAP2H←TH2 RCAP2L←TL2
1	×	1	波特率发生器	—
×	×	0	T/C2 关闭,停止工作	—

1. 自动重载方式

定时器/计数器 T/C2 的自动重载方式,根据控制寄存器 T2CON 中 EXEN2 标志位的不同状态有两种选择。另外,根据特殊功能寄存器 T2MOD 中的 DCEN2 位是 0 还是 1 还可选择加 1 或者减 1 计数方式。

(1) DCEN 位为 0

当设置 T2MOD 寄存器的 DCEN 位为 0(上电复位时默认为 0)时,T/C2 为加法工作方式,此时根据 T2CON 寄存器中的 EXEN2 位的状态可选择两种操作方式:

① 当清零 EXEN2 标志位时,T/C2 计满回 0 溢出,一方面使中断请求标志位 TF2 置 1,同时又将寄存器 RCAP2L、RCAP2H 中预置的 16 位计数初值重新再装入计数器 TL2 和 TH2 中,自动继续进行下一轮的计数操作,其功能与 T/C0 和 T/C1 的方式 2(自动再装入)相同,只是 T/C2 的该方式是 16 位的,计数范围大。RCAP2L 和 RCAP2H 寄存器的计数初值由软件预置。

② 当设置 EXEN2 为 1,T/C2 仍然具有上述的功能,并增加了新的特性,当外部输入端口 T2EX(P1.1)引脚上产生 1→0 的负跳变时,将 RCAP2L 和 RCAP2H 寄存器中的值装载到 TL2 和 TH2 中重新开始计数,并置位 EXF2 为 1,向主机请求中断。

(2) DCEN 位为 1

当 T2MOD 寄存器中的 DCEN 位设置为 1 时,可以使用 T/C2,既能实现增量(加 1)计数,也可实现减量(减 1)计数,它取决于 T2EX 引脚上的逻辑电平。

当设置 DCEN 位为 1,T2EX 引脚为高电平时,T/C2 执行增量计数方式。当不断加 1 至计数溢出回 0(FFFFH→0000H),一方面置位 TF2 为 1,向主机请求中断,另一方面溢出信号触发自动重载,将存放在 RCAP2L、RCAP2H 中的计数初值装入 TL2、TH2 计数器中继续进行加 1 计数;当 T2EX 引脚为低电平时,T/C2 执行减量(减 1)计数方式,当 TL2、TH2 计数器中的值等于寄存器 RCAP2L、RCAP2H 中的值时,产生向下溢出,一方面置位 TF2 位为 1,向主机请求中断,另一方面下溢信号触发三态门,将减量计数值 0FFFFH 装入 TL2、TH2 计数器中,继续进行减 1 计数。无论是向上还是向下溢出,TF2 位都置位。

2. "捕获"方式与时刻测量

"捕获"即及时捕捉住输入信号发生跳变时的时刻信息。常用于精确测量输入信号的参数,如脉宽等。T/C2 具有捕获功能。对捕获方式,根据 T2CON 寄存器中 EXEN2 位的不同设置有两种选择。

① 当 EXEN2 设置为 0 时,T/C2 是一个 16 位定时器/计数器。当设置 C/$\overline{T}$2 位为 0 时选择内部定时方式,同样对机器周期计数;当设置 C/$\overline{T}$2 位为 1 时选择外部事件计数方式,对 T2(P1.0)引脚上的负跳变信号进行计数。计数器计满回 0 溢出置位中断请求标志位 TF2,向主机请求中断处理。主机响应中断进入该中断服务程序后必须用软件复位 TF2 为 0,其他操作均同定时器/计数器 0 和 1 的工作方式 1。

② 当 EXEN2 设置为 1 时,T/C2 除上述功能外,还可增加"捕获"功能。当在外部引脚 T2EX(P1.1)上的信号从 1→0 的负跳变将发生捕获时,计数器 TH2 和 TL2 中计数的当前值被分别"捕获"进 RCAP2H 和 RCAP2L 中,同时,在 T2EX(P1.1)引脚上信号的负跳变将置位 T2CON 中的 EXF2 标志位,向主机请求中断。

这里需要说明的是 T2 引脚为 P1 口的 P1.0,T2EX 为 P1.1 引脚,因此,当选用 T2 时,P1.0 和 P1.1 口就不能作 I/O 口用了。另外,有两个中断请求标志位,通过一个"或"门输出。因此,当 CPU 响应中断后,在中断服务程序中应识别是哪一个中断请求分别进行处理。必须通过软件清零中断请求标志位。

当然也可以基于外中断和定时器完成时间段的测量。方法是当 $\overline{INT0}$ 端口出现下降沿,中断启动定时器开始定时,$\overline{INT0}$ 端口再次出现下降沿,中断停止计数,读出计数值就是两时刻差所对应的时间段。但是,由于中断响应时间的影响,误差较大,一般不采用。捕获才是嵌入式系统进行精确时刻测量的方法。

3. 波特率发生器方式

当特殊功能寄存器 T2CON 中的 RCLK 和 TCLK 位均置成 1 或者其中某位为 1 时,串行通信进行接收/发送工作,定时器/计数器 2 可工作为波特率发生器方式。

T/C2 的计数脉冲可以由 $f_{osc}/12$ 或 P1.1 输入。此时 RCAP2H 和 RCAP2L 中的值用作计数初值,溢出后此值自动装到 TH2 和 TL2 中。如果 RCLK 或 TCLK 中的某值为 1 时,表示收发时钟一个用 T/C2,另一个用 T/C1。在这种工作方式下,如果在 P1.1 检测到一个下降沿,则 EXF2 变为 1,可引起中断。

$$f_{baud}(波特率) = \frac{T2\ 的溢出率}{16} = \frac{f_{osc}}{32 \times (65\ 536 - RCAP2)} \tag{7.4}$$

4. 时钟输出方式

当 RCLK=TCLK=0,T2OE=1,C/$\overline{T}$2=0 时,T/C2 处于时钟输出方式,T/C2 的溢出脉冲从 P1.0 输出,输出脉冲的频率 f_{CLKout} 由下式决定:

$$f_{CLKout} = \frac{f_{osc}}{4 \times (65\ 536 - RCAP2)} \tag{7.5}$$

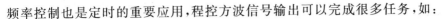

单片机及工程应用基础

频率控制也是定时的重要应用,程控方波信号输出可以完成很多任务,如:

① 通过 F/V(频压转换)器件实现 D/A 应用。

② 作为载波。比如红外遥控器是以 38 kHz 作为载波,以提高抗干扰能力;超声波测距时,发射超声波则是以 40 kHz 的载波断续发出。

③ 器件工作驱动时钟。一些器件(如模拟转换器 ADC0809 和 ICL7135 等)在工作时需要外加驱动时钟脉冲,应用 T/C2 的该功能是一个简易、可控且有效的选择。

其实,基于 AT89S52 的数控方波发生器设计途径有 3 种方法:

① 方法 1:定时器定时中断取反 I/O 口,频率精度低,且占 CPU 资源。

② 方法 2:T/C2 的波形输出功能,有效利用 T/C2 的功能,且不占用 CPU 资源。

③ 方法 3:利用 D/A 和 V/F(压频转换)接口实现数控方波发生器,但是需要外加器件。

7.3.3 定时器/计数器 T/C2 的应用举例

有了 T/C1、T/C0 的编程知识,读者不难编写 T/C2 的应用程序。

【例 7.4】 利用定时器/计数器 T/C2 作为时钟发生器,从 P1.0 输出频率为 1 kHz 的脉冲,设 $f_{osc} = 12$ MHz。

221

分析:根据上述公式计算计数初值如下:

$$1\,000 = \frac{12 \times 10^6}{4 \times (65\,536 - \text{RCAP2})}$$

得到:RCAP2 = 62 536 = F448H。程序如下:

汇编程序:	C 语言程序:
`MOV  T2MOD, #02H  ;T2OE = 1`	`T2MOD = 0x02;    // T2OE = 1`
`MOV  T2CON, #00H  ;RCLK = TCLK = 0,`	`T2CON = 0;       //RCLK = TCLK = 0,`
`                  ;定时(自动重载)`	`                 //定时(自动重载)`
`MOV  RCAP2H,#0F4H 置自动重装值`	`RCAP2H = 0xf4 ;`
`MOV  RCAP2L,#48H`	`RCAP2L = 0x48;`
`SETB TR2          ;启动`	`TR2 = 1;`
`   :`	`  :`

【例 7.5】 系统时钟 12 MHz,P0.0 实现 1 Hz 方波输出。

分析:定时 500 ms,取反 I/O 即可。500 ms 定时利用 50 ms 定时,10 次中断的方式获取。初值 = 65 536 − 50 000 = 15 536,即 TH2 = 15 536/256 = 60,TL2 = 15 536%256 = 176。

程序如下:

单片机及工程应用基础

222

汇编程序:	C语言程序:

```
        ORG   0000H
        LJMP  MAIN
        ORG   002BH
        LJMP  T2_ISR
MAIN:
        MOV   TH2, #60
        MOV   TL2, #176
        MOV   RCAP2H, #60
        MOV   RCAP2L, #176
        SETB  ET2
        SETB  EA
        MOV   T2CON, #04H  ;TR2 = 1
        MOV   R7, #10
LOOP:

        LJMP  LOOP
T2_ISR: JBC   EXF2, OUT
        CLR   TF2
        DJNZ  R7, OUT
        MOV   R7, #10
        CPL   P0.0
OUT:    RETI
```

```
# include"reg52.h"
sbit P0_0 = P0^0;
unsigned char times;
int main(void)
{ times = 0;
  TH2 = 60;
  TL2 = 176;
  RCAP2H = 60;
  RCAP2L = 176;
  EA = 1;
  ET2 = 1;
  T2CON = 0x04 ; //TR2 = 1
  while(1)
  { ;
  }
}
void T2_ISR (void)   interrupt 5 using 1
{  if (EXF2)
      EXF2 = 0;
   else
   { TF2 = 0;
     if( ++ times > 9)
     {P0_0 = ! P0_0;
      Times = 0;
     }
   }
}
```

【例 7.6】　系统时钟 12 MHz,测量脉冲信号的周期(周期小于 65 536 μs)。

分析:待测脉冲接 P1.1 引脚,T/C2 在信号下降沿捕获,若相邻两次下降沿捕获计数值时刻分别为 t_1 和 t_2,两次捕获间未溢出过则捕获时刻直接作差 t_2-t_1 就是周期,否则,周期为 $T=65\ 536-t_1+t_2$。根据无符号数借位减法原理,两种情况的结果都是 $T=t_2-t_1$,这样可以简化程序设计。汇编软件中,31H、30H 存放 t_1,41H、40H存放 t_2,信号的周期存放于 R6、R5 中。

采用中断方式,程序如下:

汇编程序：

```
        ORG   0000H
        LJMP  MAIN
        ORG   002BH
        LJMP  T2_ISR
        ORG   0030H
MAIN:
        ;设 T/C2 为 16 位捕获方式
        MOV   T2MOD,#00H
        MOV   T2CON,#09H
        SETB  EA          ;开中断
        SETB  ET2
        SETB  TR2         ;启动 T/C2 计数
LOOP:

        LJMP  LOOP
T2_ISR:
        JBC   EXF2,NEXT   ;为捕获中断
        CLRTF2            ;溢出中断不处理
        RETI
NEXT:
        MOV   30H,40H
        MOV   31H,41H
        MOV   40H,RCAP2L  ;存放计数的低字节
        MOV   41H,RCAP2H  ;存放计数的高字节
        CLR   C           ;T = t2 - t1
        MOV   A,40H
        SUBB  A,30H
        MOV   R5,A
        MOV   A,41H
        SUBB  A,31H
        MOV   R6,A
        RETI
        END
```

C 语言程序：

```c
# include  <reg52.h>
unsigned int t1,t2,T;
int main( void)
{T2MOD = 0x00;
 T2CON = 0x09;
 EA = 1;
 ET2 = 1;
 TR2 = 1;
 while(1)
 { ;
 }
}
void T2_ISR (void) interrupt 5 using 1
{
    if(TF2)
    {
       TF2 = 0;
    }
    else
    {
       EXF2 = 0;
       t1 = t2;
       t2 = RCAP2H * 256 + RCAP2L ;
       T = t2 - t1 ;
    }
}
```

由于能引起 T/C2 的中断可能是 EXF2,也可能是 TF2,所以在中断服务中进行了判断,只处理 EXF2 引起的中断。另外,若周期超过 65 535 μs,则要对 TF2 表征的溢出中断次数进行统计(并对 TF2 清零),若溢出中断次数为 k,则周期为 65 536×$k + t_2 - t_1$。

7.4 定时器应用

定时和计时是定时器的典型应用之一,广泛应用于电子钟表、万年历、作息时间控制和各类时间触发控制系统。

7.4.1 定时器典型设计举例:(作息时间控制)数字钟 / 万年历的设计

电子时钟具有走时准确和性能稳定等优点,已成为人们日常生活中必不可少的物品。随着技术的发展,人们已不再满足于钟表原先简单的报时功能,希望出现一些新的功能,诸如日历的显示、闹钟等应用,以带来更大的方便。电子时钟,既能作为一般的时间显示器,同时又可以根据需要衍生出其他功能。

电子万年历作为典型的单片机应用系统,具有很好的开放性和可发挥性,考查定时器应用技术的同时充分锻炼人机接口技术能力。作为钟表,能够调整时间是其基本的功能,当然设定闹铃进行作息时间控制也已经成为电子钟表的标配功能。

1. 数字钟 / 万年历的方案设计

电子钟表的方案主要有两类:一是直接利用单片机的定时器实现电子钟表,二是采用专用日历时钟芯片。

(1) 直接利用单片机的定时器实现电子钟表

一般定时器的时钟源频率都较高,以采用 12 MHz 晶振的 AT89S52 单片机应用系统来说,16 位的定时,最多计时 $65.535 \text{ ms} = (2^{16} - 1) \, \mu\text{s}$。若系统应用需要更长时间的定时,就需要定时中断次数累计。对于非自动重载方式的定时,由于中断响应时间的影响,势必造成由定时中断引起的中断响应时间累计误差。因此,自动重载是解决累积定时误差的重要途径。

基于 T/C2 的 16 位自动重载工作方式,定时时间取 50 ms,这样定时器溢出 20 次(50 ms×20=1 000 ms)就得到最小的计时单位:秒。自动重载使计时误差缩减为工作晶振的误差。不过我们还不能用此方法计时,误差较大。另外,直接采用 32 768 Hz时钟晶振作为单片机的工作也是不现实的,单片机速度太慢,无法完成人机界面等复杂的任务,只能采用相对高频的晶振。

正确的方法是:32 768 Hz 晶振作为单片机外部独立的时钟源,经分频后作为定时器/计数器的外部计数时钟,这样就解决了前面的矛盾。

一个时钟的计时累加,要实现秒、分、时等的进位,这可以通过软件累加和数值比较的方法实现。在单片机的内部 RAM 中,开辟时间信息缓冲区,包括时、分、秒等。定时系统按时间进位修改缓冲器内容,显示系统读取缓冲区信息实时显示时间。

(2) 采用专用日历时钟芯片实现电子钟表

实时时钟(Real Time Clock,RTC)芯片是专用时钟集成电路,适合于一切需要低功耗及准确计时的应用。如何为某一特定应用选择合适的实时时钟芯片呢？设计者可以根据系统的性能要求，从接口方式、功耗、精度和功能几方面入手。DS12C887和 DS1302 都是常用的日历时钟芯片。9.2 节将讲述 DS1302 的使用方法。下面介绍直接利用单片机的定时器实现电子钟表的方法。

2. 直接利用单片机的定时器实现电子钟表

数字钟实际上是一个对标准频率(1 Hz)进行计数的计数电路。通常使用石英晶体振荡器电路获取频率稳定准确的 32 768 Hz 的方波信号，分频器电路将 32 768 Hz 的高频方波信号经 2^{15} 次分频后得到 1 Hz 的方波信号供秒计数器进行计数，分频器实际上就是计数器，一般采用多级二进制计数器来实现。下面采用二进制计数器 CD4060 来构成分频电路。CD4060 可实现 14 级分频，相对逻辑芯片分频次数最高，14 级分频后输出为 $32\ 768/2^{14} = 2$ Hz 方波，而且 CD4060 还包含振荡电路所需的"非"门，使用更为方便。CD4060 芯片引脚及内部逻辑及两种输入时钟逻辑电路如图 7.8 所示。

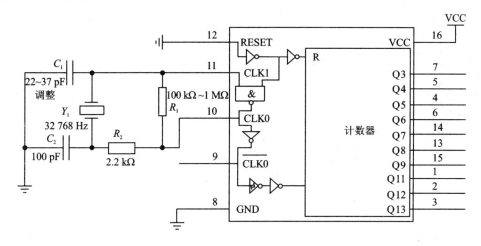

图 7.8 CD4060 输入时钟逻辑电路

将 CD4060 的 Q13 接到 AT89S52 的 T0 引脚，T/C0 工作在方式 2 的计数器模式，初值及重载值设定为 244，这样每加两次 1 系统即发生 1 s 定时中断，中断函数处理秒进位。秒、分、时，共 6 个数码管，采用 24 小时制。电路如图 7.9 所示。

数字钟设置了 4 个按键，分别为"设定"、"加 1"、"减 1"和"确定"键，用于调整时间。按"设定"键开始重新设定时间，并且秒闪烁，此时通过"加 1"和"减 1"键即可调整秒。秒设定完成后，再次按"设定"分闪烁，此时通过"加 1"和"减 1"键即可调整分钟，以此类推……，小时设定完成后，再次按"设定"秒闪烁，直至按"确定"键设定时间完成。软件代码如下：

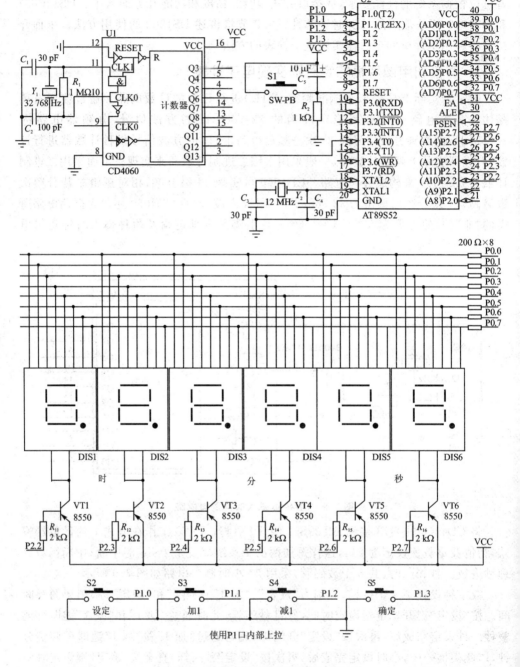

图 7.9   基于单片机的数字钟电路

```
#include"reg52.h"
//------------------------按键定义(据实际情况定)------------------
#define key_set        0x0e
#define key_add        0x0d
#define key_dec        0x0b
#define key_ok         0x07
//------------------------全局变量定义------------------
unsigned char second, minute, hour;  //时间变量
unsigned char sign_set;              //设定时间标志
unsigned char d[6];                  //显示缓存
//------------------------------------------------
void delay(void)
{unsigned char i;
 for(i = 0;i<20;i++)
   {d[0] = hour/10;      d[1] = hour % 10;
    d[2] = minute/10;   d[3] = minute % 10;
    d[4] = second/10;   d[5] = second % 10;
   }
}
//------------------------------------------------
void display(unsigned char t)      //循环扫描 t 遍,t 不同则延时时间不同
{ unsigned char i;
  unsigned char code BCD_7[10] = {0xc0,0xf9,0xa4,0xb0,0x99,0x92,0x82,0xf8,0x80,0x90};
  unsigned char dis_ptr[6] = {0xfb,0xf7,0xef,0xdf,0xbf,0x7f};
  if(sign_set&&(TL0 == 0xff))      //设定时的闪烁控制,0.5 s 亮,0.5 s 灭
    {switch(sign_set)
      {case 1:
         dis_ptr[4] = 0xff; dis_ptr[5] = 0xff;break;
       case 2:
         dis_ptr[2] = 0xff; dis_ptr[3] = 0xff;break;
       case 3:
         dis_ptr[0] = 0xff; dis_ptr[1] = 0xff;break;
       default:
       break;
      }
    }
  for(;t>0;t--)
  {for(i = 0;i<6;i++)
    {P0 = BCD_7[d[i]];
     P2 = dis_ptr[i];                //开显示
     delay();                        //亮一会,同时实时 BCD 码提取
     P2 = 0xff;                      //关显示
    }
  }
}
//------------------------------------------------
unsigned char Read_key(void)        //读按键,无按键返回 0xff
{unsigned char n;
 P1 |= 0x0f;                        //低 4 位给 1 作为输入口
 n = P1&0x0f;                       //读按键
```

单片机及工程应用基础

```
    if(n == 0x0f)return 0xff;
    else return n;
}
// - - - - - - - - - - - - - - - - - - - - - - - - - - - - - - - - - - - - -
intmain(void)
{unsigned char i,k;
  TMOD = 0x06;                                    //T/C0 方式 2,计数器
  TH0 = 254; TL0 = 254;
  ET0 = 1; EA = 1;
  TR0 = 1;
  second = 0; minute = 0; hour = 12;
  for(i = 2; i < 6; i ++ ) d[i] = 0;
  d[0] = 1;d[1] = 2;
  sign_set = 0;
  while(1)
  { k = Read_key();                               //读取按键到变量 k
   if(k! = 0xff)                                   //有按键按下
    {display(5);                                   //滤除前沿抖动
     switch(k)
       {case key_set:
            if(sign_set<3)sign_set ++ ;            //选择设定对象:秒/分/时
            else sign_set  =  1;
            break;
        case key_ok:
            sign_set = 0;
            break;
        case key_add:
            switch(sign_set)
              {case 1:
                 if(second<59)second ++ ;
                 else second = 0;
                 break;
               case 2:
                 if(minute<59)minute ++ ;
                 else minute = 0;
                 break;
               case 3:
                 if(hour<23)hour ++ ;
                 else hour = 0;
                 break;
               default:
                 break;
               }
            break;
        case key_dec:
         switch(sign_set)
           {case 1:
               if(second>0)second -- ;
               else second = 59;
               break;
```

```
          case 2:
            if(minute>0)minute--;
            else minute = 59;
            break;
          case 3:
            if(hour>0)hour--;
            else hour = 23;
            break;
          default:
            break;
          }
        break;
      default:
        break;
      }
      while(k != 0xff)              //等待按键抬起
      {k = Read_key();
       display(1);
      }
      display(5);                   //滤除后沿抖动
    }
   display(1);
  }
}
//------------------------------------------------
void T0_ISR() interrupt 1 using 1
{if(second < 59) second++;
 else
   {second = 0;
   if(minute<59)minute++;
   else
     {minute = 0;
     if(hour<23)hour++;
     else hour = 0;
     }
   }
}
```

229

7.4.2 定时器典型设计举例:赛跑电子秒表的设计

秒表是比赛中一种常用的工具,其中的电子秒表具有较高的实用性,是定时器的典型应用。

电子秒表由显示、按键和电源等组成。设计采用 AT89S52 单片机,四位共阳极数码管动态扫描显示,P0 口作为段选,P2.4~P2.7 作为位选(有三极管驱动),系统设置 6 个按键,分别接至 P1.0~P1.5,依次为开始键 start、暂停键 pause、清除键 clr、停止测量键 stop、即时保存键 save 和翻页查看键 look。电路如图 7.10 所示。

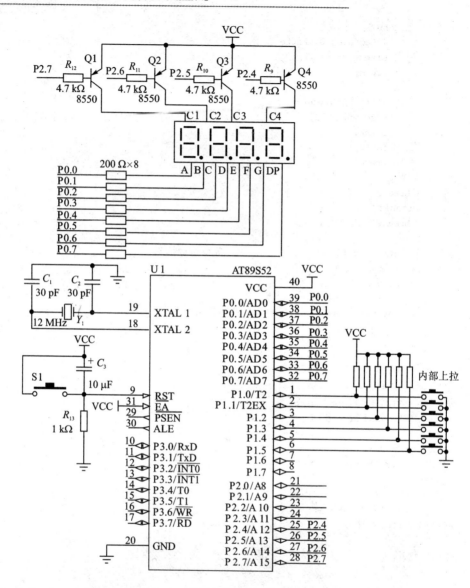

图 7.10　基于单片机的电子秒表电路图

工作过程如下：

➤ 开始测量前，先按 clr 键秒表恢复到开始测量的最初状态，4 位数码管实现 00.00；

➤ 按 start 键则计时开始，秒表开始计时，每 10 ms 计时刷新一次；

➤ 计时过程中，按 pause 键则停止计时，再按 start 键则计时继续；

➤ 终点计时，按照运动员先后到达终点，连续按 save 键记录成绩；

➤ 全部到达终点后，按 stop 键结束，这时再按 look 键则开始查看第一名到最后一名的成绩。

采用汇编进行应用程序过于繁琐,尤其是涉及多字节除法运算等时更是如此。因此,本例仅提供 C51 编写的程序,程序如下:

```c
# include "reg52.h"
//------------------------按键定义(据实际情况定)------------------
# define start        0xfe
# define pause        0xfd
# define clr          0xfb
# define stop         0xf7
# define save         0xef
# define look         0xdf
//-----------------------------------------------------
unsigned int        times_10ms;
idata unsignedint   s[12];              //用于存储成绩
unsigned char       s_ptr;              //存储成绩指针序号
unsigned char       d[4];               //显示缓存
//-----------------------------------------------------
void delay_1ms(void)
{unsigned int i;
 for(i = 0;i<123;i++){;}
}
//-----------------------------------------------------
void display(unsigned int t)            //循环扫描 t 遍
{ unsigned char i;
  unsigned char code BCD_7[11] = {0xc0,0xf9,0xa4,0xb0,0x99,0x92,0x82,0xf8,0x80,0x90,0xff};
                                        //BCD_7[10]为灭的译码

  for(;t>0;t--)
  {for(i = 0;i<4;i++)
   {P0 = BCD_7[d[i]];
    if(i == 2) P0 &= 0x7f;              //加小数点
    P2 &= ~(0x10<<i);                   //位选导通
    delay_1ms ();                       //亮一会
    P2 |= 0xf0;                         //关闭显示
   }
  }
}
//-----------------------------------------------------
unsigned char Read_key(void)            //读按键,无按键返回 0xff
{unsigned char k;
 P1 = 0xff;                             //设置为输入口
 k = P1;
 if(k == 0xff)return 0xff;
```

单片机及工程应用基础

```
        else
        {display(3);                    //显示任务(约 12 ms)充当去抖动延时
         k = P1;
         if(k == 0xff)return 0xff;
         else return k;
        }
    }
// --------------------------------------------------------------
intmain(void)
{ unsigned char i,k;
  unsigned int   tem;
  unsigned char run_sign;
  TH2 = RCAP2H = (65536 - 10000)/256;   //设定 10 ms 定时及重载值
  TL2 = RCAP2L = (65536 - 10000) % 256;
  EA = 1; ET2 = 1;                      //使能 T/C2 中断
  times_10ms = 0;
  s_ptr = 0;
  for(i = 0;i<12;i ++ )s[i] = 0;
  for(i = 0;i<4;i ++ )d[i] = 0;
  while(1)
  { k = Read_key();
    if(k! = 0xff)
      {switch(k)
        {case start:
          run_sign = 1;
          TR2 = 1;                      //开始或继续计时
          break;
        case pause:
          TR2 = 0;                      //暂停计时
          break;
        case stop:
          TR2 = 0;                      //停止计时
          s_ptr = 0;                    //为从第一次保存开始查看结果
          run_sign = 0;                 //不显示时间运行,而是显示要查询的存储值
          break;
        case clr:                       //清除测量信息,准备重新测量
          TR2 = 0;
          times_10ms = 0;
          TH2 = (65536 - 10000)/256;    //10 ms 定时
          TL2 = (65536 - 10000) % 256;
          s_ptr = 0;
          for(i = 0;i<12;i ++ )s[i] = 0;
```

232

```
              for(i = 0;i<4;i ++ )d[i] = 0;
              break;
          case save:
              s[s_ptr ++ ] = times_10ms;
              while(k! = 0xff)              //等待按键抬起
               {k = Read_key();
                 display(1);
                 }
              break;
          case look:                        //停止后查看
              tem = s[s_ptr ++ ];
              d[3] = tem/1000;d[2] = tem/100 % 10;
              d[1] = tem/10 % 10;d[0] = tem % 10;
              while(k! = 0xff)              //等待按键抬起
               {k = Read_key();
                 display(1);
                 }
              break;
          default:
              break;
            }
         }
    if(run_sign)
      {tem = times_10ms;
        d[3] = tem/1000;d[2] = tem/100 % 10;
        d[1] = tem/10 % 10;d[0] = tem % 10;
        }
    display(1);
     }
 }
//————————————————————————————————————————————
voidT2_overFlow(void) interrupt 5 using 3
{if(TF2)
 {TF2 = 0;
  times_10ms ++ ;
  }
  EXF2 = 0;
 }
```

233

同类典型应用设计、分析与提示：

◇ 篮球计时计分牌的设计

其实,计时可以形成很多典型应用,体育比赛的计时计分系统等就是定时器计时的重要应用对象。体育比赛的计时计分系统是对体育比赛过程中所产生的时间、比分等数据进行快速采集记录和处理的信息系统。以篮球比赛为例,篮球比赛是根据运动队在规定的比赛时间里得分多少来决定胜负的,因此,篮球比赛的计时、计分系统是一种得分类型的系统。篮球比赛的计时、计分系统由计时器,计分器等多种电子设备组成。简易篮球计时、计分牌完全可以通过 AT89S52 单片机来实现。系统由计时器、计分器、综合控制器和 24 秒控制器等组成。利用 14 个 7 段共阳 LED 作为显示器件,其中 6 个用于记录甲、乙两队的分数,每队 2 个 LED 显示器显示范围可达到 0～999 分,足够满足赛程需要;另外 4 个 LED 显示器则用来记录赛程时间,其中 2 个用于显示分钟,2 个用于显示秒钟;再用 4 个进行 24 秒倒计时,显示格式为"XX.XX"秒。其中,赛程时间和 24 秒控制器都涉及计时问题。其次,为了配合计时器和计分器校正调整时间和比分,设计中还要设立若干个按键,用于设置、交换场地、启动和暂停、加分和扣分等功能。

7.5　时间间隔、时刻测量及应用

7.5.1　时间间隔、时刻测量及应用概述

时间间隔、时刻测量,它包括一个周期信号波形上同相位两点间的时间间隔测量(即测量周期),对同一信号波形上两个不同点之间的时间间隔的测量,用于准确测量两个事件间的时间差,以及两个信号波形上两点之间的时间间隔测量,是单片机定时器及智能仪器仪表的典型应用。

7.2 节已经讲述,结合 T/C0 和 T/C1 的 GATE,可以时刻、时间段测量。当 T/C0 和 T/C1 的门控位 GATE 为 1 时,TRx=1、$\overline{INTx}$ =1 才能启动定时器。利用这个特性,可以测量外部输入脉冲的宽度。

T/C2 的捕获功能还可以实现时间、时刻的测量。捕获即及时捕捉住输入信号发生跳变时的时刻信息。常用于精确测量输入信号的参数,如脉宽等。T/C2 具有捕获功能,当设置 C/$\overline{T}$2 位为 0 时选择内部定时方式,且 EXEN2 设置为 1 时,同时 CP/$\overline{RL}$2 设置为捕获工作方式,T/C2 就工作在捕获工作方式。此时,在外部引脚 T2EX(P1.1)上的信号从 1→0 的负跳变将选通三态门控制端,将计数器 TH2 和 TL2 中计数的当前值被分别"捕获"进 RCAP2H 和 RCAP2L 中,同时,在 T2EX(P1.1)引脚上信号的负跳变将置位 T2CON 中的 EXF2 标志位,向主机请求中断。

当然也可以基于外中断和定时器完成时间段的测量。外中断 0 端口出现下降沿中断启动定时器开始定时,外中断 0 端口再次出现下降沿中断停止计数,读出计数值就是两时刻差所对应的时间段。但是,由于中断响应时间的影响,误差加大,一般不采用。

7.5.2 时间间隔、时刻测量的应用:超声波测距仪的设计

由于超声波指向性强,能量消耗慢,在介质中传播的距离远,因而超声波经常用于距离的测量。利用超声波检测距离设计比较方便,计算处理也比较简单,并且在测量精度方面也能达到日常使用的要求。因此,超声波测距广泛应用于汽车倒车、建筑施工工地以及一些工业现场的位置监控,也可以用于如液位、井深、管道长度、物体厚度等的测量。另外,利用超声波测量时与被测物体无直接接触,能够清晰、稳定地显示测量结果。

1. 超声波测距原理

目前,在近距离测量方面较为常用的是压电式超声波换能器。接收换能器对声波脉冲的直接接收能力将决定最小的可测距离。由于超声波属于声波范围,其声速与温度有关。表 7.3 列出了几种不同温度下的超声波声速。

表 7.3 不同温度下超声波声速表

温度/℃	−30	−20	−10	0	10	20	30	100
声速/(m·s⁻¹)	313	319	325	323	338	344	349	386

图 7.11 示意了超声波测距的原理,即超声波发生器 T 在某一时刻发出一个超声波信号,当这个超声波信号遇到被测物体反射回来,就会被超声波接收器 R 接收到,此时只要计算

图 7.11 超声波测距原理图

出从发出超声波信号到接收到返回信号所用的时间,就可算出超声波发生器与反射物体的距离。该距离的计算公式为

$$d = s/2 = (v \times t)/2 \tag{7.6}$$

式中:d 为被测物体与测距器的距离,s 为声波往返的路程,v 为声速,t 为声波往返所用的时间。

在测距时由于温度变化,可通过温度传感器自动探测环境温度,确定计算距离时的波速 v,较精确地得出该环境下超声波经过的路程,提高了测量精确度。波速确定后,只要测得超声波往返的时间 t,即可求得距离 d。其系统原理框图如图 7.12 所示。

采用中心频率为 40 kHz 的超声波传感器。单片机发出短暂(200 μs)的 40 kHz 信号,经放大后通过超声波换能器输出;反射后的超声波经超声波换能器作为系统的输入,锁相环对此信号锁定,产生锁定信号启动单片机中断程序,得出时间 t,再由系统软件对其进行计算、判别后,相应的计算结果被送至 LED 显示电路进行显示,若测

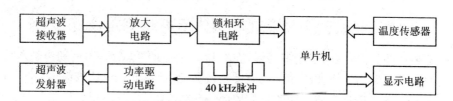

图 7.12 超声波测距系统原理框图

得的距离超出设定范围系统将提示声音报警电路报警。

2. 基于单片机的超声波测距仪的设计

(1) 40 kHz 方波发生器的设计

40 kHz 方波信号用于触发发射 40 kHz 超声波,因此 40 kHz 方波发生器的设计尤为重要。对于 AT89S52 单片机(以采用 12 MHz 晶振为例)有 3 种方法获取 40 kHz 方波信号。

① 利用指令累积延时实现。

② AT89S52 通过 T/C0 或 T/C1 的方式 2 实现外部某引脚,如 P1.0 输出周期为 24 μs(载波为 41.7 kHz)的超声波脉冲串,中断函数如下:

```
sbit s40hHz = P1^0;

TMOD = 0x02;
THO = TLO = 244;
EA = ETO = TRO = 1;
        ⋮
void TO_ISR() interrupt 1 using 1
{ s40hHz = !s40hHz;
}
```

通过控制 ET0 或 TR0 即可控制是否产生 40 kHz 的方波。

③ 利用 T/C2 的 PWM 方波发生器,当 T2MOD 的 T2OE 位置 1,则在 T2(P1.0)引脚就会输出方波,方波频率为

$$f_{\text{CLKout}} = f_{\text{OSC}}/[4 \times (65\ 536 - \text{RCAP2})]$$

即 40 kHz=12 MHz/[4×(65 536−RCAP2)],得到 RCAP2 初值为 65 461。

通过控制 TR2 即可控制是否产生 40 kHz 的方波。

另外,利用 NE555 电路等产生 40 kHz 方波,再通过"与"门控制是否产生 40 kHz 的方波也可以实现,如图 7.13 所示。

图 7.13 基于 NE555 的 40 kHz 方波发生器与控制

(2) 超声波发射驱动电路

40 kHz 方波经功率放大推动超声波发射器发射出去。超声波接收器将接收到的反射超声波送到放大器进行放大,然后用锁相环电路进行检波,经处理后输出低电平,送到单片机。

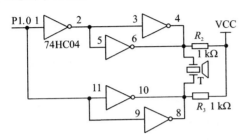

超声波发射电路原理图如图 7.14 所示。发射电路主要由反相器 74HC04 和超声波换能器构成。单片机 P1.0 端口输出的 40 kHz 方波信号一路经一级反向器后送到超声波换能器的一个电极,另一路经两级反相器后送到超声波换能器的另一个电极,用这种推挽形式将方波信号加到超声波换能器两端可以提高超声波的发射强度。

图 7.14 采用反相器的超声波发射电路原理图

输出端采用两个反向器的并联,用以提高驱动能力。上拉电阻 R_2、R_3 一方面可以提高反向器 74HC04 输出高电平的驱动能力;另一方面可以增加超声波换能器的阻尼效果,以缩短其自由振荡的时间。当然,也可以采用功率放大器驱动,比如 ULN2003 多个达林顿管同时驱动的方式。

(3) 超声波接收电路设计

接收电路的关键有两个,即信号"检测—放大—整形"电路和 40 kHz 锁相环电路,有以下两种方法。

1) 采用 CX20106A 红外检波接收和超声波接收芯片

集成电路 CX20106A 是一款红外线检波接收和超声波接收的专用芯片,常用于电视机红外遥控接收器,通过外接电阻可以调整检波频率,如图 7.15 所示。实验证明,用 CX20106A 接收超声波具有很高的灵敏度和较强的抗干扰能力。R_4 决定检波频率,220 kΩ 时为 38 kHz。适当地更改 C_4 的大小,可以改变接收电路的灵敏度和抗干扰能力。使用 CX20106A 集成电路对接收探头收到的信号进行放大、滤波,其总放大增益 80 dB,CX20106A 电路说明如表 7.4 所列。

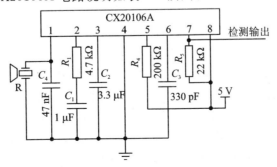

图 7.15 基于 CX20106A 的超声波检测接收电路图

表 7.4　CX20106A 引脚说明

引脚号	说　　明
1	超声信号输入端,该引脚的输入阻抗约为 40 kΩ,内置输入偏置电路
2	该引脚与地之间连接 RC 串联网络,它们是负反馈串联网络的一个组成部分,改变它们的数值能改变前置放大器的增益和频率特性。增大电阻 R_1 或减小 C_1,将使负反馈量增大,放大倍数下降,反之则放大倍数增大,增益可达 79 dB。但 C_1 的改变会影响到频率特性,一般在实际使用中不必改动,推荐选用参数为 $C_1 = 1\ \mu$F。R_1 一般为 4.7~200 Ω。R_1 达到 3~4 kΩ 时,测试距离仅有 2 厘米到 20 多厘米
3	该引脚与地之间连接检波电容,若电容量大,为平均值检波,瞬间相应灵敏度低;若容量小,则为峰值检波,瞬间响应灵敏度高,但检波输出的脉冲宽度变动大,易造成误动作,推荐参数为 3.3 μF
4	接地端
5	该引脚与电源间接入一个电阻,用以设置带通滤波器的中心频率 f_0(30~60 kHz),阻值越大,中心频率越低。例如,取 $R = 200$ kΩ 时,$f_0 \approx 42$ kHz,若取 $R = 220$ kΩ,则中心频率 $f_0 \approx 38$ kHz
6	该引脚与地之间接一个积分电容,标准值为 330 pF,如果该电容取得太大,会使探测距离变短
7	遥控命令输出端,它是集电极开路输出方式,因此该引脚必须接一个上拉电阻到电源端,推荐阻值为 22 kΩ,没有接收信号时该端输出为高电平,有信号时则产生低脉冲。注意,调试时若一直发射超声波,则 7 引脚不会持续输出低电平,而是产生周期性低脉冲
8	电源正极,4.5~5.5 V。电源稳压及退耦很重要

不过,CX20106A 的增益最大为 79 dB,发送超声波后产生的衍射很快就会被 CX20106A 捕捉到,之后捕捉到的才是回程波。因此,处于高增益工作状态的 CX20106A 要将在发送器发送完超声波后约 2 ms 时间内接收的信号舍弃,或在发送器发送完超声波后约 2 ms 时间内使 CX20106A 处于低增益状态(这可以通过改变 R_1 来实现:R_1 采用一个 3.3 kΩ 电阻和一个程控并联接入的小电阻)。超声波测距是有盲区的,后一方案可以将 20~30 cm 的近距盲区缩小到 2~3 cm,因为低增益时测量距离约为 2~30 cm,高增益时测量距离约为 25~450 cm。

2) 放大并通过比较器整形

该方法调试较困难,且无选频效果,一般较少使用。

(4) 总体电路及软件设计

单片机采用 12 MHz 晶振,通过 T/C0 的方式 2 实现 P1.0 输出脉冲宽度为 25 μs、载波为 40 kHz 的超声波脉冲串。采用 CX20106A 芯片接收超声波,并利用 T/C2 的捕获功能,通过 T2EX(P1.1)捕获 40 kHz 超声波发收时间历程,电路如图 7.16 所示。四位共阳数码管动态扫描显示,P0 口作为段选,P2.4~P2.7 作为位选(有三极管驱动),显示测量结果,单位 mm。采用指令累积延时方法产生 40 kHz 超声波,用 P0.7 引脚输出高阻态和输出低电平来控制 CX20106A 增益。C51 程序如下:

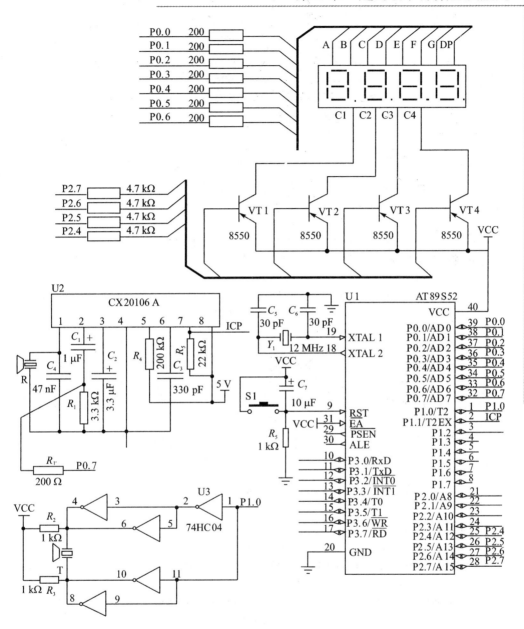

图 7.16 超声波测距仪总电路图

```
# include "reg52.h"
# include <intrins.h>
sbit s40hHz = P1^0;
sbit CX20106A_gain_Ctrl_PIN = P0^7;
//-----------------------------------------------------------------
```

单片机及工程应用基础

239

单片机及工程应用基础

```
unsigned int        s,t;              //s 为测量距离(单位:mm),t 为测量时间(单位:μs)
unsigned char       d[4];             //显示缓存
unsigned char       temperature;      //当前温度值,单位为摄氏度
unsigned char       sign_failure;     //测量失败标志
unsigned char       sign_complete;    //测量完成标志
// - - - - - - - - - - - - - - - - - - - - - - - - - -    - - - - - - - - - - - - - - - - - - -
void delay_1ms(void)
{  unsigned char i;
   for(i = 0;i<234;i++);
   d[0] = s/1000 % 10;    d[1] = s/100 % 10;
   d[2] = s/10 % 10;      d[3] = s % 10;
}
// ======================================
void display(unsigned int t)           //循环扫描 t 遍
{ unsigned char i;
  unsigned char code BCD_7[11] = {0xc0,0xf9,0xa4,0xb0,0x99,0x92,0x82,0xf8,0x80,0x90,0xff};
                                       //BCD_7[10]为灭的译码
  for(;t>0;t-- )
  {for(i = 0;i<4;i++)
   {P0 =  P0&0x80|(BCD_7[d[i]]&0x7f);
    P2& = ~(0x10<<i);
    delay_1ms ();
    P2|= 0xf0;
    }
  }
}
// ======================================
void send_wave(void)
{ unsigned char i;
  for(i = 0;i<8;i++)                   //40kHz
  {s40hHz = 0; _nop_(); _nop_(); _nop_(); _nop_(); _nop_();
   _nop_(); _nop_(); _nop_(); _nop_(); _nop_();
   s40hHz = 1; _nop_(); _nop_(); _nop_(); _nop_(); _nop_();
   _nop_(); _nop_(); _nop_(); _nop_();_nop_();
   }
}
// ======================================
void measure(void)                      //超声波测距子函数
{ sign_failure = 0;                     //测量开始,清测量失败标志
  sign_complete = 0;                    //测量开始,清测量完成标志

  CX20106A_gain_Ctrl_PIN = 1;          // CX20106A 处于低增益状态
```

240

```
    TH2 = 0;TL2 = 1;
    TR2 = 1;                            //测量计时开始

    send_wave();                        //发生 8 个 1/40 kHz 周期超声波

    //利用 T/C0 设定 2ms 防止衍生干扰定时中断,中断时间到则将 CX20106A 切换为高增益
    TH0 = ( -2000)/256;
    TL0 = ( -2000)%256;
    TR0 = 1;

    while(sign_complete == 0)          //等待测量完成
     {display(1);
       if(sign_failure)//若 T/C2 溢出也未能检测到回波(65.536 ms × 340 m/s = 22.3 m),测量失败
        {TR2 = 0;
          s = 0;
          return ;
        }
     }
    TR2 = 0;
    s = t * 0.17;                       // s = 340000 * (t * 0.000001)/2;
}
// ==========================================
intmain(void)
{
    //T/C2 工作在捕获状态来测量超声波往返时间
    T2CON = 0x09;                       //T/C2 工作在捕获状态
    EA = 1;                             //开总中断
    ET2 = 1;                            //使能定时器 2 中断

    //利用 T/C0 设定 2ms 防止衍生干扰定时中断,中断时间到则将 CX20106A 切换为高增益
    TMOD = 0x01;
    ET0 = 1;

    s  = 0;
    while(1)
    { measure();
       display(80);                     //显示测量结果约 4 ms × 80 = 320 ms
    }
}
// ==========================================
void T0_ISR (void) interrupt 1 using 2
{ CX20106A_gain_Ctrl_PIN = 0;          // CX20106A 处于高增益状态
```

241

```
    TR0 = 0;
}
// ==========================================
void T2_ISR (void) interrupt 5 using 1
{if(TF2)
  { TF2 = 0;
    sign_failure = 1;                    //置测量失败标志
  }
  else
  { EXF2 = 0;
    t = RCAP2H * 256 + RCAP2L ;
    sign_complete = 1;                   //测量结束，置测量完成标志
  }
}
```

若加强超声波发送驱动能力,测量范围会更远。本例中没有加入温度传感器部分,关于温度传感器可以参阅相关章节加强设计的适用范围。

同类典型应用设计、分析与提示:

◇ 利用单摆测重力加速度

如图 7.17(a)所示。一根长为 l 的不可伸长的细线,上端固定,下端悬挂一个质量为 m 的小球。当细线质量比小球的质量小很多,而且小球的直径又比细线的长度小很多,摆角 $\theta \leqslant 5°$,空气阻力不计时,此种装置称为单摆,单摆在摆角 $\theta < 5°$(摆球的振幅小于摆长的 $1/12$ 时,$\theta < 5°$)时可近似为简谐运动,其固有周期为

$$T = 2\pi \sqrt{\frac{l}{g}\left(1 + \frac{1}{4}\sin^2\frac{\theta}{2}\right)} \approx \pi\sqrt{\frac{l}{g}}, \quad \theta < 5° \tag{7.7}$$

所以,在已知摆长 l 时,只要能测得周期 T,就可以算出重力加速度。

若在中线处安装光电开关,如图 7.17(b)所示。当小球未处于中线处时,光电开关导通,OUT 输出低电平,而当小球处于中线处时,光电开关被遮挡,OUT 输出高

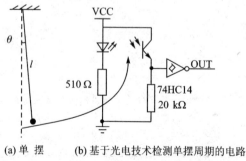

(a) 单 摆　　　(b) 基于光电技术检测单摆周期的电路

图 7.17　单摆测重力加速度电路

电平。OUT 输出两次下降沿(或上升沿)时刻差就是半个周期,同样属于测量时间段问题。在满足摆角 $\theta < 5°$ 的情况下,多次测量取平均值可以较准确地测量出当地的重力加速度 g。

◇ (扭摆法)转动惯量测试仪的设计

转动惯量是表征转动物体惯性大小的物理量。转动惯量的大小除跟物体质量有关外,还与转轴的位置和质量分布(即形状、大小和密度)有关。如果刚体形状简单,且质量分布均匀,可直接计算出它绕特定轴的转动惯量。但在工程实践中,我们会碰到大量形状复杂,且质量分布不均匀的刚体,理论计算将极为复杂,这时通常采用实验方法来测定。转动惯量的测量,一般都是使刚体以一定的形式运动,通过表征这种运动特征的物理量与转动惯量之间的关系,进行转换测量。扭摆法是常用的转动惯量测试方法。本设计以单片机作为系统核心,通过光电技术、定时技术和中断技术等测量物体转动和摆动的周期等参数,进而间接实现转动惯量的测量。

如图 7.18 所示,扭摆运动具有角简谐振动的特性,周期为

$$T = 2\pi\sqrt{\frac{I}{K}} \tag{7.8}$$

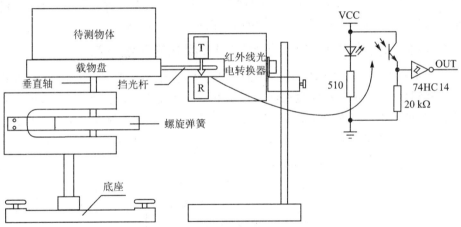

图 7.18 扭摆法测量转动惯量

本设计先用几何形状规则、密度均匀的物体来标定弹簧的扭转常数 K,即先由它的质量和几何尺度算出转动惯量,再结合测出的周期算出扭转常数 K。然后,通过标定的 K 值,计算形状不规则、密度不均匀的物体的转动惯量。测量周期 T 即可获知转动惯量,同样属于测量时间段问题。

◇ **基于 RC 一阶电路的阻容参数测量及应用**

对于高阻值电阻(阻值 $>100\ \text{k}\Omega$)和电容一般可利用 RC 时间常数法,即利用 RC 电路充放电法来进行测量。如图 7.19 所示,以充电电路(零状态响应)为例说明如下:

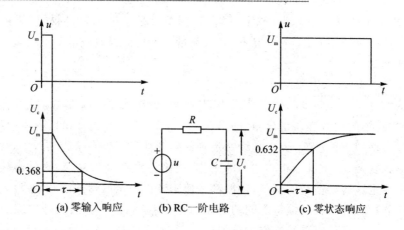

(a) 零输入响应　　　(b) RC一阶电路　　　(c) 零状态响应

图 7.19　RC 一阶电路工作曲线

利用充电电路测电阻,即如零状态响应曲线,在电容完全放电之后,RC 电路加上恒定电压 U_m,并定时时长为 T,当定时时间到通过 A/D 测得电容两端的电压 U_c,最后利用公式 $U_c = U_m(1 - e^{-\frac{T}{RC}})$,在电容已知的条件下即可计算出电阻值。该方法一般应用在 RC 时间常数较大的时候,即保证较小的 T 时间电容电压变化较大,利于减小测量误差,因此,该方法适合较大电阻的测量。

1. 利用单片机、NTC 热敏电阻实现极简单的测温电路

单片机在电子产品中的应用已经越来越广泛,在很多的电子产品中也用到了温度检测和温度控制,但那些温度检测与控制电路通常较复杂,成本也高。下面介绍一种低成本,利用单片机多余 I/O 口实现的温度检测电路,该电路非常简单,且易于实现,并且适用于几乎所有类型的单片机,其电路如图 7.20 所示。

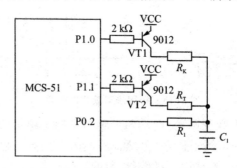

图 7.20　基于一阶电路原理的 NTC 热敏电阻测温电路

图 7.20 中,P1.0、P1.1 和 P0.2 是单片机的 3 个 I/O 引脚,其中要求 R_1 对应的 I/O 口可悬浮,这里采用 P0 口的 P0.2;R_K 为 100 kΩ 的精密电阻;R_T 为 100 kΩ,精度为 1% 的热敏电阻;R_1 为 100 Ω 的普通电阻;C_1 为 0.1 μF 的电容。

其工作原理描述如下,单片机工作的程序流程图如图 7.21 所示。

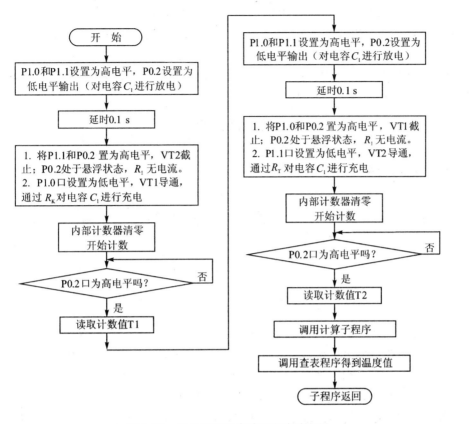

图 7.21 单片机测温电路子程序流程图

① 先将 P1.0 和 P1.1 设置为高电平，P0.2 设为低电平输出，使 C_1 通过 R_1 放电至放完。

② 将 P1.1 和 P0.2 设置为高电平（此时 P0.2 处于悬浮状态，R_1 无电流），P1.0 设为低电平输出，VT1 导通，VT2 截止，通过 R_K 电阻对 C_1 充电，单片机内部计时器清零并开始计时，检测 P0.2 口状态，当 P0.2 口检测为高电平时，即 C_1 上的电压达到单片机高电平输入的门槛电压时，单片机计时器记录下从开始充电到 P0.2 口转变为高电平的时间 T_1。

③ 再将 P1.0 和 P1.1 设置为高电平，P0.2 设为低电平输出，使 C_1 通过 R_1 放电至放完。然后将 P1.0、P0.2 设置为高电平（此时 P0.2 处于悬浮状态，R_1 无电流），P1.1 设为低电平输出，VT2 导通；VT1 截止，通过 R_T 电阻对 C_1 充电，单片机内部计时器清零并开始计时，检测 P1.2 口状态，当 P0.2 口检测为高电平时，单片机计时器记录下从开始充电到 P0.2 口转变为高电平的时间 T_2。从电容的电压公式

$$V_C = V_{CC}(1 - e^{-\frac{T}{RC}}) \tag{7.9}$$

可以得到：$T_1/R_K = T_2/R_T$，即 $R_T = T_2 \times R_K / T_1$。通过单片机计算得到热敏电阻 R_T 的阻值。并通过查表法可以得到温度值。

综上所述可以看出,该测温电路的误差来源于这几个方面:单片机定时器的精度,R_K 电阻的精度,热敏电阻 R_T 的精度,而与单片机的输出电压值、门槛电压值、电容精度无关。因此,适当选取热敏电阻和精密电阻的精度,且单片机的工作频率足够高,就可以得到较好的测温精度。当单片机选用 12 MHz 工作频率,R_K、R_T 均为 1% 精度的电阻时,温度误差可以小于 1 ℃。

2. 基于 RC 一阶电路的电容测试仪的设计

如图 7.22(a)所示为 RC 一阶电路。当开关由地接至电源时,电容两端的电压变化曲线及方程如图 7.22(b)所示。

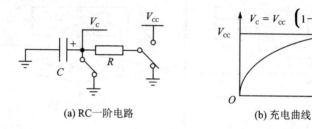

(a) RC 一阶电路　　　　　　(b) 充电曲线

图 7.22　RC 一阶电路

利用一阶电路的充电曲线可以测量电容,即当电阻 R、V_{cc}、V_c 和对应时刻 t 已知时,即可计算出电容值。为实现多个量程测量,设计电路如图 7.23 所示。电容测量范围为 10 pF~15 720 μF,分为 8 个量程,自动切换量程。

各量程的充电电阻值的确定是通过计时时间长度 5~60 ms,5 ms 计时,对应量程被测电容值 C_x 的下限值,以及计时时间约为 RC 时间常数,可计算出 R 值;再通过 60 ms 的上限计时和 R 值计算出对应量程被测电容值 C_x 的上限值。各量程参数及测量范围在图 7.23 中已标出。

工作过程如下:首先,通过单片机选通放电三极管 VT9,将电容上的电放掉,放电完毕之后,选通 VT1~VT8 中的一个三极管,经过一定的电阻,对电容进行充电;同时,启动 T/C0,基于 GATE 位开始计时。然后单片机等待外部中断 0 的发生。当电容充电达到参考电压值时,比较器翻转,发出充电完成信号到中断 0 端口,单片机响应中断,停止计数器 0,并关闭充电电路,接通放电电路。接着读出 0 计数器中的值,进行计算,适当的调整后,输出显示。这就是某一量程的测量过程。当然,也可以采用 T/C2 的捕获功能进行测量。

软件设计时,要构筑 8 次循环,从小量程到大量程依次测量,若测量中定时器发生溢出,则改为稍大量程进行测量,直至测量中定时器没有发生溢出,说明得到可以用于计算的时间,测量完成,从小量程到大量程重新开始 8 次循环,开始一次新的测试,如此循环。

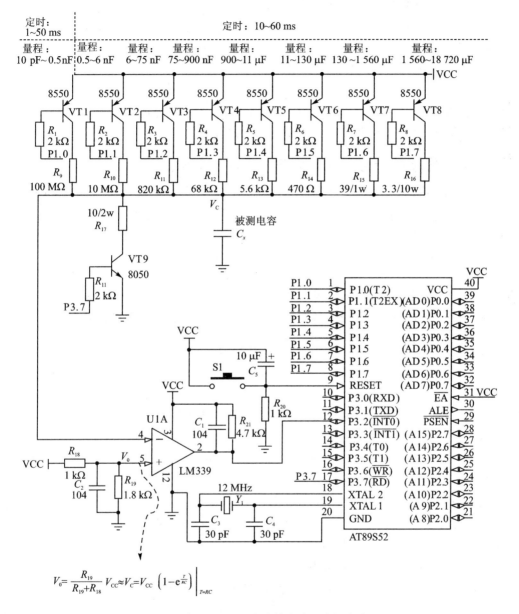

$$V_0 = \frac{R_{19}}{R_{19}+R_{18}} V_{CC} \approx V_C = V_{CC} \left(1 - e^{\frac{T}{RC}}\right) \Big|_{T=RC}$$

图 7.23 基于 RC 一阶电路的电容测试仪电路图

7.6 频率测量及应用

频率测量是电子测量技术中最基本的测量参数之一,直接或间接地应用于计量、科研、教学、航空航天、工业控制、军事等诸多领域。工程中很多测量,如用振弦式方法测量力、时间测量、速度测量、速度控制等,都涉及频率测量,或可归结为频率测量。

频率测量方法的精度和效能常常决定了这些测量仪表或控制系统的性能。频率作为一种最基本的物理量,其测量问题等同于时间测量问题,因此频率测量具有广泛的工程意义。

频率的测量方法取决于所测频率范围和测量任务,但是频率的测量原理是不变的。仪器仪表中的频率测量技术主要有直接测量法、测周期法(组合法)、倍频法、F-V法和等精度法等。各种方法并不孤立,需要配合使用才能准确测量频率。本节讲述以单片机为核心的频率测量系统的设计方法。

7.6.1 频率的直接测量方法——定时计数

根据频率的定义,若某一信号在 t 秒时间内重复变化了 n 次,则可知其频率为 $f = n/t$。直接测量法就是基于该原理,即在单位闸门时间内测量被测信号的脉冲个数,简称之"定时计数"法。

$$f = \frac{n(闸门时间内脉冲的个数)}{t(闸门时间)} \tag{7.10}$$

如图 7.24 所示为直接频率测量的基本电路,被测信号经信号调理电路转换为同频的标准方波,供单片机测量使用。比如,正弦波经过零比较器即可转换为方波。

图 7.24 直接频率测量的基本电路框图

在测量中,误差分析计算是必不可少的。理论上讲,不管对什么物理量的测量,不管采用什么样的测量方法,只要进行测量,就可能有误差存在。误差分析的目的就是要找出引起误差的主要原因,从而有针对性地采取有效措施,减小测量误差,提高测量的精度。虽然"定时计数"法测频原理直观且易于操作,但对于单片机来讲需要有两个定时器,一个设定闸门时间,一个计数。闸门时间的设定是直接测量法测量精度的决定性因素。详细分析如下:

在测频时,闸门的开启时刻与计数脉冲之间的时间关系是不相关的,即它们在时间轴上的相对位置是随机的,边沿不能对齐。这样,即使是相同的闸门时间,计数器所计得的数却不一定相同,如图 7.25 所示。当然,闸门的起始时间可以做到可控,比如可以是被测信号的上升沿作为起始时刻,但是

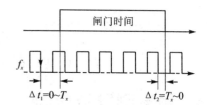

图 7.25 "定时计数"法测频误差分析图

由于被测信号频率未知,闸门结束时刻不可控。这样,当闸门结束时,闸门并未闸在被测信号的上升沿,这样就产生了一个舍弃误差。

对 $f_x = n/t$ 两边同时取对数得

$$\ln f_x = \ln n - \ln t \tag{7.11}$$

对上式两边求偏微分,并用增量符号 Δ 代替微分符号得

$$\frac{\Delta f_x}{f_x} = \frac{\Delta n}{n} - \frac{\Delta t}{t} \tag{7.12}$$

由上式可以看出,直接测频法的相对误差由计数器计数的相对误差和闸门时间的相对误差组成。

1. 计数误差

见图 7.25,对于下降沿计数的计数器,有

$$nT_x + \Delta t_2 - \Delta t_1 = \left[n + \frac{\Delta t_2 - \Delta t_1}{T_x} \right] T_x \tag{7.13}$$

因此,脉冲计数的绝对误差为

$$\Delta n = \frac{\Delta t_2 - \Delta t_1}{T_x} \tag{7.14}$$

由于 Δt_1 和 Δt_2 都是不大于 T_x 的正时间量,有 $|\Delta t_2 - \Delta t_1| \leqslant T_x$,所以 $|\Delta n| \leqslant 1$,即脉冲计数最大绝对误差为 ±1,表示为

$$\Delta n = \pm 1 \tag{7.15}$$

从而得到脉冲计数最大相对误差为

$$\frac{\Delta n}{n} = \pm \frac{1}{n} = \pm \frac{1}{t/T_x} = \pm \frac{1}{t \times f_x} \tag{7.16}$$

得出结论:脉冲计数相对误差与闸门时间和被测信号频率成反比。即被测信号频率越高、闸门时间越宽,相对误差越小,测量精度越高。

2. 计时误差

如果闸门时间不准,显然会产生测量误差。一般情况下,闸门时间 T 由晶振振荡的周期数 m 确定。设晶振频率为 f_s(周期为 T_s),有

$$t = mT_s = \frac{m}{f_s} \tag{7.17}$$

对上式求微分,由于 m 是常数,并用增量符号 Δ 代替微分符号得

$$\frac{\Delta t}{t} = -\frac{\Delta f_s}{f_s} \tag{7.18}$$

可见,闸门时间相对误差是由标准频率误差引起的,在数值上等于晶振频率的相对误差,及晶振频率稳定度。由于晶振频率稳定度一般都在 10^{-6} 以上,所以若频率测量精度要求远小于晶振频率稳定度,则该项误差可以忽略。也就是说,闸门时间准确度应该比被测信号频率高一个数量级以上,以保证频率测量精度,通常晶振频率稳定度要求达到 $10^{-6} \sim 10^{-10}$。其主要误差源都来自于计数器的 ±1 计数误差。

综合式(7.12)、式(7.16)和式(7.18),得到直接测频的相对误差为

$$\frac{\Delta f_x}{f_x} = \frac{\Delta n}{n} - \frac{\Delta t}{t} = \frac{\Delta n}{n} + \frac{\Delta f_s}{f_s} = \pm\frac{1}{n} + \frac{\Delta f_s}{f_s} = \pm\left(\frac{1}{t \times f_x} \pm \left|\frac{\Delta f_s}{f_s}\right|\right) \quad (7.19)$$

若忽略晶振频率稳定度（即闸门时间误差）的影响，对于 1 Hz 的被测信号，测量精度要求达到 0.1%，则 $n=1$ 时，闸门时间 t 需要 1 000 s，这么长的闸门时间肯定令人无法忍受；若闸门时间 $t=1$ s，测量精度仍然要求要求达到 0.1%，则 $f_x \geqslant 1$ kHz。也就是说，频率越低，周期越大，假设固定 1 s 闸门定时，计数个数越少，1 个周期的舍弃误差就越大，基于直接测量法的频率计的测量精度将随被测信号频率的下降而降低。在实际应用中，首先给出一个较小的闸门时间粗略地测出被测信号的频率，然后根据所测量的结果重新给出适当的闸门时间作为测量结果。不过如果根据粗测结果信号频率很低时，一般不再采用直接法，因为尽管可以增加闸门时间来提高测量精度，但是不能无限制地增大闸门时间，那样会增加测量时间，实时性会变差。所以直接测频法不适用于低频信号的频率测量。

当然，对于低频被测信号可以分为几个频段，利用倍频器在不同的频段采用不同的倍频系数将低频信号转化成高频信号，从而提高测量精度，这种方法亦即为倍频法。

当被测信号的频率较高时，有可能单片机的速度不支持计数器正常工作，AT89S 系列单片机，被测信号频率上限为 $f_{\text{osc}}/24$，即 12 MHz 晶振下，被测信号频率上限为 500 kHz。此时，可以采用图 7.26 所示的电路，将被测信号经过一个针对高频信号的预处理电路后，先进入一个分频器（如分频系数为 10），然后再进入单片机计数端，选择合适的分频系数可处理较高的频率信号。但对于一般的定时计数方法，以分频系数等于 10 为例，此时存在着 $\pm(10-1)$ 误差。但基于定时计数的思想，利用带有高电平使能计数和异步清零的计数器，并利用单片机定时器的 GATE 功能，通过 T/C2 的 PWM 输出的高电平作为闸门时间即可消除该分频系数误差。具体如下：

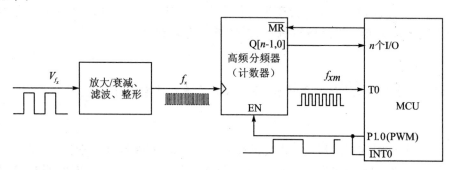

图 7.26　高频频率测量电路原理框图

T/C0 作为计数器使用，并使能 GATA 位；T/C2 使能 T2OE，并通过设定 RCAP2H 和 RCAP2L 寄存器自 P1.0 引脚输出频率为 f_2、占空比为 50% 的 PWM 波。若设定闸门时间为 T，则 f_2 要设定为 $1/(2T)$。分频计数器的分频系数为 m。

测量前,首先设置好 f_2,然后将分频计数器清零的单片机输出引脚一直处于清零状态;直至产生 $\overline{INT0}$ 中断或读取 $\overline{INT0}$ 变为低电平,撤销分频计数器的异步清零信号,测量处于待测量状态,准备就绪。

当 PWM 信号由低变为高电平瞬间,分频计数器和 T/C0 开始计数,测量开始。当产生 $\overline{INT0}$ 中断或读取 $\overline{INT0}$ 变为低电平时一次测量结束,此时分频计数器不再计数,在 $\overline{INT0}$ 低电平时间内读出分频计数器的计数值 Q 和 T/C0 的计数值,从而得到

$$n = m \times (TH0 \times 256 + TL0) + Q \tag{7.20}$$

也就是说是利用计数器的使能端保持由分频带来的误差。随之,在 PWM 信号低电平期间异步清零分频计数器后即可等待 PWM 的高电平闸门区间进行下一次测量。当然,若需要改变闸门时间来提高测量精度,需要再次进行测量初始化准备方可继续测量。

若单片机可以输出占空比可调的 PWM 信号,则 PWM 的低电平时间也可控,这样测量周期可设计得更短,提高持续测量的测量速度。

7.6.2　通过测量周期测量频率

通过测量周期测量频率的方法是根据频率是周期的倒数的原理设计的,即

$$f_x = 1/T_x \tag{7.21}$$

与分析直接法测频的误差类似,这里周期 $T = n_s T_s$,T_s 为标准时钟,频率为 f_s,对于单片机来讲就是机器周期,如图 7.27 所示。在测周期时,被测信号经过 1 次分频后的高电平时间就是其周期,其作为闸门截取信号 f_s 仍是不相关的,即它们在时间轴上的相对

图 7.27　$f = 1/T$ 测频误差分析图

位置也是随机的,边沿不能对齐,引起 ±1 个机器周期的误差,分析如下:

与直接测频法误差分析类似,可得

$$\frac{\Delta T_x}{T_x} = \frac{\Delta n_s}{n_s} - \frac{\Delta f_s}{f_s} \tag{7.22}$$

结合 $\Delta n_s = \pm 1$,有

$$\frac{\Delta T_x}{T_x} = \frac{\Delta n_s}{n_s} - \frac{\Delta f_s}{f_s} = \pm \frac{1}{n_s} - \frac{\Delta f_s}{f_s} = \pm \left(\frac{1}{T_x f_s} \mp \left| \frac{\Delta f_s}{f_s} \right| \right) \tag{7.23}$$

可见:T_x 越大(即被测信号频率越低),±1 的绝对误差对测量的影响越小,标准计数时钟 f_s 越高,测量的误差越小。

若忽略晶振频率稳定度的影响,对于 1 MHz 的被测信号,测量精度要求达到 0.1%,则 $N_x = 1\,000$,$f_s = 1\,000$ MHz,这样高频率的标准信号即使能获得也将付出极大的成本;若 $f_s = 1$ MHz,测量精度仍然要求达到 0.1%,则 $f_x \leqslant 1$ kHz,即 $T_x \geqslant 1$ ms。所以用测周期来测频的方法不适用于高频信号的频率测量。

运用该方法,一般是采用多次测量取平均值的方法,因为被测信号不一定是一个波形十分规整的方波信号,多周期测量可以减小误差。

7.6.3　频率计的设计

优化测量法进行频率测量就是综合应用直接测频和测周期间接测频,即当被测信号频率较高时采用直接测频,而当被测信号频率较低时采用先测量周期,然后换算成频率的方法,称为组合法测频。可见,优化测量法具有以上两种方法的优点,兼顾低频与高频信号,提高了测量精度。

两种方法的相对误差都随频率的变化而单调变化。测频与测周期误差相等时所对应的频率即为中界频率,记为 f_m,它成为直接测频率与测周期的分水岭。那么如何确定中界频率呢?

忽略晶振频率稳定度的影响,让两种方法的相对误差相等,有

$$\frac{\Delta f_x}{f_x} = \frac{\Delta T_x}{T_x} \quad 即 \quad \frac{1}{tf_x} = \frac{1}{T_x f_s} \tag{7.24}$$

上式整理得:

$$f_x = \sqrt{\frac{f_s}{t}} = f_m \tag{7.25}$$

式中:f_m 为中界频率,f_s 为标准频率,t 为闸门时间。当被测信号频率 $f_x > f_m$ 时,宜采用直接测频法;当被测信号频率 $f_x < f_m$ 时,宜采用测周期测频法。

基于优化测量测频率的软件流程如图 7.28 所示。

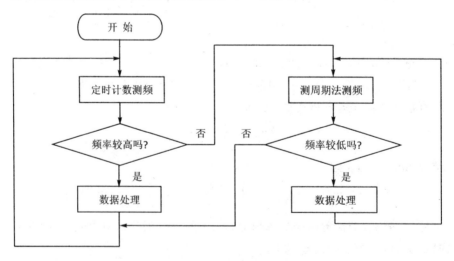

图 7.28　基于优化测量测频率的软件流程

本设计是以单片机 AT89S52 为核心采用优化测量法设计的一种频率计。在设计中应用单片机的内部定时器/计数器和中断系统完成频率的测量。当被测信号频率较高时采用直接测频,而当被测信号频率较低时采用先测量周期,然后换算成频

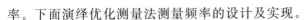

率。下面演绎优化测量法测量频率的设计及实现。

对于直接测量法的实现，基于 AT89S52 单片机，我们可以采用 T/C1 定时，T/C0 计数的方法从而测得频率。对于周期的测量，我们可以借助 GATE 位，直接测量通过 D 触发器二分频输出方波的高脉冲宽度即可。

优化测量法测量频率的电路图如图 7.29 所示。四位共阳数码管动态扫描显示，P0 口作为段选，P2.7～P2.4 作为位选（有三极管驱动）。

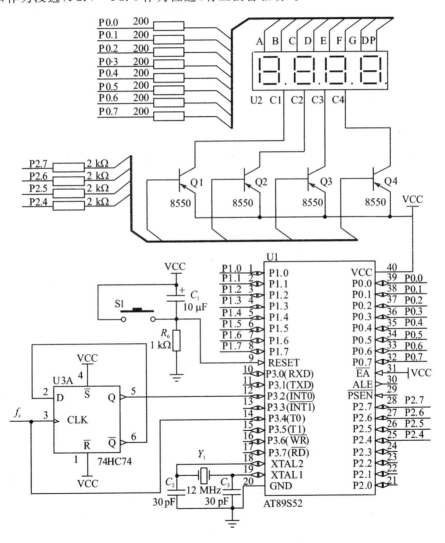

图 7.29　组合法测频原理图

该电路只能测量方波信号的频率，若测量正弦波或三角波信号频率，需要将信号首先整形为方波，然后再测量。无论方波，还是整形转换后得到的同频方波，为提高测量精度，一般还要通过一个具有施密特特性的门（如与"非门"74HC132、"非门"

单片机及工程应用基础

74HC14 等)电路再进行频率测量,主要是保证边沿足够陡,同时保证方波的电平。

关于软件实现,闸门时间选为 1 s,f_s 为经过机器周期分频后的 1 MHz,所以 $f_m = \sqrt{f_s/t} = 1\,000$ Hz,根据 T0 引脚输入频率最大值为 $f_{osc}/24 = 500$ kHz,即频率在[1 000 Hz,500 kHz]范围采用直接法测量,低频采取 $f = 1/T$ 的方法,即(0,1 000 Hz)范围采用测量周期的方法测量。

当然,本例只连接了 4 个数码管,测量范围为 0～9 999 Hz。若需要再扩大测量范围,可增加数码管,软件结构很清晰,极易修改,请读者自行尝试。程序代码如下:

```c
#include"reg52.h"
//---------------------------------------------------
unsigned char d[4];              //显示缓存
unsigned char times;             //中断次数计数器
unsigned long  f;                //测得频率
sbit G = P3^2;                   //INT0 引脚
unsigned char code BCD_7[10] = {0xc0,0xf9,0xa4,0xb0,0x99,0x92,0x82,0xf8,0x80,0x90};
//---------------------------------------------------
void delay(void)
{ unsignedint i;
  for(i = 0;i<124;i++);
}
//---------------------------------------------------
void display(unsigned int t)    //用于动态扫描数码管显示,共扫描 t 遍
{unsigned char i;
 for(;t>0;t--)
 { for(i = 0;i<4;i++)           //共 4 个数码
   {P0 = BCD_7[d[i]];          //给出译码后的段选
    P2 &= ~(0x10<<i);          //给出位选
    delay();                   //亮一会
    P2 |= 0xf0;                //灭
   }
 }
}
//---------------------------------------------------
void display2(unsigned char i) //第 i 个数码管点亮
{   P2 |= 0xf0;
    P0 = BCD_7[d[i]];
    P2 &= ~(0x10<<i);
}
//---------------------------------------------------
unsigned long using1(void)      //f = n/t,T/C0 计数,T/C1 定时
{ unsigned char i = 0;
```

```
unsigned long n = 0;
TMOD = 0x15;                    //T/C0 计数,T/C1 定时,都工作在方式 1
TH0 = TL0 = 0;                  //计数器清 0
TH1 = ( - 50000)/256;          //50 ms 定时
TL1 = ( - 50000) % 256;
times = 0;                      //定时中断计数器清 0,中断 20 次即为 1 s
TF0 = 0;
TF1 = 0;
TR0 = 1;
TR1 = 1;                        //同时启动定时器和计数器
EA = 1;
ET1 = 1;                        //开启定时中断
while(times<20)                //1 s 还没到,只扫描显示
   { if(TF0)                    //计数值超过 0xffff,频率值加上 65 536
     { n + = 65536;
       TF0 = 0;
     }
     display(1);
   }
 EA = 0;                        //定时时间到,关闭总中断
 return n + (256 * TH0 + TL0);  //返回 1 s 时间内计数器的计数值,即频率值
}
void T1_(void) interrupt 3 using 1
{ TH1 = ( - 50000)/256;
  TL1 = ( - 50000) % 256;       //定时初值重载
  if( ++ times>19)
  {TR0 = 0;
   TR1 = 0;
  }
}
// ------------------------------------------------
unsigned int using2(void)       //f = 1/T
{ unsigned char i = 0;
  unsigned char j = 0;
  times = 0;
  TMOD = 0x09;                   //T/C0 的 GATE = 1,方式 1 定时
  TH0 = TL0 = 0;
  TF0 = 0;
  while(G == 1)          //INT0 引脚为高,先避过去,因为此为非整高电平,只是扫描显示
    {if( ++ j == 1)
     {display2(i ++ );
      i& = 0x03;
```

单片机及工程应用基础

256

```
        }
    else                        //亮一会。使用 display2 减少循环 1 次的时间
    if(j>200)j = 0;
    }
    TR0 = 1;                    //启动定时器,等待 INT0 引脚高电平,启动定时器进行周期测量
    while(G = = 0)              //INT0 引脚为低,扫描显示等待
    {if( ++ j == 1)
        {display2(i ++ );
        i& = 0x03;
        }
        else
        if(j>200)j = 0;
    }
    while(G == 1)               //INT0 引脚为高,开始测量,扫描显示等待
    {if(TF0)                    //定时值超过 0xffff,周期值加上 65 536
    {times ++ ;
     TF0 = 0;
     }
    if( ++ j == 1)
        {display2(i ++ );
        i& = 0x03;
        }
        else
        if(j>200)j = 0;
    }
    TR0 = 0;                    //测量结束,关闭定时器
    return 1000000/(TH0 * 256 + TL0 + 65536 * times);//返回频率值,极低频时取整误差较大
}
//------------------------------------------------
int main(void)
{
    while(1)
    {while(1)
    { f = using1();            //f = n/t
      d[3] = f/1000;
      d[2] = f/100 % 10;
      d[1] = f/10 % 10;
      d[0] = f % 10;
      display(1);
      if(f< = 1000)break;      //频率小于 1 000 Hz 转向方法 2 测量
    }
      while(1)
```

```
{ f = using2();              //f = 1/T
  d[3] = f/1000;
  d[2] = f/100 % 10;
  d[1] = f/10 % 10;
  d[0] = f % 10;
  display(50);
  if(f>1000)break;           //频率大于 1 000 Hz 转向方法 1 测量
}
}
}
```

同类典型应用设计、分析与提示：

◇ **多谐振荡器测电阻或电容**

由 NE555 构成的多谐振荡器如图 7.30 所示。

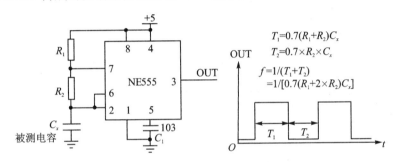

图 7.30　NE555 构成的多谐振荡器

若 R_1 和 R_2 已知，那么 C_x 决定了 OUT 的输出频率，从而测定 OUT 的输出频率即可反算出电容 C_x 的值。为了在 OUT 处输出较高或较低频率，提高频率的测量精度，需要能切换 R_1 或 R_2 的阻值，即量程转换。

◇ **心率计的设计**

心率计是常用的医学检查设备。心率计是 1 min 内心跳的次数，是典型的测频应用。其最关键的问题就是传感器部分的设计，可以利用声音和光等检测心跳。

心率的红外光学检测法的基本原理是，随着心脏的搏动，人体组织半透明度随之改变：当血液送到人体组织时，组织的半透明度减小；当血液流回心脏，组织的半透明度增大。这种现象在人体组织较薄的手指尖、耳垂等部位最为明显。因此，本心率计将红外发光二极管产生的红外线照射到人体的上述部位，并用装在该部位另一侧或旁边的红外光电管来检测机体组织的透明程度并把它转换成电信号。由于此信号的频率与人体每分钟的脉搏次数成正比，故只要把它转换成脉冲并进行整形、计数和显示，即可实时地测出脉搏的次数。心率计使用方便，只需将手指端轻轻放在传感器上，即可实时显示出每分钟脉搏的次数。

取样整形电路如图 7.31 所示。D1 和 Q1 组成红外发射和接收传感装置，Q1 工作在放大态。因传感器输出信号的频率很低(如脉搏 50 次/min 为 0.78 Hz,200 次/min 为 3.33 Hz),故该信号要先经 R_1、C_8 低通滤波,去除高频干扰。当传感器检测到较强的干扰光线时,其输出端的直流电压信号会有很大变化。为避免干扰信号传到 U1A 输出端,造成错误指示,用 C_6、C_7 组成的双极性耦合电容将其隔离。运放 U1A 将信号放大 200 倍,并与 R_{11}、C_5 组成截止频率为 10 Hz 左右的低通滤波器,进一步滤除残留的干扰。

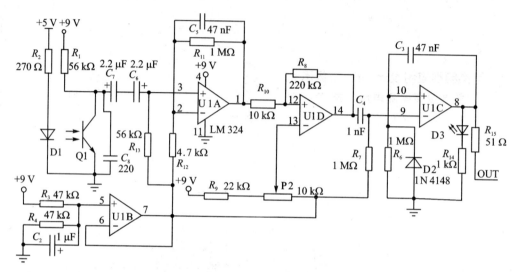

图 7.31 红外心率计取样整形电路

U1A 输出的是叠加有噪声的脉动正弦波信号,此信号由比较器 U1D 转换成方波。用 P2 可将该比较器的阈值调节在正弦波的幅值范围之内。U1D 的输出信号经 C_4、R_7 组成的微分电路微分后,将正、负相间的尖脉冲加到单稳多谐振荡器 U1C 的反相输入端。

当有输入信号时,U1C 在比较器输入信号的每个后沿到来时输出高电平,使 C_3 通过 R_6 充电,约 20 ms 后,因 C_3 充电电流减小而使 U1C 同相输入端的电位降低,当其低于反相输入端的电位时(尖脉冲已过去很久),U1C 改变状态并再次输出低电平,该 20 ms 长的脉冲信号与脉冲同步,并通过红色发光二极管 D3 闪烁显示。该脉冲信号通过 R_{15} 送单片机的计数器端口进行计数,得到每分钟的脉搏次数并送显示。

9 V 电源电压由 R_3、R_4 分压后得到 4.5 V 电压,经 U1B 缓冲后用作 U1A、U1B 和 U1C 的参考电压。

◇ **里程表、计价器和速度表的设计(光电编码盘、霍尔元件)**

在出租车行业推广税控计价器是国家金税工程的重要组成部分。搞好此项工作,对规范出租车行业管理和税收征管工作具有十分重要的意义。系统设计框图如图 7.32 所示。

开关型霍尔器件当有磁块接近时就会产生脉冲,这样将小磁块固定到车轮上随

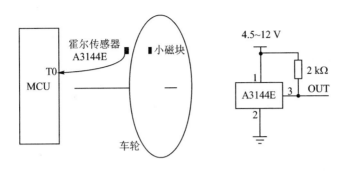

图 7.32 出租车计价器原理示意图

轮旋转,开关型霍尔器件固定在车体上。这样,车轮每转一圈,小磁块经过开关型霍尔器件时就会产生一个脉冲,测量该脉冲的频率和起始时间就可以得到速度、里程和费用等信息。

图中,A3144E 属于开关型的霍尔器件,其开漏输出经上拉电阻符合 TTL 电平标准,可以直接接到单片机的 I/O 端口上,而且其最高检测频率可达到 1 MHz。

除采用以上方法测频外,还可以利用频率-电压(F/V)转换器。F/V 是一类专门实现频率-电压线性变换的器件,这样通过 A/D 测量电压就可得知被测信号的频率。该方法和测量周期、测量频率的方法都属于频率测量的间接测量法。同样,利用 V/F 也可以实现电压的测量。

测频技术是基本技能,测速、测心率,利用多谐振荡器测电阻或电容等都是测频的间接应用。

习题与思考题

7.1 请说明利用定时器/计数器扩展外中断的原理。

7.2 定时器/计数器 T/C0 和 T/C1 的工作方式 2 有什么特点? 试分析其应用场合。

7.3 试编写周期为 400 μs,占空比为 10% 的方波发生器。

7.4 当定时器/计数器 T/C0 和 T/C1 采用 GATE 位测量高脉冲宽度时,脉冲宽度大于 65 536 个机器周期,技术上应如何处理?

7.5 试比较说明 T/C2 相对于 T/C0 或 T/C1 的技术优势?

7.6 利用定时器测量时间段的方法有哪些? 并说明各自的测量过程。

7.7 请说明频率测量的各个主要测量方法,并给出各自的误差分析。

第**8**章

MCS - 51 单片机的串行口

串行通信以比特流的方式,1 位 1 位地进行数据传输。具有节省 I/O 口和线路的优势。MCS - 51 单片机的串行口用于实现串行通信,下面将对其进行介绍,并用汇编语言和 C 语言给出相应例子。

8.1 嵌入式系统数据通信的基本概念

1. 并行通信和串行通信

嵌入式计算机与外界进行信息交换是数据通信的重要表现形式。既包括(嵌入式)计算机与(嵌入式)计算机之间的通信,也包括(嵌入式)计算机与外设之间的通信。数据通信的基本方式有两种:并行通信和串行通信。

通信时一次同时传送多个二进制位的称为并行通信。例如,一次传送 8 位或 16 位数据。在 MCS - 51 单片机中并行通信可通过并行输入/输出接口实现,一次传送 8 位。并行通信的特点是通信速度快,但传输信号线多、传输距离较远时线路复杂、成本高,通常用于近距离传输。并行通信占用单片机的 I/O 口过多,限制了单片机的扩展能力,如图 8.1(a)所示。

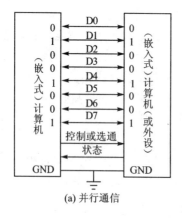
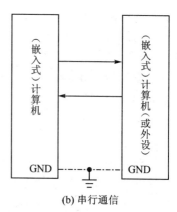

图 8.1 并行通信与串行通信

通信时数据是一位接一位顺序传送的称为串行通信。串行通信的特点是传输线少、通信线路简单、通信速度慢、成本低,适合长距离通信,如图 8.1(b)所示。

按照串行通信位顺序,有 LSB 和 MSB 两种通信方式之分。MSB(Most Significant Bit),意为最高位有效;LSB(Least Significant Bit),意为最低位有效。MSB 通信方式,先传输高位,后传输低位;LSB 通信方式,先传输低位,后传输高位。

串行通信接口通常按照应用分为两种类型:串行通信接口(Serial Communication Interface,SCI)和串行扩展接口(Serial Extension interface,SEI)。串行通信接口用于计算机(嵌入式)与计算机(嵌入式)之间的远距离通信,完成设备之间的互联,这可以充分发挥串行通信的优势,如 PC 机的 COM 接口(COM1、COM2 等)。例如,单片机应用于数据采集或工业控制时,往往作为前端机安装在工业现场,远离主机,现场数据采用串行通信方式发往主机并进行处理,以降低通信成本,提高通信可靠性。串行扩展接口用于完成板级的串行通信,也就是某一单机系统中芯片与芯片的串行通信,作为片外串行接口外设。最重要的串行扩展接口技术有 SPI 和 I^2C 通信等,这部分内容将在第 9 章讲述。本章主要讲述前者,而本节将介绍串行通信的概念、原理及 MCS-51 系列单片机串行接口的结构和应用。

2. 串行通信的位同步

CPU 只能处理并行数据,要进行串行通信必须接串行接口,完成并行和串行数据的转换,并遵从串行通信协议。所谓通信协议就是通信双方必须共同遵守的一种约定,包括数据的格式、位同步的方式、传送的步骤、纠错方式及控制字符的定义等。

数据通信的双方数字设备在工作时钟频率上存在差异,这种差异将导致不同计算机时钟周期的偏差,所以必须解决单个二进制位传输的同步问题,简称位同步。位同步是数字通信中必须解决的一个重要问题,位同步的目的是使接收端接收的每一位信息都与发送端保持同步。其实同步,就是要求通信的收发双方在时间基准上保持一致,包括在开始时间、位边界、重复频率等上的一致。串行通信的位同步可分为异步串行通信和同步串行通信两种方式。

(1)异步串行通信方式

异步串行通信方式的通信协议规定了通信起始时刻,每个位的时间长短和帧格式。数据在线路上传送时是以帧为单位,未传送时线路处于空闲状态,空闲线路约定为高电平 1。每一帧数据的开始为一个低电平的起始位,然后是数据位,数据位可以是 5、6、7、8 或 9 位,按照低位在前,高位在后的 LSB 方式传输。数据位后可以带一个奇偶校验位用于校验,确定传送中是否有误码,最后是停止位,停止位用高电平表示,它可以是 1 位、1 位半或 2 位,格式如图 8.2 所示。

异步串行通信的一帧数据各个位的时间长度要一致,且通信双方要采用同样的位时间间隔,否则无法同步位,并导致通信失败。因此,异步串行通信需要有定时器定时发送和接收各个位信息,用于完成该功能,能产生该时钟的电路叫做波特率(baud rate)发生器。也就是说,异步串行通信是通过波特率发生器进行位同步的。

单片机及工程应用基础

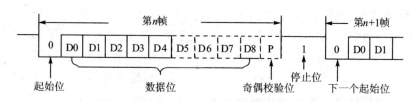

图 8.2　异步通信数据格式

波特率是指异步串行通信中,单位时间传送的二进制位数,单位为 bps(位每秒),用于衡量异步串行通信速度快慢。每秒传送 1 200 位二进制位,则波特率为 1 200 bps。在异步串行通信中,波特率一般为 1 200～115 200 bps。

用于完成异步串行通信的辅助外设为通用异步收发器 (Universal Asynchronous Receiver/Transmitter,UART)。UART 需要波特率发生器与之配合完成异步串行通信。UART 在每个位期间多次采样确定位信息。

异步传送时,各帧数据间可以有间隔位,且间隔的位数随意,对发送时钟和接收时钟的要求相对不高,线路简单,但传送速度较慢。串行通信接口一般多采用异步传输位同步方式。

(2) 同步串行通信方式

同步通信时要建立发送方时钟对接收方时钟的直接控制,使双方达到完全同步。发送方对接收方的同步可以通过两种方法实现,外同步和自同步。同步串行通信方式,外同步有专门的时钟线作为位同步,一般以时钟线的上升沿或下降沿时刻数据线上的信息作为 1 位有效的数据传输位,而不需要定时器,如图 8.3(a)所示。外同步串行通信主要应用于串行扩展接口。

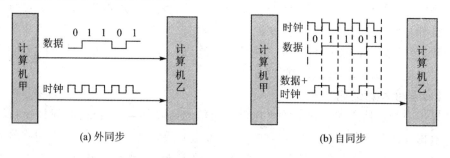

(a) 外同步　　　　　　　　　　　　　　(b) 自同步

图 8.3　同步串行通信方式

典型的自同步就是曼彻斯特编码,即时钟同步信号就隐藏在数据波形中。在曼彻斯特编码中,每一位的中间有一跳变,位中间的跳变既作时钟信号,又作数据信号;从高到低跳变表示 1,从低到高跳变表示 0,如图 8.3(b)所示。

3. 串行通信的传送方向及实时性

根据信息传送的方向,串行通信可以分为单工、半双工和全双工 3 种,如图 8.4 所示。

262

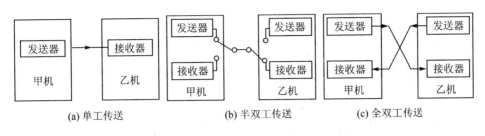

图 8.4　通信方向示意图

在串行通信中,如果某机的通信接口只能发送或接收,这种单向传送的方法称为单工传送,典型应用系统为广播。而通常数据需在两机之间双向传送,这种方式称为双工传送。

在双工传送方式中,如果接收和发送不能同时进行,只能分时接收和发送,这种传送称为半双工传送,典型的应用系统为对讲机。在半双工通信中,因收发使用同一根线,因此各机内还需有换向器,以完成发送、接收方向的切换。若两机的发送和接收可以同时进行,则称为全双工传送,典型的应用系统为电话。

8.2　MCS - 51 单片机串行口的结构及通信原理

MCS - 51 系列单片机内有一个多功能串行口,可实现 8 位 LSB 同步半双工同步串行通信和全双工异步串行通信。其异步串行通信的帧格式为:1 个起始位,8 或 9 个数据位和 1 个停止位,没有专门的奇偶校验位。

MCS - 51 系列单片机的串行口有 4 种工作方式,分别是方式 0、方式 1、方式 2 和方式 3。其中:

① 方式 0,为 8 位 LSB 同步半双工同步通信,也称为同步移位寄存器方式,一般用于外接移位寄存器芯片扩展 I/O 接口等。方式 0 其实是半双工 SPI 接口的特例,其将在 9.1.3 小节结合 SPI 讲述。

② 方式 1,8 位异步串行通信方式,通常用于双机通信。

③ 方式 2 和方式 3,9 位异步通信方式,通常用于多机通信。

不同的工作方式,它的波特率不一样,方式 0 和方式 2 的波特率直接由系统时钟产生,方式 1 和方式 3 的波特率由定时器/计数器 T1 或 T2 的溢出率决定。

MCS - 51 单片机串行口主要由发送数据寄存器、发送控制器、输出控制门、接收数据寄存器、接收控制器、输入移位寄存器等组成,它的结构如图 8.5 所示。

可以看出,MCS - 51 系列单片机的串行口通过 RXD(P3.0)和 TXD(P3.1)引脚与外界通信。当工作于 8 位 LSB 同步半双工同步串行通信口时,RXD 作为半双工的数据线,TXD 作为输出同步时钟线。当工作于全双工异步串行通信时,RXD 作为接收数据线,TXD 作为发送数据线,如果甲机和乙机的发送端与接收端交叉连接、地

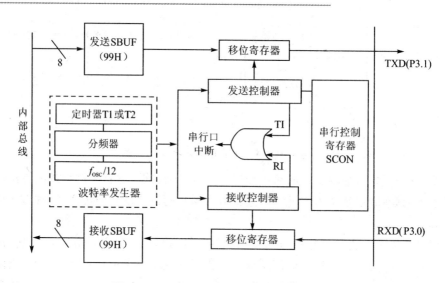

图 8.5　MCS-51 单片机串行口的结构框图

线相连,就可以完成甲机和乙机的双工通信。设有两个单片机串行通信,甲机发送,乙机接收,如图 8.6 所示。

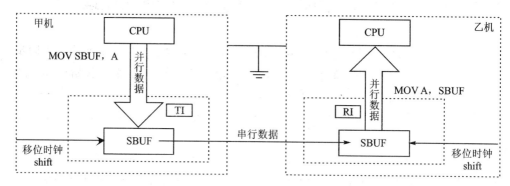

图 8.6　串行传送示意图

从用户使用的角度,MCS-51 系列单片机的串行口有 3 个 SFR:串行口数据寄存器(发送数据寄存器和接收数据寄存器合起来用一个特殊功能寄存器 SBUF),串行口控制寄存器 SCON 和电源控制寄存器 PCON。特殊功能寄存器 SCON 用于存放串行口的控制和状态信息,根据对其写控制字决定工作方式,同时该寄存器还有串口的中断标志 TI 和 RI 等。特殊功能寄存器 PCON 的最高位 SMOD 为串行口波特率的倍速控制位。用于其中断设置的 SFR 在第 4 章已经讲述,这里不再赘述。

串行口数据寄存器 SBUF,字节地址为 99H,实际对应两个寄存器:发送数据寄存器和接收数据寄存器。当 CPU 向 SBUF 写数据时对应的是发送数据寄存器,当 CPU 读 SBUF 时对应的是接收数据寄存器。输入数据先逐位进入输入移位寄存器,再送入接收 SBUF。在此采用了双缓冲结构,这是为了避免在接收到第二帧数据之前,CPU 未及时响应接收器的前一帧中断请求而把前一帧数据读走,造成两帧数据重叠的错误。对于发送器,因为发送时 CPU 是主动的,不会产生写重叠问题,一般不需要双缓冲器结构,为了保持最大传送速率,仅用了一个 SBUF 缓冲器。

如图 8.6 所示,发送数据时,要保证 TI 为 0,当执行一条向 SBUF 写入数据的指令,把数据写入串口发送数据寄存器,就启动发送过程。串行通信中,甲机 CPU 向 SBUF 写入数据(MOV SBUF,A),启动发送过程。在发送控制器的控制下,按设定的通信速率,SBUF 中的数据以 LSB 方式一位一位地发送到电缆线上,移出的数据位通过电缆线直达乙机。一帧数据发送完毕,串行口控制寄存器中的发送中断标志位 TI 位置位,该位可作为查询标志,如果设置为允许中断,将引起中断,甲机的 CPU 可发送下一帧数据。

如图 8.6 所示,作为接收方的乙机,需预先置位 SCON 寄存器中断允许接收位 REN。以异步传输为例:当 REN 位置 1,接收控制器就开始工作,对接收数据线进行采样,当采样到从 1 到 0 的负跳变时,接收控制器开始接收数据。乙机按设定的波特率,每来一个移位时钟即移入一位,由 LSB 方式一位一位地移入到 SBUF。一个移出,一个移进,很显然,如果两边的移位速度一致,甲移出的数据位正好被乙移进,就能完成数据的正确传送;如果不一致,必然会造成数据位的丢失。当一帧数据接收完毕,硬件自动置位接收中断标志 RI,通知 CPU 来取数据。该位可作为查询标志,如果设置为允许中断,将引起接收中断,乙机的 CPU 可通过读 SBUF(MOV A,SBUF),将这帧数据读入,从而完成了一帧数据的传送。可以看出,无论是单片机之间,还是单片机和 PC 机之间,串行通信双方的波特率必须相同,才能完成数据的正确传送。

要强调的是,TI 和 RI 为发送和接收的中断标志,无论哪个为 1,只要中断允许,都会引起中断。

MCS - 51 单片机的串行口正是通过对上述专用寄存器的设置、检测与读取来管理串行通信的。下面分别介绍 SCON 和 PCON 的寄存器结构。

1. 串行口控制寄存器 SCON

串行口控制寄存器 SCON 的字节地址为 98H,可以进行位寻址,位地址为 98H ~ 9FH。SCON 用于定义串行口的工作方式、进行接收、发送控制和监控串行口的工作过程。在系统复位时,SCON 的所有位都被清零。SCON 的寄存器格式如下:

	b7	b6	b5	b4	b3	b2	b1	b0
SCON	SM0	SM1	SM2	REN	TB8	RB8	TI	RI

SM0、SM1:串行口工作方式选择位(注意 SM0 和 SM1 的位置顺序)。用于选择 4 种工作方式,如表 8.1 所列,表中 f_{osc} 为单片机时钟频率。

单片机及工程应用基础

表 8.1　串行口的工作方式选择

SM0	SM1	方　式	功能说明
0	0	0	8 位 LSB 同步半双工同步串行通信口，速率为 $f_{osc}/12$
0	1	1	8 位 UART，波特率可变（T1 或 T2 作为波特率发生器）
1	0	2	9 位 UART，波特率为 $f_{osc}/64$ 或 $f_{osc}/32$
1	1	3	9 位 UART，波特率可变（T1 或 T2 作为波特率发生器）

TB8：发送数据的第 9 位。在方式 2 和方式 3 中，TB8 为发送数据的第 9 位。它可以用作奇偶校验位。在多机通信中，它往往用来表示主机发送的是地址还是数据：TB8＝0 为数据，TB8＝1 为地址。该位可以由软件置 1 或清 0。

RB8：接收数据的第 9 位。在方式 2 和方式 3 中，RB8 用于存放接收数据的第 9 位。方式 1 时，若 SM2＝0，则 RB8 为接收到的停止位。在方式 0 时，不使用 RB8。

REN：允许接收控制位。当 REN＝1，则允许接收；当 REN＝0，则禁止接收。

TI：发送中断标志位。在一组数据发送完后被硬件置位。在方式 0 时，当发送数据第 8 位结束后，由内部硬件使 TI 置位；在方式 1、2、3 时，在停止位开始发送时由硬件置位。TI 置位，标志着上一个数据发送完毕，告诉 CPU 可以通过串行口发送下一个数据了。在 CPU 响应中断后，TI 不能自动清零，必须用软件清零。此外，TI 可供查询使用。

RI：接收中断标志位。当数据接收有效后由硬件置位。在方式 0 时，当接收数据的第 8 位结束后，由内部硬件使 RI 置位。在方式 1、2、3 时，当接收有效，由硬件使 RI 置位。RI 置位，标志着一个数据已经接收到，通知 CPU 可以从接收数据寄存器中取接收的数据。对于 TI 标志，在 CPU 响应中断后，不能自动清零，必须用软件清零。此外，RI 也可供查询使用。

另外，对于串口发送中断 TI 和接收中断 RI，无论哪个响应，都触发串口中断。到底是发送中断还是接收中断，只有在中断服务程序中通过软件来识别。

SM2：多机通信控制位。在方式 2 和方式 3 接收数据时，当 SM2＝1，如果接收到的第 9 位数据（RB8）为 0，则输入移位寄存器中接收的数据不能移入到接收数据寄存器 SBUF，接收中断标志位 RI 不置 1，接收无效；如果接收到的第 9 位数据（RB8）为 1，则输入移位寄存器中接收的数据将移入到接收数据寄存器 SBUF，接收中断标志位 RI 置 1，接收才有效。当 SM2＝0 时，无论接收到的数据的第 9 位（RB8）位是 1 还是 0，输入移位寄存器中接收的数据都将移入到接收数据寄存器 SBUF，中断标志位 RI 置 1，接收有效。

方式 1 时，若 SM2＝1，则只有接收到有效的停止位，接收才有效。

方式 0 时，SM2 位必须为 0。

2. 电源控制寄存器 PCON

电源控制寄存器 PCON 是一个特殊功能寄存器，主要用于电源控制方面。另

外,PCON 中的最高位 SMOD 位,称为波特率倍速位,用于对串行口的波特率控制,它的格式如下:

	b7	b6	b5	b4	b3	b2	b1	b0
PCON	SMOD			POF	GF1	GF0	PD	IDL

当 SMOD 位为 1 时,串行口方式 1、方式 2、方式 3 的波特率加倍。PCON 的字节地址为 87H,不支持位寻址,只能按字节方式访问。PCON 的 b1 和 b0 位为低功耗工作方式控制位,相关内容将在 12.4.2 小节讲述。GF1 和 GF0 为通用标志位,用户可以任意使用。POF 为上电标志(即冷启动标志),单片机上电期间该位被置位,若为外部复位引脚手动复位或看门狗复位,则该位为 0,该位可由软件清零。

8.3　MCS－51 单片机串行口的波特率设置及初始化

方式 1 和方式 3 需要设置波特率,并与工业标准波特率值相对应。MCS－51 系列单片机采用 T1 或 T2 作为波特率发生器,且用于波特率发生器的定时器/计数器一般工作作自动重载方式。以 T1 作为波特率发生器为例,初值可由下面公式求得:
由于波特率 $=2^{SMOD}\times$(T1 的溢出率)/32,则

$$T1 \text{ 的溢出率} = \text{波特率} \times 32/2^{SMOD}$$

而 T1 工作于方式 2 的溢出率又可由下式表示:

$$T1 \text{ 的溢出率} = f_{OSC}/[12\times(256-\text{初值})]$$

所以

$$T1 \text{ 的初值} = 256 - f_{OSC}\times 2^{SMOD}/(12\times\text{波特率}\times 32)$$

T2 作为波特率计算方法类似。

从波特率公式可以看出,为提高采样的分辨率,准确地测定数据位的上升沿或下降沿,时钟频率总是高于波特率若干倍,这个倍数称为波特率因子。在 MCS－51 系列单片机中,发送/接收时钟可以由系统时钟 f_{OSC} 产生,其异步通信的波特因子为 16 或 32。

为了方便,表 8.2 给出了将常用的波特率、晶振频率、SMOD、定时器计数初值,可供实际应用时参考。

表 8.2　常用波特率设置表

常用的波特率	f_{OSC}/MHz	SMOD	TH1 初值	误　差
19 200	11.059 2	1	FDH	0
9 600	11.059 2	0	FDH	0
4 800	11.059 2	0	FAH	0
2 400	11.059 2	0	F4H	0

续表 8.2

常用的波特率	f_{osc}/MHz	SMOD	TH1 初值	误　差
1 200	11. 059 2	0	E8H	0
2 400	12	0	F3H	0.16%
1 200	12	0	E6H	0.16%

在 MCS – 51 串行口使用之前必须先对它进行初始化编程。初始化编程是指设定串口的工作方式、波特率,启动它发送和接收数据。初始化编程过程如下:

对于方式 1 和方式 3,首先要设定波特率,然后确定串行口控制寄存器 SCON 中的各个位,包括根据工作方式确定 SM0、SM1 位。对于方式 2 和方式 3 还要确定 SM2 位。如果是接收端,则置允许接收位 REN 为 1;如果方式 2 和方式 3 发送数据,则应将发送数据的第 9 位写入 TB8 中。

MCS – 51 单片机的串行口在实际使用中通常用于三种情况:利用方式 0 扩展并行 I/O 接口,利用方式 1 实现点对点的双机通信,利用方式 2 或方式 3 实现多机通信。

8.4　MCS – 51 单片机串行口的异步点对点通信及 RS – 232 接口应用

8.4.1　MCS – 51 单片机串行口的异步点对点通信

1. 方式 1 的点对点通信

当串行口控制寄存器 SCON 中的 SM0 和 SM1 为 01 时 MCS – 51 单片机的串行口工作于方式 1,8 位异步串行通信方式。在方式 1 下,一帧信息为 10 个位:1 个起始位(0),8 个数据位和 1 个停止位(1)。TXD 为发送数据端,RXD 为接收数据端。波特率可变,由定时器/计数器 T1 或 T2 的溢出率和电源控制寄存器 PCON 中的 SMOD 位决定。

(1) 发送过程

在 TI=0 时,当 CPU 执行一条向 SBUF 写数据的指令时,如"MOV SBUF, A",就启动发送过程。在波特率发生器的发送时钟作用下,先通过 TXD 端送出一个低电平的起始位,然后是 8 位数据(LSB),其后是一个高电平的停止位。当一帧数据发送完毕后,由硬件使发送中断标志 T1 置位,向 CPU 申请中断,完成一次发送过程。

(2) 接收过程

当允许接收控制位 REN 被置 1,接收器就开始工作,由接收器以所选波特率的 16 倍速率对 RXD 引脚上的电平进行采样,如图 8.7 所示。当采样到从 1 到 0 的负跳变时,启动接收控制器开始接收数据。在接收移位脉冲的控制下依次把所接收的数据移入移位寄存器。当 8 位数据及停止位全部移入后,根据以下状态,进行响应操作。

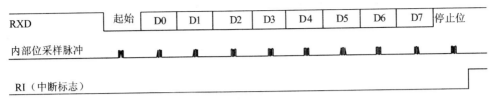

图8.7 方式1接收时序

① 如果 RI=0、SM2=0,那么接收控制器发出"装载 SBUF"信号,将输入移位寄存器中的 8 位数据装入接收数据寄存器 SBUF,停止位装入 RB8,并置 RI=1,向 CPU 申请中断。

② 如果 RI=0、SM2=1,那么只有停止位为 1 才发生上述操作。

③ 如果 RI=0、SM2=1 且停止位为 0,那么所接收的数据不装入 SBUF,数据将会丢失。此时,发生帧错误(停止位为 0)。

④ 如果 RI=1,那么所接收的数据在任何情况下都不装入 SBUF,即数据丢失。

2. 方式 2 和方式 3 的点对点异步通信

方式 2 和方式 3 都为 9 位异步通信接口。接收和发送一帧信息的长度为 11 位,即 1 个低电平的起始位,9 位数据位,1 个高电平的停止位。发送的第 9 位数据放于 TB8 中,接收的第 9 位数据放于 RB8 中。TXD 为发送数据端,RXD 为接收数据端。方式 2 和方式 3 的区别在于波特率不一样,其中方式 2 的波特率只有两种:$f_{osc}/32$ 或 $f_{osc}/64$,方式 3 的波特率与方式 1 的波特率设置方法相同。

(1) 发送过程

方式 2 和方式 3 发送的数据为 9 位,其中发送的第 9 位在 TB8 中。在启动发送之前,必须把要发送的第 9 位数据装入 SCON 寄存器中的 TB8 中。准备好 TB8 后,就可以通过向 SBUF 中写入发送的字符数据来启动发送过程,发送时前 8 位数据从发送数据寄存器中取得,发送的第 9 位从 TB8 中取得。一帧信息发送完毕,置 TI 为 1。

(2) 接收过程

方式 2 和方式 3 的接收过程与方式 1 类似。当 REN 位置 1 时也启动接收过程,所不同的是接收的第 9 位数据是发送过来的 TB8 位,而不是停止位,接收到后存放到 SCON 中的 RB8 中。对接收是否有判断也是用接收的第 9 位进行的,而不是用停止位。其余情况与方式 1 相同。

无论出现哪种情况,接收控制器都将继续采样 RXD 引脚,以便接收下一帧信息。

下面将利用方式 1 实现点对点的双机 UART 通信。

要实现甲、乙两台单片机点对点的双机通信,线路只需将甲机的 TXD 与乙机的 RXD 相连,将甲机的 RXD 与乙机的 TXD 相连,地线与地线相连以形成参考电势。软件方面选择相同的工作方式,即相同的波特率和相同的帧格式即可实现。

单片机及工程应用基础

　　为了降低单片机负担,一般串口接收采用中断方式进行。当然,查询方式的通信软件设计方法也经常使用。

　　① 查询方式发送的过程为:写数据到 SBUF 开始发送一个数据→查询 TI 直至置 1(先发后查)→清 TI 标志→发送下一个数据。

　　② 查询方式接收的过程为:查询 RI 直至置 1→清 RI 标志→读入数据(先查后收)→查询 RI 直至置 1→清 RI 标志→读下一个数据。

　　相对于接收,发送一般采用查询方式。以上过程将体现在编程中,请读者牢记。

　　【例 8.1】 单片机以中断方式接收单个字节,接收后立即将接收到的数据以查询方式发送出去。系统采用 12 MHz 晶振,8 位 UART,2 400 bps 的波特率。

　　分析: 设 SMOD=0,甲、乙两机的振荡频率为 12 MHz,波特率为 2 400 bps。定时器/计数器 T1 采用方式 2,则初值为

$$初值 = 256 - f_{osc} \times 2^{SMOD}/(12 \times 波特率 \times 32)$$
$$= 256 - 12\,000\,000/(12 \times 1\,200 \times 32) \approx F3H$$

　　程序如下:

270

汇编程序:	C 语言程序:
| ```
        ORG   0000H
        LJMP  MAIN
        ORG   0023H
        LJMP  UART_ISR
        ORG   0030H
MAIN:   MOV   TMOD,#20H  ;T1 设为方式 2
        MOV   TL1,#0F3H  ;2 400 bps
        MOV   TH1,#0F3H  ;重载
        ANL   PCON,#7FH
        MOV   SCON,#50H  ;串口设为方式 1,
                         ;允许接收
        SETB  ES         ;开串口中断
        SETB  EA         ;开总中断
        SETB  TR1        ;启动定时器 1
        ;F0 作为已经收到数据标志
        CLR   F0

LOOP:
          ⋮
        JB    F0,L1
        LJMP  LOOP
L1:     MOV   SBUF,A     ;发回收到的数据
        JNB   TI,$       ;查询发送
        CLR   TI
        CLR   F0         ;清标志
``` | ```
# include<reg52.h>
unsigned char buf;       //接收数据缓存
unsigned char R_sign;    //接收到数据标志
void serial_init(void)   //串口初始化
//T1 方式 2,用于波特率发生器
{ TMOD = 0x20;
  TH1 = 0xf3;            //波特率 2 400 bps
  TL1 = 0xf3;
  PCON &= 0x7f;
  SCON = 0x50;           //允许发送接收
  ES = 1;                //允许串口中断
  EA = 1;
  TR1 = 1;
}
void putchar(unsigned char c)
{ SBUF = c;
  while(TI == 0);        //等待发送完成
  //清 TI 标志,准备下一次发送
  TI = 0;
}
int main(void)
{ serial_init();
  R_sign = 0;
  while(1)
  {
``` |

```
              LJMP LOOP
UART_ISR:
        JNB RI,OUT ;若果不是收中断
        MOV A,SBUF ;收数据
        SETB F0    ;给出接收到数据标志
        CLR RI     ;清收中断标志
OUT:
        RETI
```

```
                  ⋮
       if(R_sign)
       //将接收到的字符发回
       {putchar(buf);
        R_sign = 0;
       }
    }
}
void UART_ISR (void) interrupt 4   using 1
{  if(RI)                //接收中断
   {RI = 0;
    buf = SBUF;
    R_sign = 1;
    }
}
```

下例为典型的查询方式的串口编程方法。单片机中可以设置一个接收缓冲区，将接收到的字符串存入，达到一定长度时再读出整段信息并校验，以根据接收的数据决策程序运行，这种方式一般应用于串口发送控制命令或数据。

【例 8.2】 甲、乙两机都选择方式 1,8 位异步通信方式，波特率为 2 400 bps。为了保持通信的畅通与准确，在通信中双机作了如下约定：通信开始时，甲机首先发送一个呼叫信号 AAH，乙机接收到后回答一个信号 BBH，表示同意接收。若乙机 50 ms 内都没有应答，则重新呼叫。甲机收到 BBH 后，就可以发送数据了。假定共发送 10 个 ASCII 字符，存于数据缓冲区 buf(地址自 80H 开始)中，通信时每个字符的最高位用作偶校验，且数据发送完后发送一个校验和。乙机接收到 10 个数据后，存入乙机的数据缓冲区 buf(地址自 80H 开始)中，并用接收的数据产生校验和与接收的校验和相比较，如相同，乙机发送 00H，回答接收正确；如不同，则发送 7FH，请求甲机重发。

分析： 由于甲、乙两机都要发送和接收信息，所以甲、乙两机的串口控制寄存器的 REN 位都应设为 1，方式控制字 SCON 都为 50H。

串口工作在方式 1，波特率由定时器/计数器 T1 的溢出率和电源控制寄存器 PCON 中的 SMOD 位决定。定时器/计数器 T1 工作在方式 2。

乙机正确接收将返回 00H，然而这个确认信息(记为 n)也可能被错误接收。这里我们假设最多错 1 位，也就是确认信息中最多 1 个 1。若确认信息有且仅有 1 个 1，那么这个数字减 1，即 $n-1$ 将从最低位开始依次向高位借位，直到遇到第一个不为 0 的位。依次借位使得经过的位由原来的 0 变为 1，而第一个遇到的那个 1 位则被借位变为 0。如果最低位本来就是 1，那么没有发生借位。现在计算 $n\&(n-1)$ 的结果，2 个数字在原先最低为 1 的位以下(包括这个位)的部分都不同，整个结果为 0；而若 n 中有多个 1，"与"运算的结果不为 0。

其实,对于接收的任何数想确认是否为某个已知值,只需要将接收到的数据与这个已知值"异或"运算,是则结果为 0。当然,假设最多接收错误 1 位数据,则"异或"运算结果最多 1 个 1,判断方法与上述方法一致。

在整个通信过程中,仅乙机接收呼叫时采用中断方式,其他的收发都采用查询方式。软件流程图如图 8.8 所示。

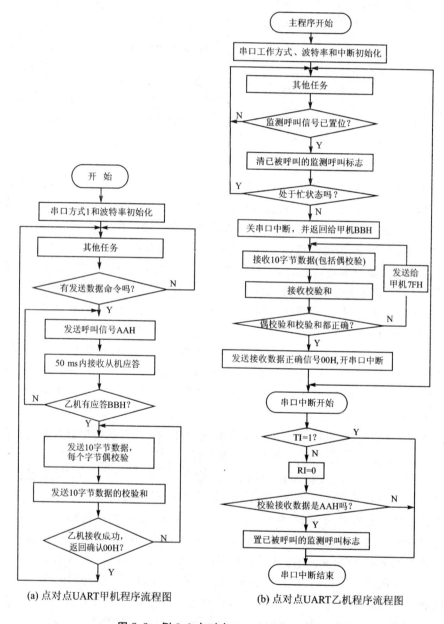

(a) 点对点 UART 甲机程序流程图　　(b) 点对点 UART 乙机程序流程图

图 8.8　例 8.2 点对点 UART 程序流程图

汇编程序如下：

甲机程序：

```
      ORG 0000H
      LJMP MAIN

MAIN:
      MOV TMOD,♯21H      ;串行口初始化
      MOV TL1,♯0F3H
      MOV TH1,♯0F3H
      ANL PCON,♯7FH      ;SMOD = 0
      SETB TR1
      MOV SCON,♯50H

LOOP:
           ⋮
   ;检测发送数据命令(可以是传感器或按键
   ;等),一旦有命令则开始发送数据,否则跳
   ;到 LOOP
L0:MOV A,♯0AAH
      LCALL putchar      ;发送联络信号
      MOV TH0,♯60        ;定时 50 ms,初值为 15 536
      MOV TL0,♯176
      SETB TR0
      CLR   TF0
L1:JBC  RI,ACK
      JNB  TF0,L1        ;等待乙机回答
      SJMP  L0           ;乙未准备好,继续联络

ACK: CLR TR0

L2:MOV B,♯0              ;B 作为校验和
      MOV R7,♯10         ;10 个数
      MOV R0,♯80H        ;指向数据区首址
L3:MOV A,@R0
      MOV C,P
      MOV ACC.7,C        ;加偶校验位
      LCALL putchar
      ADD A,B            ;求校验和
      MOV B,A
      INC R0
      DJNZ R7,L3

      MOV A,B            ;发送校验和
      LCALL putchar

      JNB RI,$           ;等待乙机回答
      CLR RI
      MOV A,SBUF
      JZ C_OK
      MOV R6,A           ;暂存
      DEC R6
```

乙机程序：

```
      C_Sign EQU 20H.0
                        ;作为接收到呼叫的标志
      ORG 0000H
      LJMP MAIN
      ORG 0023H
      LJMP S_ISR
MAIN:
      MOV TMOD,♯20H      ;串行口初始化
      MOV TL1,♯0F3H
      MOV TH1,♯0F3H
      ANL PCON,♯7FH      ;SMOD = 0
      SETB TR1
      MOV SCON,♯50H
      SETB EA
      SETB ES            ;开串口中断
      CLR C_Sign
LOOP:
           ⋮
      JNB C_Sign,LOOP
      CLR   C_Sign

   ;判断任务状态,若忙就跳回到 LOOP

L1:CLR ES               ;关串口中断
      MOVA,♯0BBH         ;发送应答,同意接收
      LCALL putchar
L2:MOV R0,♯80H          ;指向数据区首址
      MOV B,♯0           ;B 作为校验和
      MOV R7,♯10         ;10 个数
      CLR F0             ;偶校验错误标志
L3:JNB RI,$
      CLR RI
      MOV A,SBUF         ;接收一个字节数据
      JNB P,N1
      SETB F0            ;偶校验报错
N1:MOV R6,A              ;暂存
      ADD A,B            ;求校验和
      MOV B,A
      MOV A,R6
      ANL A,♯7FH         ;去掉偶校验位
      MOV @R0,A
      INC R0
      DJNZ R7,L3

      JNB RI,$           ;接收甲机发送的校验和
      CLR RI
      MOV A,SBUF
      CJNE A,B,N2        ;比较校验和
      JB F0,N2
```

273

```
    ANL A,R6        ;A = A&(A - 1)
    JNZ L2          ;应答出错,则重发
C_OK:

    LJMP LOOP

putchar:
    MOV SBUF,A
    JNB TI, $
    CLR TI
    RET
```

```
    MOVA, #00H      ;校验成功发"0x00"
    LCALL putchar
    SETB ES         ;开串口中断
    LJMP LOOP
N2:MOV A, #7FH      ;校验错误发"7FH"
    LCALL putchar
    SJMP L2         ;重新接收数据

putchar:
    MOV SBUF,A
    JNB TI, $
    CLR TI
    RET

S_ISR:
    JB TI, OUT_S_ISR
    CLR RI
    MOV A,SBUF
    XRL A, #0AAH
    JZ   S_ISR_OK   ;判断甲机是否请求
    MOV R5,A        ;暂存
    DEC R5
    ANL A,R5        ;A = A&(A - 1)
    JZ   S_ISR_OK
    RETI
S_ISR_OK:
    SETB C_Sign
    OUT_S_ISR:
    RETI
```

C51 程序如下:

甲机程序:

```
# include <reg52. h>
unsigned char buf [10];
// ========================
void putchar (unsigned char c)
{SBUF = c;
 while (TI == 0);TI = 0;
}
// ========================
void Delay_50ms(void)
{THO = 60;TL0 = 176;
 TR0 = 1;
 while (TF == 0);TF = 0;
 TR0 = 0;
}
// ========================
int main(void)
```

乙机程序:

```
# include <reg52. h>
unsigned char buf [10];
unsigned charC_Sign;
//作为接收到呼叫的标志
// ========================
void putchar(unsigned char c)
{SBUF = c;
 while (TI == 0);TI = 0;
}
// ========================
int main(void)
{ unsigned char i,tem,check_sum,P_err,sign;
  TMOD = 0x20;            //串行口初始化
  TL1 = 0xf3;
  TH1 = 0xf3;
  PCON& = 0x7f;          //2 400 bps
```

```
{unsigned chari,tem,check_sum;
 TMOD = 0x21;              //串行口初始化
 TL1 = 0xf3;
 TH1 = 0xf3;
 PCON& = 0x7f;            //2 400 bps
 TR1 = 1;
 SCON = 0x50;

 while(1)
 {
          :
  if(检测发送数据命令(可以是传感器或
 按键等),一旦有命令则开始发送数据)
  {do
  { putchar (0xaa);       //发送呼叫信号
    Delay_50ms();         //等待乙机回答
   //乙未准备好,继续联络
   }while(RI = = 0);
    RI = 0;

    do
    {check_sum = 0;
     for (i = 0;i<10;i + + )
     {tem = buf [i];
      ACC = tem;
      if(P)tem |= 0x80;   //加偶校验位
      putchar (tem);      //发送一个数据
      check_sum += tem;   //求校验和
     }
     putchar(check_sum);  //发送校验和
     while (RI == 0);     //等待乙机应答
     RI = 0;
     tem = SBUF;
     //有 1 位确认位发错
     if(tem)tem& = tem − 1;
     //应答出错,则重发
    }while (tem! = 0);
   }
  }
 }
```

```
 TR1 = 1;
 SCON = 0x50;
 EA = 1;
 ES = 1;                  //开串口中断
 C_Sign = 0;
 while(1)
 {
          :
  if(C_Sign)
  { ES = 0;               //关串口中断
   putchar (0xbb);        //发送应答信号
   sign = 0;
   while (sign)
   {check_sum = 0;
    P_error = 0;
    for(i = 0;i<10;i + + )
    {while (RI == 0); RI = 0;
     tem = SBUF;
     //去掉偶校验位,接收数据
     buf[i] = tem&0x7f;
     check_sum + = tem; //求校验和
     ACC = tem;
     if(P) P_err = 1;     //偶校验报错
    }
    //接收甲机发送的校验和
    while (RI == 0);RI = 0;
    //校验
    if(((check_sum == SBUF))||(! P_err))
    //校验正确发"0x00"
    { putchar (0x00);
     sign = 0;
    }
    //校验错误发"0x7f"
    else putchar (0x7f);
   }
   C_Sign = 0;
   ES = 1;                //开串口中断
  }
 }
}
// = = = = = = = = = = = = = = = = = = = = = = =
void serial_ISR(void) interrupt 4 using 1
{unsigned char tem;
 if(RI)
 {RI = 0
  tem = SBUF;
  tem^ = 0xaa;
  if(tem) tem& = tem − 1;
  if(!tem) C_Sign = 1;
 }
}
```

此例中,若数据不是 ASCII 码,此时,只要采用 9 位 UART,且将第 9 位作为奇偶校验位,上述软件稍加修改即可。

8.4.2　RS - 232 接口

数字信号的传输随着距离的增加和传输速率的提高,在传输线上的反射、衰减、共地噪声等影响将引起信号畸变,从而影响通信距离。普通的 TTL 电路由于驱动能力差、抗干扰能力差,因而传送距离短,一般仅能应用于板级通信。

在国际上,电子工业协会(EIA)制定了 RS - 232 串行通信标准接口,通过增加驱动以及增大信号幅度,使通信距离增大到 15 m。PC 机上的 COM1、COM2……口使用的是 RS - 232 串行通信标准接口。RS - 232 之后又推出了 RS - 422 和 RS - 485 等串行通信标准,其采用平衡通信接口,即在发送端将 TTL 电平信号转换成差分信号输出,接收端将差分信号变成 TTL 电平信号输入,提高了抗干扰能力,使通信距离增加到几十米至上千米,并且增加了多点、双向通信能力。以上标准都用专用接口芯片实现,这些接口芯片称为收发器。若要增大传输距离,通信信号需要驱动或调制。

根据通信距离不同,所需的信号线的根数是不同的。如果是近距离,又不使用握手信号,只需 3 根信号线:TXD、RXD 和 GND(地线),如图 8.9(a)所示;如果距离在 15 m 左右,通过 RS - 232 接口,提高信号的幅度,以加大传送距离,如图 8.9(b)所示;如果是远程通信,通过电话网通信,由于电话网是根据 300～3 400 Hz 的音频模拟信号设计的,而数字信号的频带非常宽,在电话线上传送势必产生畸变,因此在传送中先通过调制器将数字信号变成模拟信号,通过公用电话线传送,在接收端再通过

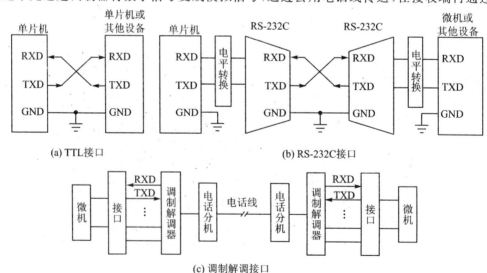

(a) TTL接口　　　　　　　　　　　　　　(b) RS-232C接口

(c) 调制解调接口

图 8.9　RS - 232 通信线的连接

解调器解调,还原成数字信号。现在调制器和解调器通常做在一个设备中,这就是调制解调器(Modem),如图 8.9(c)所示(**注意:图中只标注了接收及发送数据线 TXD 和 RXD,没有标注握手信号**)。

　　RS - 232 接口实际上是一种串行通信标准,是由美国 EIA(电子工业协会)和 BELL 公司一起开发的通信协议,它对信号线的功能、电气特性、连接器等都做了明确的规定,RS - 232C 是广泛应用的一个版本。RS - 232C 采用 EIA 反逻辑电平,其规定如下:逻辑 1 时,电压为 -3～-15 V;逻辑 0 时,电压为 +3～+15 V。-3～+3 V 之间的电压无意义,低于 -15 V 或高于 +15 V 的电压也认为无意义,因此,在实际工作时,应保证电平在 ±(3～15) V 之间。可以看出,RS - 232C 是通过提高传输电压来扩大传输距离的。

　　RS - 232 有 25 针的 D 型连接器和 9 针的 D 型连接器,目前 PC 机普遍采用 9 针的 D 型连接器,因此这里只介绍 9 针 D 型连接器。RS - 232 不但对连接器的每个引脚的信号内容加以规定,还对各种信号的电平加以规定。业界把公头(针)的接插件叫做 DRx,母头(孔)的叫 DBx,比如 PC 上的 9 针 D 型连接器串口叫做 DR9。RS - 232 除通过它传送数据 TXD 和 RXD 外,还对双方的互传起协调作用,这就是握手信号,9 根信号分为两类,其各个信号引脚定义如表 8.3 所列。9 针 D 型连接器的信号及引脚如图 8.10 所示。9 针 D 型连接器的基本通信引脚为:2(RXD)、3(TXD)和 5(GND)。在串行通信中最简单的通信只需连接这 3 根线,在 PC 机与 PC 机、PC 机与单片机、单片机与单片机之间,多采用这种连接方式,例如图 8.9 (a)和图 8.9 (b)所示。

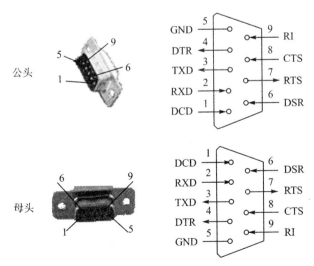

图 8.10　RS - 232C 9 针 D 型插座引脚信号

表 8.3　RS-232 D 型连接器引脚及功能

DB9	信号名称	方　向	含　义
3	TXD	输出	即 Transmitted Data,数据发送端引脚(DTE 到 DCE),−3～−15 V 表示逻辑 1,使用 3～15 V 表示逻辑 0
2	RXD	输入	即 Receibed Data,数据接收端引脚(DCE 到 DTE),−3～−15 V 表示逻辑 1,使用 3～15 V 表示逻辑 0
7	RTS	输出	即 Request To Send,请求发送数据,用来控制 Modem 是否要进入发送状态
8	CTS	输入	即 Clear To Send,清除发送,Modem 准备接收数据。RTS/CTS 请求应答联络信号是用于半双工 Modem 系统中的发送与接收方式的切换。全双工系统中不需要 RTS/CTS 联络信号,使其变高
6	DSR	输入	即 Data Set Ready,数据设备准备就绪,有效时(ON),表明 Modem 处于可以使用的状态
5	GND	—	信号地
1	DCD	输入	即 Data Carrier Dectection, 数据载波检测。当本地的 Modem 收到由通信链路另一端的 Modem 送来的载波信号时,使 DCD 信号有效,通知终端准备接收,并且由 Modem 将接收下来的载波信号解调成数字量后,由 RXD 送到终端
4	DTR	输出	即 Data Terminal Ready,数据终端准备就绪,有效时(ON),表明数据终端可以使用
9	RI	输入	即 Ringing,当 Modem 收到交换台送来的振铃呼叫信号时,使该信号有效(ON),通知终端已被呼叫

由于 MCS-51 单片机的串行口不提供握手信号,因此通常采用直接 3 线数据传送方式。如果需要握手信号,可由 I/O 口编程产生所需的信号。而以上握手信号用于和 Modem 连接时使用,本书不作详细介绍。

那么,如何实现 RS-232C 的 EIA 电平和 TTL 电平的转换呢? 很明显,RS-232 的 EIA 标准是以正负电压来表示逻辑状态的,与 TTL 以高低电平表示逻辑状态的规定不同。因此,为了能够同计算机接口或终端的 TTL 器件连接,必须在 EIA 电平与 TTL 电子之间进行电平变换。目前较广泛地使用集成电路转换器件,如美国 MAXIM 公司的 MAX232CPE(DIP16 封装)芯片可完成 TTL 和 EIA 之间的双向电平转换,且只需单一的+5 V 电源,自动产生±12 V 两种电平,实现 TTL 电平与 RS-232 电平的双向转换,因此获得了广泛应用。MAX232CPE 的引脚图和连线图如图 8.11 所示,从该图可知,一个 MAX232 芯片可连接两对收/发线,完成两对 TTL 电平与 RS-232 电平的转换。

电平转换芯片 MAX3232 与 MAX232CPE 功能及引脚都相同,只是 MAX3232 采用

SO16 帖片封装,且支持 3.3 V 供电电压。RS - 232 规定最大负载电容为 2 500 pF,限制了通信距离和通信速度,电平转换后推荐最大通信距离为 15 m,可以满足通信要求,最高速率 20 kbps。**注意**:RS - 232 电路本身不具有抗共模干扰的特性。

　　因为在计算机内接有 EIA - TTL 的电平转换和 RS - 232 连接器,称为 COM口,所以 PC 机可以通过 COM 口连 Modem 和电话线,进入互联网;也可以通过 COM 口连接其他的串行通信设备,如单片机、仿真机等。由于单片机的串行发送线和接收线 TXD 和 RXD 是 TTL 电平,而 PC 机的 COM1 或 COM2 等的 RS - 232 连接器(D 型 9 针插座)是 EIA 电平,因此,若实现单片机和计算机的连接,需要通过 RS - 232 接口转换,即单片机需加接 MAX232 电平转换芯片,才能与 PC 机相连接。单片机和 PC 机的串行通信接口电路如图 8.11 所示。

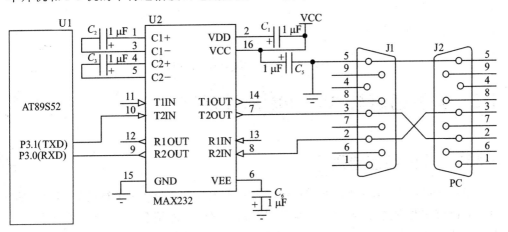

图 8.11　单片机与 PC 机的串行通信接口

279

　　通过计算机 Windows 的超级终端与单片机的串口通信互通信息可以实现单片机应用系统开发调试,以及形成互动界面。该方法是一种普适性的调试技术,适合面很广,这就要求每一位程序员要具有优秀的串行通信编程能力。

　　不过,近些年很多计算机都取消了 COM 口,尤其是笔记本,极大地限制了 COM口和 RS - 232 应用。为此很多公司都设计和生产了 USB 转 UART 芯片,如PL2303HX、CH340T、CP2102 和 FT232RL 等,一端通过 USB 与计算机相连,直接虚拟出 COM 口,而转换芯片的另一端桥接 MAX232 芯片即可虚拟出 RS - 232 口,使用非常方便,有效地继承了原串口的应用领域,应用广泛。CH340T 实现 USB 转UART 电路如图 8.12 所示。若 TXD 和 RXD 再经 MAX232CPE 电平转换即可成为 RS - 232 电平串口。

　　RS - 232 有效地扩展了点对点 UART 的传输距离,实现全双工通信。不过 RS - 232 有两个固有的缺点:一是距离仅有 15 m 左右(采用双绞线可达百米左右);二是无法实现多机通信。RS - 485 很好地解决了以上两个问题。

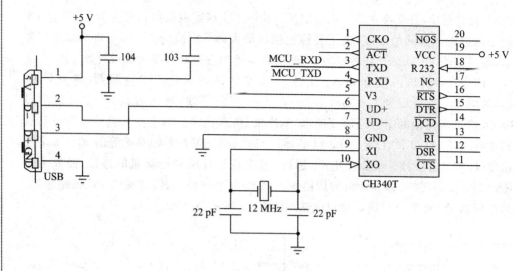

图8.12 CH340T实现USB转UART虚拟串口电路

8.5 多机通信与RS-485总线系统

8.5.1 多机通信原理

通过MCS-51单片机串行口能够实现一台主机与多台从机进行通信,主机和从机之间能够相互发送和接收信息,但从机与从机之间不能相互通信,整个系统采用半双工方式通信。硬件线路图如图8.13所示。**注意:**所有从机的TXD必须支持"线与"功能,否则将烧毁引脚。

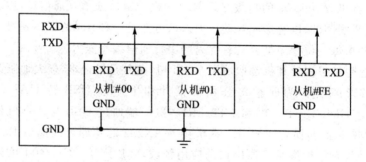

图8.13 多机通信线路图

MCS-51单片机串行口的方式2和方式3是9位异步通信。发送信息时,发送数据的第9位由TB8取得,接收信息的第9位放于RB8中,而接收是否有效要受SM2位影响。当SM2=0时,无论接收的RB8位是0还是1,接收都有效,RI都置1;当SM2=1时,只有接收的RB8位等于1时,接收才有效,RI才置1。利用这个特性便可以实现多机通信。

多机通信时,主机每一次都向从机传送至少两个字节信息,先传送从机的地址信息,再传送数据信息。主机发送信息时,地址信息字节的 TB8 位设为 1,数据信息的 TB8 位设为 0。多机通信过程如下:

① 所有从机的 SM2 位开始都置为 1,使能多机通信模式,都能接收主机送来的地址。

② 主机发送 1 帧地址信息,包含 8 位的从机地址信息,且 TB8 置 1,表示发送的为地址帧。

③ 由于所有从机的 SM2 位都为 1,所以从机都能接收主机发送来的地址,从机接收到主机送来的地址后与本机的地址相比较,如接收的地址与本机的地址相同,则使 SM2 位为 0,准备接收主机送来的数据,如果不同,则不作处理。

④ 主机发送数据,发送数据时 TB8 置为 0,表示为数据帧。

⑤ 对于从机,由于主机发送的第 9 位 TB8 为 0,那么只有 SM2 位为 0 的从机可以接收主机送来的数据。这样就可实现主机从多台从机中选择 1 台从机进行通信了。

⑥ 一次通信完成,对应从机再将 SM2 位置 1,以恢复总线识别能力,通信系统恢复到原始状态。

注意:只有从机的多机通信模式控制位 SM2 操作,而主机的 SM2 位固定为 0,通过 TB8 区分地址和数据。

【例 8.3】 单主多从系统。主、从机都为 MCS－51 系列经典型单片机,时钟均为 12 MHz。整个系统采用 2 400 bps 波特率进行通信,9 位 UART,方式 3。从机号通过 7 位 DIP 拨码开关设定挂接到每个从机的 I/O(本例挂接到 P1 口上)(这样所有的从机在没有特殊要求的情况下只需要 1 套程序即可,该方法被广泛应用),电路如图 8.14 所示,从机地址号范围为:1～127。各从机单片机接收地址后,核对从机号,只有地址匹配的从机返回 00H,握手成功。从机从 20H 单元开始存储温度、湿度等多个双字节信息,分别标号 0、1、2……,主机发送 1 字节的从机地址后,发送 1 字节的信息号,以确定自某从机读回的信息。对应从机接收到信号后,校验成功返回 00H,并给主机两字节的信息及两字节的和校验,否则返回 7FH。主机读回的双字节信息写入 40H 和 41H 地址中,同样,校验成功返回 00H,否则返回 7FH。

分析:主机发送从机地址和信息号,以及确认信息,低 7 位是内容,b7 位为偶校验位。而当从机返回两字节信息数据时,各字节都是 8 位内容,并附加两字节信息数据的和校验。软件流程如图 8.15 所示。

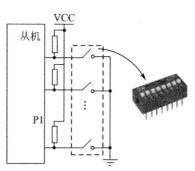

图 8.14 从机设备号设置

单片机及工程应用基础

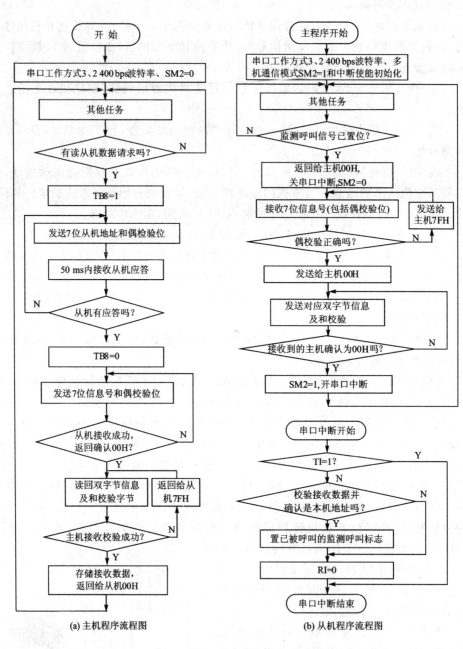

(a) 主机程序流程图   (b) 从机程序流程图

图 8.15 例 8.3 基于 SM2 的多机通信流程图

汇编程序如下：

主机程序：

```
        ORG 0000H
        LJMP MAIN

MAIN:
        MOV TMOD,#21H      ;串行口初始化
        MOV TL1,#0F3H
        MOV TH1,#0F3H
        ANL PCON,#7FH
        SETB TR1
        MOV SCON,#0D0H     ;方式3

LOOP:
        ⋮
;检测读取命令(可以是传感器或按键等),一
;旦有命令则开始读取,否则跳到 LOOP
        SETBTB8
L0:MOV A,R6            ;假定从机号在R6中
        MOV C,P
        MOV ACC.7,C
        LCALL putchar     ;发送从机号
        ;等待乙机回答
        MOV TH0,#60
        MOV TL0,#176
        SETB TR0          ;使能50ms定时
        CLR  TF0
L1:JBC RI,ACK
        JNB TF0,L1
        SJMP  L0          ;未成功,继续联络
        CLR TR0
ACK:
        CLR  TF0
        CLR TB8

L2:MOV A,R5            ;假定信息号在R5中
        MOV C,P
        MOV ACC.7,C
        LCALL putchar     ;发送信息号
        JNB RI,$
        CLR RI
        MOV A,SBUF
        JZ inf_OK
        MOV R4,A          ;暂存
        DEC R4
        ANL A,R4;A=A&(A-1),应答可以有1位错误
        JNZ L2            ;应答出错,则重发
```

从机程序：

```
        C_Sign EQU 20H.0   ;接收到呼叫后标志
        ORG 0000H
        LJMP MAIN
        ORG 0023H
        LJMP S_ISR
MAIN:
        MOV TMOD,#20H      ;串行口初始化
        MOV TL1,#0F3H
        MOV TH1,#0F3H
        ANL PCON,#7FH
        SET BTR1
        MOV SCON,#0D0H     ;方式3
        SETB EA
        SETB ES
        CLR C_Sign
        SETB SM2           ;使能多机通信模式
LOOP:
        ⋮
        JB C_Sign,L1
        LJMP LOOP
L1:CLR SM2                 ;关闭多机通信模式
        CLR ES             ;关闭串口中断
        MOV A,#00H
        LCALL putchar      ;发送应答

L2:JNB RI,$
        CLR RI
        MOV A,SBUF         ;接收信息号
        JNB P,L3
        MOV A,#7FH
        LCALL putchar      ;发送校验错误应答
        SJMP,L2
L3:CLR ACC.7              ;去掉校验信息
        RL  A              ;双字节,A=A*2
        ADD A,#20H         ;确定数字节数据地址
        MOV B,A
L4:MOV R0,B
        MOV R7,#2
        MOV R2,#0          ;和校验计算赋初值
L5:MOV A,@R0
        ADD  A,R2
        MOV  R2,A
        LCALL putchar
        INC R0
        DJNZ R7,L5
```

283

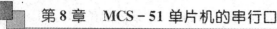

```
inf_OK:

L3: MOV R0,#40H
    MOV R7,#2
    JNB RI,$              ;接收数据信息
    CLR RI
    MOV A,SBUF

    MOV @R0,A
    INC R0
    DJNZ R7,L3
    JNB RI,$              ;接收和校验字节
    CLR RI
    MOV B,SBUF
    MOV A,40H
    ADD A,41H
    CJNE A,B,N1          ;和校验错误
    MOV A,#00H
    LCALL putchar
    LJMP LOOP
N1: MOV A,#7FH
    LCALL putchar
    SJMP L3              ;重新接收

putchar:
    MOV SBUF,A
    JNB TI,$
    CLR TI
    RET
```

```
    MOV  A,R2
    LCALL putchar        ;发送和校验字节
    JNB RI,$             ;等待接收校验信息
    CLR RI
    MOV A,SBUF
    JZ send_OK
    MOV R4,A
    DEC R4
    AND A,R4             ;A = A&(A-1)
    JZ send_OK
    SJMP L4

send_OK:
    CLR C_Sign
    SETB SM2             ;重新使能多机通信模式
    SETB ES              ;开串口中断
    LJMP LOOP

putchar:
    MOV SBUF,A
    JNB TI,$
    CLR TI
    RET

S_ISR:
    JB TI,OUT_S_ISR
    CLR RI
    MOV A,SBUF
    JB P,OUT_S_ISR       ;校验失败
    CLR ACC.7
    CJNE A,P1,OUT_S_ISR  ;匹配地址
    SETB C_Sign
OUT_S_ISR:
    RETI
```

C51 程序如下：

主机程序：

```
# include <reg52.h>
unsigned char buf[2];
unsigned char Slave_addr,inf_num;
// =======================
void putchar(unsigned char c)
{SBUF = c;
 while(TI == 0);TI = 0;
}
// =======================
```

从机程序：

```
# include <reg52.h>
unsigned char inf_buf[20];
// =======================
void putchar(unsigned char c)
{SBUF = c;
 while(TI == 0);TI = 0;
}
// =======================
int main(void)
```

```
int main(void)
{unsigned chari,tem,sign;
    TMOD = 0x21;                //串行口初始化
    TL1 = 0xf3;
    TH1 = 0xf3;
    PCON& = 0x7f;
    TR1 = 1;
    SCON = 0xd0;                //方式 3

    while(1)
    {
            ⋮
        if(检测读取命令(可以是传感器或按键
        等),一旦有命令则开始读取)
        { TB8 = 1;

          do
          {tem = Slave_addr;
           ACC = tem;
           if(P)tem|= 0x80;    //加偶校验位
           putchar (tem);       //发送从机地址
           TH0 = 60;            //50 ms 定时
           TL0 = 176;
           TF0 = 0;
           TR0 = 1;
           if(RI)break;
          //乙未准备好,继续联络
          }while(TF0 == 0);
          RI = 0;
          TR0 = 0;

          TB8 = 0;
          do
          { tem = inf_num;
            ACC = tem;
            if(P)tem|= 0x80;  //加偶校验位
            putchar (tem);     //发送从机地址

            while (RI == 0);RI = 0;//等待从机应答
            tem = SBUF;
            //有 1 位确认位发错
            if(tem) tem& = tem - 1;
            //应答出错,则重发
          }while (tem!= 0);

          sign = 0;
          do
```

```
{unsigned chari,tem,addr,sign,inf_num;
    TMOD = 0x21;              //串行口初始化
    TL1 = 0xf3;
    TH1 = 0xf3;
    PCON = 0x00;
    TR1 = 1;
    SCON = 0xd0;             //方式 3
    EA = 1;
    ES = 1;
    C_Sign = 0;
    SM2 = 1;                 //使能多机通信模式
    while(1)
    {
            ⋮
        ifC_Sign)
        {SM2 = 0;            //关闭多机通信模式
         ES = 0;             //关闭串口中断
         putchar (0x00);

         sign = 0;
         do
         {while (RI == 0); RI = 0;
          tem = SBUF;
          A = tem;
          if(P == 0)          //校验正确
          { inf_num = tem&0x7f;
            sign = 1;
            putchar (0x00);
          }
          else putchar (0x7f);
         }while (sign == 0);

      do
      {tem = 0;         //首先临时作为和变量
       for(i = 0;i<2;i++)
       //发送双字节信息
       { addr = inf_num * 2 + i;
         tem += inf_buf [addr];
         putchar (inf_buf [addr]);
       }
       putchar (tem);              //发送和检验
       //接收校验信息
       while (RI == 0);RI = 0;
       tem = SBUF;
       //有 1 位确认位发错
       if(tem) tem& = tem - 1;
       //应答出错,则重发
```

単片机及工程应用基础

```
//接收从机双字节信息
{for(i=0;i<2;i++)
{   while(RI==0); RI=0;
    buf[i]=SBUF;
}
while(RI==0); RI=0;
tem=SBUF;
//校验成功
if(tem==(buf[0]+buf[1]))
{ sign=1;
  putchar(0x00);
}
else putchar(0x7f);
}while(sign==0);

    }
  }
}
```

```
    }while(tem!=0);

    SM2=1;
    ES=1;
    }
  }
}
//========================
void serial_ISR(void) interrupt 4 using 1
{unsigned char tem;
 if(RI)
 {RI=0
  tem=SBUF;
  ACC=tem;
  if(P==0)
  {tem&=0x7f;
   if(tem==P1) C_Sign=1;
  }
 }
}
```

8.5.2 RS-485 接口与多机通信

鉴于 RS-232 标准的诸多缺点,EIA 相继公布了 RS-422、RS-485 等替代标准。RS-485 以其优秀的特性、较低的实现成本在工业控制领域得到了广泛的应用。

其中,RS-422 的数字信号采用差分信号传输,每个通道采用一对双绞线 A 和 B,其在改善了 RS-232 标准电气特性的同时,又考虑了与 RS-232 的兼容。它采用非平衡发送器和差分接收器,驱动器驱动 AB 线输出 $\pm(2\sim6)$ V,接收器可以监测到的输入信号电平可低至 200 mV,电平变化范围为 12 V($-6\sim+6$ V),接口信号电平比 RS-232 降低了,就不易损坏接口电路的芯片,且该电平与 TTL 电平兼容,可方便地与 TTL 电路连接。RS-422 允许使用比 RS-232 串行接口更高的波特率且可传送到更远的距离(通信速率最大 10 Mbps,此时传输距离可达 120 m;通信速率为 90 kbps 时,传输距离可达 1 200 m)。

RS-485 是 RS-422 的变形。RS-422 为全双工工作方式,可以同时发送和接收数据,而 RS-485 则为半双工工作方式,在某一时刻,一个发送另一个接收。在同一个 RS-485 网络中,可以有多达 32 个模块,这些模块可以是被动发送器、接收器或收发器。当然某些 RS-485 驱动器网络可连接更多的 RS-485 节点。如表 8.4 所列,RS-485 相比 RS-232 具有以下特点。

表 8.4　RS - 232 与 RS - 485 总线性能对比

对比项目	接　口	
	RS - 232	RS - 485
电平逻辑	单端反逻辑	差分方式
通信方式	全双工	半双工
最大传输距离	15 m(24 kbps)	1 200 m(100 kbps)
最大传输速率	200 kbps	10 Mbps
最大驱动器数目	1	32(典型)
最大接收器数目	1	32(典型)
组网拓扑结构	点对点	点对点或总线型

① RS - 485 的电气特性:发送端,逻辑 1 以 AB 线间的电压差为 +(2~6)V 表示,逻辑 0 以 AB 线间的电压差为 -(2~6)V 表示;接收端,逻辑 1 以(A-B)>200 mV 表示,逻辑 0 以 AB 线间的电压差(A-B)<-200 mV 表示。

② RS - 485 的数据最高传输速率为 10 Mbps。当然,只有在很短的距离下才能获得最高速率传输。一般 100 m 长的双绞线最大传输速率仅为 1 Mbps。

③ RS - 485 接口是采用平衡驱动器和差分接收器的组合,抗共模干扰能力增强,即抗噪声干扰性好。

④ RS - 485 接口的最大传输距离为标准值 1 200 m。另外,RS - 232 接口在总线上只允许连接 1 个收发器,即单站能力,而 RS - 485 接口在总线上允许连接多个收发器,即具有多站能力,这样用户可以利用单一的 RS - 485 接口方便地建立起设备网络。

⑤ 因为 RS - 485 接口组成的半双工网络,一般只需两根连线,所以 RS - 485 接口均采用屏蔽双绞线传输。

随着数字控制技术的发展,由单片机构成的控制系统也日益复杂。在一些要求响应速度快、实时性强、控制量多的应用场合,单个单片机构成的系统往往难以胜任。这时,由多个单片机结合 PC 机组成分布式测控系统成为一个比较好的解决方案。在这些分布式测控系统中,经常使用 RS - 485 接口标准,与传统的 RS - 232 协议相比,其最大的优势就是可以组网,这也是工业系统中使用 RS - 485 总线的主要原因。由于 RS - 485 总线是 RS - 232 总线的改良标准,所以在软件设计上它与 RS - 232 总线基本上一致,如果不使用 RS - 485 接口芯片提供的接收器、发送器选通的功能,为 RS - 232 总线系统设计的软件部分完全可以不加修改直接应用到 RS - 485 网络中。RS - 485 总线工业应用成熟,而且大量已有的工业设备均提供 RS - 485 接口。RS - 232、RS - 422 与 RS - 485 标准只对接口的电气特性做出规定,而不涉及协议。虽然后来发展的 CAN 总线等具有数据链路层协议总线且在各方面的表现都优于 RS - 485,呈现出 CAN 总线取代 RS - 485 的必然趋势,但由于 RS - 485 总线在软件设计上与 RS-232 总线基本兼容,其工业应用成熟,因而至今,RS-485 总线仍在工业应用中具有十分重要的地位。

RS-485 接口可连接成半双工和全双工两种通信方式。常见的半双工通信芯片有 MAX481、MAX483、MAX485、MAX487 等,全双工通信芯片有 MAX488、MAX489、MAX490、MAX491 等。下面以 MAX485 为例来介绍 RS-485 串行接口的应用。采用 MAX485 芯片构成的 RS-485 分布式网络系统如图 8.16 所示,其中,平衡电阻 R 通常为 $100 \sim 300 \ \Omega$。MAX485 的封装有 DIP、SO 和 μMAX 三种,MAX485 的引脚的功能如下:

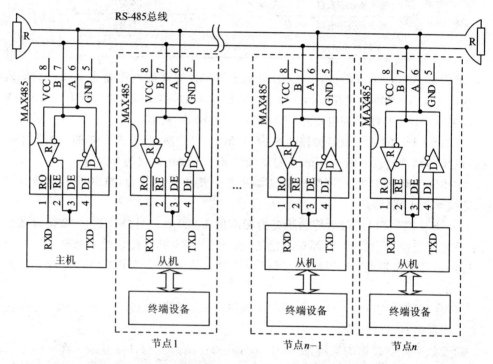

图 8.16 MAX485 构成的半双工式 RS-485 通信网络

RO:接收器输出端。若 A 比 B 大 200 mV,RO 为高电平;反之,B 比 A 大 200 mV 为低电平。

$\overline{RE}$:接收器输出使能端。$\overline{RE}$为低电平时,RO 有效;$\overline{RE}$为高电平时,RO 呈高阻状态。

DE:驱动器输出使能端。若 DE=1,驱动器输出 A 和 B 有效;若 DE=0,则它们呈高阻状态。若驱动器输出有效,器件作为线驱动器;反之,作为线接收器。

DI:驱动器输入端。DI=0,则 A=0,B=1;当 DI=1,则 A=1,B=0。

GND:接地。

A:同相接收器输入和同相驱动器输出。

B:反相接收器输入和反相驱动器输出。

VCC:电源端,一般接+5 V。

MAX485 多机网络的拓扑结构采用总线方式,传送数据采用主从站方法,单主机、多从机。上位机作为主站,下位机作为从站。主站启动并控制网上的每一次通信,每个从站有一个识别地址,只有当某个从站的地址与主站呼叫的地址相同时,该站才响应并向主站发回应答数据。单片机与 MAX485 的接口电路多采用 MAX485 的 $\overline{RE}$ 与 DE 短接,在通过单片机的某一引脚来控制 MAX485 的接收或发送,其余操作同 UART 编程。

PC 机作为主控机,多个单片机作为从机构成的 RS-485 现场总线测控系统。PC 机需要通过 RS-232 和 RS-485 转接电路才能接入总线。单片机组成的各个节点负责采集终端设备的状态信息,主控机以轮询的方式向各个节点获取这些设备信息,并根据信息内容进行相关操作。PC 机 RS-232/RS-485 接口卡的设计原理图如图 8.17 所示。

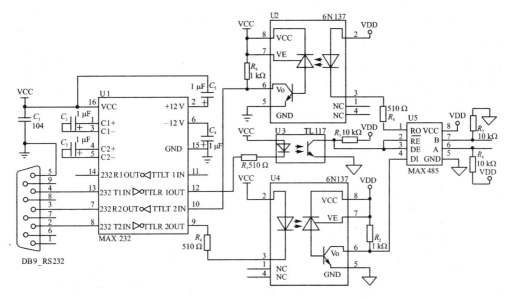

图 8.17　RS-232/RS-485 接口卡原理图

该接口卡主要是通过 MAX232 将 RS-232 通信电平转换成 TTL 电平,经过高速光耦 6N137 光电隔离后,再由 MAX485 将其变为 RS-485 接口标准的差分信号。

注意:系统中需要两路 5 V 电源。本设计中的接口卡最多可以同时驱动 32 个单片机构成的 RS-485 通信节点。

8.5.3　RS-485 总线通信系统的可靠性分析及措施

在工业控制及测量领域较为常用的网络之一就是物理层采用 RS-485 通信接

口所组成的工控设备网络。这种通信接口可以十分方便地将许多设备组成一个控制网络。从目前解决单片机之间中长距离通信的诸多方案分析来看,RS-485总线通信模式由于具有结构简单、价格低廉、通信距离和数据传输速率适当等特点而被广泛应用于仪器仪表、智能化传感器集散控制、楼宇控制、监控报警等领域。但RS-485总线存在自适应、自保护功能脆弱等缺点,如不注意一些细节的处理,常出现通信失败甚至系统瘫痪等故障,因此提高RS-485总线的运行可靠性至关重要。RS-485总线应用系统设计中需注意的问题如下:

1. 电路基本原理

某RS-485节点的硬件电路设计如图8.18所示。SP485R接收器是Sipex半导体的RS-485接口芯片,具有极高的ESD保护,且该器件输入高阻抗可以使400个收发器接到同一条传输线上又不会引起RS-485驱动器信号的衰减。SP485R通过使能引脚来提供关断功能,可将电源电流(ICC)降低到$0.5~\mu A$以下。采用DIP8或SOIC8封装,引脚与MAX485兼容。在图8.18中,光电耦合器TLP521-3隔离了单片机与SP485R之间的电气特性,提高了工作的可靠性。基本原理为:当单片机P1.0=0时,光电耦合器的发光二极管发光,光敏三极管导通,输出高电压(+5 V),选中RS-485接口芯片的DE端,允许发送。当单片机P1.0=1时,光电耦合器的发光二极管不发光,光敏三极管不导通,输出低电平,选中RS-485接口芯片的$\overline{RE}$端,允许接收。SP485R的RO端(接收端)和DI端(发送端)的原理与上述类似。不过光耦TLP521的光电流导通和关断时间分别为$15~\mu s$和$25~\mu s$,速度较慢,若要提高传输速度,更换为6N137等高速光耦即可。

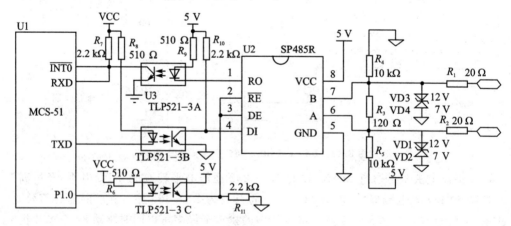

图8.18 RS-485通信接口原理图

2. RS-485的DE控制端设计

在RS-485总线构筑的半双工通信系统中,在整个网络中任一时刻只能有一个节点处于发送状态并向总线发送数据,其他所有节点都必须处于接收状态。如果有

2个节点或2个以上节点同时向总线发送数据,将会导致所有发送方的数据发送失败。因此,在系统各个节点的硬件设计中,应首先力求避免因异常情况而引起本节点向总线发送数据而导致总线数据冲突。为避免单片机复位时,I/O口输出高电平,如果把I/O口直接与RS－485接口芯片的驱动器使能端DE相连,会在单片机复位期间使DE为高,从而使本节点处于发送状态。如果此时总线上有其他节点正在发送数据,则此次数据传输将被打断而告失败,甚至引起整个总线因某一节点的故障而造成通信阻塞,继而影响整个系统的正常运行。考虑到通信的稳定性和可靠性,在每个节点的设计中应将控制RS－485总线接口芯片的发送引脚设计成DE端的反逻辑,即控制引脚为逻辑1时,DE端为0;控制引脚为逻辑0时,DE端为1。在图8.18中,将单片机的P1.0引脚通过光电耦合器驱动DE端,这样就可以使控制引脚为高或者异常复位时使SP485R始终处于接收状态,从而在硬件上有效避免节点因异常情况而对整个系统造成的影响。这就为整个系统的通信可靠奠定了基础。

　　此外,电路中要有看门狗,能在节点发生死循环或其他故障时,自动复位程序,交出RS－485总线控制权。这样就能保证整个系统不会因某一节点发生故障而独占总线,导致整个系统瘫痪。

3. 避免总线冲突的设计

　　当一个节点需要使用总线时,为了实现总线通信可靠,在有数据需要发送的情况下先侦听总线。在硬件接口上,首先将RS－485接口芯片的数据接收引脚反相后接至CPU的中断引脚$\overline{INT0}$。在图8.18中,$\overline{INT0}$连至光电耦合器的输出端。当总线上有数据正在传输时,SP485R的数据接收端(RO端)表现为变化的高低电平,利用其产生的CPU下降沿中断(也可采用查询方式),能得知此时总线是否正"忙",即总线上是否有节点正在通信。如果"空闲",则可以得到对总线的使用权限,这样就较好地解决了总线冲突的问题。在此基础上,还可以定义各种消息的优先级,使高优先级的消息得以优先发送,从而进一步提高系统的实时性。采用这种工作方式后,系统中已经没有主、从节点之分,各个节点对总线的使用权限是平等的,从而有效避免了个别节点通信负担较重的情况。总线的利用率和系统的通信效率都得以大大提高,从而也使系统响应的实时性得到改善,而且即使系统中个别节点发生故障,也不会影响其他节点的正常通信和正常工作。这样使系统的"危险"分散了,从某种程度上来说增强了系统的工作可靠性和稳定性。

4. RS－485输出电路部分的设计

　　在图8.18中,VD1～VD4为信号限幅二极管,其稳压值应保证符合RS－485标准,VD1和VD3取12 V,VD2和VD4取7 V,以保证将信号幅度限定在－7～＋12 V之间,进一步提高抗过压的能力。

　　其实,此时的限压保护采用瞬态电压抑制器管(TVS,Transient Voltage Suppressor)更为合理。TVS管有单向与双向之分,单向TVS管的特性与稳压二极管相似，双向 TVS 管的特性相当于两个稳压二极管反向串联。当 TVS 二极管的两极受到反向瞬态高能量冲击时，它能以约 10^{-12} s 量级的速度，将其两极间的高阻抗变为低阻抗，吸收高达数千瓦的浪涌功率，使两极间的电压嵌位于一个预定值，有效地保护电子线路中的精密元器件免受各种浪涌脉冲的损坏。

考虑到线路的特殊情况（如某一节点的 RS - 485 芯片被击穿短路），为防止总线中其他分机的通信受到影响，在 SP485R 的信号输出端串联了 2 个 20 Ω 的电阻 R_1 和 R_2，这样本机的硬件故障就不会使整个总线的通信受到影响。同时，2 个 20 Ω 的电阻串接在 485 通信接口中，可有效防止通信线路因意外破损或人为损害而导入的 220 V 市电对该接口的损坏，也可适当降低雷电感应通信线路对该接口的影响。当然，在工程应用中，这 2 个 20 Ω 的电阻多采用常温 20 Ω 的 PTC 热敏电阻，其不但起到自动保护功能，而且还能自动恢复，其具有对温度和电流的双重敏感性，电流过大、发热后电阻骤增形成断开效果，无触点、无噪音、无火花，又称"万次保险丝"，或称"自恢复保险丝"，是继"温度保险丝"和"温度开关"之后推出的第三代保护器件，适用于万用表、充电器、小型变压器、智能电表、数字万用表、微电机、小型电子仪器等线路中的过流、过热保护。

在应用系统工程的现场施工中，由于通信载体是双绞线，它的特性阻抗为 120 Ω 左右，所以在线路设计时，RS - 485 网络传输线的始端和末端应各接 1 个 120 Ω 的匹配电阻（如图 8.18 中的 R_3），以减少线路上传输信号的反射。当然，只有 RS - 485 总线两端点 RS - 485 驱动器配有 120 Ω 的匹配电阻。

5. 系统的电源选择

对于由单片机结合 RS - 485 组建的测控网络，应优先采用各节点独立供电的方案，同时电源线不能与 RS - 485 信号线共用同一股多芯电缆。RS - 485 信号线宜选用截面积 0.75 mm² 以上的双绞线而不是平直线，并且选用线性电源 TL750L05 比选用开关电源更合适。TL750L05 必须有输出电容，若没有输出电容，则其输出端的电压为锯齿波形状，锯齿波的上升沿随输入电压变化而变化，加输出电容后，可以抑制该现象。

6. 通信协议与软件编程

在数据传输过程中，每组数据都包含着特殊的意义，这就是通信协议。主、分机之间必须要有协议，这个协议是以通信数据的正确性为前提的，而数据传输的正确与否又完全决定于传输途径的传输线，传输线状态的稳定与通信协议有直接联系。

SP485R 在接收方式时，A、B 为输入，RO 为输出；在发送方式时，DI 为输入，A、B 为输出。当传送方向改变一次后，如果输入未变化，则此时输出为随机状态，直至输入状态变化一次，输出状态才确定。显然，在由发送方式转为接收方式后，如果 A、B 状态变化前，RO 为低电平，在第一个数据起始位时，RO 仍为低电平，单片机认为此时无起始位，直到出现第一个下降沿，单片机才开始接收第一个数据，这将导致接收错误。由接收方式转为发送方式后,D 变化前,若 A、B 之间为低电压,发送第一个数据起始位时,A、B 之间仍为低电压,A、B 引脚无起始位,同样会导致发送错误。克服这种后果的方案是:主机连续发送两个同步字,同步字要包含多次边沿变化(如 55H ,0AAH),并发送两次(第一次可能接收错误而忽略),接收端收到同步字后,就可以传送数据了,从而保证通信正确。

为了更可靠地工作,在 RS - 485 总线状态切换时需要适当延时,再进行数据的收发。具体的做法是在数据发送状态下,先将控制端置 1,延时 0.5 ms 左右的时间,再发送有效的数据,数据发送结束后,再延时 0.5 ms,将控制端置 0。这样的处理会使总线在状态切换时,有一个稳定的工作过程。

多机通信系统通信的可靠性与各个分机的状态有关。无论是软件还是硬件,一旦某台分机出现问题,都可能造成整个系统混乱。出现故障时,可能有两种现象发生:一是故障分机的 RS - 485 口被固定为输出状态,通信总线硬件电路被钳位,信号无法传输;二是故障分机的 RS - 485 口被固定为输入状态,在主机呼叫该分机时,通信线路仍然有悬浮状态,还会出现噪声信号。所以,在系统使用过程中,应注意对整个系统的维护,以保证系统的可靠性。

RS - 485 由于使用了差分电平传输信号,传输距离比 RS - 232 更长,最多可达到 3 000 m,因此很适合工业环境下的应用。但与 CAN 总线等更为先进的现场工业总线相比,其处理错误的能力还稍显逊色,所以在软件部分还需要进行特别的设计,以避免数据错误等情况发生。另外,系统的数据冗余量较大,对于速度要求高的应用场所不适宜选用 RS - 485 总线。虽然 RS - 485 总线存在一些缺点,但由于它的线路设计简单、价格低廉、控制方便,只要处理好细节,在某些工程应用中仍然能发挥良好的作用。总之,解决可靠性的关键在于工程开始施工前就要全盘考虑可采取的措施,这样才能从根本上解决问题,而不要等到工程后期再去亡羊补牢。

8.5.4　基于 RS - 485 的网络节点软件设计

利用 SM2 的多机通信模式,当从机地址确认后,只有对应地址的从机与主机通信,而其他的从机不介入通信,有效地减少了总线错误的可能。但是,地址的确认是有风险的,一旦主机发送地址期间受到干扰而发生错误,那么将会有非目的从机介入通信。其实,除了利用 SM2 的多机通信模式实现单主多从的多机通信外,还可以通过数据帧的方式实现单主多从的多机通信。

通过数据帧的方式实现的单主多从的多机通信,在软件设计中,首先需要进行通信协议和通信信息的帧结构设计。一般,数据帧是由若干个 UART 帧构成,其内容包括地址字节(1 字节)、功能代码(1 字节)、数据长度字节(1 字节)、数据字节(N 字节),以及和校验字节(1 字节,包括地址)。数据帧中每个 UART 帧发送结束到下 1 个 UART 帧开始的时间间隔小于 1.5 个 UART 帧时间,每个数据帧结束要至少相隔 1.5 个 UART 帧时间后方可进行下 1 个数据帧传输,以方便软件基于 1.5 个

UART 帧时间判断通信是否结束。数据帧的方式实现单主多从的多机通信,其通过最后的和校验,也就是比对该数据帧中前面各个数据的和确定是否正确接收数据。

地址字节实际上存放的是从机对应的设备号,此设备号由拨动开关组予以设置,在工作时,每个设备都按规定设置好,一般不做改动,改动时重新设置开关即可。**注意**:设置时应避免设备号重复。

本系统的数据帧主要有 4 种,由功能代码字节决定,它们分别是主机询问从机是否在位的"ACTIVE"指令(编码 0x11)、主机发送读设备请求的"GETDATA"指令(编码 0x22)、从机应答在位的"READY"指令(编码 0x33)和从机发送设备状态信息的"SENDDATA"指令(编码 0x44)。"SENDDATA"帧实际上是真正的数据帧,该帧中的数据字节存放的是设备的状态信息,其他三种是单纯的指令帧,数据字节为 0 字节,这三种指令帧的长度最短,仅为 4 个字节。所以,通信过程中帧长小于 4 个字节的帧都认为是错误帧。整个系统的通信还需遵守下面的规则:

① 主控机(PC 机)主导整个通信过程。由主控机定时轮询各个从机节点,并要求这些从机提交其对应设备的状态信息。

② 主控机在发送完"ACTIVE"指令后,进入接收状态,同时开启超时控制。如果接收到错误的信息则重发"ACTIVE"指令,如果在规定时间内未能接收到从机的返回指令"READY",则认为从机不在位,取消这次查询。

③ 主控机接收到从机的返回指令"READY"后,发送"GETDATA"指令,进入接收状态,同时开启超时控制。如果接收到错误的信息,则重发"GETDATA"指令;如果规定时间内未能接收到从机的返回信息,则超时计数加 1,并且主控机重新发送"GETDATA"指令;如果超时 3 次,则返回错误信息,取消这次查询。

④ 从机复位后,将等待主控机发送指令,并根据具体的指令内容做出应答。如果接收到的指令帧错误,则会直接丢弃该帧,不做任何处理。

⑤ 字节数据采用偶校验,一帧数据采取和校验。

整个系统软件分为主控机(PC)端和单片机端两部分。除了通信接口部分的软件以外,主控机端软件还包括用户界面、数据处理、后台数据库等。单片机端软件包括数据采集和 RS-485 通信程序,这两部分可以完全独立,数据采集部分可设计成一个函数,在主程序中调用即可。主控机端通信接口部分软件的流程如图 8.19 所示。

对于从机而言,它的工作与主机密切相关,它是完全被动的,根据主机的指令执行相应的操作。从机何时去收集设备的状态信息也取决于主机。当从机收到主机发送的读设备状态信息指令"GETDATA"时,才开始收集信息并发送"SENDDATA"。单片机端 RS-485 总线通信软件流程如图 8.20 所示。

下面给出单片机终端从节点的 C51 通信程序(12 MHz 晶振),并通过注释加以详细说明。汇编程序过于繁琐,也不切合实际应用,这里没有给出。

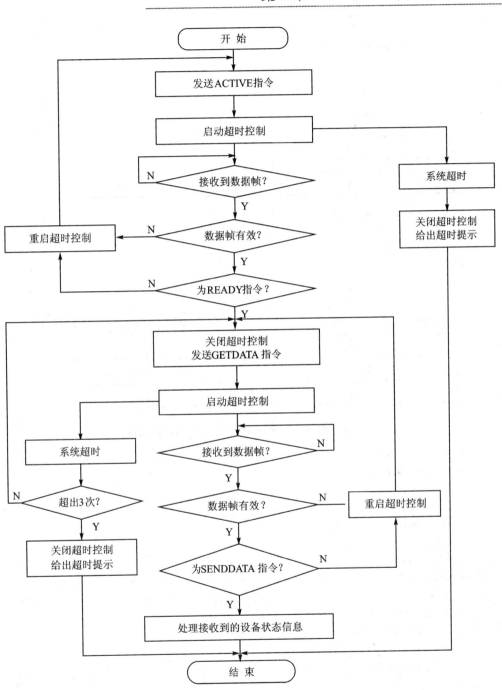

图 8.19　主控机端 RS-485 通信接口部分软件的流程

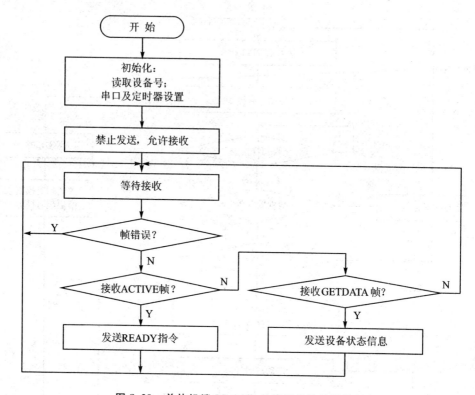

图 8.20 单片机端 RS - 485 总线通信软件的流程

```
# include <reg52. h>
# include <string. h>

# define uchar unsigned char
# define uint unsigned int

# define band              2400
# define time1_5_init      58661        //(65 536 - (1 000 000/band * 11 * 1.5)),
                                        //1.5 帧(11 * 1.5 位)时间间隔
# define ACTIVE            0x11
# define GETDATA           0x22
# define READY             0x33
# define SENDDATA          0x44

uchar DevNo;                            //设备号

# define RECFRMMAXLEN      20          //接收到数据帧的最大长度
# define STATUSMAXLEN      20          //设备状态信息最大长度
```

```
uchar r_buf[RECFRMMAXLEN];                //保存接收到的帧
uchart_Buf[STATUSMAXLEN];                 //要发送的数据,不包括地址和功能字节

uchar RecOverSign;                        //1 帧数据接收完成标志
uchar P_CheckSign;                        //偶检验错误标志

sbit DE_nRE = P3^7;                       //DE 驱动器使能,1 有效;RE 接收器使能,0 有效
// ---------------------------系统初始化---------------------
void init(void)
{   DevNo = P1;                           //读取本机设备号
    SCON = 0xd0;                          //串口工作在方式 3(8 位数据 + 偶校验),允许收
    TMOD = 0x21;                          //T1 方式 2 作为波特率发生器,T0 方式 1 定时
    TH0 = TL0 = 0xf3;                     //12 MHz 晶振下 2 400 bps 波特率
    TR1 = 1;
    ET0 = 1;
    EA = 1;                               //开总中断
    DE_nRE = 0;                           //处于接收状态
}
// ------------------------字符输入函数--------------------
unsigned char getchar(void)
{   uchar tmp;
    TL0 = (time1_5_init) % 256;
    TH0 = time1_5_init/256;
    TR0 = 1;                              //启动定时器 0,1.5 帧时间定时开始
    while(RI == 0)
      { if(RecOverSign)
          {TR0 = 0;                       //关定时器 0
           return 0;                      //仅为了返回,返回值无意义
          }
      }
    TR0 = 0;                              //关定时器 0
    tmp = SBUF;
    ACC = tmp;
    if(P! = RB8)P_CheckSign = 1;
    return tmp;                           //返回读入的字符
}
// ---------------------------------------------
void T0_ISR() interrupt 1 using 1
{RecOverSign = 1;                         //1.5 个 UART 帧时间已到标志
}
// -------------接收数据帧函数,实际上接收的是主机的指令-------------
unsigned char Recv_Data(uchar * type)     //通过指针实参传递返回数据帧类型
```

单
片
机
及
工
程
应
用
基
础

```
{   uchar tmp,rCount,i;
    uchar check_sum;                            //校验和
    uchar Len;                                  //信息字节长度变量

    rCount = 0;
    RecOverSign = 0;
    P_CheckSign = 0;                            //开始没有奇偶校验错误
    while(1)//两个字符间时间间隔超过 1.5 个 UART 帧时间间隔,1 帧数据则结束
      {  tmp = getchar();
         if(RecOverSign)break;
         r_buf[rCount ++ ] = tmp;
      }


      //计算校验字节
      check_sum = 0;
      for(i = 0;i< rCount - 2;) check_sum += r_buf[i];
      //判断帧是否错误
      if (r_buf[1]!= DevNo) return 0;           //地址不符合,错误,返回 0
      if ((check_sum != r_buf[rCount - 1])|| P_CheckSign) return 0;//校验错误,返回 0
      * type = r_buf[1];                        //获取指令类型
      return 1;                                 //成功,返回 1
}
// ---------------字符输出函数 ---------------
void putchar(uchar c)
{    SBUF = c;                                  //开始发送数据
     while(TI == 0);                            //等待发送完成
     TI = 0;                                    //清发送完成标志
}
// ---------------发送数据帧函数 ---------------
void Send_Data(uchar type,uchar len,uchar * buf)
{    uchar i = 0;
     uchar check_sum;
     DE_nRE = 1;                                //允许发送,禁止接收
     check_sum = DevNo + type + len;
     putchar( DevNo);                           //设备号
     putchar(type);                             //功能字节
     putchar( len);                             //发送数据长度
     while(len)
     {  putchar(buf[i]);
        check_sum + = buf[i ++ ];
        len -- ;
     }
```

```
        putchar(check_sum);                          //发送校验和
        DE_nRE = 0;                                   //切回接收状态
}
//------采集数据函数经过简化处理,取固定的 13 字节数据------
void Get_Stat(void)
{ uchar i;
    for(i = 0;i<13;i++)t_Buf[i] = i;
}
//---------------清除设备状态信息缓冲区函数---------------
void Clr_StatusBuf(void)
{   uchar i;
    for (i = 0;i<STATUSMAXLEN;i++)t_Buf[i] = 0;
}
//-------------------------------
int main(void)
{   uchar type;
    init();                                          //初始化
    while (1)
    {
        if (Recv_Data(&type) == 0) continue;         //接收帧错误或者地址不符合,丢弃
        switch (type)
        {   case ACTIVE:                             //主机询问从机是否在位
                Send_Data(READY,0,t_Buf);            //发送 READY 指令
                break;
            case GETDATA:                            //主机读设备请求
                Clr_StatusBuf();
                Get_Stat();                          //数据采集函数
                Send_Data(SENDDATA,strlen(t_Buf),t_Buf);
                break;
            default:
                break;                               // 指令类型错误,丢弃当前帧
        }
    }
}
```

习题与思考题

8.1 串行通信的主要优点和用途是什么?

8.2 为什么可以采用定时器/计数器 T1 的方式 2 作为波特率发生器?

8.3 请说明 UART 的通信格式及注意要点。

单片机及工程应用基础

8.4 试说明采用 11.059 2 MHz 晶振用于 UART 通信的原理？

8.5 简述利用串行口进行多机通信的原理。

8.6 试基于 MCS – 51 的 UART 设计一个 8 位数码管显示"专用芯片"。设计要求如下：

（1）动态显示 8 位共阳极数码管；

（2）显示内容由其他单片机从 UART 的 RXD 引脚送入，波特率为 2 400 bps，8 个数据位；

（3）送入数据格式如下：

D7～D4	D3～D0
数码管地址:0～7	对应数码管的 BCD 码

（4）按送入数据的地址，更新对应数码管的显示内容，即自动译码显示。

第 **9** 章

串行扩展技术

近年来,芯片间的串行数据传输技术被大量采用,串行扩展接口和串行扩展总线的应用大大优化了系统的结构。由于串行总线连接线少,总线的结构比较简单,不需要专用的插座而直接用导线连接各种芯片即可。因此,采用串行总线可以使系统的硬件设计简化、体积减小、可靠性提高,同时,还可以使系统的更改和扩充更加容易。

目前,单片机应用系统中使用的串行扩展接口总线主要有串行外设接口总线(Serial Peripheral Interface BUS,SPI BUS)和 I^2C 总线(Inter IC BUS)。本章首先学习 SPI 总线和 I^2C 总线技术,最后学习单总线技术。

9.1 SPI 总线扩展接口及应用

9.1.1 SPI 总线及其应用系统结构

SPI 总线系统是一种应用极其广泛的同步串行外设接口,允许 MCU 与各种外围设备以同步串行方式进行通信来交换信息。其外围设备种类繁多,从最简单的移位寄存器到复杂的 LCD 显示驱动器、网络控制器等,可谓应有尽有。SPI 总线可直接与各厂家生产的多种标准外围器件直接接口,该接口一般使用 4 根线:串行时钟线 SCK、主机输入/从机输出数据线 MISO、主机输出/从机输入数据线 MOSI 和低电平有效的从机选择线 $\overline{SS}$。由于 SPI 系统总线只需 3 根公共的时钟数据线和若干根独立的从机选择线(依据从机数目而定),在 SPI 从设备较少而没有总线扩展能力的单片机系统中使用特别方便。即使在有总线扩展能力的系统中采用 SPI 设备也可以简化电路设计,省掉很多常规电路中的接口器件,从而提高了设计的可靠性。

一个典型的 SPI 总线系统结构如图 9.1 所示。SPI 总线应用系统中,只允许有 1 个器件作为 SPI 主机,一般 MCU 作为主机。总线上还有若干作为 SPI 从设备的 I/O 外围器件。主机控制着数据向 1 个或多个从外围器件传送。从器件只能在主机发送命令时才能接收或向主机传送数据,其数据的传输格式可以是 MSB,也可以是 LSB。当有多个器件要连至 SPI 总线上作为从设备时,必须注意两点:一是其必须有片选端;二是其接 MISO 线的输出脚必须有三态,片选无效时输出高阻态,以不影响其他 SPI 设备的正常工作。

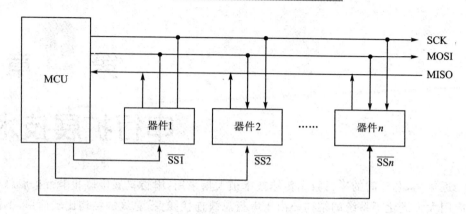

图 9.1　一个典型的 SPI 总线系统结构示意图

9.1.2　SPI 总线的接口时序

对于大多的 MCS-51 单片机而言,没有提供 SPI 接口,通常可以使用软件的办法来模拟 SPI 的总线操作,包括串行时钟、数据输入和输出。需要说明的是,对于不同的串行接口外围芯片,它们的时钟时序有可能不同,按 SPI 数据和时钟的相位关系来看,通常有 4 种情况,它是由片选信号有效前的电平和数据传送时的有效沿来区分的,传送 8 位数据的 SPI 总线时序如图 9.2 所示。

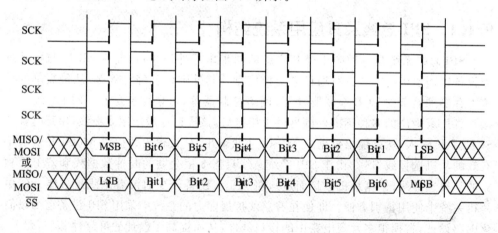

图 9.2　SPI 总线的 4 种工作时序图

对于全双工的 SPI 通信,4 种时序都是在虚线对应的时钟边沿将总线上的数据锁存入接收器,在实线对应的时钟边沿数据将从发送器更新到总线。进行 SPI 软件设计时一定要弄清楚是哪一种时序模式。

如果接多个器件,只需控制片选即可实现与不同器件间的通信。$\overline{SS}$ 不但可以作为片选线,而且在很多应用中还作为从芯片的启动和停止信号。需要特别指出的是,SPI 既可以半双工通信,也可以全双工通信。下面给出的是半双工的例子,全双工及 $\overline{SS}$ 作为从芯片的启动和停止信号的实例请参阅 11.3 节所讲述的 TLC2543 的 SPI 通信。

【例 9.1】 用 74HC595 扩展并行输出口驱动数码管。

在有些场合,需要较多的引脚并行完成输出操作,此时在 SPI 总线上挂接移位寄存器就可以很方便地实现串并的转换。74HC595 是一典型的,并被广泛应用的串入并出接口芯片,采取两级锁存,芯片引脚如图 9.3 所示,引脚说明如表 9.1 所列,74HC595 内部结构如图 9.4 所示。利用 74HC595 进行串入并出静态驱动显示多个数码管是数码管驱动应用的常用方法,电路如图 9.5 所示。该电路,理论上仅需 3 根线与单片机连接,但却可以扩展无限个静态驱动数码管。

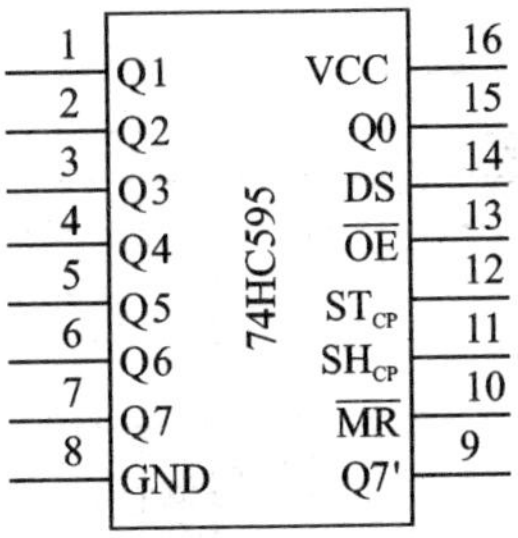

图 9.3 74HC595 引脚

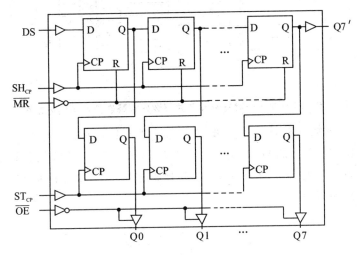

图 9.4 74HC595 内部结构

表 9.1 74HC595 引脚说明

引脚名称	引脚序号	功能说明
Q0~Q7	15、1~7	并行数据输出口
GND	8	电源地
Q7′	9	串行数据输出端
$\overline{MR}$	10	一级锁存(移位寄存器)的异步清零端
SH$_{CP}$	11	移位寄存器时钟输入,上升沿移入 1 位数据
ST$_{CP}$	12	锁存输出时钟,上升沿有效
$\overline{OE}$	13	输出三态使能控制
DS	14	串行数据输入端
VCC	16	供电电源

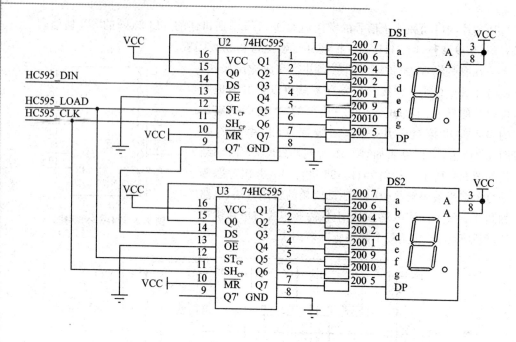

图9.5 74HC595一对一驱动多共阳数码管静态显示实例电路图

参见图9.2的第一种时钟时序,时钟上升沿锁入1位数据进入74HC595。P3.0作为MOSI与74HC595的DS相连,P3.1作为CLK与74HC595的SH_{CP}相连,P3.0与74HC595的ST_{CP}相连。两个字节串并转换数据在30H和31H地址中,在C程序的d[2]数组中,程序如下:

汇编程序:	C语言程序:

```
汇编程序:                         C语言程序:
      MOSI  BIT  P3.0              # include <reg52. h>
      CLK   BIT  P3.1             sbit  MOSI = P3^0;
      STCP  BIT  P1.3             sbit  CLK = P3^1;
      ORG   0000H                 sbit  STCP = P1^3;
      LJMP  MAIN                  unsigned char d[2];
      ORG   0030H                 unsigned char code BCDto7SEG[10] =
SEND8bit:        ;通过A传递参数            {0xc0,0xf9,0xa4,0xb0,0x99,0x92,
      MOV   R6,#8    ;8bit                0x82,0xf8,0x80,0x90};//0～9
SPI_L:CLR   CLK                   void SEND8bit(unsigned char d8)
      RLC   A                     { unsigned  char  i;
      MOV   MOSI,C                  for(i = 0;i<8;i++ )            //8bit
      SETB  CLK     ;上升沿锁存        {CLK = 0;
      DJNZ  R6,SPI_L                  if(d8&0x80)MOSI = 1; //高位先发(MSB)
      RET                            else MOSI = 0;
```

```
MAIN: MOV   DPTR,#BCDto7SEG              CLK = 1;              //上升沿锁存
      CLR   STCP                        d8<< = 1;
      MOV   R7,#2      ;两个字节        }
      MOV   R0,#30H    ;指向两个字节首址  }
LOOP: MOV   A,@R0                     int   main(void)
      MOVC  A,@A + DPTR              { unsigned  char  i;
      LCALL SEND8bit                    STCP = 0;
      INC   R0                          for(i = 0;i<2;i++)      //2字节
      DJNZ  R7,LOOP                      {SEND8bit(BCDto7SEG[d[i]]);
      SETB  STCP      ;装载输出          }
      SJMP  $                           STCP = 1;
BCDto7SEG:                              while(1);
      DB 0C0H,0f9H,0a4H,0b0H,99H      }
      DB 92H,82H,0f8H,80H,90H  ;0~9
      END
```

　　然而一个数码管对应一个 74HC595,浪费硬件资源。为克服这一缺点,当有多个数码管时一般采用动态显示方式。

9.1.3　用 MCS – 51 的串行口扩展并行口

　　当 SCON 的 SM0 和 SM1 为 00 时,MCS – 51 的串行口工作于方式 0 的 8 位半双工同步串口。它通常用来外接移位寄存器,用作扩展 I/O 接口。方式 0 工作时波特率固定为:$f_{osc}/12$。工作时,串行数据通过 RXD 输入和输出,同步时钟通过 TXD 输出。发送和接收数据时低位在前,高位在后(LSB 方式),长度为 8 位,实质上其为半双工 SPI 主机接口。MCS – 51 串行口工作于方式 0 时的工作时序如图 9.6 所示。

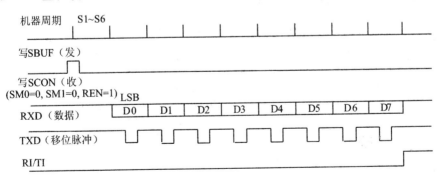

图 9.6　串行口方式 0 的收发时序

　　可以看出,无论在哪个数据位上,时钟线都提供了两个边沿,也就是说无论是上升沿传送数据还是下降沿传送数据,都满足位同步条件。

1. 发送过程

在 TI＝0 时，当 CPU 执行一条向 SBUF 写数据的指令时，如"MOV SBUF A"，就启动发送过程。经过一个机器周期，写入发送数据寄存器中的数据按 LSB 方式从 RXD 依次发送出去，同步时钟从 TXD 送出。8 位数据（一帧）发送完毕后，由硬件使发送中断标志 TI 置位，向 CPU 申请中断。如还需要再次发送数据，必须用软件将 TI 清零，并再次执行写 SBUF 指令。

2. 接收过程

在 RI＝0 的条件下，将 REN(SCON. 4)置 1 就启动一次接收过程。串行数据通过 RXD 接收，同步移位脉冲通过 TXD 输出。在移位脉冲的控制下，RXD 上的串行数据在时钟上升沿时刻依次移入移位寄存器。当 8 位数据（一帧）全部移入移位寄存器后，接收控制器发出"装载 SBUF"信号，将 8 位数据并行送入接收数据缓冲器 SBUF 中。同时，由硬件使接收中断标志 RI 置位，向 CPU 申请中断。CPU 响应中断后，从接收数据寄存器中取出数据，然后用软件使 RI 复位，使移位寄存器接收下一帧信息。

如果在应用系统中，串行口未被占用，那么将它用来扩展并行 I/O 口既不占用片外的三总线地址，又节省硬件开销，是一种经济、实用的方法。当外接一个串入并出的移位寄存器，就可以扩展并行输出口；当外接一个并入串出的移位寄存器时，就可以扩展并行输入口。

采用串口方式 0 实现例 9.1 的扩展双 74HC595 并行输出口的软件设计方法为：当 MCS－51 单片机串行口工作在方式 0 的发送状态时，串行数据由 P3.0 送出，移位时钟由 P3.1 送出。在移位时钟的作用下，串行口发送缓冲器的数据一位一位地从 P3.0 移入 74HC595 中。两个字节串并转换数据在 30H 和 31H 地址中，在 C 程序的 d[2]数组中，程序重新设计如下：

汇编程序：

```
        STCP    BIT    P1.3
        ORG     0000H
        LJMP    MAIN
        ORG     0030H
MAIN:MOV     SCON,＃00H;方式 0
        CLR     STCP
        MOV     R7,＃2      ;2 个字节
        MOV     R0,＃30H   ;指向 2 个字节首址
LOOP:MOV     SBUF,@R0
        JNB     TI,$
        CLR     TI
        INC     R0
        DJNZ    R7,LOOP
        SETB    STCP       ;装载输出
        SJMP    $
        END
```

C 语言程序：

```c
# include ＜reg52. h＞
sbit    STCP = P1^3;
unsigned char d[2];
int main(void)
{   unsigned  char  i;
    SCON = 0x00;           //方式 0
    STCP = 0;
    for(i=0;i<2;i++)   //2 个字节
    {SBUF = d[i];
     while (!TI);
     TI = 0;
    }
    STCP = 1;
    while(1);
}
```

【例9.2】 用74HC165扩展并行输入口。

图9.7是利用2片74HC165扩展2个8位并行输入口的接口电路。

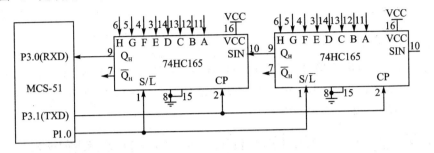

图9.7 利用74HC165扩展并行输入口

74HC165是8位并行输入串行输出的寄存器。当74HC165的S/$\overline{L}$端由高到低跳变时,并行输入端的数据被置入寄存器;当S/$\overline{L}$=1,且时钟禁止端(15引脚)为低电平时,允许TXD(P3.1)移位时钟输入,这时在时钟脉冲的作用下,数据将沿Q_A到Q_B方向移动。

在图9.7中,TXD(P3.1)作为移位脉冲输出与所有75HC165的移位脉冲输入端CP相连;RXD(P3.0)作为串行数据输入端与74HC165的串行输出端Q_H相连;P1.0用来控制74HC165的移位与并入,同S/$\overline{L}$相连;74HC165的时钟禁止端(15引脚)接地,表示允许时钟输入。当扩展多个8位输入口时,相邻两芯片的首尾(Q_H与SIN)相连。

串行口方式0数据的接收,用SCON寄存器中的REN位来控制,采用查询RI的方式来判断数据是否输入。两个字节串并转换数据读回到30H和31H地址中,或读回到C程序的d[2]数组中,程序如下:

汇编程序:	C语言程序:

`        SnL  BIT  P1.0`
`        ORG  0000H`
`        LJMP MAIN`
`        ORG  0030H`
`MAIN: MOV  R7,#2    ;2 个字节`
`        MOV  R0,#30H`
`        CLR  SnL  ;并行置入数据,S/L=0`
`        SETB SnL  ;允许串行移位,S/L=1`
`LOOP: MOV   SCON,#10H ;设串口方式 0,`
`                  ;允许接收,`
`                  ;启动接收过程`
`        JNB  RI,$`
`        CLR  RI`
	`# include <reg52.h>`
	`sbit   SnL = P1^0;`
	`unsigned char d[2];`
	`intmain(void)`
	`{ unsigned char i;`
	`  SnL = 0;`
	`  SnL = 1;`
	`  for(i=0;i<2;i++)  //2 个字节`
	`  {SCON = 0x10;   //设串口方式 0,允许接收`
	`   while (!RI);`
	`   RI = 0;`
	`   d[i] = SBUF;`
	`  }`

```
    MOV  @R0,SBUF                while(1);
    INC  R0                   }
    DJNZ R7,LOOP
    SJMP $
    END
```

上面的程序对串行接收过程采用的是查询等待的控制方式,如有必要,也可改用中断方式。从理论上讲,串并转换的 I/O 口数量几乎是无限的,但扩展越多,对扩展 I/O 口的操作速度也就越慢。

*9.1.4　基于 SPI 接口和 74HC595 的 LED 点阵屏技术

LED 点阵显示屏作为一种广泛应用的新型显示器,不但可以动态显示各种信息,适用于在多种场合下的广告或宣传应用,而且具有易于安装、低功耗和低电磁辐射等特点。

LED 显示屏是由 LED 发光二极管以点阵的形式组合而成。以把 64 个发光二极管排成 8×8 的矩阵形式为例,如图 9.8LED 采用矩阵式的连接方式,行列都是公

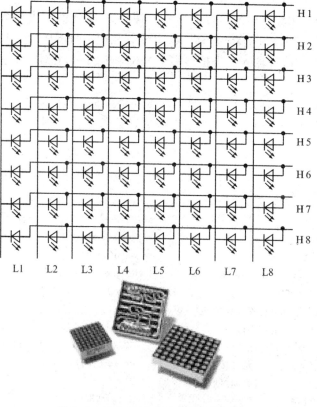

图 9.8　单色 8×8 LED 模块内部结构

共端,即无共阴和共阳之说,只能用动态显示的方法。下面简单介绍一下动态显示驱动方案。

当点阵屏面积较大时,一般以 8×8 点阵块按照动态扫描方式拼接扩展。半角字一般多为 16×8 点阵表示,汉字一般多为 16×16 点阵表示。为了能显示整行汉字,点阵屏的行和列数一般为 16 的整数倍。

如图 9.9 所示,要显示"你"则相应的点就要点亮。由于我们的点阵在列线上是低电平有效,而在行线上是高电平有效,所以要显示"你"字,它的每个位代码信息要取反,即所有列送(1111011101111111,0xF7,0x7F),而第一行送 1 信号,第一行亮一会,然后第一行送 0 灭。再送第二行要显示的数据 (1111011101111111,0xF7,0x7F),第二行亮一会,然后第二行送 0 灭。依此类推,只要每行数据显示时间间隔够短,利用人眼的视觉暂停作用,这样送 16 次数据扫描完 16 行后就会看到一个"你"字。

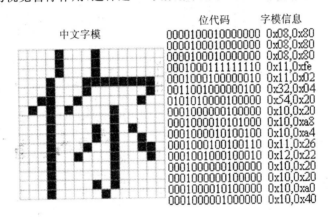

中文字模

位代码	字模信息
0000010001000000	0x08,0x80
0000010001000000	0x08,0x80
0000010001000000	0x08,0x80
0001000111111110	0x11,0xfe
0001000100000010	0x11,0x02
0011001000000100	0x32,0x04
0101010000100000	0x54,0x20
0001000000100000	0x10,0x20
0001000010101000	0x10,0xa8
0001000010100100	0x10,0xa4
0001000100100110	0x11,0x26
0001001000100010	0x12,0x22
0001000000100000	0x10,0x20
0001000010100000	0x10,0xa0
0001000001000000	0x10,0x40

图 9.9　LED 点阵屏显示逻辑

字模信息可以通过字模软件获得。下面以 16×128 条屏为例说明点阵屏的设计。

16 行具有 16 个位选端,每个位选控制 128 个段选点,而由于段选过多,行业内多以 74HC595 串转并的方式扩展 I/O 口,1 个 74HC595 控制 8 个点,128 点共需要 16 个 74HC595。每个位选控制 128 个段选,因此必须加驱动,本例采用 LED 点阵屏,行业通常采用的共阳极驱动方法。4953 是将双 PMOS 管封装在一起的,在点阵屏中它的作用是行选,16 行,就会要用 8 个 4953。它的 1 引脚和 3 引脚接电源,7、8 引脚接在一起,5、6 引脚接在一起。当行选信号使 2 引脚电平降低时,那么 1 引脚就会和 7、8 引脚导通从而显示一行。当行选信号使 4 引脚电平降低时,那么 3 引脚就会和 5、6 引脚导通从而显示另一行。4953 低电平有效导通,因此结合 2 个 74HC138 构建 4－16 译码器可实现行选通。16×128 条屏电路如图 9.10 所示。

单片机 3 个引脚作为 DIN、CLK 和 LOAD 引脚与 74HC595 连接输出每一行 128 点的段选数据。单片机 4 个引脚与 74HC138 的 A、B、C 和 D 连接,决定是 16 行

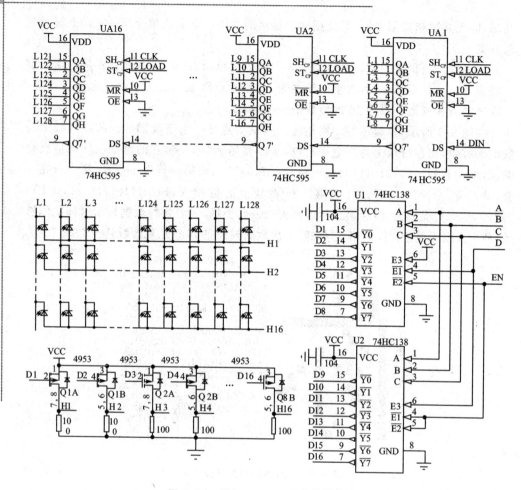

图 9.10 单色 16×128 点条屏电路图

中那一行导通。其中,D 为低选中 U1,D 为高则选中 U2。同时,单片机还有一个引脚与 74HC138 的使能端 EN 连接,输出为低则 A、B、C 和 D 的控制输出有效,输出为高则所有行都截止,即显示关闭。

*9.2 SPI 总线应用——采用日历时钟芯片 DS1302 实现电子钟表

9.2.1 DS1302 简介

DS1302 是 DALLAS 公司推出的涓流充电时钟芯片,内含有一个实时时钟/日历逻辑,通过简单的串行接口与单片机进行通信,实时时钟/日历电路提供秒、分、时、日、日期、月、年的信息,每月的天数和闰年的天数可自动调整,广泛应用于电话传真、便携式仪器及电池供电的仪器仪表等产品领域中，是被广泛应用的 RTC 芯片。DS1302 的主要性能指标如下：

① DS1302 实时时钟具有能计算 2100 年之前的秒、分、时、日、月、星期、年的能力，还有闰年调整的能力。但是，没有修改年、月、日自动调整星期的能力。

② 内部含有 31 个字节静态 RAM，可提供用户访问。

③ 时钟或 RAM 数据的读/写有两种传送方式：单字节传送和多字节传送方式。

④ 采用 8 引脚 DIP 封装或 SOIC 封装。DS1302 的引脚如图 9.11 所示。

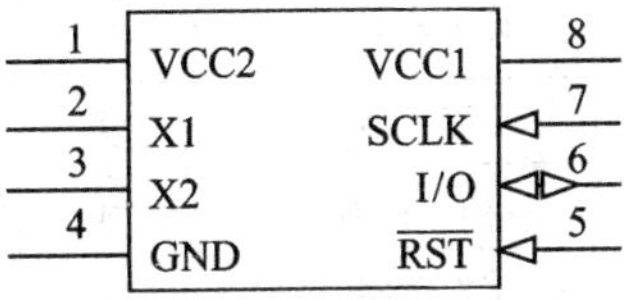

⑤ X1、X2：32.768 kHz 晶振接入引脚。

⑥ 采用主电源和备份电源双电源供应。

⑦ 工作电压(VCC2)范围为：2.0～5.5 V。

⑧ 工作电流：2.0 V 时，小于 300 nA。

图 9.11 DS1302 引脚图

⑨ 与 TTL 兼容，VCC＝5 V。

⑩ 备份电源(VCC1)可由电池或大容量电容实现，具有涓流充电能力。

⑪ 采用类 SPI 串行数据传送方式，使得引脚数量最少，简单 3 线接口。

➢ I/O：数据输入/输出引脚，具有三态功能。

➢ SCLK：串行时钟输入引脚。

➢ $\overline{RST}$：复位引脚，低电平有效。

⑫ 可选工业级温度范围：−40～+85 ℃。

DS1302 有一个控制寄存器，12 个时钟/日历寄存器和 31 个 RAM。下面将分别讲解：

1. DS1302 的控制寄存器

控制寄存器用于存放 DS1302 的控制命令字，DS1302 的 $\overline{RST}$ 引脚复位完成回到高电平后写入的第一个字就为控制命令。它用于对 DS1302 读/写过程进行控制，它的格式如下：

b7	b6	b5	b4	b3	b2	b1	b0
1	RAM/$\overline{CK}$	A4	A3	A2	A1	A0	RD/$\overline{W}$

① b7：固定为 1。

② b6：RAM/$\overline{CK}$位，片内 RAM 或日历、时钟寄存器选择位，当 RAM/$\overline{CK}$＝1 时，对片内 RAM 进行读/写；当 RAM/$\overline{CK}$＝0 时，对日历、时钟寄存器进行读/写。

③ b5～b1：地址位，用于选择进行读/写的日历、时钟寄存器或片内 RAM。对日历、时钟寄存器或片内 RAM 的选择见表 9.2。

表 9.2　DS1302 日历、时钟寄存器的选择

寄存器名称	b7	b6	b5	b4	b3	b2	b1	b0
	1	RAM/$\overline{\text{CK}}$	A4	A3	A2	A1	A0	RD/$\overline{\text{W}}$
秒寄存器	1	0	0	0	0	0	0	0 或 1
分寄存器	1	0	0	0	0	0	1	0 或 1
小时寄存器	1	0	0	0	0	1	0	0 或 1
日寄存器	1	0	0	0	0	1	1	0 或 1
月寄存器	1	0	0	0	1	0	0	0 或 1
星期寄存器	1	0	0	0	1	0	1	0 或 1
年寄存器	1	0	0	0	1	1	0	0 或 1
写保护寄存器	1	0	0	0	1	1	1	0 或 1
慢充电寄存器	1	0	0	1	0	0	0	0 或 1
日历时钟连续传输模式	1	0	1	1	1	1	1	0 或 1
RAM0	1	1	0	0	0	0	0	0 或 1
⋮	1	1	⋮	⋮	⋮	⋮	⋮	0 或 1
RAM30	1	1	1	1	1	1	0	0 或 1
RAM 连续传输模式	1	1	1	1	1	1	1	0 或 1

④ b0:读/写位,当 RD/$\overline{\text{W}}$=1 时,对日历、时钟寄存器或片内 RAM 进行读操作,当 RD/$\overline{\text{W}}$=0 时,对日历、时钟寄存器或片内 RAM 进行写操作。

2. DS1302 的日历、时钟寄存器

DS1302 共有 12 个寄存器,其中有 7 个与日历、时钟相关,存放的数据为 BCD 码形式。DS1302 的日历、时钟寄存器的格式见表 9.3。

表 9.3　DS1302 日历、时钟寄存器的格式

寄存器名称	取值范围	b7	b6	b5	b4	b3	b2	b1	b0
秒寄存器	00～59	CH	秒的十位			秒的个位			
分寄存器	00～59	0	分的十位			分的个位			
小时寄存器	01～12 或 00～23	12/24	0	A/P	HR	小时的个位			
日寄存器	01～31	0	0	日的十位		日的个位			
月寄存器	01～12	0	0	0	1 或 0	月的个位			
星期寄存器	01～07	0	0	0	0	0	星期几		
年寄存器	01～99	年的十位				年的个位			
写保护寄存器		WP	0	0	0	0	0	0	0
慢充电寄存器		TCS	TCS	TCS	TCS	DS	DS	RS	RS

说明：

① 数据都以 BCD 码形式表示。

② 小时寄存器的 b7 位为 12 小时制/24 小时制的选择位,当为 1 时,选 12 小时制;当为 0 时,选 24 小时制。当 12 小时制时,b5 位为 1 是上午,b5 位为 0 是下午,b4 为小时的十位;当 24 小时制时,b5、b4 位为小时的十位。

③ 秒寄存器中的 CH 位为时钟暂停位,当初始上电时该位置为 1,时钟振荡器停止,设置为 0 时,时钟开始启动。基于此,可以判断是否为初次上电,初次上电要初始化各个日历、时钟寄存器的值,否则,日历、时钟寄存器中的值为乱码。

④ 写保护寄存器中的 WP 为写保护位,当 WP=1 时,写保护,当 WP=0 时未写保护。当对日历、时钟寄存器或片内 RAM 进行写时 WP 应清零,当对日历、时钟寄存器或片内 RAM 进行读时 WP 一般置 1。

⑤ 慢充电寄存器的 TCS 位为控制慢充电的选择,当它为 1010 时才能使慢充电工作。DS 为二极管选择位,DS 为 01 选择一个二极管,DS 为 10 选择两个二极管,DS 为 11 或 00 充电器被禁止,与 TCS 无关。RS 用于选择连接在 VCC2 与 VCC1 之间的电阻,RS 为 00,充电器被禁止,与 TCS 无关,电阻选择情况见表 9.4。

表 9.4　RS 对电阻的选择情况表

RS 位	电阻器	阻值/kΩ	RS 位	电阻器	阻值/kΩ
00	无	无	10	R2	4
01	R1	2	11	R3	8

3. DS1302 的片内 RAM

DS1302 片内有 31 个 RAM 单元,对片内 RAM 的操作有两种方式:单字节方式和多字节方式。当控制命令字为 C0H～FDH 时为单字节读/写方式,命令字中的 D5～D1 用于选择对应的 RAM 单元,其中奇数为读操作,偶数为写操作。当控制命令字为 FEH、FFH 时为多字节操作(表 9.2 中的 RAM 操作模式),多字节操作可一次把所有的 RAM 单元内容进行读/写。FEH 为写操作,FFH 为读操作。

4. DS1302 的输入/输出过程

DS1302 通过 $\overline{RST}$ 引脚驱动输入/输出过程,当 $\overline{RST}$ 置高电平启动输入/输出过程,在 SCLK 时钟的控制下(第 1 种 SPI 时钟相位,即上升沿写入,下降沿更新数据),首先把控制命令字写入 DS1302 的控制寄存器,其次根据写入的控制命令字,依次读/写内部寄存器或片内 RAM 单元的数据。对于日历、时钟寄存器,根据控制命令字,一次可以读/写一个日历、时钟寄存器;通过日历时钟连续传输模式,也可以一次读/写 8 字节(7 个日历、时钟寄存器,加上写保护寄存器),写的控制命令字为 0BEH,读的控制命令字为 0BFH;对于片内 RAM 单元,根据控制命令字,一次可读/写 1 000 字节,一次也可读/写 31 字节。当数据读/写完后,$\overline{RST}$ 变为低电平结束输入/输出过程。无论是命令字还是数据,一字节传送时都是低位在前,高位在后,每一位的读/写发生在时钟的上升沿,按 LSB 方式传送数据。

9.2.2　DS1302 与单片机的接口

DS1302 与单片机的连接仅需要 3 条线:时钟线 SCLK、数据线 I/O 和复位线 $\overline{RST}$,连接图如图 9.12 所示。时钟线 SCLK 与 P1.0 相连,数据线 I/O 与 P1.1 相连,复位线 $\overline{RST}$ 与 P1.2 相连。

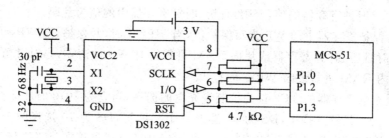

图 9.12　DS1302 与单片机的接口电路图

如图 9.12 所示,在单电源与电池供电的系统中,VCC1 提供低电源并提供低功率的备用电源。在双电源系统中,VCC2 提供主电源,VCC1 提供备用电源,以便在没有主电源时能保存时间信息以及数据,DS1302 由 VCC1 和 VCC2 两者中较大的供电。DS1302 的驱动程序如下:

汇编语言程序	C 语言程序
;DS1302 时钟线引脚	# include ＜reg52.h＞
T_CLK　Bit　P1.0	# define uchar　unsigned char
;DS1302 数据线引脚	# define uint　　unsigned int
T_IO　　Bit　P1.1	sbit　T_CLK = P1^0;　//DS1302 时钟线引脚
;DS1302 复位线引脚	sbit　T_IO = P1^1;　//DS1302 数据线引脚
T_RST　Bit　P1.2	sbit　T_RST = P1^2;　//DS1302 复位线引脚
;40H－46H 存放"秒－分－时－日－月－	//－－－－－－－－－－－－－－－－－－－－
;星期－年"	# define DS1302_SECOND　0x80
ORG　0000H	# define DS1302_MINUTE　0x82
LJMP　　MAIN	# define DS1302_HOUR　　0x84
ORG　0030H	# define DS1302_WEEK　　0x8a
MAIN: MOV　40H,　#00　;秒赋初值	# define DS1302_DAY　　0x86
MOV　41H,　#05　;分赋初值	# define DS1302_MONTH　0x88
MOV　42H,　#11　;时赋初值	# define DS1302_YEAR　　0x8c
MOV　43H,　#23　;日赋初值	# define DS1302_WP　　0x8e
MOV　44H,　#05　;月赋初值	//－－－－－－－－－－－－－－－－－－－－
MOV　45H,　#00　;星期赋初值	//往 DS1302 写入 1B 数据
MOV　46H,　#04　;年赋初值	void WriteB(uchar ucDa)

```
;调用初值设定子程序
    LCALL    SET1302
    SJMP     $


;功能:写 DS1302 一字节,写入的内容在 A 中
WriteB:MOV   R7,#8      ;一字节要移 8 次
W1b:   RRC   A          ;通过 A 移入 CY
       MOV   T_IO, C
       SETB  T_CLK      ;移入芯片内
       CLR   T_CLK
       DJNZ  R7,W1b
       RET


       ;功能:读 DS1302 一字节,到 A 中
ReadB: MOV   R7,#8      ;一字节要移 8 次
R1b:   MOV   C, T_IO    ;从芯片内移到 CY
       RRC   A          ;通过 CY 移入 A
       SETB  T_CLK
       CLR   T_CLK
       DJNZ  R7, R1b
       RET


;* * * * * * * * * * * * * * * * * * * *
;SET1302 子程序名
;功能:设置 DS1302 初始时间,并启动
;     计时
;调用:WRITE 子程序
;入口参数:初始时间:秒、分、时、日、月、
;星期、年在 40H~46H 单元
;影响资源:A  R0  R1  R6
;* * * * * * * * * * * * * * * * * * *
SET1302:CLR  T_RST
        CLR  T_CLK
        SETB T_RST
        MOV  A,#8EH    ;写保护寄存器
        LCALL WriteB
        MOV  A,#00H    ;写操作前清写保护位
        LCALL WriteB
        SETB T_CLK
        CLRT_RST
```

```c
{  uchar  i;
    for(i = 0;i<8;i++)
    {if(ucDa&0x01)T_IO = 1;
    else T_IO = 0;
    T_CLK = 1; //上升沿锁存
    ucDa >>= 1;
    T_CLK = 0;
    }
}
//---------------------------
uchar ReadB(void) //从 DS1302 读取 1B 数据
{uchar i,tem;
  T_IO = 1 ;        //输入口
  for(i = 0; i<8; i++)
  { tem >>= 1;
    if(T_IO)tem |= 0x80 ;
    T_CLK = 1;
    T_CLK = 0;    //下降沿更新
    }
  return tem;
}
//---------------------------
//向 DS1302 某地址写入命令/数据
void v_W1302(uchar ucAddr,uchar ucDa)
{T_RST = 0;
 T_CLK = 0;
 T_RST = 1;
 WriteB (ucAddr);      //地址,命令
 WriteB (ucDa);        //写 1 字节数据
 T_CLK = 1;
 T_RST = 0;
}
//---------------------------
uchar uc_R1302(uchar ucAddr)
//读取 DS1302 某地址的数据,可直接用于
//读取 DS1302 当前某一时间寄存器
{ uchar  ucDa;
  T_RST = 0;
  T_CLK = 0;
  T_RST = 1;
```

单片机及工程应用基础

```asm
        MOV   R0,#40H      ;指向时间缓存
        MOV   R6,#7        ;共 7 字节
        MOV   R1,#80H      ;写秒寄存器命令
SL: CLR   T_RST
        CLR   T_CLK
        SETB  T_RST
        MOV   A,R1         ;写入写秒命令
        LCALL WriteB
        MOV   A,@R0        ;写秒数据
        LCALL WriteB
        INC   R0
        INC   R1
        INC   R1
        SETB  T_CLK
        CLR   T_RST
        DJNZ  R6, SL       ;未写完,继续写下一个
        CLR   T_RST
        CLR   T_CLK
        SETB  T_RST

        MOV   A,#8EH       ;写保护寄存器
        LCALL WriteB
        MOV   A,#80H       ;写完后打开写保护控制
        LCALL WriteB
        SETB  T_CLK
        CLR   T_RST        ;结束写入过程
        RET


; * * * * * * * * * * * * * * * * * * *
    ;GET1302 子程序名
    ;功能:从 DS1302 读时间
    ;调用:WRITE 写子程序,READ 子程序
    ;入口参数:无
    ;出口参数:秒、分、时、日、月、星期、年
    ;保存在 40H～46H 单元
    ;影响资源:A  R0  R1  R6
; * * * * * * * * * * * * * * * * * * *
GET1302:MOV  R0,#40H;
        MOV   R6,#7
        MOV   R1,#81H      ;读秒寄存器命令
GL: CLR   T_RST
        CLR   T_CLK
        SETB  T_RST
        MOV   A,R1         ;写入读秒寄存器命令
        LCALL WriteB
        LCALL ReadB
        MOV   @R0,A        ;存入读出数据
```

316

```c
    WriteB(ucAddr);    //写地址
    ucDa = ReadB( );   //读 1 字节命令/数据
    T_CLK = 1;
    T_RST = 0;
    return (ucDa);
}
//- - - - - - - - - - - - - - - - - - - -
//设置秒/分/时/日/月/星期/年中某一时间
void Set1302_time(uchar time_addr,uchar
time)
    //WP = 0,写操作
{v_W1302(DS1302_WP, 0x00);
    //修改某时间寄存器
    v_W1302(time_addr, time);
    // WP = 1,写保护
    v_W1302(DS1302_WP,0x80);
}
//- - - - - - - - - - - - - - - - - - - -
//往 DS1302 写入时钟数据(多字节方式)
void SET1302 (uchar * pSecDa)
{ //输入:pSecDa:指向时钟数组首地址
    uchar i;
    // WP = 0,写操作
    v_W1302(DS1302_WP, 0x00);
    T_RST = 0;
    T_CLK = 0;
    T_RST = 1;
    WriteB(0xbe); //时钟多字节写命令
    for (i = 0;i<7;i ++)  //7B 时钟数据
      {WriteB( * pSecDa); //写 1 字节数据
        pSecDa ++ ;
      }
    v_W1302(DS1302_WP,0x80); //WP = 1,写保护
    T_CLK = 1;
    T_RST = 0;
}
//- - - - - - - - - - - - - - - - - - - -
//读取 DS1302 时钟数据(时钟多字节方式)
void GET1302 (uchar * pSecDa)
{//输入:pSecDa:指向时钟数组首地址
    uchar i;
    T_RST = 0;
    T_CLK = 0;
    T_RST = 1;
    WriteB(0xbf);       //时钟多字节读命令
    for (i = 0;i<7;i ++)
    { * pSecDa = ReadB( );//读 1 字节数据
```

```
INC     R0
INC     R1
INC     R1
SETB    T_CLK
CLR     T_RST
DJNZ    R6, GL          ;未读完,读下一个
RET
END
```

```
        pSecDa ++ ;
    }
  T_CLK = 1;
  T_RST = 0;
}
// --------------------------------
void Initial_DS1302(void)
{   unsigned char S;
    S = uc_R1302(0x80|0x01);
    if(S&0x80)
        Set1302_time(0x80,0);
}
// ================================
int main(void)
{
  Initial_DS1302();
  while(1)
  {   ;
  }
}
```

9.3　I²C 串行总线扩展技术

9.3.1　I²C 串行总线概述

I²C 总线是 PHILIPS 公司推出的一种高性能芯片间串行传输总线,与 SPI 接口不同,以两根连线实现了完善的多主多从的半双工同步数据传送,可以极方便地构成多机系统和外围器件扩展系统。I²C 总线采用了器件地址的硬件设置方法,通过软件寻址完全避免了器件的片选线寻址的弊端,从而使硬件系统具有更简单、更灵活的扩展方法。

在单片机应用系统中,现在带有 I²C 总线接口的器件使用越来越多,采用 I²C 总线接口的器件连接线和占用引脚数目少,与单片机连接简单,结构紧凑,在总线上增加器件不影响系统的正常工作,系统修改和可扩展性好,即使工作时钟不同的器件也可直接连接到总线上,使用起来很方便。

I²C 总线的主要特点如下:

① I²C 总线进行数据传输时只需两根信号线,一根是双向的数据线 SDA,另一根是时钟线 SCL。所有连接到 I²C 总线上的设备,其串行数据都接到总线的 SDA 线上,而各设备的时钟均接到总线的 SCL 线上。这在设计中大大减少了硬件接口所使用的引脚数量。

② I²C 总线是一个多主机总线，即一个 I²C 总线可以有一个或多个主机，总线运行由主机控制。这里所说的主机是指启动数据的传送（发起始信号）、发出时钟信号、传送结束时发出终止信号的设备。通常，主机由各种单片机或其他微处理器担任。被主机寻访的设备叫从机，它可以是各种单片机或其他微处理器，也可以是其他器件，如存储器、LED 或 LCD 驱动器、A/D 或 D/A 转换器、时钟日历器件等。I²C 总线的基本结构如图 9.13 所示。

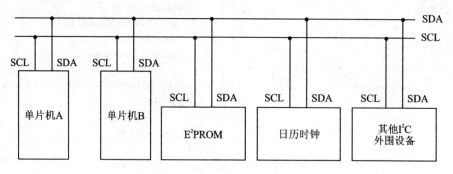

图 9.13 I²C 总线的基本结构

每个连接到总线上的器件都有一个用于识别的器件地址，器件地址由芯片内部硬件电路和外部地址引脚同时决定，避免了片选线的连接方法，并建立了简单的主从关系，每个器件既可以作为发送器，又可以作为接收器。

③ 在多主机系统中，可能同时有几个主机企图启动总线传送数据。为了避免混乱，保证数据的可靠传送，任一时刻总线只能由某一台主机控制，所以，I²C 总线要通过总线裁决，以决定由哪一台主机控制总线。若有两个或两个以上的主机企图占用总线，一旦一个主机送 1，而另一个（或多个）送 0，送 1 的主机则退出竞争。在竞争过程中，时钟信号是各个主机产生异步时钟信号"线与"的结果。

④ I²C 总线上产生的时钟总是对应于主机的。传送数据时，每个主机产生自己的时钟，主机产生的时钟仅在慢速的从机拉宽低电平时加以改变或在竞争中失败而改变。

⑤ I²C 总线为双向同步串行总线，因此 I²C 总线接口内部为双向传输电路。"线与"就要求总线端口输出为开漏结构，所以总线上必须有上拉电阻，如图 9.14 所示。

当总线空闲时，两根总线均为高电平。连到总线上的任一器件输出的低电平，都将使总线的信号变低。

⑥ 同步时钟允许器件以不同的速率进行通信。

⑦ 连接到同一总线的集成电路数只受 400 pF 的最大总线电容的限制。

⑧ 串行的数据传输位速率在标准模式下可达 100 kbps，快速模式下可达 400 kbps，高速模式下可达 3.4 Mbps。

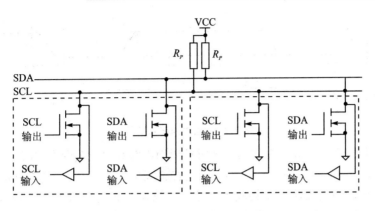

图 9.14　I²C 总线接口电路结构

9.3.2　I²C 总线的数据传送

1. 总线上数据的有效性

在 I²C 总线上,每一位数据位的传送都与时钟脉冲相对应,逻辑 0 和逻辑 1 的信号电平取决于相应的正端电源 VCC 的电压。

I²C 总线进行数据传送时,在时钟信号为高电平期间,数据线上必须保持有稳定的逻辑电平状态,高电平为数据 1,低电平为数据 0。只有在时钟线低电平期间,才允许数据线上的电平状态变化,如图 9.15 所示。

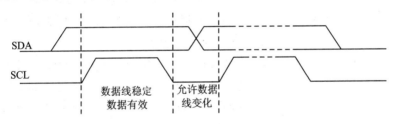

图 9.15　数据位的有效性规定

2. 数据传送的起始信号和停止信号

根据 I²C 总线协议的规定,起始信号和停止信号作为一帧 I²C 的开始和结束。

当 SCL 线为高电平期间,SDA 线由高电平向低电平的变化表示起始信号,或称为起始条件;SCL 线为高电平期间,SDA 线由低电平向高电平的变化表示停止条件,起始和停止信号如图 9.16 所示。

起始和终止信号都是由主机发出的,在起始信号产生后,总线就处于被占用的状态;在停止信号产生一定时间后,总线就处于空闲状态。

连接到 I²C 总线上的设备若具有 I²C 总线的硬件接口,则很容易检测到起始和停止信号。对于不具备 I²C 总线硬件接口的一些单片机来说,为了能准确地检测起

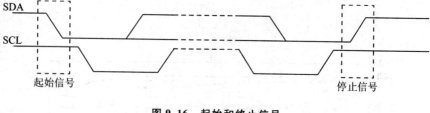

图 9.16　起始和终止信号

始和停止信号,必须保证在总线的一个时钟周期内对数据线至少采样两次。

从机收到一个完整的数据字节后,有可能需要完成一些其他工作,如处理内部中断服务等,可能使它无法立刻接收下一字节。这时从机可以将 SCI 线拉成低电平,从而使主机处于等待状态,直到从机准备好可以接收下一字节时,再释放 SCL 线使之为高电平,数据传送继续进行。

3. I²C 总线的寻址约定

I²C 总线是多主总线,总线上的各个主机都可以争用总线,在竞争中获胜者马上占有总线控制权。有权使用总线的主机如何对从机寻址呢? I²C 总线协议对此做出了明确的规定:采用 7 位的寻址字节,寻址字节是起始信号后的第一个字节。

寻址字节的位定义格式为:

b7	b6	b5	b4	b3	b2	b1	b0
×	×	×	×	×	×	×	R/$\overline{W}$

b7~b1 位组成从机的地址。b0 位是数据传送方向位,为 0 时,表示主机向从机发送(写)数据;为 1 时,表示主机由从机处读取数据。

主机发送地址时,总线上的每个从机都将这 7 位地址码与自己的器件地址进行比较,如果相同则认为自己正被主机寻址,根据读/写位将自己确定为发送器或接收器。若不同,则其 I²C 总线逻辑进入休眠状态,直至再次接收到起始条件时被唤醒并响应。

从机的地址是由一个固定部分和一个可编程部分组成。固定部分为器件的编号地址,表明了器件的类型,出厂时固定,不可更改;可编程部分为器件的引脚地址,视硬件接线而定,引脚地址数决定了同一种器件可接入到 I²C 总线中的最大数目。如果从机为单片机,则 7 位地址为纯软件地址。

4. 数据传送格式

(1) 字节传送与应答

利用 I²C 总线进行数据传送时,传送的字节数是没有限制的,但是每一字节必须保证是 8 位长度,并且首先发送的数据位为最高位,即 MSB,每传送一字节数据后接收方都会给出一位应答信号,与应答信号相对应的时钟由主机产生,主机必须在这一时钟位上释放数据线,使其处于高电平状态,以便从机在这一位上送出应答信号,如

图 9.17 所示。

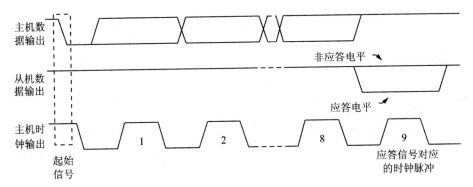

图 9.17　I²C 总线应答时序

应答信号在主机第 9 个时钟位上出现,接收方的 SDA 在第 9 个 SCK 的高电平期间保持稳定的低电平表示发送应答信号(ACK);接收方的 SDA 在第 9 个 SCK 的高电平期间保持稳定的高电平表示发送非应答信号(NACK),结束接收,接收方不再接收数据,直至下一次启动总线并请求数据。

由于某种原因,从机不对主机寻址信号应答时(如从机正在进行实时性的处理工作而无法接收总线上的数据),它必须释放总线,将数据线置于高电平,然后由主机产生一个停止信号以结束总线的数据传送。通常,三次呼叫从机无应答后,要给出相应处理,例如显示系统故障等。

如果从机对主机进行了应答,但在数据传送一段时间后无法继续接收更多的数据时,从机可以通过发送非应答信号(NACK)通知主机,主机则应发出停止信号以结束数据的继续传送。

当主机接收数据时,在它收到最后一个数据字节后,必须向从机发送一个非应答信号(NACK),使从机释放 SDA 线,以便主机产生终止信号,从而停止数据传送。

(2) 数据传送格式

I²C 总线上传输的数据信号既包括起始信号、停止信号,又包括地址和数据。I²C 总线数据传输时必须遵守规定的数据传送格式。

① 主机向从机发送 n 个数据,数据传送方向在整个传送过程中不变,其数据传送格式如下。

无子地址情况:

起始位	从机地址+0	ACK	数据 1	ACK	数据 2	ACK	…	数据 n	ACK/NACK	停止位

有子地址情况:

起始位	从机地址+0	ACK	子地址	ACK	数据 1	ACK	…	数据 n	ACK/NACK	停止位

其中,阴影部分表示数据由主机向从机传送,无阴影部分表示数据由从机向主机传送。

② 主机由从机处读取 n 个数据,在整个传输过程中除寻址字节外,都是从机发送、主机接收,其数据传送格式如下。

无子地址情况:

起始位	从机地址+1	ACK	数据1	ACK	数据2	ACK	…	数据 n	NACK	停止位

有子地址情况,主机既向从机发送数据也接收数据,当需要改变传送方向时,起始信号和从机地址都被重复产生一次,两次读、写方向正好相反,其数据传送格式如下:

起始位	从机地址+0	ACK	子地址	ACK	重新起始位	从机地址+1	ACK	数据1	ACK	…	数据 n	NACK	停止位

由以上格式可见,无论哪种方式,起始信号、停止信号和地址均由主机发送,数据字节的传送方向由寻址字节中方向位规定;每个字节的传送都必须有应答信号位(ACK 或 NACK)相随。

按照总线规定,起始信号表明一次数据传送的开始,其后为从机寻址字节,寻址字节由高 7 位地址和最低 1 位方向位组成。高 7 位地址是被寻址的从机地址,方向位是表示主机与从机之间的数据传送方向,方向位为 0 时表示主机要发送数据给从机(写),方向位为 1 时表示主机将接收来自从机的数据(读)。

在寻址字节后是从机内部存储器的地址(称为数据地址或子地址),以及将要传送的数据字节与应答位,在数据传送完成后主机必须发送停止信号。当然,部分从机内部无子地址,在寻址字节后直接就是要传送的数据字节与应答位。但是,如果主机希望继续占用总线进行新的数据传送,则可以不产生停止信号,马上再次发出起始信号对另一从机进行寻址。

因此,在总线的一次数据传送过程中,可以有几种读、写组合方式。这里子地址仅一字节,很多时候子地址为多字节,这时要连续发送多字节,同时从机每接收到一字节都会返回 ACK。

(3) 广播地址及广播操作模式

I^2C 总线地址统一由 I^2C 总线委员会实行分配,其中起始信号之后的第一字节为 0000 0000 时称为通用广播地址。广播地址用于寻访接到 I^2C 总线上的所有器件,并向它们发送广播数据。不需要广播数据的从机可以不对广播地址应答,并且对于该地址置之不理;否则,接收到这个地址后必须进行应答,并把自己置为接收器方式以接收随后的各字节数据。从机有能力处理这些数据时应该进行应答,否则忽略该字节并且不做应答。广播寻址的用意是由第二字节来设定的,其格式如下:

																LSB	
0	0	0	0	0	0	0	0	ACK	×	×	×	×	×	×	×	B	ACK

广播寻址(第一字节)	第二字节

例如,当第二字节为 0000 0110(即 06H)时,所有能响应广播地址的从机都将复位。

当第二字节的最低位 B 为 1 时,广播寻址中的两字节为硬广播呼叫,它表示数据是由一个硬主机设备发出的。所谓硬主机设备就是它无法事先知道送出的信息将传送给哪个从机设备,因而,不能发送所要寻访的从机地址,如键盘扫描器等,制造这种设备时无法知道信息应向哪儿传送,所以,它只能通过发送这种硬广播呼叫和自身的地址(即第二字节的高 7 位),以使系统识别它。接在总线上的智能设备,如单片机或其他微处理器能够识别这个地址,并与之传送数据。硬主机设备作为从机使用时,也用这个地址作为其从机地址。硬主机设备的数据传送格式如下:

起始位	0000 0000	ACK	主机地址+1	ACK	数据	ACK	数据	ACK	停止位
通用呼叫地址			第二字节						

在一些系统中,广播寻址还可以有另外一种方式,即系统复位后,硬主机设备工作在从机接收器方式,这时由系统中的主机来通知它数据应传送的地址,当硬主机设备要发送数据时就可以直接向指定的从机设备发送数据了。

9.3.3　I²C 总线数据传送的模拟

I²C 总线在单主方式下,其数据的传送状态要简单得多,没有总线的竞争与同步,只存在单片机对 I²C 总线器件节点的读(单片机接收)、写(单片机发送)操作。因此,在主节点上可以采用不带 I²C 总线接口的单片机,如 AT89S52 等,利用这些单片机的普通 I/O 口完全可以实现 I²C 总线上主机节点对 I²C 总线器件的读、写操作。采用的方法就是利用软件实现 I²C 总线的数据传送,即软件与硬件结合的信号模拟。当然,软件模拟对实现 I²C 从机无能为力。

I²C 总线数据传送的模拟具有较强的实用意义,它极大地扩展了 I²C 总线器件的适用范围,使这些器件的使用不受系统中单片机必须带有 I²C 总线接口的限制,因此,在许多单片机应用系统中可以将 I²C 总线的模拟技术作为常规的设计方法。

1. I²C 总线数据传送的时序要求

为了保证数据传送的可靠性,标准的 I²C 总线数据传送有着严格的时序要求,例如 I²C 总线上时钟信号的最小低电平周期为 $4.7\ \mu s$,最小的高电平周期为 $4\ \mu s$ 等。

表 9.5 给出了 I²C 总线数据传送的时序要求特性。

单片机及工程应用基础

表 9.5　I²C 总线的时序特性表

参数说明	符　号	最　小	最　大	单　位
新的起始信号前总线所必需的空闲时间	t_{BUF}	4.7	—	μs
起始信号保持时间,此后产生时钟脉冲	$t_{HD;STA}$	4.0	—	μs
时钟的低电平时间	t_{LOW}	4.7	—	μs
时钟的高电平时间	t_{HIGH}	4.0	—	μs
一个重复起始信号的建立时间	$t_{SU;STA}$	4.0	—	μs
数据保持时间	$t_{HD;DAT}$	5.0	—	μs
数据建立时间	$t_{SU;DAT}$	250	—	μs
SDA、SCL 信号的上升时间	t_R	—	1 000	μs
SDA、SCL 信号的下降时间	t_F	—	300	μs
终止信号建立时间	$t_{SU;STO}$	4.7	—	μs

由表 9.5 可见:除了 SDA、SCL 线的信号上升时间和下降时间规定有最大值外,其他参数只有最小值。SCL 时钟信号最小高电平和低电平周期决定了器件的最大数据传输速率,标准模式为 100 kbps。实际数据传输时可以选择不同的数据传输速率,同时也可以采取延长 SCL 低电乎周期来控制数据传输速率。

用普通的 I/O 口模拟 I²C 总线数据传送时,必须保证所有的信号定时时间都能满足表 9.5 中的要求。

根据表 9.5 要求,用单片机的普通 I/O 口模拟 I²C 总线的数据传送时,单片机的时钟信号都能满足 SDA、SCL 上升沿、下降沿的时间要求,因此,在时序模拟时,最重要的是保证典型信号,如起始、终止、数据发送、保持及应答位的时序要求。

I²C 总线数据传送的典型信号及其定时要求如图 9.18 所示,图中的定时参数依照表 9.5 中的数据给定。

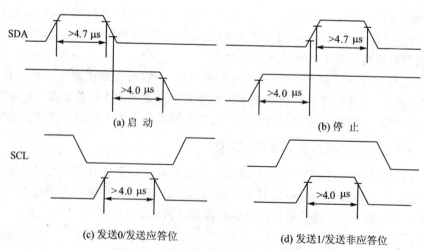

(a) 启　动　　　　　　　　(b) 停　止

(c) 发送0/发送应答位　　　　(d) 发送1/发送非应答位

图 9.18　I²C 总线典型信号的时序要求

对于一个新的起始信号要求起始前总线的空闲时间 t_{BUF} 大于 $4.7\ \mu s$,而对于一个重复的起始信号,要求建立时间 $t_{SU;STA}$ 也须大于 $4.7\ \mu s$。图 9.18 中的起始信号适用于数据模拟传送中任何情况下的起始操作,起始信号到第一个时钟脉冲的时间间隔应大于 $4.0\ \mu s$。

对于停止信号,要保证有大于 $4.7\ \mu s$ 的信号建立时间 $t_{SU;ST0}$,停止信号结束时,要释放 I^2C 总线,使 SDA、SCL 维持在高电平上,在大于 $4.7\ \mu s$ 后才可以开始另一次的起始操作。在单主系统中,为了防止非正常传送,终止信号后 SCL 可以设置在低电平上。

对于发送应答位、非应答位来说,与发送数据 0 和 1 的信号时序要求完全相同。

只要满足在时钟高电平期间,SDA 线上有确定的电平状态即可。至于 SDA 线上高、低电平数据的建立时间,在编程时加以考虑。

2. 软件模拟 I^2C 主机的实现

汇编语言编程:

```
;程序占用内部资源:R0,R1,ACC,CY
SCL   BIT   P1.0 ;I²C 总线定义
SDA   BIT   P1.1
SLA   EQU   0AH  ;定义器件地址
SUBA  EQU   10H  ;定义器件子地址
ACK   BIT   F0



;－－－－－－－－－－－－－－－
DELAY5us：  ;延时等待 5 μs
  NOP
  RET
;－－－－－－I²C 起动总线函数－－－－－－
START_I2C:
  SETB SDA ;发送起始条件的数据信号
  LCALL  DELAY5us
  ;起始条件建立时间大于 4.7 μs
  SETB  SCL
  LCALL  DELAY5us
  CLR   SDA ;发送起始信号
  ;起始条件锁定时间大于 4 μs
```

C 语言编程:

```
/＊ 这个头文件 51 系列机型可以通用。但要
注意:函数是采用软件延时的方法产生 SCL 脉
冲,固对高晶振频率要作一定的修改……(本
例是 1 μs 机器周期,即晶振频率要小于
12 MHz)＊/
# include <reg52.h>
# include <intrins.h>

sbit SDA = P3^7;         // I²C 总线定义
sbit SCL = P3^6;

void Delay5us(void)      //延时等待 5 μs
{_nop_();
}
/＊＊＊＊＊＊I²C 起动总线函数＊＊＊＊＊
当 SCL 高电平时,SDA 产生一个下降沿
＊＊＊＊＊＊＊＊＊＊＊＊＊＊＊＊＊＊＊＊＊/
void Start_I2C()
{ SDA = 1;   //发送起始条件的数据信号
  Delay5us();
  SCL = 1;   //起始条件建立时间大于 4.7 μs
```

```
        LCALL   DELAY5us;
        CLR SCL;钳住总线,准备发送或接收数据
        NOP
        RET


;--------I²C结束总线函数------
STOP_I2C:
        CLR SDA          ;发送结束条件的数据信号
        LCALL DELAY5us
        SETB SCL         ;发送结束条件的时钟
                         ;信号
        LCALL DELAY5us   ;结束总线时间大于4 μs
        SETB SDA         ;结束总线
        ;保证结束信号后空闲时间大于4.7 μs
        LCALL DELAY5us
        RET



;---字节数据传送函数,并应答检测---
;字节数据放入ACC,位变量ACK存放应答位
;ack=1,发送数据正常
;ack=0表示被控器无应答或损坏
SendByte_AndCheck:
        MOV     R2,#08H
WLP:
        RLC     A       ;取数据位
        MOV     SDA,C
        NOP
        NOP
        SETB    SCL     ;置时钟线为高,通知从
                        ;器件开始接收1位数据
        LCALL   DELAY5us
        CLR     SCL
        NOP
        NOP
        NOP
        DJNZ    R2,WLP

        SETB    SDA ;8位发送完后释放数据线,置1
                    ;作为输入口准备接收应答位
        NOP
        NOP
        SETB    SCL;开始应答检测
        NOP
        NOP
```

```
    Delay5us();
    SDA = 0;//发送起始信号
    Delay5us(); //起始条件锁定时间大于4 μs
    SCL = 0;//钳住总线,准备发送或接收数据
    _nop_();
}
/*****I²C结束总线函数*****
当SCL高电平时,SDA产生一个上升沿
********************/
void Stop_I2C()
{ SDA = 0;        //发送结束条件的数据信号
  Delay5us();
  SCL = 1;        //发送结束条件的时钟信号
  Delay5us();    //结束总线时间大于4 μs
  SDA = 1;        //发送I²C总线结束信号
  //保证结束信号后空闲时间大于4.7 μs
  Delay5us();
}

/****字节数据传送函数,并应答检测****
功能:将1字节地址或数据发送出去,可以是
地址,也可以是数据,发完后等待应答,并对此
状态位进行检测:ack=1,发送数据正常;ack=
0表示被控器无应答或损坏。
********************/
bit   SendByte_AndCheck(unsigned char c)
{unsigned char BitCnt;
 bit ack = 0;//应答状态标志位
 for(BitCnt = 0;BitCnt<8;BitCnt++)
   {  //此时SCL为0
      if(c&0x80)SDA = 1;//判断发送位
      else    SDA = 0;
      _nop_();
      SCL = 1;//置时钟线为高,通知从
              //器件开始接收1位数据
      c<<=1;
      Delay5us();
      SCL = 0;
   }

    SDA = 1;//8位发送完后释放数据线,置1
            //作为输入口准备接收应答位
    _nop_();
    _nop_();
    SCL = 1; //开始应答检测
    _nop_();
    _nop_();
```

```
    NOP
    NOP
    MOV   C,SDA;判断是否接收到应答信号
    MOV   ACK,C
    CPL   ACK
    CLR   SCL
    NOP
    NOP
    RET
;------读取字节数据函数-----
    ;读出的值在 ACC
    ;每读取一个字节要发送一个应答信号
RcvByte:
    MOV   R2,#08H
    SETB SDA;置数据线为输入方式
RLP:
    CLR   SCL;置 SCL 为低,准备接收数据位
    ;将 SCL 拉低,时间大于 4.7 μs
    LCALL   DELAY5us
    SETB   SCL;置高 SCL,使 SDA 上数据有效
    NOP
    RL    A
    MOV   C,SDA
    MOV   ACC.0,C
    NOP
    DJNZ   R2,RLP
    RET



;------ 发送应答信号子程序------
I2C_ACK:
    CLR   SDA      ;发出应答信号
    NOP
    NOP
    SETB   SCL
    ;SCL 为高时间大于 4.7 μs
    LCALL   DELAY5us;
    ;清时钟线,钳住 I²C 总线以便继续接收
    NOP
    NOP
    RET

I2C_nACK:
    SETB   SDA      ;发出非应答信号
    NOP
    NOP
    SETB   SCL
```

```
    _nop_();
    //判断是否接收到应答信号 ack = 1;
    if(SDA == 0)
    SCL = 0;
    _nop_();
    _nop_();
    return ack;
}
/******读取字节数据函数*****
功能:用来接收从器件传来的数据,每读取一
字节要发送一个应答信号
*************************/
unsigned char   RcvByte(void)
{ unsigned char rec = 0;
  unsigned char BitCnt;

  SDA = 1;     //置数据线为输入方式
  for(BitCnt = 0;BitCnt<8;BitCnt ++ )
   {SCL = 0; //置 SCL 为低,准备接收数据位
    Delay5us();
    //将 SCL 拉低,时间大于 4.7 μs
    SCL = 1;
    //置高 SCL,使 SDA 上数据有效
    rec = rec<<1;
    _nop_();
    if(SDA == 1)rec |= 0x01;
    //数据位到 rec 中
  }
  SCL = 0;
  return(rec);
}
/*****发送应答信号子程序****
功能:主控器进行应答信号.可以是应答 a = 1,
或非应答信号 a = 0
简介:
1.发送应答位   :SDA 在第九个 SCK 的高电平
期间保持稳定的低电平
2.发送非应答位:SDA 在第九个 SCK 的高电平
期间保持稳定的高电平
*************************/
void Ack_I2C(bit a)
{if(a == 1)SDA = 0;//发出应答信号
 else SDA = 1;     //发出非应答信号
 _nop_();
 _nop_();
 SCL = 1;
 Delay5us();   //SCL 为高时间大于 4.7 μs
```

单片机及工程应用基础

```
    ;SCL 为高时间大于 4.7 μs
    LCALL  DELAY5us;
    ;清时钟线,钳住 I²C 总线以便继续接收
    CLR   SCL
    NOP
    NOP
    RET

; --向无子地址器件发送 1 字节数据函数--
;入口参数:数据为 ACC,器件从地址 SLA
;A 返回 FFH 表示操作成功
I2C_SendByte_AndCheck:
    START_I2C ;启动总线
    PUSH  ACC
    MOV   A,SLA
    LCALL SendByte_AndCheck ;发器件地址
    JB    ACK, I2WB1
    MOV   A,#1
    STOP_I2C              ;结束总线
    RET
I2WB1:
    POP   ACC
    LCALL SendByte_AndCheck ;发送数据
    JB    ACK, I2WB2
    MOV   A,#2
    STOP_I2C              ;结束总线
    RET
I2WB2:
    STOP_I2C              ;结束总线
    MOV   A,#0FFH
    RET
; --向有子地址器件发送多字节数据函数--
;向器件指定地址写 R1 个数据
;入口参数:器件从地址 SLA
;器件子地址 SUBA
;发送数据缓冲区首址 R0
;A 返回 FFH 表示操作成功
I2C_SendStr:
    START_I2C            ;启动总线
    MOV   A,SLA
    LCALL SendByte_AndCheck ;发器件地址
    JB    ACK, I2WStr1
    MOV   A,#3
    STOP_I2C            ;结束总线
    RET
I2WStr1:
```

```c
    //清时钟线,钳住 I²C 总线以便继续接收
    SCL = 0;
    _nop_();
    _nop_();
}
#define I2C_ACK() Ack_I2C(1)//发应答位
#define I2C_nACK() Ack_I2C(0)//发非应答位

/**向无子地址器件发送 1 字节数据函数**
如果返回 0xff 表示操作成功,否则操作有误。
注意:使用前必须已结束总线
************************/
unsigned char I2C_SendByte_AndCheck
(unsigned char sla,unsigned char c)
{bit ack;
Start_I2C();              //启动总线
//发器件地址
ack = SendByte_AndCheck(sla);
if(ack == 0)
{Stop_I2C();             //结束总线
 return(1);
 }
ack = SendByte_AndCheck(c);//发送数据
if(ack == 0)
{Stop_I2C();             //结束总线
 return(2);
 }
Stop_I2C();             //结束总线
return(0xff);
}

/**向有子地址器件发送多字节数据函数**
功能:从启动总线到发送地址,子地址,数据,结束
总线的全过程,从器件地址 sla,子地址 suba,发
送内容是 s 指向的内容,发送 no 个字节。
如果返回 0xff 表示操作成功,否则操作有误。
注意:使用前必须已结束总线
************************/
unsigned char I2C_SendStr(
unsigned char sla,unsigned char suba,
unsigned char * s, unsigned char no)
{unsigned char i;
 bit ack;
 Start_I2C();              //启动总线
 ack = SendByte_AndCheck(sla);//发器件地址
```

```
    MOV   A, SUBA
    LCALL SendByte_AndCheck  ;发子地址
    JB    ACK, I2WStr2
    MOV   A,#4
    STOP_I2C                 ;结束总线
    RET
I2WStr2:
    MOV   A,@R0
    LCALL SendByte_AndCheck  ;发送数据
    ;若写 E2PROM 等这里需要加延时
    JB    ACK, I2WStr3
    MOV   A,#5
    STOP_I2C                 ;结束总线
    RET
I2WStr3:
    INC   R0
    DJNZ  R1, I2WStr2
    STOP_I2C                 ;结束总线
    MOV   A,#0FFH
    RET
```

```
;--自无子地址器件读字节数据函数--
;入口参数:器件从地址 SLA
;A返回 FFH 表示操作成功
;出口参数:数据为 R0 指针所指的单元
I2C_RcvByte:
    INC   SLA
    MOV   A,SLA
    START_I2C                ;启动总线
    LCALL SendByte_AndCheck  ;发器件地址
    JB    ACK, I2RB1
    MOV   A,#6
    STOP_I2C                 ;结束总线
    RET
I2RB1:
    LCALL RcvByte
    MOV   @R0,A
    LCALL I2C_nACK
    STOP_I2C                 ;结束总线
    RET
```

```
;--向有子地址器件读取多字节数据函数--
;从器件指定地址读取 R1 个数据
;入口参数:器件从地址 SLA
;器件子地址 SUBA
;出口参数:接收数据缓冲区首址 R0
```

```c
    if(ack == 0)
    {Stop_I2C();                 //结束总线
     return(3);
    }
    ack = SendByte_AndCheck(suba);//发子地址
    if (ack == 0)
       {Stop_I2C();              //结束总线
        return(4);
       }
for(i = 0;i<no;i + + )
{ack = SendByte_AndCheck( * s + + );
    //发送数据
    //若写 E2PROM 等这里需要加延时
    if(ack == 0)
    {Stop_I2C();                 //结束总线
     return(5);
    }
}
    Stop_I2C();                   //结束总线
    return(0xff);
}
```

```c
/***自无子地址器件读字节数据函数***
功能:从启动总线到发送地址,读数据,结束总
线的全过程,从器件地址 sla,返回值在中。
如果返回 0xff 表示操作成功,否则操作有误。
注意:使用前必须已结束总线
 **************************/
unsigned char I2C_RcvByte
(unsigned char sla,unsigned char * c)
{bit ack;
    Start_I2C();            //启动总线
    //发送器件地址
    ack = SendByte_AndCheck(sla + 1);
    if(ack == 0)
      {Stop_I2C();          //结束总线
       return(6);
      }
    * c = RcvByte();        //读取数据
    I2C_nACK();             //发送非就答位
    Stop_I2C();             //结束总线
    return(0xff);
}
```

```c
/**向有子地址器件读取多字节数据函数***
功能:从启动总线到发送地址,子地址,读数据,结
束总线的全过程,从器件地址 sla,子地址 suba,
读出的内容放入 s 指向的存储区,读 no 个字节
```

```
    ;A返回FFH表示操作成功
I2C_RcvStr:
    START_I2C            ;启动总线
    MOV  A,SLA
    LCALL SendByte_AndCheck;发器件地址
    JB   ACK, I2RStr1
    MOV  A,#7
    STOP_I2C             ;结束总线
    RET
I2RStr1:
    MOV  A, SUBA
    LCALL SendByte_AndCheck;发子地址
    JB   ACK, I2RStr2
    MOV  A,#8
    STOP_I2C             ;结束总线
    RET
I2RStr2:
    START_I2C            ;启动总线
    MOV  A,SLA
    INC  A
    LCALL SendByte_AndCheck
    JB   ACK, I2RStr3
    MOV  A,#9
    STOP_I2C             ;结束总线
    RET
I2RStr3:
    DEC  R1
I2RStr_LOOP:
    LCALL RcvByte
    MOV  @R0,A
    INC  R0
    LCALL  I2C_ACK
    DJNZ R1, I2RStr_LOOP
    LCALL RcvByte
    MOV  @R0,A
    LCALL  I2C_nACK
    STOP_I2C             ;结束总线
    MOV  A,#0FFH
    RET
```

如果返回 0xff 表示操作成功,否则操作有误。
注意:使用前必须已结束总线。
`* * * * * * * * * * * * * * * * * * * * * * * * * */`

```c
unsigned char I2C_RcvStr
(unsigned char sla,unsigned char suba,
 unsigned char * s,unsigned char no)
{unsigned char i;
 bit ack;
 Start_I2C();                        //启动总线
 ack = SendByte_AndCheck(sla);//发器件地址
 if(ack == 0)
  {Stop_I2C();                       //结束总线
   return(7);
  }
 ack = SendByte_AndCheck(suba);//发子地址
 if(ack == 0)
  {Stop_I2C();                       //结束总线
   return(8);
  }

 Start_I2C();
 ack = SendByte_AndCheck(sla + 1);
 if(ack == 0)
  {Stop_I2C();                       //结束总线
   return(9);
  }

 for(i = 0;i<no - 1;i++)
  { * s = RcvByte();                 //发送数据
    I2C_ACK();                       //发送答位
    s++;
  }
 * s = RcvByte();
 I2C_nACK();                         //发送非应位
 Stop_I2C();                         //结束总线
 return(0xff);
}
```

9.3.4 I²C 总线存储器的扩展

Atmel 公司的 AT24CXX 系列存储器是基于 I²C 接口的 E²PROM,引脚排列如图 9.19 所示。

SCL:串行时钟线。这是一个输入引脚,用于形成器件所有数据发送或接收的时钟。

SDA:串行数据线。它是一个双向传输线,用于传送地址和所有数据的发送或接收。它是一个漏极开路端,因此要求接一个上拉电阻到 VCC 端(速率为 100 kHz 时电阻为 10 kΩ,速率为 400 kHz 时为 1 kΩ)。对于一般的数据传输,仅在 SCL 为低电平期间 SDA 才允许变化。SCL 为高电平期间,留给开始信号(START)和停止信号(STOP)。

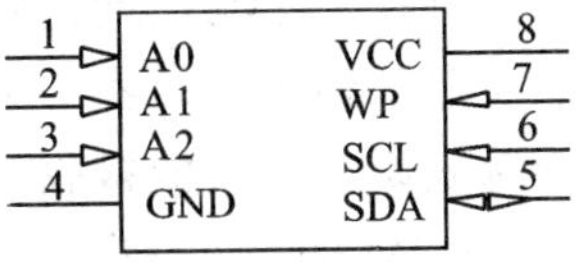

图 9.19 I²C 总线 E²PROM 引脚

SCI 和 SDA 输入端接有施密特触发器和滤波器电路,即使在总线上有噪声存在的情况下,它们也能抑制噪声峰值,以保证器件正常工作。

A0、A1、A2:器件地址输入端。这些输入端用于多个器件级联时设置器件地址,当这些引脚悬空时默认值为 0。

WP:写保护。如果 WP 引脚连接到 VCC,所有的内容都被写保护(只能读)。当 WP 引脚连接到 VSS 或悬空,允许对器件进行正常的读/写操作。

VCC:电源线。AT24CXX 系列工作电压范围为 1.8~5.5 V,CAT24WCXX 系列工作电压范围为 1.8~6 V。

GND:地线。

芯片名称的尾数表示容量,比如 AT24C16,表示容量为 16K 位。AT24CXX 系列存储器以字节操作为对象,可以擦除,自动擦除及写入数据时间不超过 10 ms,因此,采用前面的 I²C 软件实现对 E²PROM 写操作时,对应软件部分每写入 1 字节要至少延时 10 ms 才能再写下 1 字节。擦写次数达 100 万次,且数据 100 年不丢失。其器件地址的确定方法如下:

器件地址的第 1~4 位为从器件地址位(存储器为 1010)。控制字节中的前 4 位码确认器件的类型。此 4 位码由 PHILIPS 公司的 I²C 规程所决定。1010 码即为从器件为串行 E²PROM 的情况。串行 E²PROM 将一直处于等待状态,直到 1010 码发送到总线上为止。当 1010 码发送到总线上,其他非串行 E²PROM 从器件将不会响应。

从地址的第 5~7 位为 1~8 片的片选或存储器内的块地址选择位。此三个控制位用于片选或者内部块选择。

当总线上连有多片芯片时,引脚 A2、A1、A0 的电平作器件选择(片选),控制字节的 A2、A1、A0 位必须与外部 A2、A1、A0 引脚的硬件连接(电平)匹配,A2、A1、A0 引脚中不连接的,为内部块选择。

即串行 E²PROM 器件地址的高 4 位 D7~D4 固定为 1010,接下来的 3 位 D3~D1(A2、A1、A0)为器件的片选地址位或作为存储器页地址选择位,用来定义哪个器件被主器件访问。这样,同一个 I²C 总线就可以连接多个同一型号芯片,只要它们 A2、A1、A0 不一致,就不会出现从机地址冲突现象。

串行 E²PROM 一般具有两种写入方式:一种是字节写入方式,另一种是页写入

单片机及工程应用基础

方式。允许在一个写周期内同时对 1 字节到一页的若干字节的编程写入,一页的大小取决于芯片内页寄存器的大小。

内部页缓冲器只能接收一页字节数据,多于一页的数据将覆盖先接收到的数据。

E^2PROM 的 A2、A1 和 A0 引脚功能,以及各器件页大小定义如表 9.6 所列,其中,NC 表示不连接。

表 9.6　E^2PROM 器件的 A2、A1 和 A0 引脚功能及各器件页的大小定义

器　件	A2	A1	A0	页大小/字节
AT24C01	A2	A1	A0	8
AT24C02	A2	A1	A0	8
AT24C04	A2	A1	NC	16
AT24C08	A2	NC	NC	16
AT24C16	NC	NC	NC	16
AT24C32	A2	A1	A0	32
AT24C64	A2	A1	A0	32
AT24C128	NC	A1	A0	64
AT24C256	NC	A1	A0	64
AT24C512	NC	A1	A0	128
AT24C1024	NC	A1	NC	256

这里,页大小是指 1 次连续读/写的数据个数,地址超出每个页的页顶端子地址,子地址将自动回到页底端子地址。

*9.4　单总线技术与基于 DS18B20 的温度检测系统设计

在传统的模拟信号远距离温度测量系统中,需要很好地解决引线误差补偿、多点测量切换误差和放大电路零点漂移误差等技术问题,才能够达到较高的测量精度。DS18B20 是一个单线式温度采集数据传输,并直接转换数字量的温度传感器。多个DS18B20 挂接到一条单总线上,即可构成多点温度采集系统。

1-wire 单总线是 Maxim 全资子公司 Dallas 的一项专有技术。与目前多数标准串行数据通信方式,如 SPI/I^2C/MICROWIRE 不同,它采用单根信号线,既传输时钟,又传输数据,而且数据传输是双向的。它具有节省 I/O 口线资源、结构简单、成本低廉、便于总线扩展和维护等诸多优点。1-wire 单总线适用于单个主机系统,能够控制一个或多个从机设备。当只有一个从机位于总线上时,系统可按照单节点系统操作;而当多个从机位于总线上时,则系统按照多节点系统操作。

332

9.4.1 DS18B20 概貌

DS18B20 的特点如下：

① 独特的单线接口仅需一个端口引脚进行双向通信,多个并联可实现多点测温。

② 可通过数据线供电,电源电压范围 3～5.5 V。

③ 零待机功耗。

④ 用户可定义的非易失性温度报警设置。

⑤ 报警搜索命令识别并标志超过程序限定温度(温度报警条件)的器件。

⑥ 测温范围 −55～+125 ℃。精度为 9～12 位(与数据位数的设定有关),9 位的温度分辨率为 ±0.5 ℃,12 位的温度分辨率为 ±0.062 5 ℃,缺省值为 12 位;在 93.75～750 ms 内将温度值转化 9～12 位的数字量,典型转换时间 200 ms;输出的数字量与所测温度的对应关系如表 9.7 所列。

表 9.7 DS18B20 的温度/数据关系

温度/℃	数据输出(二进制)	数据输出(十六进制)
+125	0000 0111 1101 0000	07d0H
+85	0000 0101 0101 0000	0550H
+10.125	0000 0000 1010 0010	00a2H
+0.5	0000 0000 0000 1000	0008H
0	0000 0000 0000 0000	0000H
−0.5	1111 1111 1111 1000	fff8H
−10.125	1111 1111 0101 1110	ff5eH
−55	1111 1100 1001 0000	fc90H

从表 9.7 可知,温度以 16 位带符号位扩展的二进制补码形式读出,再乘以 0.062 5,即可求出实际温度值。

DS18B20 通过一个单线接口发送或接收信息,因此在中央微处理器和 DS18B20 之间仅需一条连接线(加上地线)。用于读/写和温度转换的电源可以从数据线本身获得,无需外部电源。而且每个 DS18B20 都有一个独特的片序列号,所以多只 DS18B20 可以同时连在一根单线总线上,这一特性在 HVAC 环境控制、探测建筑物、仪器或机器的温度以及过程监测和控制等方面非常有用。引脚说明如表 9.8 所列。

单片机及工程应用基础

表 9.8　DS18B20 引脚说明

引　脚	符　号	说　明	
1	GND	接地	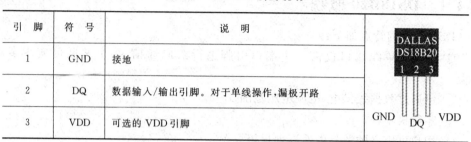
2	DQ	数据输入/输出引脚。对于单线操作,漏极开路	
3	VDD	可选的 VDD 引脚	

9.4.2　DS18B20 的内部构成及测温原理

图 9.20 方框图示出了 DS18B20 的主要部件。DS18B20 有 3 个主要数字部件:①64 位激光 ROM;②温度传感器;③非易失性(E²PROM)温度报警触发器 TH 和 TL。

器件用如下方式从单线通信线上汲取能量:在信号线处于高电平期间把能量储存在内部电容里,在信号线处于低电平期间消耗电容上的电能工作,直到高电平到来再给寄生电源(电容)充电。DS18B20 也可通过外部给 DS18B20 的 VDD 供电。

在温度高于 100 ℃时,不推荐使用寄生电源,因为 DS18B20 在此时漏电流比较大,通信可能无法进行。在类似这种温度的情况下,要使用 DS18B20 的 VDD 引脚。

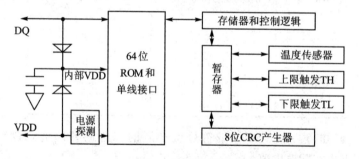

图 9.20　DS18B20 方框图

DS18B20 的单总线采用线"与"方式,因此使用 DS18B20 时,总线需要接 kΩ 级上拉电阻;但总线上所挂 DS18B20 增多时,就需要解决微处理器的总线驱动问题,如减小上拉电阻等。

DS18B20 为一种片上温度测量技术来测量温度。图 9.21 示出了温度测量电路方框图。DS18B20 是这样测温的:用一个高温度系数的振荡器确定一个门周期,内部计数器在这个门周期内对一个低温度系数的振荡器的脉冲进行计数来得到温度值。计数器被预置到对应于−55 ℃的一个值。如果计数器在门周期结束前到达 0,则温度寄存器(同样被预置到−55 ℃)的值增加,表明所测温度大于−55 ℃。

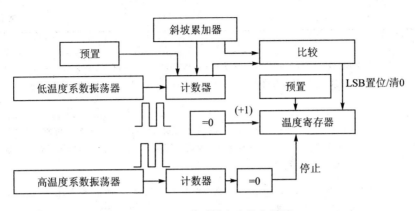

图 9.21　温度测量电路的方框图

同时,计数器被复位到一个值,这个值由斜坡式累加器电路确定,斜坡式累加器电路用来补偿感温振荡器的抛物线特性。然后计数器又开始计数直到 0,如果门周期仍未结束,将重复这一过程。

斜坡式累加器用来补偿感温振荡器的非线性,以期在测温时获得比较高的分辨力。这是通过改变计数器对温度每增加一度所需计数的的值来实现的。

9.4.3　DS18B20 的访问协议

操作 DS18B20 应遵循以下顺序:初始化(复位)、ROM 操作命令、暂存器操作命令。通过单总线的所有操作都从一个初始化序列开始。初始化序列包括一个由总线控制器发出的复位脉冲和紧跟其后由从机发出的存在脉冲。存在脉冲让总线控制器知道 DS18B20 在总线上等待接收命令。一旦总线控制器探测到一个存在脉冲,它就可以发出 5 个 ROM 命令之一,所有 ROM 操作命令都是 8 位长度(LSB,即低位在前),ROM 操作命令如表 9.9 所列。

表 9.9　DS18B20 ROM 操作命令

操作命令	说　明
33H	读 ROM 命令(Read ROM):通过该命令主机可以读出 ROM 中 8 位系列产品代码、48 位产品序列号和 8 位 CRC 码。读命令仅用在单个 DS18B20 在线情况,当多于一个时由于 DS18B20 为开漏输出将产生线与,从而引起数据冲突
55H	匹配 ROM 序列号命令(Match ROM):用于多片 DS18B20 在线。主机发出该命令,后跟 64 位 ROM 序列,让总线控制器在多点总线上定位一只特定的 DS18B20。只有和 64 位 ROM 序列完全匹配的 DS18B20 才能响应随后的存储器操作命令,其他 DS18B20 等待复位。该命令也可以用在单片 DS18B20 情况

操作命令	说　明
CCH	跳过 ROM 操作(Skip ROM)：对于单片 DS18B20 在线系统，该命令允许主机跳过 ROM 序列号检测而直接对寄存器操作，从而节省时间。对于多片 DS18B20 系统，该命令将引起数据冲突
F0H	搜索 ROM 序列号(Search ROM)：当一个系统初次启动时，总线控制器可能并不知道单线总线上有多少器件或它们的 64 位 ROM 编码。该命令允许总线控制器用排除法识别总线上的所有从机的 64 位编码
ECH	报警查询命令(Alarm Search)。该命令操作过程同 Search ROM 命令，但是，仅当上次温度测量值已置位报警标志(高于 TH 或低于 TL 时)，即符合报警条件，DS18B20 才响应该命令。如果 DS18B20 处于上电状态，该标志将保持有效，直到遇到下列两种情况：本次测量温度发生变化，测量值处于 TH、TL 之间；TH、TL 改变，温度值处于新的范围之间，设置报警时要考虑到 EERAM 中的值

DS18B20 的 RAM 暂存器结构如表 9.10 所列。

表 9.10　DS18B20 暂存寄存器

寄存器内容及意义	暂存器地址
LSB：温度最低数字位	0
MSB：温度最高数字位(该字节的最高位表示温度的正负，1 为负)	1
TH：(高温限值)用户字节	2
TL：(低温限值)用户字节	3
转换位数设定，由 b5 和 b6 决定(0 - R1 - R0 - 11111)： R1 - R0：　　00/9 bit　01/10 bit　10/11 bit　11/12 bit 最多转换时间：93.75 ms　187.5 ms　375 ms　　750 ms	4
保留	5
保留	6
保留	7
CRC 校验	8

　　通过 RAM 操作命令 DS18B20 完成一次温度测量。测量结果放在 DS18B20 的暂存器里，用一条读暂存器内容的存储器操作命令可以把暂存器中数据读出。温度报警触发器 TH 和 TL 各由一个 E^2PROM 字节构成。DS18B20 完成一次温度转换后，就拿温度值和存储在 TH 和 TL 中的值进行比较，如果测得的温度高于 TH 或低于 TL，器件内部就会置位一个报警标识，当报警标识置位时，DS18B20 会对报警搜索命令有反应。如果没有对 DS18B20 使用报警搜索命令，这些寄存器可以作为一般用途的用户存储器使用，用一条存储器操作命令对 TH 和 TL 进行写入，对这些寄存

器的读出需要通过暂存器。所有数据都是以低有效位在前的方式(LSB)进行读/写。
6 条 RAM 操作命令如表 9.11 所列。

表 9.11　DS18B20 命令设置

命 令	说 明	单线总线发出协议后	备 注
	温度转换命令		
44H	开始温度转换:DS18B20 收到该命令后立该开始温度转换。当温度转换正在进行时,主机读总线将收到 0,转换结束为 1。如果 DS18B20 是由信号线供电,主机发出此命令后主机必须立即提供至少相应于分辨率温度转换时间的上拉	<读温度忙状态>	接到该协议后,如果器件不是从 VDD 供电,I/O 线就必须至少保持 500 ms 高电平。这样,发出该命令后,单线总线上在这段时间内就不能有其他活动。
	存储器命令		
BEH	读取暂存器和 CRC 字节:用此命令读出寄存器中的内容,从第 1 字节开始,直到读完第 9 字节,如果仅需要寄存器部分内容,主机可以在合适时刻发送复位命令结束该过程	<读数据直到 9 字节>	
4EH	把字节写入暂存器的地址 2~4(TH 和 TL 温度报警触发,转换位数寄存器),从第 2 字节(TH)开始。复位信号发出之前必须把这 3 字节写完	<写 3 字节到地址 2、3 和 4>	
48H	用该命令把暂存器地址 2 和 3 的内容节复制到 DS18B20 的非易失性存储器 E^2PROM 中:如果 DS18B20 是由信号线供电,主机发出此命令后,总线必须保证至少 10 ms 的上拉,当发出命令后,主机发出读时隙来读总线,如果转存正在进行,读结果为 0,转存结束为 1	<读复制状态>	接到该命令若器件不是从 VDD 供电,I/O 线必须至少保持 10 ms 高电平。这样就要求,在发出该命令后,这段时间内单线总线上不能有其他活动
B8H	E^2PROM 中的内容回调到寄存器 TH、TL(温度报警触发)和设置寄存器单元:DS18B20 上电时能自动回调,因此设备上电后 TL、TL 就存在有效数据。该命令发出后,如果主机跟着读总线,读到 0 意味着忙,1 为回调结束	<读温度忙状态>	
B4H	读 DS18B20 的供电模式:主机发出该命令,DS18B20 将发送电源标志,0 为信号线供电,1 为外接电源	<读供电状态>	

单片机及工程应用基础

9.4.4　DS18B20 的自动识别技术

在多点温度测量系统中,DS18B20 因其体积小、构成的系统结构简单等优点,应用越来越广泛。每一个数字温度传感器内均有唯一的 64 位序列号码(最低 8 位是产品代码,中间 48 位是器件序列号,高 8 位是前 56 位循环冗余校验码(CRC,Cyclical Redundancy Check),只有获得该序列号后才可能对单线多传感器系统进行一一识别。

64 位光刻 ROM　MSB		LSB
8 位 CRC 码	48 位序列号	8 位系列码(10h)

读 DS18B20 是从最低有效位开始,8 位系列编码都读出后,48 位序列号再读入,移位寄存器中就存储了 CRC 值。控制器可以用 64 位 ROM 中的前 56 位计算出一个 CRC 值,再用这个和存储在 DS18B20 的 64 位 ROM 中的值或 DS18B20 内部计算出的 8 位 CRC 值(存储在第 9 个暂存器中)进行比较,以确定 ROM 数据是否被总线控制器接收无误。

在 ROM 操作命令中,有两条命令专门用于获取传感器序列号:读 ROM 命令(33H)和搜索 ROM 命令(F0H)。读 ROM 命令只能在总线上仅有一个传感器的情况下使用。搜索 ROM 命令则允许总线主机使用一种"消去"处理方法来识别总线上所有的传感器序列号。搜索过程为 3 个步骤:读一位,读该位的补码,写所需位的值。总线主机在 ROM 的每一位上完成这 3 个步骤,在全部过程完成后,总线主机便获得一个传感器 ROM 的内容,其他传感器的序列号则由相应的另外一个过程来识别。具体的搜索过程如下:

① 总线主机发出复位脉冲进行初始化,总线上的传感器则发出存在脉冲做出响应。

② 总线主机在单总线上发出搜索 ROM 命令。

③ 总线主机从单总线上读一位。每一个传感器首先把它们各自 ROM 中的第一位放到总线上,产生线"与",总线主机读到线"与"的结果。接着每一个传感器把它们各自 ROM 中的第一位的补码放到总线上,总线主机再次读到线"与"的结果。总线主机根据以上读到的结果,可进行如下判断:结果为 00 表明总线上有传感器连着,且在此数据位上它们的值发生冲突;为 01 表明此数据位上它们的值均为 0;为 10 表明此数据位上它们的值均为 1;11 表明总线上没有传感器连着。

④ 总线主机将一个数值位(0 或 1)写到总线上,则该位与之相符的传感器仍连到总线上。

⑤ 其他位重复以上步骤,直至获得其中一个传感器的 64 位序列号。

综上分析,搜索 ROM 命令可以将总线上所有传感器的序列号识别出来,但不能将各传感器与测温点对应起来,所以要一个一个传感器地测试序列号标定。

338

9.4.5　DS18B20 的单总线读/写时序

DS18B20 需要严格的协议以确保数据的完整性。协议包括几种单线信号类型：复位脉冲、存在脉冲、写 0、写 1、读 0 和读 1。所有这些信号，除存在脉冲外，都是由总线控制器发出的。和 DS18B20 间的任何通信都需要以初始化序列开始。一个复位脉冲跟着一个存在脉冲表明 DS18B20 已经准备好发送和接收数据。

由于没有其他的信号线可以同步串行数据流，因此 DS18B20 规定了严格的读/写时隙，只有在规定的时隙内写入或读出数据才能被确认。协议由单线上的几种时隙组成：初始化脉冲时隙、写操作时隙和读操作时隙。单总线上的所有处理均从初始化开始，然后主机在相应的时隙内读出数据或写入命令。

初始化要求总线主机发送复位脉冲（480～960 μs 的低电平信号，再将其置为高电平）。在监测到 I/O 引脚上升沿后，DS18B20 等待 15～60 μs，然后发送存在脉冲（60～240 μs 的低电平后再置高），表示复位成功。这时单总线为高电平，时序如图 9.22 所示。

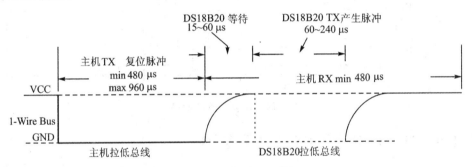

图 9.22　DS18B20 初始化时序

当主机把数据线从逻辑高电平拉到逻辑低电平的时候，写时隙开始。有两种写时隙：写 1 时隙和写 0 时隙。写 1 和写 0 时隙都必须最少持续 60 μs。I/O 线电平变低后，DS18B20 在一个 15～60 μs 的窗口内对 I/O 线采样。如果线上是高电平，就是写 1，如果线上是低电平，就是写 0。**注意：**写 1 时隙开始主机拉低总线 1 μs 时间以上再释放总线。如此循环 8 次，完成一字节的写入，时序如图 9.23 所示。

当从 DS1820 读取数据时，主机生成读时隙。自主机把数据线从高拉到低电平开始必须保持超过 1 μs。由于从 DS1820 输出的数据在读时隙的下降沿出现后 15 μs 内有效，因此，主机在读时隙开始 2 μs 后即释放总线，并在接下来的 2～15 μs 时间范围内读取 I/O 引脚状态。之后 I/O 引脚将保持由外部上拉电阻拉到的高电平。所有读时隙必须最少 60 μs。重复 8 次完成一字节的读入，时序如图 9.24 所示。

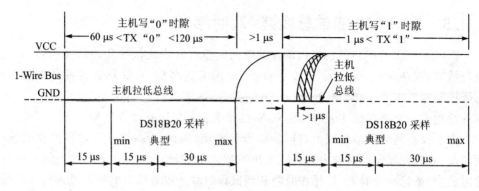

图 9.23　写 DS18B20 时序

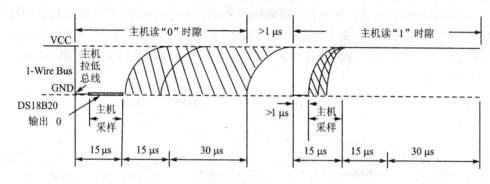

图 9.24　读 DS18B20 时序

9.4.6　DS18B20 使用中的注意事项

DS18B20 虽然具有测温系统简单、测温精度高、连接方便、占用口线少等优点，但在实际应用中也应注意以下几方面的问题：

① 连接 DS18B20 的总线电缆长度是有限制的。试验中，当采用普通信号电缆传输长度超过 50 m 时，读取的测温数据将发生错误。当将总线电缆改为双绞线带屏蔽电缆时，正常通信距离可达 150 m，当采用每米绞合次数更多的双绞线带屏蔽电缆时，正常通信距离进一步加长。这种情况主要是由总线分布电容使信号波形产生畸变造成的。因此，在用 DS18B20 进行长距离测温系统设计时要充分考虑总线分布电容和阻抗匹配问题。

② 在 DS18B20 测温程序设计中，向 DS18B20 发出温度转换命令后，程序总要等待 DS18B20 的返回信号，一旦某个 DS18B20 接触不好或断线，当程序读该 DS18B20 时，将没有返回信号，程序进入死循环。这一点在进行 DS18B20 硬件连接和软件设计时要给予一定的重视。

9.4.7　单片 DS18B20 测温应用程序设计

总线上只挂一只 DS18B20 的读/写主程序流程如图 9.25 所示,程序代码如下:

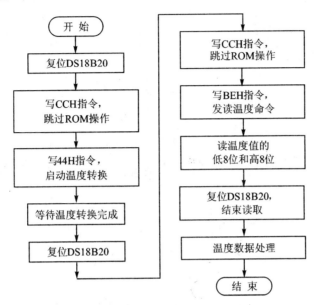

图 9.25　挂一只 DS18B20 的读/写主程序流程

```
# include <reg52.h>//12 MHz 晶振
# include<intrins.h>
sbit DS18B20 = P2^0;
//-------------------------------------------------
void delay500us(unsigned int t)
{ unsigned int i;
  for(;t>0;t--)
  for(i = 0;i<59;i++);
}
//-------------------------------------------------
void delay60us(void)
{ unsigned char i;
  for(i = 0;i<18;i++);
}
//-------------------------------------------------
unsigned char Ds18b20_start ()       //返回 0,总线上存在 DS18B20
{ unsigned char flag;                //定义初始化成功或失败标志
  DS18B20 = 0;                       //总线产生下降沿,初始化开始
  delay500us(1);                     //总线保持低电平在 480~960 μs 之间
  DS18B20 = 1;                       //总线拉高,准备接收 DS18B20 的应答脉冲
  delay60us ();                      //读应答等待
```

单片机及工程应用基础

```
      _nop_();_nop_();
      flag = DS18B20;
      while(!DS18B20);                    //等待复位成功
      return(flag);
}
//----------------------------------------------------------------
void ds18_send(unsigned char i)        //向 DS18B20 写一字节函数
{ unsigned char j = 8;                 //设置读取的位数,一字节 8 位
  for(;j>0;j--)
   {DS18B20 = 0;                        //总线拉低,启动"写时间片"
    _nop_();_nop_();                    //大于 1 μs
    if(i&0x01)DS18B20 = 1;
    delay60us();                        //延时至少 60 μs,使写入有效
    _nop_();_nop_();
    DS18B20 = 1;                        //准备启动下一个"写时间片"
    i>> = 1;
   }
}
//----------------------------------------------------------------
unsigned char ds18_readChar()          //从 DS18B20 读 1 字节函数
{unsigned char i = 0,j = 8;
  for(;j>0;j--)
   { DS18B20 = 0;                       //总线拉低,启动读"时间片"
    _nop_();_nop_();                    //大于 1 μs
    DS18B20 = 1;                        //总线拉高,准备读取
    i>> = 1;
    if(DS18B20)i|= 0x80;                //从总线拉低时算起,约 15 μs 内读取总线数据
    delay60us ();                       //一个读时隙至少 60 μs
    _nop_();_nop_();
   }
  return(i);
}
//----------------------------------------------------------------
void Init_Ds18B20(void)                //初始化 DS18B20
{if(Ds18b20_start() == 0)              //复位
   { ds18_send (0xcc);                  //跳过 ROM 匹配
    ds18_send (0x4e);                   //设置写模式
    ds18_send (0x64);                   //设置温度上限 100 ℃
    ds18_send (0xf6);                   //设置温度下线 - 10 ℃
    ds18_send (0x7f);                   //12 位(默认)
   }
}
//----------------------------------------------------------------
unsigned int Read_ds18b20()
{  unsigned char th,tl;
    if(Ds18b20_start ())               // Ds18b20_start ()为初始化函数
       return(0x8000);                 //初始化失败,返回值超过 4 095 以标志 DS18B20 出故障
```

```
ds18_send(0xcc);              //发跳过序列号检测命令
ds18_send(0x44);              //发启动温度转换命令
while(!DS18B20);              //等待转换完成
Ds18b20_start ();             //初始化
ds18_send(0xcc);              //发跳过序列号检测命令
ds18_send(0xbe);              //发读取温度数据命令
tl = ds18_readChar();        //先读低 8 位温度数据
th = ds18_readChar();        //再读高 8 位温度数据
Ds18b20_start ();            //不需其他数据,初始化 DS18B20 结束读取
return(((unsigned int)th<<8)|tl);
}
//--------------------------------------------------------
int main(void)
{unsigned int tem;
    //:
  tem = Read_ds18b20() * 10>>4; //温度放大了 10 倍,(×0.0625 = 1/16 = >>4)×10
    //:
}
```

9.4.8　DS18B20 多点测温网络

1. 单总线方法

单总线方法实现 DS18B20 多点测温网络的方法是:先读出每个 DS18B20 的 64 位 ROM 码,然后写到程序中进行匹配。具体如下:

在硬件系统搭建完成时在总线上每次挂接一个 DS18B20,然后对该 DS18B20 发送读取 ROM 序列号命令(0x33),这样 DS18B20 就按照从高位到低位的顺序发送 8 字节地址到总线上,单片机依次读取、保存即可得到一个 DS18B20 的序列号。之后在总线上单独挂接另一个 DS18B20 芯片得到该芯片的序列号。有了这些序列号后,将这些序列号固化在程序(表格)中,当单片机向总线发送匹配 ROM 命令之后紧跟着发送一个序列号,这样接下去的读取温度操作将只有 ROM 序列号匹配的那个 DS18B20 做出相应的操作。在一线制总线上串接多个 DS18B20 器件时,实现对其中一个 DS18B20 器件进行一次温度转换和读取操作的步骤如图 9.26 所示。其中,等待温度转换完成就是单片机释放总线(总线保持上拉高电平的读入状态),此时总线由 DS18B20 钳位为低,直至温度转换完成后总线变为高。

2. 每一个 I/O 口可挂一个 DS18B20

在一线制总线上串接多个 DS18B20 器件时,实现对其中一个 DS18B20 器件进行一次温度转换和读取操作包括十几个步骤,整个过程大概会消耗掉 1 s 的时间。如果总线上存在 10 个 DS18B2 的话,完成一次查询需要约 10 s 的时间。为了满足实时性要求较高系统的设计需求,针对串联多个器件在一线制总线上的结构导致在查询多点温度时速度缓慢的问题,通过采用每个并行端口上连接一个 DS18B20,实现

单片机及工程应用基础

344

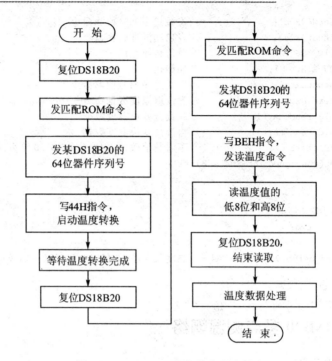

图 9.26 DS18B20 网络的主程序流程

同时对多个 DS18B20 进行同步操作的方法。当一线制总线上仅有一个 DS18B20 器件时,可以用 skip ROM 操作(即跳过 ROM 匹配)命令来代替 64 位序列号的匹配过程,这点也是使用单个 DS18B20 器件系统常用的方法。该方法,由于每个 I/O 总线上的 DS18B20 都不需要 ROM 匹配,且软件上可实现同时操作每个 DS18B20,读取所有 DS18B20 温度的时间与读取一个不需要 ROM 匹配的 DS18B20 的时间相同。当然该方法是以端口的消耗为代价的。

习题与思考题

9.1 请说明 SPI 通信的 CLK 线的作用。

9.2 请绘出 SPI 多机通信的线路图。

9.3 请简述 LED 点阵屏的显示及驱动原理。

9.4 请说明 I^2C 通信的特点,并与 SPI 通信进行对比。

第 **10** 章

A/D、D/A 转换器及接口设计

当单片机用于实时控制和智能仪表等应用系统中时,经常会遇到连续变化的模拟量,如电压和电流等,若输入的是温度、压力和速度等非电信号物理量,还需要经过传感器转换成模拟电信号,这些模拟量必须先转换成数字量才能送给单片机处理,当单片机处理后,也常常需要把数字量转换成模拟量后再送给外部设备。实现模拟量转换成数字量的器件称为模/数转换器(Analog-to-Digital Conversion,A/D 转换器或 ADC),数字量转换成模拟量的器件称为数/模转换器(Digital-to-Analog Conversion,D/A 转换器或 DAC)。本章将介绍 A/D 转换器和 D/A 转换器,以及与计算机的接口技术。

10.1 D/A 转换器原理、接口技术及应用要点

D/A 转换器实现把数字量转换成模拟量,在单片机应用系统设计中经常用到它,单片机处理的是数字量,而单片机应用系统中控制的很多对象都是通过模拟量控制,单片机输出的数字信号必须经 D/A 转换器转换成模拟信号后,才能送给控制对象进行控制。本节就介绍 D/A 转换器与单片机的接口问题。

10.1.1 D/A 转换器原理及指标

1. R-2R T 型电阻网络 D/A 转换器

4 位 R-2R T 型电阻网络 D/A 转换器原理如图 10.1 所示。电路中只有 R 和 $2R$ 两个阻值的电阻类型($R_b = R$)。按照运放的虚短特性,I_{OUT1} 是虚地的,即图中的开关无论接入哪一侧都接入到零电势。又因为,D、C、B 和 A 节点右侧的等效电阻值都为 R,所以,总电流 $I_{REF} = V_{REF}/R$,各个支路的电流分别为 $I_{REF}/2$、$I_{REF}/4$、$I_{REF}/8$ 和 $I_{REF}/16$。多位的 R-2R T 型电阻网络 D/A 转换器的原理依此类推。

由运放的虚断特性,每个支路电流直接流入地还是经由电阻 $R_b(=R)$,由 4 个模拟开关决定,倒置 T 型网络 D/A 转换器的转换过程计算如下:

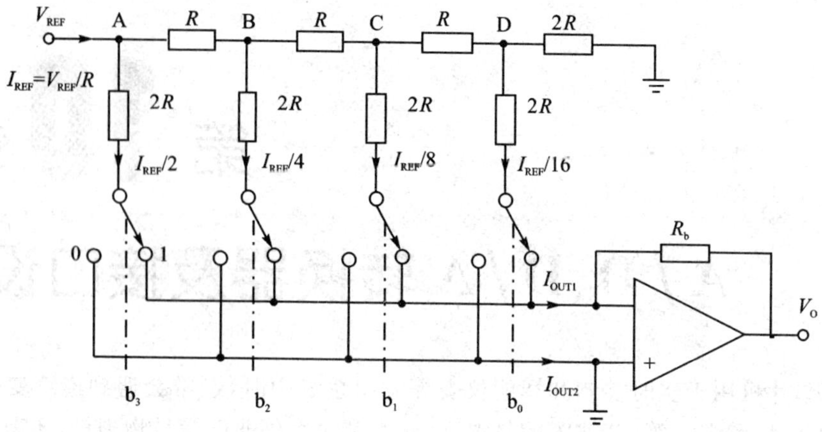

图 10.1　R－2R T 型电阻网络 D/A 转换器原理图

$$I_{\text{OUT1}} = \frac{1}{2}I_{\text{REF}}b_3 + \frac{1}{4}I_{\text{REF}}b_2 + \frac{1}{8}I_{\text{REF}}b_1 + \frac{1}{16}I_{\text{REF}}b_0$$

$$= \frac{V_{\text{REF}}}{2^4 \cdot R}(2^3 b_3 + 2^2 b_2 + 2^1 b_1 + 2^0 b_0)$$

$$V_{\text{O}} = -I_{\text{OUT1}} \cdot R_{\text{b}} = -\frac{V_{\text{REF}}}{2^4 \cdot R}(2^3 b_3 + 2^2 b_2 + 2^1 b_1 + 2^0 b_0) \cdot R_{\text{b}}$$

$$= -\frac{V_{\text{REF}} R_{\text{b}}}{2^4 \cdot R}D = -\frac{V_{\text{REF}}}{2^4}D$$

其中，$\qquad D = 2^3 b_3 + 2^2 b_2 + 2^1 b_1 + 2^0 b_0, R_{\text{b}} = R$

对于 M 位，则有：

$$V_{\text{O}} = -\frac{V_{\text{REF}}}{2^M}D$$

其中，$\qquad D = 2^{M-1}b_{M-1} + 2^{M-2}b_{M-2} + \cdots + 2^1 b_1 + 2^0 b_0$

　　R－2R T 型电阻网络的特点是：电阻种类少，只有 R、$2R$，其制作精度提高。电路中的开关在地与虚地之间转换，不需要建立电荷和消散电荷的时间，因此在转换过程中不易产生尖脉冲干扰，减少动态误差，提高了转换速度，应用最广泛。

　　但应用 R－2R T 型电阻网络时需要注意的是，由于运放输出电压为负，所以，运放必须采用双电源供电。

　　D/A 转换器品种繁多、性能各异，但 D/A 转换器的内部电路构成无太大差异。大多数 D/A 转换器由电阻阵列和 M 个电压开关（或电流开关）构成，通过数字输入值切换开关，产生比例于输入的电压（或电流）。按输入数字量的位数可以分为 8 位、10 位、12 位和 16 位等；按传送数字量的输入方式可以分为并行方式和串行方式；按输出形式可以分为电流输出型和电压输出型等。如前面所述的电压开关型电路为直接输出电压型 D/A 转换器。尽管 R－2R T 型电阻网络 D/A 转换器具有较高的转换速度，但由于电路中存在模拟开关自身内阻压降，当流过各支路的电流稍有变化时,就会产生转换误差。因此,一般说来,由于电流开关的切换误差小,转换精度相对较高。电流开关型电路如果直接输出生成的电流,则为电流输出型 D/A 转换器,如果经电流电压转换也可形成电压型 D/A 转换器。

2. D/A 转换器的性能指标

在设计 D/A 转换器与单片机接口之前,一般要根据 D/A 转换器的技术指标选择 D/A 转换器芯片。因此,这里先介绍一下 D/A 转换器的主要性能指标。

(1) 分辨率

分辨率是指 D/A 转换器最小输出模拟量增量与最大输出模拟量之比,也就是数字量最低有效位(LSB)所对应的模拟值与参考模拟量之比。M 位 D/A 转换器的分辨率为

$$分辨率 = \frac{1}{2^M - 1}$$

这个参数反映 D/A 转换器对模拟量的分辨能力。显然,输入数字量位数越多,参考电压分的份数就越多,即分辨率越高。例如 8 位的 D/A 转换器的分辨率为满量程信号值的 $1/255$,12 位 D/A 转换器的分辨率为满量程时信号值的 $1/4\,095$。

(2) 转换精度

由于 D/A 转换器中受到电路元件参数误差、基准电压 V_{REF} 不稳定和运算放大器的零漂等因素的影响,D/A 转换器的模拟输出量实际值与理论值之间存在偏差。D/A 转换器的转换精度定义为这些综合误差的最大值,用于衡量 D/A 转换器在将数字量转换成模拟量时,所得模拟量的精确程度。主要决定转换精度的因素就是参考电压 V_{REF},因为对于:

$$V_O = -\frac{V_{REF}}{2^M}D$$

输入量 D 不变,影响输出的量就是参考电压 V_{REF} 和分辨率 M。若 M 固定,基准电压 V_{REF} 不稳定,输出自然会有随 V_{REF} 变化而变化的误差。当然,在选择高精准的电压源电路作为参考电压源 V_{REF} 的同时,提高分辨率,即增大 M,可以提高在参考电压范围内输出任意模拟量的精度。

由于电路中各个模拟开关不同的导通电压和导通电阻,以及电阻网络中的电阻误差等,都会导致 D/A 转换器的非线性误差。一般来说 D/A 转换器的非线性误差应小于 ± 1 LSB。

再者,运算放大器的零漂不为零,会使 D/A 转换器的输出产生一个整体增大或减小的失调电压平移。因此,运算放大器电路要有抑制或调整失调电压的功能。

因此,要获得高精度的 D/A 转换器,不仅应选择高分辨率的 D/A 转换器,更重要的是要选用高性能的电压源电路和低零漂的运算放大器等器件与之配合才能达到要求。

単
片
机
及
工
程
应
用
基
础

（3）温度系数

这个参数表明 D/A 转换器具有受温度变化影响的特性。一般用满刻度输出条件下温度每升高 1 ℃，输出模拟量变化的百分数作为温度系数。

（4）建立时间

建立时间指从数字量输入端发生变化开始，到模拟输出稳定时所需要的时间。它是描述 D/A 转换器转换速率快慢的一个参数，通常以 V/μs 为单位。该参数与运算放大器的压摆率 SR 类似。一般地，电流输出型 D/A 转换器建立时间较短，电压输出型 D/A 转换器则较长。

模拟电子开关电路有 CMOS 开关型和双极型开关型两种。其中双极型开关型又有电流开关型和开关速度更高的 ECL 开关型两种。模拟电子开关电路是影响建立时间的最关键因素。在速度要求不高的情况下，可选用 CMOS 开关型模拟开关 D/A 转换器；如果要求较高的转换速率则应选用双极型电流开关 D/A 转换器。

（5）输出极性及范围

D/A 转换器输出范围与参考电压有关。对电流输出型，要用转换电路将其转换成电压，故输出范围与转换电路有关。输出极性有双极性和单极性两种。

10.1.2　D/A 转换器与单片机的连接

不同的 D/A 转换器，与单片机的连接具有一定的差异，主要有三总线结构连接和 SPI 总线连接两种。常用的三总线 D/A 转换器有 DAC0832 和 TLC7528 等；常用的 SPI 接口 D/A 转换器有 TLC5620、TLC5615 和 TLV5618 等。三总线结构的连接方法涉及数据线、地址线和控制线的连接。

1. 数据线的连接

D/A 转换器与单片机的数据线的连接主要考虑两个问题：一是分辨率，当高于8 位的 D/A 转换器与 8 位数据总线的 MCS－51 单片机接口时，MCS－51 单片机的数据必须分时输出，这时必须考虑数据分时传送的格式和输出电压的"毛刺"问题；二是 D/A 转换器有无输入锁存器的问题，当 D/A 转换器内部没有输入锁存器时，必须在单片机与 D/A 转换器之间增设锁存器或 I/O 接口。

2. 地址线的连接

一般的 D/A 转换器只有片选信号，而没有地址线。这时单片机的地址线采用全译码或部分译码，经译码器输出来控制 D/A 转换器的片选信号，也可以由某一位 I/O 线来控制 D/A 转换器的片选信号。也有少数 D/A 转换器有少量的地址线，用于选中片内独立的寄存器或选择输出通道（对于多通道 D/A 转换器），这时单片机的地址线与 D/A 转换器的地址线对应连接。

3. 控制线的连接

D/A 转换器主要有片选信号、写信号及启动转换信号等，一般由单片机的有关引脚或译码器提供。一般来说,写信号多由单片机的 $\overline{WR}$ 信号控制,启动信号常为片选信号和写信号的合成。

10.1.3　MCS－51 单片机与 DAC0832 的接口技术

1. DAC0832 芯片

DAC0832 是一个采用 R－2R T 型电阻网络的 8 位数/模转换器芯片,需要外扩运放形成电压型 D/A 转换器,建立时间为 1 μs。DAC0832 与外部数字系统接口方便,转换控制容易,价格便宜,在实际工作中使用广泛。数字输入端具有双重缓冲功能,可以双缓冲、单缓冲或直通方式输入,它的内部结构如图 10.2 所示。

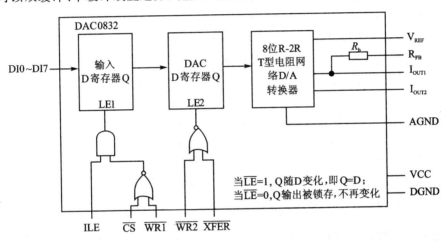

图 10.2　DAC0832 的内部结构图

DAC0832 内部主要由 8 位输入寄存器、8 位 DAC 寄存器、8 位 D/A 转换器和控制逻辑电路组成。8 位输入寄存器接收从外部发送来的 8 位数字量,锁存于内部的锁存器中,8 位 DAC 寄存器从 8 位输入寄存器中接收数据,并能把接收的数据锁存于它内部的锁存器,8 位 D/A 转换器对 8 位 DAC 寄存器发送来的数据进行转换,转换的结果通过 I_{OUT1} 和 I_{OUT2} 输出。8 位输入寄存器和 8 位 DAC 寄存器分别都有自己的异步控制端 $\overline{LE1}$ 和 $\overline{LE2}$,$\overline{LE1}$ 和 $\overline{LE2}$ 通过相应的控制逻辑电路控制,通过它们 DAC0832 可以很方便地实现双缓冲、单缓冲或直通方式处理。

2. DAC0832 的引脚

DAC0832 有 20 个引脚,采用双列直插式封装,如图 10.3 所示。其中:

DI7～DI0(DI0 为最低位):8 位数字量输入端。

ILE:数据允许控制输入线,高电平有效,同 $\overline{CS}$ 组合选通 $\overline{WR1}$。

$\overline{CS}$:数组寄存器的选通信号,低电平有效,同 ILE 组合选通 $\overline{WR1}$。

$\overline{WR1}$:输入寄存器写锁存信号,低电平有效,在 $\overline{CS}$ 与 ILE 均有效时,$\overline{WR1}$ 为低,

则 $\overline{\text{LE1}}$ 为高,将数据装入输入寄存器,即为"透明"状态。当 $\overline{\text{WR1}}$ 变高或是 ILE 变低时数据锁存。

$\overline{\text{WR2}}$:DAC 寄存器写锁存信号,低电平有效,当 $\overline{\text{WR2}}$ 和 $\overline{\text{XFER}}$ 同时有效时,$\overline{\text{LE2}}$ 为高,将输入寄存器的数据装入 DAC 寄存器。$\overline{\text{LE2}}$ 负跳变锁存装入的数据。

$\overline{\text{XFER}}$:数据传送控制信号输入线,低电平有效,用来控制 $\overline{\text{WR2}}$ 选通 DAC 寄存器。

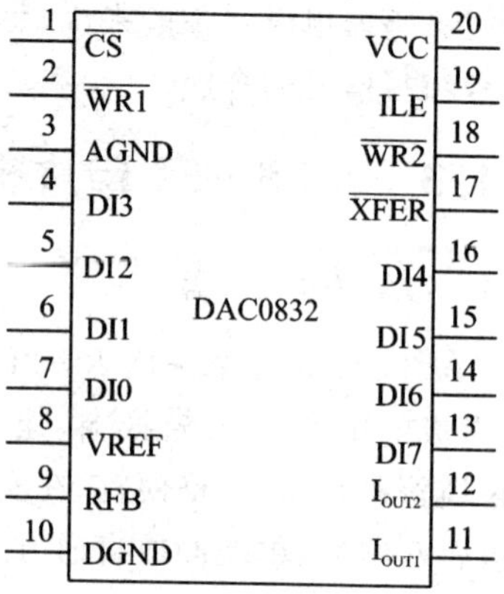

I_{OUT1}:模拟电流输出线 1,它是数字量输入为 1 的模拟电流输出端。

I_{OUT2}:模拟电流输出线 2,它是数字量输入为 0 的模拟电流输出端,采用单极性输出时,I_{OUT2} 常常接地。

RFB:片内反馈电阻引出线,反馈电阻制作在芯片内部,用作外接的运算放大器的反馈电阻。

图 10.3　DAC0832 引脚图

VREF:基准电压输入线,电压范围为 $-10 \sim +10$ V。

VCC:工作电源输入端,可接 $+5 \sim +15$ V 电源。

AGND:模拟地。

DGND:数字地。

3. DAC0832 的工作方式

通过改变控制引脚 ILE、$\overline{\text{WR1}}$、$\overline{\text{WR2}}$、$\overline{\text{CS}}$ 和 $\overline{\text{XFER}}$ 的连接方法。DAC0832 具有单缓冲方式、双缓冲方式和直通方式这 3 种工作方式。

（1）直通方式

当引脚 $\overline{\text{WR1}}$、$\overline{\text{WR2}}$、$\overline{\text{CS}}$ 和 $\overline{\text{XFER}}$ 直接接地时,ILE 接高电平,DAC0832 工作于直通方式下,此时,8 位输入寄存器和 8 位 DAC 寄存器都直接处于导通状态,当 8 位数字量一到达 DI0～DI7,就立即进行 D/A 转换,从输出端得到转换的模拟量。这种方式处理简单,DI7～DI0 直接与 MCS-51 单片机某一端口相连即可。

（2）单缓冲方式

通过连接 ILE、$\overline{\text{WR1}}$、$\overline{\text{WR2}}$、$\overline{\text{CS}}$ 和 $\overline{\text{XFER}}$ 引脚,使得两个锁存器中的一个处于直通状态,另一个处于受控制状态,或者两个同时被控制,DAC0832 就工作于单缓冲方式,例如图 10.4 就是一种单缓冲方式的连接,$\overline{\text{WR2}}$ 和 $\overline{\text{XFER}}$ 直接接地。ILE 接电源,$\overline{\text{WR1}}$ 接 MCS-51 的 $\overline{\text{WR}}$,$\overline{\text{CS}}$ 接 MCS-51 的 P2.7。

对于图 10.4 的单缓冲连接,只要数据 DAC0832 写入 8 位输入锁存器,就立即开始转换,转换结果通过输出端输出。

（3）双缓冲方式

当 8 位输入锁存器和 8 位 DAC 寄存器分开控制导通时,DAC0832 工作于双缓冲方式,此时单片机对 DAC0832 的操作分为两步:第一步,使 8 位输入锁存器导通,将 8 位数字量写入 8 位输入锁存器中;第二步,使 8 位 DAC 寄存器导通,8 位数字量从 8 位输入锁存器送入 8 位 DAC 寄存器。第二步只使 DAC 寄存器导通,在数据输入端接入的数据无意义。图 10.5 就是一种双缓冲方式的连接。

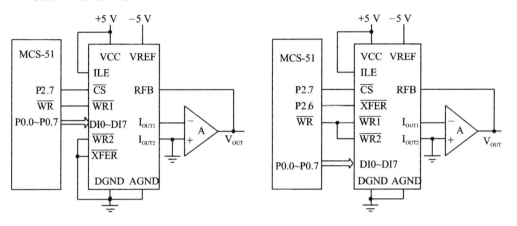

图 10.4 单缓冲方式的连接图   图 10.5 双缓冲方式的连接图

4. 输出极性的控制

(1) 单极性输出

在图 10.4 和 10.5 中,电压输出为:$-V_{REF} \times D/2^8$。为负电压,称为单极性输出。很多时候还需要正负对称范围的双极性输出。

(2) 双极性输出

如图 10.6 所示有:

$$V_O = -V_{REF} - 2V_{O1} = -V_{REF} + 2\frac{V_{REF}}{2^8}D = \left(\frac{D}{2^7} - 1\right)V_{REF} = \frac{D-128}{2^7}V_{REF}$$

当 $D \geqslant 128$ 时,$V_O > 0$;

当 $D < 128$ 时,$V_O < 0$。

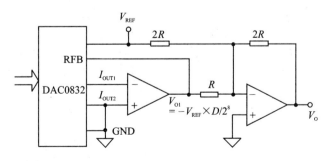

图 10.6 DAC0832 双极性输出应用示意图

单片机及工程应用基础

5. DAC0832 的波形发生器应用

D/A 转换器在实际中经常作为波形发生器使用,通过它可以产生各种各样的波形。它的基本原理如下:利用 D/A 转换器输出模拟量与输入数字量成正比这一特点,通过程序控制 CPU 向 D/A 转换器送出随时间呈一定规律变化的数字,则 D/A 转换器输出端就可以输出随时间按一定规律变化的波形。

【例 10.1】 根据图 10.4 编程,采用单缓冲方式,DAC0832 的接口地址为 7FFFH。从 DAC0832 输出端分别产生锯齿波、三角波和方波,如图 10.7 所示。

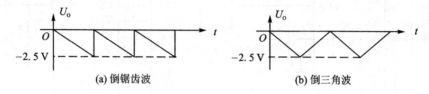

图 10.7　DAC0832 波形输出

汇编语言编程:	C 语言编程:
锯齿波:	锯齿波:

`      MOV   DPTR, #7FFFH`
`      CLR   A`
`LOOP: MOVX  @DPTR, A`
`      INC   A`
`      SJMP  LOOP`
	`# include  <absacc.h>//定义绝对地址访问`
	`# defineuchar  unsigned  char`
	`# define  DAC0832   XBYTE[0x7FFF]`
	`int main(void )`
	`{ uchar i;`
	`    while(1)`
	`    {for (i = 0;i<0xff;i + + )`
	`     DAC0832 = i;`
	`    }`
	`}`

三角波:	三角波:

`      MOV   DPTR, #7FFFH`
`      CLR   A`
`LOOP1:MOVX  @DPTR, A`
`      INC   A`
`      CJNE  A, #0FFH, LOOP1`
`LOOP2:MOVX  @DPTR, A`
`      DEC   A`
`      JNZ   LOOP2`
`      SJMP  LOOP1`
	`# include  <absacc.h>`
	`//定义绝对地址访问`
	`# define  uchar  unsigned  char`
	`# define  DAC0832   XBYTE[0x7FFF]`
	`int main(void)`
	`{ uchar i;`
	`    while(1)`
	`    {for (i = 0;i<0xff;i + + )DAC0832 = i;`
	`     for(i = 0xff;i>0;i − − )DAC0832 = i;`

单片机及工程应用基础

方波：
```
        MOV     DPTR, #7FFFH
LOOP:   MOV     A, #00H
        MOVX    @DPTR, A
        ACALL   DELAY
        MOV     A, #FFH
        MOVX    @DPTR, A
        ACALL   DELAY
        SJMP    LOOP
DELAY:  MOV     R7, #0FFH
        DJNZ    R7, $
        RET
```

```
        }
}
```
方波：
```
# include    <absacc. h>//定义绝对地址访问
# define  uchar  unsigned  char
# define  DAC0832  XBYTE[0x7FFF]
void delay(void )              //延时函数
{ uchar i;
    for  (i = 0;i<0xff;i ++ );
}
intmain(void)
{ uchar i;
    while(1)
    { DAC0832 = 0;           //输出低电平
      delay( );              //延时
      DAC0832 = 0xff;        //输出高电平
      delay( );              //延时
    }
}
```

353

　　下面将基于 DDS 技术实现低频正弦信号发生器的设计。直接数字合成（Direct Digital Synthesize,DDS)技术是 D/A 的重要应用领域。DDS 技术,即对一个周期正弦波连续信号,可以沿其相位轴方向,以等量的相位间隔对其进行相位/幅度抽样,得到一个周期性的正弦信号的离散相位的幅度序列,并且对模拟幅度进行量化,量化后的幅值采用相应的二进制数据编码。这样就把一个周期的正弦波连续信号转换成为一系列离散的二进制数字量,然后通过一定的手段固化在只读存储器 ROM 中,每个存储单元的地址即是相位取样地址,存储单元的内容是已经量化了的正弦波幅值。这样的一个只读存储器就构成了一个与 2π 周期内相位取样相对应的正弦函数表,因它存储的是一个周期的正弦波波形幅值,因此又称其为正弦波形存储器。这样在一定频率定时周期下,通过一个线性的计数时序发生器所产生的取样地址对已得到的正弦波波形存储器进行扫描,进而周期性地读取波形存储器中的数据,其输出通过数/模转换器及低通滤波器就可以合成一个完整的、具有一定频率的正弦波信号。图 10.8为 DDS 原理框图。

　　DDS 正弦波发生器的设计存在两个问题：

(1) 正弦表的生成

　　正弦表的生成一般借助于 MATLAB 工具来实现。这里的关键问题有 3 个：

　　① 对于 8 位的 D/A 转换器,输入数字范围为 0～255,且为整数。所以对于 [−1,+1]的正弦波取点要加 1 后,再放大 255/2 倍,以适应 D/A 输入范围。

　　② 然后,要对数据取整,这里采用四舍五入的取整方式比较合理。

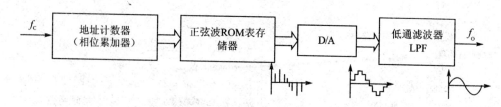

图 10.8　DDS 原理框图

③ 为了软件书写，各数据间要自动加逗号。

以一个完整周期 256 点为例，利用 MATLAB 工具生成正弦表（数组）的具体方法如下：

```
n = 0:255;y = sin(2 * pi/256 * n);
y = y + 1;y = y * (255/2);
y = round(y);% 四舍五入取整(fix 为舍小数式取整,ceil 为向上取整)
fid = fopen('exp.txt','wt');fprintf(fid,',%1.0f',y);fclose(fid);% 数据间加逗号
```

(2) 定时周期的计算

以一个周期 256 采样点的 50 Hz 正弦波发生器设计为例。1 s 内总共通过 D/A 转换器输出 $256 \times 50 = 12\,800$ 点，所以定时时间间隔为 $10^6/12\,800 = 78.125\ \mu s$。当然对于 12 MHz 晶振，该例我们只能定时 78 μs，电路如图 10.9 所示。

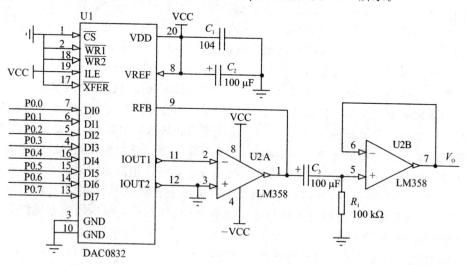

图 10.9　基于 DDS 原理产生 50 Hz 正弦波电路图

例程如下：

汇编程序：

```
        ORG    0000H
        LJMP   MAIN
        ORG    000BH
        LJMP   T0_ISR
        ORG    0030H
MAIN:   MOV    DPTR,#TAB
        MOV    TMOD,#02H   ;方式 2
        MOV    TH0,#178    ;256-78=178
        MOV    TL0,#178
        SETB   ET0
        SETB   EA
        SETB   TR0
        SJMP   $
T0_ISR: PUSH ACC
        MOVC   A,@A+DPTR
        MOV    P1,A
        POP    ACC
        INC    A
        RETI
TAB:
DB 128,131,134,137,140,143,146,149,152
DB 155,158,162,165,167,170,173,176,179
DB 182,185,188,190,193,196,198,201,203
DB 206,208,211,213,215,218,220,222,224
DB 226,228,230,232,234,235,237,238,240
DB 241,243,244,245,246,248,249,250,250
DB 251,252,253,253,254,254,254,255,255
DB 255,255,255,255,255,254,254,254,253
DB 253,252,251,250,250,249,248,246,245
DB 244,243,241,240,238,237,235,234,232
DB 230,228,226,224,222,220,218,215,213
DB 211,208,206,203,201,198,196,193,190
DB 188,185,182,179,176,173,170,167,165
DB 162,158,155,152,149,146,143,140,137
DB 134,131,128,124,121,118,115,112,109
DB 106,103,100,97,93,90,88,85,82,79,76
DB 73,70,67,65,62,59,57,54,52,49,47,
   44,42
DB 40,37,35,33,31,29,27,25,23,21,20,
   18,17
DB 15,14,12,11,10,9,7,6,5,5,4,3,2,2,1,
   1,1,0
DB 0,0,0,0,0,0,1,1,1,2,2,3,4,5,5,6,7,
   9,10,11
DB 12,14,15,17,18,20,21,23,25,27,29,
   31,33
DB 35,37,40,42,44,47,49,52,54,57,59,
   62,65
DB 67,70,73,76,79,82,85,88,90,93,
   97,100
DB 103,106,109,112,115,118,121,124
```

C51 语言程序：

```
#include <reg51.h>
#define uchar unsigned char
uchar ptr;
void main(void)
{unsigned chari;
  TMOD=0x02;   //方式 2
  TH0=178;
  TL0=178;
  ET0=1;
  EA=1;
  TR0=1;
  while(1);
}
voidT0_ISR() interrupt 1 using 1
{code uchar sin_ROM[256]={
  128,131,134,137,140,143,146,149,152,
  155,158,162,165,167,170,173,176,179,
  182,185,188,190,193,196,198,201,203,
  206,208,211,213,215,218,220,222,224,
  226,228,230,232,234,235,237,238,240,
  241,243,244,245,246,248,249,250,250,
  251,252,253,253,254,254,254,255,255,
  255,255,255,255,255,254,254,254,253,
  253,252,251,250,250,249,248,246,245,
  244,243,241,240,238,237,235,234,232,
  230,228,226,224,222,220,218,215,213,
  211,208,206,203,201,198,196,193,190,
  188,185,182,179,176,173,170,167,165,
  162,158,155,152,149,146,143,140,137,
  134,131,128,124,121,118,115,112,109,
  106,103,100,97,93,90,88,85,82,79,76,
  73,70,67,65,62,59,57,54,52,49,47,44,
  42,40,37,35,33,31,29,27,25,23,21,20,
  18,17,15,14,12,11,10,9,7,6,5,5,4,3,2,2,
  1,1,1,0,0,0,0,0,0,0,1,1,1,2,2,3,4,5,5,6,7,
  9,10,11,12,14,15,17,18,20,21,23,25,27,
  29,31,33,35,37,40,42,44,47,49,52,54,
  57,59,62,65,67,70,73,76,79,82,85,88,
  90,93,97,100,103,106,109,112,115,
  118,121,124};
  P0=sin_ROM[ptr++];
}
```

10.1.4　基于 TL431 的基准电压源设计

基准电压源是 D/A 和 A/D 转换精度的决定性要素。TL431 是一个有良好的热稳定性能的三端可调分流基准源,其等效内部结构、电路符号和典型封装如图 10.10 所示。

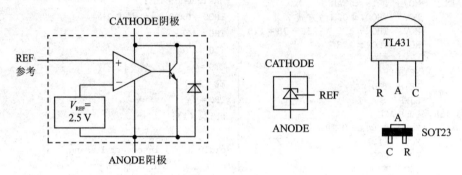

图 10.10　TL431 等效内部结构、电路符号和典型封装

由图可以看到,VREF 是一个内部的 2.5 V 基准源(其实,参考电压的出场典型值为 2.495 V,最小到 2.440 V,最大为 2.550 V),接在运放的反相输入端。由运放的特性可知,REF 端(同相端)的电压相对阳极为 2.5 V,且具有虚断特性。

它的输出电压用两个电阻就可以任意地设置到从 V_{REF}(2.5 V)到 36 V 范围内的任何值。该器件的典型动态阻抗为 0.2 Ω,在很多应用中可以用它代替齐纳二极管,例如,数字电压表,运放电路、可调压电源,开关电源等。2.5~36 V 恒压电路和 2.5 V 应用分别如图 10.11(a)和图 10.11(b)所示。图 10.11(b)中,当 R1 与 R2 阻值相等时,输出电压即为 5 V。需要注意的是,当 TL431 阴极电流很小时无稳压作用,通常流过其阴极电流必须在 1mA 以上(1~500 mA),且当把 TL431 阴极对地与电容并联时,电容不要在 0.01~3 μF 之间,否则会在某个区域产生震荡。

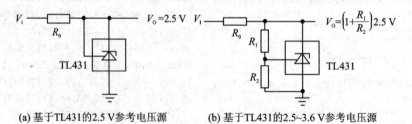

(a) 基于 TL431 的 2.5 V 参考电压源　　(b) 基于 TL431 的 2.5~3.6 V 参考电压源

图 10.11　TL431 的恒压电路

10.2　A／D 转换器原理、接口技术及应用要点

10.2.1　A／D 转换器原理及指标

A／D 转换器的作用是把模拟量转换成数字量，以便于数字化处理。A／D 转换器是将时间和幅度都连续的模拟量，转换为时间和幅值都离散的数字量。采样过程一定要满足奈奎斯特采样定理，并一般要经过采样保持、量化和编码三个步骤过程。其中，采样是在时间轴上对信号离散化；量化是在幅度轴上对信号数字化；编码则是按一定格式记录采样和量化后的数字数据。

采样保持（Sample Hold，S／H）电路用在 A／D 转换系统中，作用是在 A／D 转换过程中保持模拟输入电压不变，以获得正确的数字量结果。采样保持电路是 A／D 转换系统的重要组成部分，它的性能决定着整个 A／D 转换系统的性能。很多集成A／D 转换器都内建采样保持器，简化了电路设计。当 A／D 转换器芯片没有内置采样保持电路，需要外接专用采样保持器电路；或者同一时刻要采集多个模拟量信号时，也需要外接多个采样保持器电路。采样保持器的选择要综合考虑捕获时间，孔隙时间，保持时间，下降率等参数。采样保持电路一般利用电容的记忆效应实现，如图 10.12 所示。A1 作为比较器并用于提高输入阻抗，A2 则增强保持能力并提供反馈信号。

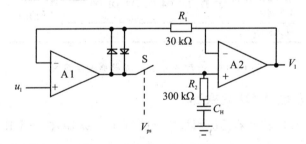

图 10.12　采样保持控制电路

常用的采样保持器有：AD582、AD583、LF398 等。加采样保持电路的原则一般情况下直流和变化非常缓慢的信号可以不用采样保持电路，其他情况都要加采样保持电路。

量化过程中所取最小数量单位称为量化单位。它是数字信号最低位为 1 时所对应的模拟量，即 1 LSB。任何一个数字量的大小只能是某个规定的最小数量单位的整数倍。在量化过程中由于采样电压不一定能被量化单位整除，所以量化前后不可避免地存在误差，此误差称为量化误差。量化误差属原理误差，它是无法消除的。A／D 转换器的位数越多，各离散电平之间的差值越小，量化误差越小。两种近似的量化方式：只舍不入的量化方式和四舍五入的量化方式。

随着超大规模集成电路技术的飞速发展，现在有很多类型的 A／D 转换器芯片，

不同的芯片其内部结构不一样,转换原理也不同。各种 A/D 转换芯片根据转换原理可分为计数型 A/D 转换器、逐次比较型和双积分型 A/D 转换器等。

1. 计数型 A/D 转换器

计数型 A/D 转换器由 D/A 转换器、计数器和比较器组成。原理如图 10.13 所示。工作时,计数器由零开始计数,每计一次数后,计数值送往 D/A 转换器进行转换,并将生成的模拟信号与输入的模拟信号在比较器内进行比较,若前者小于后者,则计数值加 1,重复 D/A 转换及比较过程。依此类推,直到当 D/A 转换后的模拟信号与输入的模拟信号相同时,则停止计数,这时,计数器中的当前值就为输入模拟量对应的数字量。这种 A/D 转换器结构简单、原理清楚,在集成智能传感器中经常用到。

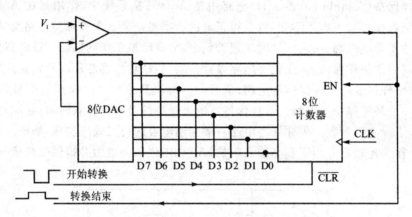

图 10.13　计数型 A/D 转换器原理示意图

2. 逐次比较型 A/D 转换器

逐次比较型 A/D 转换器是应用最广泛的 A/D 转换器,由一个比较器、一个 D/A 转换器、一个逐次比较寄存器(Successive Approximation Register,SAR)及控制电路组成。与计数型 A/D 转换器相同,也要进行比较以得到转换的数字量。但逐次比较型 A/D 转换器是用一个寄存器从高位到低位依次开始逐位试探比较。寄存器输出与 D/A 转换器的输入相连。转换过程如下:开始时寄存器各位清 0,转换时,先将最高位置 1,送 D/A 转换器转换,转换结果($V_{REF}/2$)与输入的模拟量比较,如果转换的模拟量比输入的模拟量小,则 1 保留,如果转换的模拟量比输入的模拟量大,则 A/D结果的最高位确定为 0。然后从第二位依次重复上述过程直至最低位,最后寄存器中的内容就是输入模拟量对应的数字量。一个 M 位的逐次逼近型 A/D 转换器转换只需要比较 M 次,转换时间只取决于位数和时钟周期。逐次比较型 A/D 转换器转换速度快,在实际中广泛使用。

因此,逐次比较型 A/D 转换器完成一次转换所需时间与其位数和时钟脉冲频率有关,位数愈少,时钟频率越高,转换所需时间越短。

3. 双积分型 A/D 转换器

双积分型 A/D 转换器将输入电压先变换成与对输入积分进行的平均值成正比的时间间隔,然后再把此时间间隔转换成数字量,如图 10.14 所示。双积分型 A/D 转换器的转换过程分为采样和比较两个过程。采样即用积分器对输入模拟电压进行固定时间(T_1)的积分,输入模拟电压值越大,采样值越大,比较就是用基准电压对积分器进行反向积分,直至积分器的值为 0,由于基准电压值固定,所以采样值越大,反向积分时积分时间越长,反向积分时间(T_2)与输入电压值成正比,最后把反向积分时间转换成数字量,则该数字量就为输入模

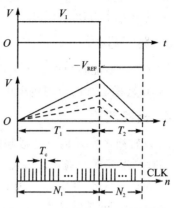

图 10.14 双积分型 A/D 转换器工作波形及原理

拟量对应的数字量。一般,双积分型 A/D 转换器采用计数器计时,也就是说当计数器的时钟频率固定,T_2 时间段计数器的计数值就为转换结果。由于在转换过程中进行了两次积分,因此称为双积分型。双积分型 A/D 转换器转换精度高,稳定性好,测量的是输入电压在一段时间的平均值,而不是输入电压的瞬间值,因此它的抗干扰能力强,但是转换速度慢,双重积分型 A/D 转换器在工业上应用也比较广泛。

由于转换结果与时间常数 RC 无关,从而消除了积分非线性带来的误差。同时,由于双积分 A/D 转换器在 T_1 时间内采的是输入电压的平均值,因此具有很强的抗干扰的能力。

10.2.2 A/D 转换器的主要性能指标

A/D 转换器的主要技术指标有分辨率、转换精度和转换速率等。选择 A/D 转换器时除考虑这两项技术指标外,还应注意满足其输入电压的范围和工作温度范围等方面的要求。

1. 分辨率

分辨率是指 A/D 转换器能分辨的最小输入模拟量。通常转换输出的二进制数字量的位数越高,分辨率越高。例如 8 位 A/D 转换器的分辨率为 $1/2^8$,对应的电压分度为 $V_{REF}/2^8$。

2. 转换时间

转换时间是指完成一次 A/D 转换所需要的时间,指从启动 A/D 转换器开始到转换结束并得到稳定的数字输出量为止的时间。一般来说,转换时间越短,转换速度

越快。

不同类型的 A/D 转换器的转换速度相差甚远。比如,逐次比较型 A/D 转换器的速度可以为几十 k/s 到几百 k/s,甚至为兆级速度,而双积分型 A/D 转换器则仅为几万次/s 到几十万次/s 而已。

3. 量　程

量程是指所能转换的输入电压范围。一般输入电压要小于参考电压,并一定要小于 A/D 转换芯片的电源供电电压,以免烧坏芯片。

4. 转换精度

A/D 转换器实际输出的数字量和理论上的输出数字量之间有微小差别,也就是存在转换精度问题。通常以输出误差的最大值形式给出,常用最低有效位的倍数表示转换精度。不过,在实际应用中,保证转换精度的确是参考电压源,参考电压源设计是应用 A/D 的关键技术。

在实际应用中应从系统数据总的位数、精度要求、输入模拟信号的范围及输入信号极性等方面综合考虑 A/D 转换器的选用。

作为优良的测试系统,参考源的设计极其重要,这里以 A/D 的参考电压为 2.5 V 为例说明。比如可以采用 TL431 来实现 2.5 V 参考源。另外,输入电压相对于参考电压两边的约 0.25 V 区域 A/D 结果具有较大的非线性,因此应该将输入电压调理到 0.25～2.25 V。一般用反相比例加法器进行信号调理,电路如图 10.15 所示。

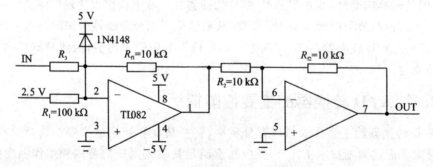

图 10.15　直流电压表输入调理电路

反相比例加法器通过 2.5 V 输入和 R_1 与 R_n 构成的一 1/10 倍反相比例放大器,形成固定 -0.25 V 偏置;同时输入电压通过 R_3 和 R_n 形成的一 R_n/R_3 倍反相比例放大器,电压输出范围为 0～-2 V,再加上固定的偏置 -0.25 V,运放 1 引脚电压范围为 -0.25～-2.25 V,该负电压再通过 -1 倍的反相比例放大器,运放 7 引脚输出 0.25～2.25 V 符合 A/D 精准测量输入范围电压。当然,对于 A/D 的结果首先要减去 0.25 V 所对应的偏移量。其实,对于非精密测量可以不用考虑两侧的非线性。图 10.15 中,二极管 1N4148 位保护二极管,防止输入电压超过 5 V+0.7 V,以保护后级电路。

10. 2. 3 ADC0809 与 MCS – 51 的接口

1. ADC0809 芯片

ADC0809 是 CMOS 单片型逐次逼近型 A/D 转换器,具有 8 路模拟量输入通道,有转换起停控制,模拟输入电压范围为 $0\sim+5$ V,转换时间为 $100~\mu s$,它的内部结构如图 10.16 所示。ADC0809 由 8 路模拟通道选择开关、地址锁存与译码器、比较器、8 位开关树型 D/A 转换器、逐次逼近型寄存器、定时和控制电路和三态输出锁存器等组成。其中,8 路模拟通道选择开关实现从 8 路输入模拟量中选择一路送给后面的比较器进行比较;地址锁存与译码器用于当 ALE 信号有效时锁存从 ADDA、ADDB、ADDC 3 根地址线上送来的 3 位地址,译码后产生通道选择信号,从 8 路模拟通道中选择当前模拟通道;比较器、8 位开关树型 D/A 转换器、逐次逼近型寄存器、定时和控制电路组成 8 位 A/D 转换器,当 START 信号有效时,就开始对输入的当前通道的模拟量进行转换,转换完后,把转换得到的数字量送到 8 位三态锁存器,同时通过 EOC 引脚送出转换结束信号。三态输出锁存器保存当前模拟通道转换得到的数字量,当 OE 信号有效时,把转换的结果通过 D0~D7 送出。

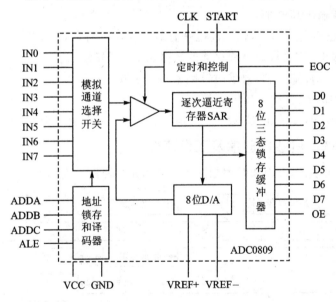

图 10.16 ADC0809 的内部结构图

ADC0809 芯片有 28 个引脚,采用双列直插式封装,如图 10.17 所示。其中:

IN0~IN7:8 路模拟量输入端。

D0~D7:8 位数字量输出端。

ADDA、ADDB、ADDC:3 位地址输入线,用于选择 8 路模拟通道中的一路,选择情况如表 10.1 所列。

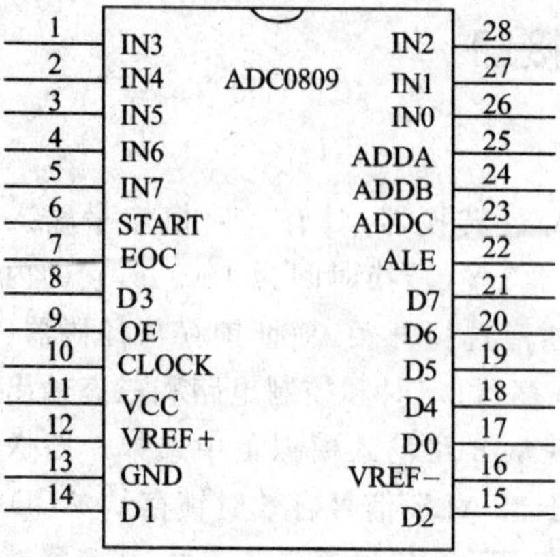

1	IN3		IN2	28
2	IN4	ADC0809	IN1	27
3	IN5		IN0	26
4	IN6		ADDA	25
5	IN7		ADDB	24
6	START		ADDC	23
7	EOC		ALE	22
8	D3		D7	21
9	OE		D6	20
10	CLOCK		D5	19
11	VCC		D4	18
12	VREF+		D0	17
13	GND		VREF−	16
14	D1		D2	15

图 10.17　ADC0809 的引脚图

表 10.1　ADC0809 模拟通道地址选择表

ADDC	ADDB	ADDA	选择通道
0	0	0	IN0
0	0	1	IN1
0	1	0	IN2
0	1	1	IN3
1	0	0	IN4
1	0	1	IN5
1	1	0	IN6
1	1	1	IN7

ALE：地址锁存允许信号，输入，高电平有效。

START：A/D 转换启动信号，输入，高电平有效。

EOC：A/D 转换结束信号，输出。当启动转换时，该引脚为低电平，当 A/D 转换结束时，该引脚输出高电平。

OE：数据输出允许信号，输入高电平有效。当转换结束后，如果从该引脚输入高电平，则打开输出三态门，输出锁存器的数据从 D0～D7 送出。

CLK：时钟脉冲输入端，要求时钟频率不高于 640 kHz。

REF＋、REF－：基准电压输入端。

VCC、GND：VCC 为电源，接＋5 V 电源；GND 直接接地（零电势）。

2. ADC0809 的接口时序及工作流程

ADC0809 的工作流程和时序如图 10.18 所示。转换过程如下：

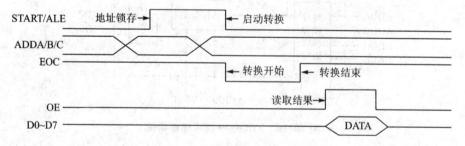

图 10.18　ADC0809 的工作流程图

① 输入 3 位地址，并使 ALE＝1，ALE 的上升沿将地址存入地址锁存器中，经地址译码器译码从 8 路模拟通道中选通一路模拟量送到比较器。

② 送 START 一高脉冲，START 的上升沿使逐次比较寄存器复位，下降沿启动

A/D 转换,并使 EOC 信号为低电平。

③ 当转换结束时,转换的结果送入到输出三态锁存器中,并使 EOC 信号回到高电平,通知 CPU 已转换结束。

④ 当 CPU 执行一读数据指令时,使 OE 为高电平,则从输出端 D0~D1 读出数据。

3. ADC0809 与 MCS-51 单片机的接口

(1) 硬件连接

图 10.19 是 ADC0809 与 MCS-51 的一个接口电路图。图中,ADC0809 的转换时钟由 MCS-51 的 ALE 信号提供。因为 ADC0809 的最高时钟频率为 640 kHz,ALE 信号的频率是晶振频率的 1/6,如果晶振频率为 12 MHz,则 ALE 的频率为 2 MHz,所以 ALE 信号要 4 分频后再送给 ADC0809。当然,采取 C/T2 的 PWM 输出功能给出方波是最方便的,鉴于基本型 MCS-51 没有 C/T2,这里没有采用该方法。

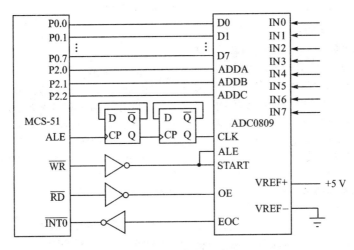

图 10.19 ADC0809 与 MCS-51 的一个接口电路图

MCS-51 通过读、写信号线来控制 ADC0809 的锁存信号 ALE、启动信号 START、输出允许信号 OE,锁存信号 ALE 和启动信号 START 连接在一起,锁存的同时启动。通过"MOVX @DPTR,A"指令给出模拟通道和启动 A/D 转换,DPH 的低 3 位即为通道地址,当写信号 WR 为低电平时,ADC0809 的锁存信号 ALE 和启动信号 START 有效,启动 ADC0809 开始转换。由于 ADC0809 的地址锁存器具有锁存功能,所以 WR 提供了 ADC0809 的通道锁存信号。根据图中的连接方法,8 个模拟输入通道的地址分别为 00H~07H;当要读取转换结果时,只需要读信号为低电平,输出允许信号 OE 有效,转换的数字量通过 D0~D7 输出。转换结束信号 EOC 与 MCS-51 的外中断 INT0 相连,由于逻辑关系相反,因而通过反相器与单片机连接,那么转换结束则向 MCS-51 发送中断请求,CPU 响应中断后,在中断服务程序中通过读操作来取得转换的结果。

(2) 软件编程

设图 10.19 接口电路用于一个 8 路模拟量输入的巡回检测系统,使用中断方式采样数据,把采样转换所得的数字量按序存于片内 RAM 的 30H～37H 单元中。采样完一遍后停止采集。

汇编语言编程:

```
              ORG   0000H
              LJMP  MAIN
              ORG   0003H
              LJMP  INT0_ISR
              ORG   0030H ;主程序
   ;设立数据存储区指针
   MAIN: MOV   R0, #30H
              ;设置8路采样计数值
              MOV   R2, #08H
              SETB  IT0   ;INT0为边沿触发方式
              SETB  EA    ;CPU开放中断
              SETB  EX0   ;允许外部中断0中断
              MOV   DPH, #00H ;指向通道IN0
   LOOP: MOVX  @DPTR, A  ;给出WR信号,
              ;启动A/D转换,
              ;A的值无意义
   HERE: SJMP  HERE      ;等待中断
              ;读取转换结果
   INT0_ISR:MOVX A, @DPTR
              MOV   @R0, A   ;存入片内RAM单元
              INC   DPH      ;指向下一模拟通道
              ;指向下1个存储单元
              INC   R0
              DJNZ  R2, NEXT ;8路未转换完则继续
              CLR   EA      ;已转换完,则关中断
              CLR   EX0     ;禁止外部中断0中断
              RETI ;中断返回
   NEXT: MOVX  @DPTR, A ;再次启动A/D转换
              RETI         ;中断返回
```

C51 语言编程:

```c
#include  <req52.h>
#define uchar  unsigned  char
//定义数组存放结果
static  uchar  data  x[8];
//定义指向通道的指针
uchar xdata  * ad_adr;
uchar channel;           //0～7
int main(void)
{   IT0 = 1;             //初始化
    EX0 = 1;
    EA = 1;
    channel = 0;
    ad_adr = (unsigned int) channel<<8;
    //启动 channel 通道 A/D 转换,
    //后边的赋值0无任何意义
    * ad_adr = 0;
    while(1) ;           //等待中断
}
void INT0_ISR_ADC(void)   interrupt 0
using 1
{ //接收当前通道转换结果
  x[channel] = * ad_adr;
  channel ++;            //指向下一个通道
   if (channel <8)
  //8个通道未转换完,启动下一个通道开始
  //转换
     {ad_adr = (unsigned int) channel<<8;
      * ad_adr = 0;
     }
   else
   //8个通道转换完,关中断返回
   {EA = 0;EX0 = 0;
   }
}
```

当然,可以不采用总线结构操作 ADC0809,而是直接软件模拟时序,请读者自行尝试编写软件。

10.3　TLC2543 及其接口应用

TCL2543 是美国德州仪器公司的开关电容逐次逼近式 12 位 A/D 转换器,具有 11 通道模拟输入。TCL2543 的供电电压为 4.5~5.5 V;10 μs 转换时间(有转换结束输出 EOC),采样率达 66 kbps,线性误差±1 LSBmax;3 路,内置自测试方式用于校正等,具有单、双极性输出控制。

TCL2543 采样 SPI 接口与主处理器或其他外围器件通信(可编程的 MSB 或 LSB,可编程输出数据长度):片选($\overline{CS}$)、输入/输出时钟(CLK)、数据输出(DOUT)以及地址输入端(DIN)。

TCL2543 采用 DIP20 和 TOP20 封装,其引脚及功能如表 10.2 所列。

表 10.2　TCL2543 引脚功能

引脚号	名　称	I/O	功　能
1~9,11,12	AIN0~AIN10	输入	多路模拟输入端。注意,驱动源阻抗必须小于或等于 50 Ω,而且可用 60 pF 电容来限制模拟输入电压的斜率
15	$\overline{CS}$	输入	片选端
17	DIN	输入	串行数据输入端
16	DOUT	输出	A/D 转换输出端
19	EOC	输出	A/D 转换结束端
18	CLK	输入	输入/输出时钟端
14	REF+	输入	正基准电压端
13	REF−	输入	负基准电压端
20	VCC		正电压端(5 V)
10	GND		负电源端

串行输出线 DOUT:是推挽串行数据输出引脚,读周期内数据从此引脚上移出,数据由串行时钟的下降沿同步输出。数据从外部芯片到单片机。

串行输入线 DIN:是串行数据输入引脚。通道地址选择在此引脚上输入,数据由串行时钟的上升沿锁存。数据从单片机到外部芯片。

串行时钟 CLK:串行时钟是 DOUT 和 DIN 的同步脉冲,每个 CLK 将确定 DOUT 和 DIN 线上一位(bit)的传送。一般 CLK 由单片机发出。快慢由 CLK 的脉宽决定。

当片选$\overline{CS}$为高电平时，DOUT 输出处于高阻状态，$\overline{CS}$为低电平时选中该芯片。$\overline{CS}$不仅仅是选通，而且还充当启停信号，当$\overline{CS}$从高到低跳变时(下降沿)，表示操作开始，接下来的每个 CLK 脉冲将代表 1 个有效位(bit)。当$\overline{CS}$从低到高跳变(上升沿)时，表示操作结束。TLC2543 收到第 4 个时钟信号后，通道号也已收到，因此，此时TLC2543 开始对选定通道的模拟量进行采样，并保持到最后一个时钟的下降沿。在最后一个时钟下降沿，EOC 变低，开始对本次采样的模拟量进行 A/D 转换，转换时间约 10 μs，转换完成 EOC 变高，转换的数据在输出数据寄存器中，待下一个工作周期输出。此后，可以进行新的工作周期。

在硬件设计中，EOC 引脚是否需要与单片机连接呢？EOC 引脚由高变低是在最后一个 CLK 的下降沿，它标志 TLC2543 开始对本次采样的模拟量进行 A/D 转换，转换完成后 EOC 变高，标志转换结束。

从理论上讲，应该通过 EOC 判断是否可以进行新的周期，以便从 TLC2543 中取出已转换的 A/D 数据。但是，正如前面的介绍，TLC2543 的一次 A/D 转换时间约为 10 μs，而一般情况下，一个工作周期后，单片机的后续处理工作已大于 10 μs，因此，除非特别需要，一般可以不接 EOC。

TLC2543 采取 MSB(即高先发的方式)的 SPI 串行接口进行通信。一开始，片选$\overline{CS}$为高，CLK 和 DIN 被禁止，DOUT 为高阻态状态。$\overline{CS}$变低，CLK 和 DIN 使能，并使 DOUT 脱离高阻态状态，8 位输入数据流从 DIN 端输入，在 CLK 的上升沿存入输入寄存器。输入数据是一个 8 位数据流(MSB)，格式如表 10.3 所列。通过表 10.3 可以看出，TLC2543 支持 8 位和 12 位的 A/D 转换，由输入数据的 D3 和 D2位决定，这里我们采用 12 位 A/D，即 D3 和 D2 位要输入"00"。

如前面所述，模拟输入的采样保持开始于 CLK 的第 4 个下降沿，CLK 的最后一个下降沿使得 EOC 变低并开始转换，转换时间约 10 μs。在传送这个数据流的同时，CLK 的下降沿也将前一次转换的结果从输出数据寄存器移到 DOUT 端。CLK 端接收的时钟长度取决于输入数据寄存器中的数据长度选择位。

关于单极性和双极性的说明如下：

一般对于 REF－和 REF＋两个参考电压引脚，REF－接地，V_{REF+}即为实际参考电压，这也就是所谓的单极性输入。

若 REF－没有接地，那么 V_{REF+} 与 V_{REF-} 的差作为参考电压，且以 V_{REF-} 为参考基点。当输入信号等于 V_{REF-} 时，A/D 结果为 0，当输入信号大于或小于 V_{REF-} 时，按照输入信号与 V_{REF-} 的电压差作为 A/D 输入对象进行 A/D 转换，即 A/D 结果为：

$$(V_{IN}-V_{REF-})/(V_{REF+}-V_{REF-})\times2^{12}$$

此时要选择为双极性输入，以实现 A/D 转换结果为补码形式。

表 10.3   TCL2543 的前 8 位输入数据格式含义

功能选择	地址位				输出数据长度控制		输出 MSB/LSB	BIP
	D7	D6	D5	D4	D3	D2	D1	D0
	MSB							LSB
输入通道选择:								
AIN0	0	0	0	0				
AIN1	0	0	0	1				
⋮			⋮					
AIN10	1	0	1	0				
参考电压选择:								
$(V_{REF+}+V_{REF-})/2$	1	0	1	1				
V_{REF-}	1	1	0	0				
V_{REF+}	1	1	0	1				
Softwarepower down	1	1	1	0				
输出数据长度:								
8 位					0	1		
12 位					×	0		
16 位(高 12 位有效)					1	1		
输出数据格式:								
MSB							0	
LSB							1	
单极性								0
双极性								1

TLC2543 与单片机接口电路如图 10.20 所示。参考电压采用 4.096 V,通过 TL431 实现,目的是对应 12 位 A/D 转换读回的数据是多少,对应模拟输入就是多少毫伏。

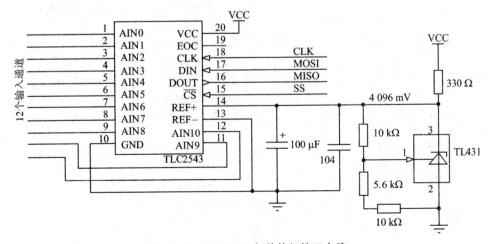

图 10.20   TLC2543 与单片机接口电路

单片机及工程应用基础

　　需要说明的是,进行一次 A/D 转换需要读取 TLC2543 两次 A/D 转换结果,第二次才是真正的结果,因为第一次读取只是为了送通道号并采样保持,SPI 通信结束后 TLC2543 才启动 A/D 转换,10 μs 后转换完成再次读取才是上次结果。TLC2543 的驱动程序如下:

汇编程序:

```
TLC2543clk    EQU    P2.0;
TLC2543din    EQU    P2.1;
TLC2543dout   EQU    P2.2;
TLC2543_cs    EQU    P2.3;
READ2543:
    ;从 TLC2543 读取采样值,通道号在 A 中
    ;返回值在 R3 和 R4 中,R4 为高 4 位
    CLR TLC2543clk
    SETBTLC2543dout ;输入口
    CLR TLC2543_cs
    SWAP A          ;通道号放到高 4 位
    MOV R7,#4       ;把通道号打入 TLC2543
PORT2543:
    RLC A
    MOV TLC2543din,C;
    SETB TLC2543clk
    MOV C, TLC2543dout
    MOV ACC.0, C
    CLR TLC2543clk
    DJNZ R7,PORT2543
    MOV R4,A        ;存储高 4 位 A/D 结果

    MOV R7,#8 ;读取低 8 个位
    CLR  TLC2543din;低 8 位送入 A/D8 个 0
L_8TIMES:
    SETB TLC2543clk
    RL A
    MOV C, TLC2543dout
    MOV ACC.0, C
    CLR  TLC2543clk
    DJNZ R7, L_8TIMES
    MOV R3,A
    SETB TLC2543_cs
    RET
```

C51 程序:

```c
#include <reg52.h>
sbit TLC2543clk = P1^7;
sbit TLC2543din = P1^6;
sbit TLC2543dout = P1^5;
sbit TLC2543_cs = P1^4;
unsigned int Rd_TLC2543(unsigned char n)
{                  //n 为通道选择 0~10
  unsigned char i;
  union{uchar ch[2];
        unsigned int  i;
       }u;
TLC2543clk = 0;
TLC2543dout = 1;     //输入口
TLC2543_cs = 0;      //选中 TLC2543
for(i = 0;i<4;i++)
{if(n&0x08) TLC2543din = 1; //MSB
  else TLC2543din = 0;
  u.ch[0]<< = 1;
  if(TLC2543dout) u.ch[0]|= 0x01;
  TLC2543clk = 1;    //上升沿发送数据
  n<< = 1;
  TLC2543clk = 0;    //下降沿更新数据
}
u.ch[0]& = 0x0f;
TLC2543din = 0;      //低 8 位送入 A/D8 个 0
for(i = 0;i<8;i++)//读取低 8 个位
{ u.ch[1]<< = 1;
  if(TLC2543dout) u.ch[1]|= 0x01;
  TLC2543clk = 1;
  TLC2543clk = 0;    //下降沿更新数据
}
TLC2543_cs = 1;
return u.i;
}
```

TLC1543 与 TLC2543 的引脚和用法一致,区别在于 TLC1543 是 10 位的 A/D,所以一次通信为 10 位。请读者自行尝试编写 TCL1543 的驱动软件。

10.4 $4\frac{1}{2}$ 位双积分型 A/D 转换器——ICL7135 及其接口技术

ICL7135 是高精度 $4\frac{1}{2}$ 位 CMOS 双积分型 A/D 转换器,提供 $\pm 20\ 000$(相当于 14 位 A/D 转换器)的计数分辨率(转换精度 ± 1),具有双极性高阻抗差动输入、自动调零、自动极性、超量程判别和输出为动态扫描 BCD 码等功能。ICL7135 对外提供 6 个输入,输出控制信号(RUN/$\overline{\text{HOLD}}$、BUSH、STB、POL、OVR 和 UNR),因此除用于数字电压表外,还能与异步接收/发送器,微处理器或其他控制电路连接使用,且价格便宜。

ICL7135 一次 A/D 转换周期分为四个阶段:自动调零(AZ)、被测电压积分(INT)、基准电压反积分(DE)和积分回零(ZI)。ICL7135 工作时序如图 10.21 所示。

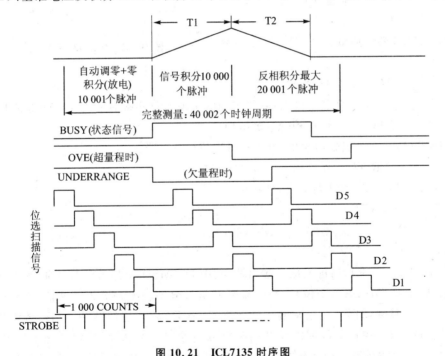

图 10.21 ICL7135 时序图

① 自动调零阶段:至少需要 9 800 个时钟周期。此阶段外部模拟输入通过电子开关于内部断开,而模拟公共端介入内部并对外接调零电容充电,以补偿缓冲放大器、积分放大器、比较器的电压偏移。

② 信号积分(SI,Signal-Integrate)阶段:需要 10 000 个时钟周期。调零电路断

开,外部差动模拟信号接入进行积分,积分器电容充电电压正比于外部信号电压和积分时间。此阶段信号极性也被确定。

③ 反向积分阶段:最大需要 20 001 个时钟周期。积分器接到参考电压端进行反向积分,比较器过零时锁定计数器的计数值,它与外接模拟输入 V_{IN} 及外接参考电压 V_{REF} 的关系为

$$计数值 = 10\ 000 \times V_{IN}/V_{REF}$$

即若能获取该计数值即可求出输入电压,得到 A/D 转换结果。为便于计算,一般调整 $V_{REF} = 1\ V$。

④ 零积分(放电)阶段:即放电阶段,一般持续 100~200 个脉冲周期,使积分器电容放电。当超量程时,放电时间增加到 6 200 个脉冲周期以确保下次测量开始时,电容完全放电。

ICL7135 各引脚如图 10.22 所示,说明如下:

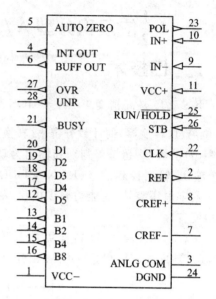

图 10.22 ICL7135 引脚图

VCC──　──5 V 电源端。

REF──外接基准电压输入端,要求相对于模拟公共端 ANLG COM 是正电压。

ANLG COM──模拟公共端(模拟地)。

INT OUT──积分器输出,外接积分电容(Cint)端。

AUTO ZERO──外接调零电容(Caz)端。

BUF OUT──缓冲器输出,外接积分电阻(Rint)端。

CREF+、CREF- ──外接基准电压电容端。

IN-、IN+──被测电压(低、高)输入端。

VCC+──+5 V 电源端。

D1~D5──位扫描选通信号输出端,其中 D5(MSD)对应万位数选通,其余依次为 D4、D3、D2、D1(LSD,个位)。每一位驱动信号分别输出一个正脉冲信号,脉冲宽度为 200 个时钟周期。在正常输入情况下,D5~D1 输出连续脉冲。当输入电压过量程时,D5~D1 在自动调零阶段开始时只分别输出一个脉冲,然后都处于低电平,直至反向积分阶段开始时才输出连续脉冲。利用这个特性,可使显示器件在过程量时产生一亮一暗的直观现象。

B8、B4、B2、B1──BCD 码输出端,采用动态扫描方式输出。当位选信号 D5=1 时,该 4 个端的信号为万位数的内容,D4=1 时为千位数内容,其余依次类推。在个、十、百、千四位数的内容输出时,BCD 码范围为 0000~1001,对于万位数只有 0 和 1

两种状态,所以其输出的 BCD 码为"0000"和"0001"。当输入电压过量程时,各位数输出全部为零,这一点在使用时应注意。

BUSY——指示积分器处于积分状态的标志信号输出端。在双积分阶段,BUSY 为高电平,其余时为低电平。因此利用 BUSY 功能,可以实现 A/D 转换结果的远距离双线传送,其方法是在 BUSY 的高电平期间对 CLK 计数,再减去 10001 就可得到转换结果。

CLK——工作时钟信号输入端。

DGNG——数字电路接地端。

RUN/$\overline{\text{HOLD}}$——转换/保持控制信号输入端。当 RUN/$\overline{\text{HOLD}}$=1(该端悬空时为1)时,ICL7135 处于连续转换状态,每 40 002 个时钟周期完成一次 A/D 转换。若 RUN/$\overline{\text{HOLD}}$由 1 变 0,则 ICL7135 在完成本次 A/D 转换后进入保持状态,此时输出为最后一次转换结果,不受输入电压变化的影响。因此,利用 RUN/$\overline{\text{HOLD}}$端的功能可以使数据有保持功能。若把 RUN/$\overline{\text{HOLD}}$端用作启动功能时,只要在该端输入一个正脉冲(宽度>300 ns),转换器就从 AZ 阶段开始进行 A/D 转换。**注意**:第一次转换周期中的 AZ 阶段时间为 9 001~10 001 个时钟脉冲,这是由于启动脉冲和内部计数器状态不同步造成的。

STB(STROBE)——选通信号输出端,主要用来控制将转换结果向外部锁存器或微处理器等进行传送。每次 A/D 转换周期结束后,STB 端在 5 个位选信号正脉冲的中间都输出 1 个负脉冲,ST 负脉冲宽度等于 1/2 时钟周期,第一个 STB 负脉冲在上次转换周期结束后 101 个时钟周期产生。因为每个选信号(D5~D1)的正脉冲宽度为 200 个时钟周期(只有 AZ 和 DE 阶段开始时的第一个 D5 的脉冲宽度为 201 个 CLK 周期),所以 STB 负脉冲之间相隔也是 200 个时钟周期。需要注意的是,若上一周期为保持状态(RUN/$\overline{\text{HOLD}}$=0)则 STB 无脉冲信号输出。

OVR——过量程信号输出端。当输入电压超出量程范围(20 000),OVR 将会变高。该信号在 BUSY 信号结束时变高。在 DE 阶段开始时变低。

UNR——欠量程信号输出端。当输入电压等于或低于满量程的 9%(读数为 1 800),则当 BUSY 信号结束,UNR 将会变高。该信号在 INT 阶段开始时变低。

POL——该信号用来指示输入电压的极性。当输入电压为正,则 POL 等于 1,反之则等于 0。该信号 DE 阶段开始时变化,并维持一个 A/D 转换调期。

VCC+=+5 V,VCC-=-5 V,T=25 ℃,时钟频率为 120 kHz 时,每秒可转换 3 次。

通常情况下,设计者都是通过查询 ICL7135 的位选引脚进而读取 BCD 码的方法并行采集 ICL7135 的数据,该方法占用大量单片机 I/O 资源,软件上也耗费较大。下面介绍利用 BUSY 引脚一线串行方式读取 ICL7135 的方法。原理如下:

如图 10.21 所示,在信号积分 T1 开始时,ICL7135 的 BUSY 跳变到高电平并一直保持,直到去积分 T2 结束时才跳回低电平。在满量程情况下,这个区域中的最多脉冲个数为 30 002 个,其中去积分 T2 时间的脉冲个数反映了转换结果,这样将整个 T1+T2 的 BUSY 区间计数值减去 10 001 即是转换结果,最大到 20 001。按照"计数值 $=10\ 000\times V_{IN}/V_{REF}$"可得:

$$计数值\times V_{REF}/10\ 000=V_{IN}$$

若参考电压 V_{REF} 设计为 1.000 V,上式在使用时一般不除以 10 000,而是将输入电压 V_{IN} 的分辨率直接定义到 0.1 mV。

一线接口设计如下:

① 接入 ICL7135 的 125 kHz 驱动时钟的产生。为了简化电路设计和产生精确的 125 kHz 方波,采用 AT89S52 作为系统核心,并以 12 MHz 晶振作为系统时钟源,通过设定定时器/计数器 T2 使外部 T2(P1.0)引脚产生 125 kHz 的 PWM 方波。

② 读取 BUSY 高电平时,即积分期间的总计数次数。采用定时器/计数器 T0 的 GATE 功能,将 $\overline{INT0}$(P3.2)引脚连至 BUSY 引脚。通过使能 GATE,基于计数器记录 BUSY 引脚高电平期间的计数值。

ICL7135 典型电路如图 10.23 所示。

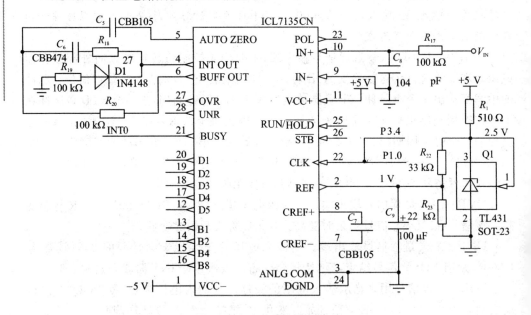

图 10.23　ICL7135 典型电路

其中:

① 积分电阻 R_{INT}(图中的 R_{20})一般选取为: $R_{INT}=$ 最大输入电压/20 μA。典型值为参考电压为 1 V 时的 100 kΩ,最大输入电压为参考电压 2 倍。

② 积分电容 C_{INT}(图中的 C_6)的选择: $C_{INT}=10\ 000\times$ 时钟周期 $\times 20$ μA/3.5 V。当时钟为 125 kHz 时, C_{INT} 为 0.46 μF,故选 0.47 μF。

为了提高积分电路的线性度, R_{INT} 和 C_{INT} 必须选取高性能器件,其中 C_{INT} 一般选取聚丙烯或聚苯乙烯——CBB 电容。

③ 其他元件的选择:参考电容 C_{REF}(图中的 C_7)一般选择聚苯乙烯或多元酯电容;选择较大的自动调零电容 C_{AZ}(图中的 C_5)可以减低系统噪声,典型接入值都为 $1\ \mu F$。

④ 时钟频率选择:一般选取 $250\ kHz$、$166\ kHz$、$125\ kHz$ 和 $100\ kHz$,单极性输入时最大可以到 $1\ MHz$。其典型值为 $125\ kHz$,此时 ICL7135 转换速度为 3 次/秒。

AT89S52 采用 $12\ MHz$ 时钟。由于设计多字节算术运算,这里仅给出 C51 程序如下:

```
# include <reg52.h>
sfr T2MOD = 0xC9;
unsigned int AD;
/ * * * * * * * * * * * * * * * * * * * * * * * * * * * * * * * * * * * * * * /
void Read_ICL7135_init(void)
{ RCAP2H = 255;
  RCAP2L = 232;    //fCLKout = fosc/[4 × (65536 - RCAP2)] = 125k
  T2MOD = 0x02;    //使能 P1.0 波形输出
  TR2 = 1;
  TMOD = 0x0d;     //T0 方式 1,使能 GATE 位
  TR0 = 1;
  EX0 = 1;
  IT0 = 1;         //使能 INT0 中断
  EA = 1;
}
/ * * * * * * * * * * * * * * * * * * * * * * * * * * * * * * * * * * * * * * /
int main(void)
{ Read_ICL7135_init ();
  while(1)
  {
    // :
  }
}
/ * * * * * * * * * * * * * * * * * * * * * * * * * * * * * * * * * * * * * * /
void nINT0_ISR(void) interrupt 0 using 1         //INT0 中断
{    AD = TH0 * 256 + TL0;
     TH0 = 0;
     TL0 = 0;
     AD - = 10000;
}
```

习题与思考题

10.1 对于电流输出的 D／A 转换器，为了得到电压的转换结果，应使用（　　）。

10.2 请说明电压的测量技术要点。

10.3 在 D／A 转换器和 A／D 转换器的主要技术指标中，"量化误差"、"分辨率"和"精度"有何区别？

10.4 判断下列说法是否正确？

（A）"转换速度"这一指标仅适用于 A／D 转换器，D／A 转换器不用考虑"转换速度"这一问题。

（B）ADC0809 可以利用"转换结束"信号 EOC 向 MCS－51 发出中断请求。

（C）输出模拟量的最小变化量称为 A／D 转换器的分辨率。

（D）对于周期性的干扰电压，可使用双积分的 A／D 转换器，并选择合适的积分元件，可以将该周期性的干扰电压带来的转换误差消除。

10.5 目前应用较广泛的 A／D 转换器主要有哪几种类型？它们各有什么特点？

第 11 章

嵌入式系统设计

前面介绍了单片机的基本组成、功能及其扩展方法等。掌握了单片机的软、硬件资源的组织和使用。除此之外,一个基于单片机的嵌入式应用系统设计还涉及很多复杂的内容与问题,如涉及多种类型的接口电路(如模拟电路、伺服驱动电路、抗干扰隔离电路等),软件设计,软件与硬件的配合,如何选择最优方案等内容。本章将对基于单片机的嵌入式应用系统的软、硬件设计,开发和调试等方面进行介绍,以便用户能初步掌握单片机应用系统的设计。

11.1 嵌入式应用系统结构及设计

11.1.1 基于单片机的嵌入式应用系统结构

单片机应用系统硬件中所涉及的问题远比计算机系统要复杂得多。典型的单片机应用系统的基本组成如图 11.1 所示。

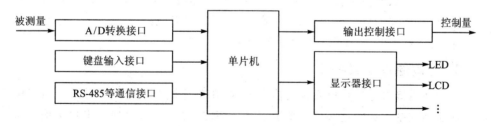

图 11.1 典型的单片机系统结构

可以看出,单片机应用系统一般是一个模拟-数字混合系统:

① 在单片机应用系统中,模拟部分与数字部分的功能是硬件系统设计的重要内容,它涉及应用系统研制的技术水平及难度。例如在传感器通道中,为了提高抗干扰能力,尽可能采用数字频率信号,而为了提高响应速度,往往不得不用模拟信号的A/D转换接口。

② 在这种模拟、数字系统中,模拟电路、数字逻辑电路功能与计算机的软件功能分工设计是应用系统设计的重要内容。计算机指令系统的运算、逻辑控制功能使得

许多模拟、数字逻辑电路都可以依靠计算机的软件实现。因此,模拟、数字电路的分工与配置,应用系统中硬件功能与软件功能的分工与配置必须慎重考虑。用软件实现具有成本低,电路系统简单等优点,但是响应速度慢,占 CPU 工作时间。哪些功能由软件实现,哪些功能由硬件实现并无一定之规,它与微电子技术、计算机外围芯片技术发展水平有关,但常受到研制人员专业技术能力的影响。

③ 要求应用系统研制人员不只是通晓计算机系统的扩展与配置,还必须了解数字逻辑电路、模拟电路及在这些领域中的新成果、新器件,以便获得最佳的模拟、数字逻辑计算机应用系统设计。

如图 11.1 所示,在实际中,一般一个完整的单片机应用系统是由前向通道、后向通道、人机对话通道及计算机相互通道组成。

前向通道和后向通道接口是两个不同的应用领域。前者延伸到了仪表测试技术、传感器技术、模拟信号处理领域,而后者延伸到了功率器件与驱动等技术。

1. 前向通道及其特点

前向通道接口是单片机系统的输入部分,在单片机工业测控系统中它是各种物理量的信息输入通道。目前广泛应用的各种形式的传感器将物理量变换成电量,然后通过各种信号调理电路转换成单片机系统能够接收的信号形式。对于模拟电压信号可以通过 A/D 转换输入,对于频率量或开关量则可通过放大整形成 TTL 电平输入。前向通道具有以下特点:

① 与现场采集对象相连,是现场干扰进入的主要通道,是整个系统抗干扰设计的重点部位。

② 由于所采集的对象不同,有开关量、模拟量、频率量等,而这些都是由安放在测量现场的传感、变换装置产生的,许多参量信号不能满足计算机输入的要求,故有大量的、形式多样的信号调理电路,如测量放大器、整形电路、滤波、F/V 变换等。

③ 电路功耗小,一般没有功率驱动要求。

2. 后向通道及其特点

后向通道接口是单片机系统的输出部分,在单片机应用系统中是用于对机电系统实现驱动控制。通常这些机电系统都是功率较大的系统,比如输出数字信号可以通过 D/A 转换成模拟信号,再通过各种对象相关的驱动电路实现对机电系统的控制。后向通道具有以下特点:

① 是应用系统的输出通道,大多数需要功率驱动。

② 靠近伺服驱动现场,伺服控制系统的大功率负荷易从后向通道进入计算机系统,故后向通道的隔离对系统的可靠性影响极大。

③ 根据输出控制的不同要求,后向通路电路多种多样,电路形式有模拟电路、数字电路和开关电路等,输出量可以是电流输出、电压输出、开关量输出和数字量输出等。

3. 人机对话通道及其特点

单片机应用系统中的人机对话通道是用户为了对应用系统进行干预及了解应用系统运行状态所设置的通道。主要有键盘、显示器、打印机等通道接口,其特点如下:

① 由于通常的单片机应用系统大多是小规模系统,因此,应用系统中的人机对话通道及人机对话设备的配置都是小规模的。如微型打印机、功能键、拔盘、LED/LCD 显示器等。若需要高水平的人机对话配置,则往往将单片机应用系统通过总线与通用计算机相连,共享通用计算机的外围人机对话资源。

② 单片机应用系统中,人机对话通道及接口大多数采用总线形式,与计算机系统扩展密切相关。

③ 人机通道接口一般都是数字电路,电路结构简单,可靠性好。

4. 相互通道接口及特点

单片机应用系统的相互通道是解决单片机应用系统间相互通信的问题,要组成较大的测、控系统,相互通道接口是不可少的。

① 中、高档单片机大多设有串行口,为构成应用系统的相互通道提供了方便条件。

② 单片机本身的串行口只给相互通道提供了硬件结构及基本的通信工作方式,并没有提供标准的通信规程,利用单片机串行口构成相互通道时,要配置较复杂的通信软件。

③ 在很多情况下,是采用扩展标准通信控制芯片来组成相互通道,例如用扩展 RS-485 和 CAN 等通信控制芯片来构成相互通道接口。

④ 相互通道接口都是数字电路系统,抗干扰能力强,但大多数都需长线传输,故要解决长线传输驱动、匹配、隔离等问题。

11.1.2　单片机应用系统的设计内容

单片机应用系统设计包含有硬件设计与软件设计两部分,设计内容有以下几点:

① 系统扩展。通过系统扩展,构成一个完整的单片机系统,它是单片机应用系统中的核心部分。系统的扩展方法、内容、规模与所选用的单片机系列,以及供应状态有关。不同系列的单片机,内部结构、外部总线特征均不相同。

② 通道与接口设计。由于这些通道大都是通过 I/O 口进行配置的,与单片机本身联系不甚紧密,故大多数接口电路都能方便地移植到其他类型的单片机应用系统中去。

③ 系统抗干扰设计。抗干扰设计要贯穿在应用系统设计的全过程。从总体方案、器件选择到电路系统设计,从硬件系统设计到软件程序设计,从印刷电路板到仪器化系统布线等,都要把抗干扰设计作为一项重要的工作。

④ 应用软件设计。应用软件设计是根据单片机的指令系统功能及应用系统的

要求进行的,因此,指令系统功能好坏对应用系统软件设计影响很大。目前各种单片机指令系统各不相同,极大地阻碍了单片机技术的交流与发展。

11.2　嵌入式系统的一般设计过程及原则

单片机虽然是一个计算机,但其本身无自主开发能力,必须由设计者借助于开发工具来开发应用软件并对硬件系统进行诊断。另外,由于在研制单片机应用系统时,通常都要进行系统扩展与配置,因此,要完成一个完整单片机应用系统的设计,必须完成下述工作:

① 硬件电路设计、组装和调试。

② 应用软件的编写、调试。

③ 完整应用软件的调试、固化和脱机运行。

11.2.1　硬件系统设计原则

一个单片机应用系统的硬件设计包括两部分:一是系统扩展,即是单片机内部功能单元不能满足应用系统要求时,必须在片外给出相应的电路;二是系统配置,即按照系统要求配置外围电路,如:键盘、显示器、打印机、A/D 转换和 D/A 转换等。

系统扩展与配置应遵循下列原则:

① 尽可能选择典型电路,并符合单片机的常规使用方法。

② 在充分满足系统功能要求的前提下,留有余地以便于二次开发。

③ 硬件结构设计应与软件设计方案一并考虑。

④ 整个系统相关器件要力求性能匹配。

⑤ 硬件上要有可靠性与抗干扰设计。

⑥ 充分考虑单片机的带载驱动能力。

11.2.2　应用软件设计原则

应用系统中的应用软件是根据功能要求设计的,应可靠地实现系统的各种功能。应用系统种类繁多,应用软件各不相同,但是一个优秀的应用系统软件应具有下列特点:

① 软件结构清晰、简洁、流程合理。

② 各功能程序实现模块化、子程序化,这样既便于调试、连接,又便于移植、修改。

③ 程序存储区、数据存储区规划合理,既节省内存容量,又操作方便。

④ 运行状态实现标志化,各个功能程序运行状态、运行结果及运行要求都设置状态标志以便查询,程序的转移、运行、控制都可通过状态标志条件来控制。

⑤ 经过调试修改后的程序应进行规范化,除去修改"痕迹"。规范化的程序便于

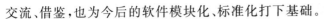

交流、借鉴,也为今后的软件模块化、标准化打下基础。

⑥ 实现全面软件抗干扰设计,软件抗干扰是计算机应用系统提高可靠性的有力措施。

⑦ 为了提高运行的可靠性,在应用软件中设置自诊断程序,在系统工作运行前先运行自诊断程序,用来检查系统各特征状态参数是否正常。

11.2.3　应用系统开发过程

应用系统的开发过程包括系统硬件设计、系统软件设计、系统仿真调试及脱机运行调试等核心技术环节,具体如下:

1. 系统需求与方案调研

系统需求与方案调研的目的是通过市场或用户了解用户对拟开发应用系统的设计目标和技术指标。通过查找资料,分析研究,解决以下问题:

① 了解国内外同类系统的开发水平、器材、设备水平、供应状态;对接收委托研制项目,还应充分了解对方技术要求、环境状况、技术水平,以确定课题的技术难度。

② 了解可移植的硬、软件技术。能移植的尽量移植,以防止大量低水平重复劳动。

③ 摸清硬、软件技术难度,明确技术主攻方向。

④ 综合考虑硬、软件分工与配合方案。在单片机应用系统设计中,硬、软件工作具有密切的相关性。

2. 可行性分析

可行性分析的目的是对系统开发研制的必要性及可行性作明确的判定结论。根据这一结论决定系统的开发研制工作是否进行下去。

可行性分析通常从以下几个方面进行论证:

① 市场或用户的需求情况。

② 经济效益和社会效益。

③ 技术支持与开发环境。

④ 现在的竞争力与未来的生命力。

3. 系统功能设计

系统功能设计包括系统总体目标功能的确定及系统硬、软件模块功能的划分与协调关系。

系统功能设计是根据系统硬件、软件功能的划分及其协调关系,确定系统硬件结构和软件结构。系统硬件结构设计的主要内容包括单片机系统扩展方案和外围设备的配置及其接口电路方案,最后要以逻辑框图形式描述出来。系统软件结构设计主要完成的任务是确定出系统软件功能模块的划分及各功能模块的程序实现的技术方法，最后以结构框图或流程图描述出来。

4. 系统详细设计与制作

系统详细设计与制作就是将前面的系统方案付诸实施，将硬件框图转化成具体电路，并制作成电路板，软件框图或流程图用程序加以实现。

5. 系统调试与修改

系统调试是检测所设计系统的正确性与可靠性的必要过程。单片机应用系统设计是一个相当复杂的劳动过程，在设计、制作中，难免存在一些局部性问题或错误。系统调试可发现存在的问题和错误，以便及时地进行修改。调试与修改的过程可能要反复多次，最终使系统试运行成功，并达到设计要求。

6. 生成正式系统或产品

系统硬件、软件调试通过后，就可以把调试完毕的软件固化在程序存储器中，然后脱机（脱离开发系统）运行。如果脱机运行正常，再在真实环境或模拟真实环境下运行，经反复运行正常，开发过程即告结束。这时的系统只能作为样机系统，给样机系统加上外壳、面板，再配上完整的文档资料，就可生成正式的系统（或产品）。

11.3　嵌入式系统的抗干扰技术

在嵌入式系统中，系统的抗干扰性能直接影响系统工作的可靠性。干扰可来自于本身电路的噪声，也可来自工频信号、电火花、电磁波等。一旦应用系统受到干扰，程序跑飞，即程序指针发生错误，误将非操作码的数据当作操作码执行，就会造成执行混乱或进入死循环，使系统无法正常运行，严重的可能损坏元器件。

单片机的抗干扰措施有硬件方式和软件方式。

11.3.1　软件抗干扰

1. 数字滤波

当噪声干扰进入单片机应用系统并叠加在被检测信号上时，会造成数据采集的误差。为保证采集数据的精度，可采用硬件滤波，也可采用软件滤波。比如，对采样值进行多次采样，取平均值，或直接采用 IIR 滤波器等。

2. 设置软件陷阱

在非程序区采取拦截措施，当 PC 失控进入非程序区时，使程序进入陷阱，通常使程序返回初始状态。例如用"LJMP 0000H"填满非程序区。

11.3.2　硬件抗干扰

1. 良好的接地方式

在任何电子线路设备中,接地是抑制噪声、防止干扰的重要方法,地线可以和大地连接,也可以不和大地相连。接地设计的基本要求是消除由于各电路电流流经一个公共地线,由阻抗所产生的噪声电压,避免形成环路。

单片机应用系统中的地线分为数字电路的地线(数字地)和模拟电路的地线(模拟地),如有大功率电气设备(如继电器、电动机等),还有噪声地,仪器机壳或金属件的屏蔽地,这些地线应分开布置,并在一点上和电源地相连。每单元电路宜采用一个接地点,地线应尽量加粗,以减少地线的阻抗。

模拟地与数字地,很多应用最终都接到一起,那干吗还要分模拟地和数字地呢?这是因为虽然是相通的,但是距离长了,就不一样了。同一条导线,不同的点的电压可能是不一样的,特别是电流较大时。因为导线存在着电阻,电流流过时就会产生压降。另外,导线还有分布电感,在交流信号下,分布电感的影响就会表现出来。所以我们要分成数字地和模拟地,因为数字信号的高频噪声很大,如果模拟地和数字地混合的话,就会把噪声传到模拟部分,造成干扰。如果分开接地的话,高频噪声可以在电源处通过滤波来隔离掉。但如果两个混合,就不好滤波了。

2. 采用隔离技术

在单片机应用系统的输入、输出通道中,为减少干扰,普遍采用了通道隔离技术。用于隔离的器件主要有隔离放大器、隔离变压器、纵向扼流圈和光电耦合器等,其中应用最多的是光电耦合器。

光电耦合器具有一般的隔离器件切断地环路、抑制噪声的作用,此外,还可以有效地抑制尖峰脉冲及多种噪声。光电耦合器的输入和输出间无电接触,能有效地防止输入端的电磁干扰以电耦合的方式进入计算机系统。光电耦合器的输入阻抗很小,一般为 $100\ \Omega\sim1\ \mathrm{k}\Omega$,噪声源的内阻通常很大,因此能分压到光电耦合器输入端的噪声电压很小。

光电耦合器的种类很多,有直流输出的,如晶体管输出型、达林顿管输出型、施密特触发输出型。也有交流输出的,如单(双)向可控硅输出型、过零触发双向可控硅输出型。

利用光电耦合器作为输入的电路如图 11.2 所示。

图 11.2(a)是模拟信号采集,电路用线性光耦作为输入,信号可从集电极引出,也可以从发射极引出。图 11.2(b)是脉冲信号输入电路,采用施密特触发器输出的光电耦合电路。

利用光电耦合作为输出的电路如图 11.3 所示,J 为继电器线圈,图 11.3(a)中 I/O 输出 0,二极管导通发光,三极管因光照而导通,使继电器电流通过,控制外部电

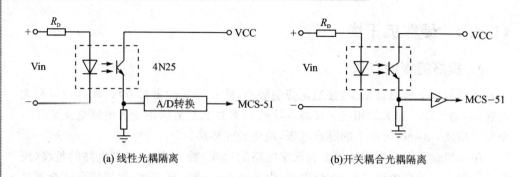

(a) 线性光耦隔离　　　　　　　　　(b)开关耦合光耦隔离

图 11.2　光电耦合输入电路

路。用光电耦合控制晶闸管的电路如图 11.3(b)所示,光耦控制晶闸管的栅极。

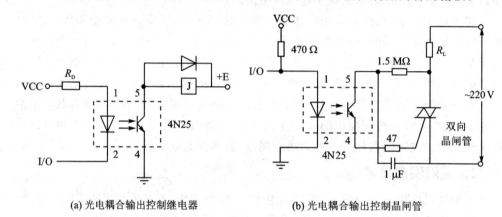

(a) 光电耦合输出控制继电器　　　　　(b) 光电耦合输出控制晶闸管

图 11.3　光电耦合输出电路

11.3.3　"看门狗"技术

看门狗,英文为 Watch Dog Timer,即看门狗定时器,实质上是一个监视定时器,它的定时时间是固定不变的,一旦定时时间到,产生中断或溢出脉冲,使系统复位。在正常运行时,如果在小于定时时间间隔内对其进行刷新(即重置定时器,称为喂狗),定时器处于不断的重新定时过程,就不会产生中断或溢出脉冲,利用这一原理给单片机加一个看门狗电路,在执行程序中在小于定时时间内对其进行重置。而当程序因干扰而跑飞时,因没能执行正常的程序而不能在小于定时时间内对其刷新。当定时时间到,定时器产生中断,在中断程序中使其返回到起始程序,或利用溢出产生的脉冲控制单片机复位。

目前有不少的单片机内部设置了看门狗电路(如 AT89S51/52),同时有很多集成电路生产厂家生产了 μp 监控器,如美国 MAXIM 公司生产的 MAX706P(高电平复位)和 MAX706R/S/T(低电平复位),美国 Xicor 公司生产的 X25043(低电平复位)和 X25045(高电平复位)芯片,有电压检测和看门狗定时器,还有 512×8 位的串行 E²PROM，且价格低廉，对提高系统可靠性很有利。下面介绍 AT89S51/52 单片机的片内看门狗。

在 Atmel 公司的 AT89S51/52 系列单片机中设有看门狗定时器。AT89S51/52 内的看门狗定时器是一个 14 位的计数器，每过 16 384 个机器周期看门狗定时器溢出，产生一个正脉冲并加到复位引脚上，使系统复位。使用看门狗功能，需初始化看门狗寄存器 WDTRST（地址为 A6H），对其写入 1EH，再写入 E1H，即激活看门狗。在正常执行程序时，必须在小于 16 383 个机器周期内进行喂狗。喂狗时，对看门狗寄存器 WDTRST 依次写入 1EH 和 0E1H。看门狗具体使用方法如下：

汇编程序：	C51 程序：
| ```
        WDTRST    EQU    A6H
        ORG    0000H
        LJMP    MAIN
          ⋮
MAIN: MOV WDTRST, ♯1EH    ；激活看门狗，
                         ；先送 1EH
        MOV WDTRST, ♯0E1H ；后送 E1H
LOOP:
          ⋮
        MOV WDTRST, ♯1EH  ；先送 1EH，
                         ；喂狗指令
        MOV WDTRST, ♯0E1H ；后送 E1H
        LJMP LOOP
``` | ```
sfr WDTRST = 0xA6;
int main(void )
{
    //初始化看门狗
    WDTRST = 0x1e;
    WDTRST = 0xe1;

    while(1)
    {   ⋮
      WDTRST = 0x1E;    //喂狗指令
      WDTRST = 0xE1;
    }
}
``` |

注意：

① AT89S51/52 单片机的看门狗必须由程序激活后才开始工作，所以必须保证单片机有可靠的上电复位，否则看门狗也无法工作。

② 看门狗使用的是单片机的晶振，在晶振停振的时候看门狗也无效。

③ AT89S51/52 单片机只有 14 位计数器。在 16 383 个机器周期内必须至少喂狗一次，而且这个时间是固定的，无法更改。当晶振为 12 MHz 时每 16 ms 以内需喂狗一次。

11.4　嵌入式系统的低功耗设计

嵌入式应用系统中，普遍存在功耗浪费现象。在一个嵌入式应用系统中，由于普遍存在 CPU 高速运行功能和有限任务处理要求的巨大差异，会形成系统在时间与空间上巨大的无效操作，造成巨大的功耗浪费。

电子工业发展总的趋势是提供更小、更轻和功能更强大的最终产品，功耗问题是

近几年来人们在嵌入式系统的设计中普遍关注的难点与热点,特别是对于电池供电系统,大多数嵌入式设备都有体积和质量的约束。目前,单片机越来越多地应用在电池供电的手持机系统,这种手持机系统面临的最大问题,就是如何通过各种方法,延长整机连续供电时间,归纳起来,方法有两种:第一是选择大容量电池,但由于受到了材料及构成方式的限制,在短期内实现较大的技术突破是比较困难的;第二是降低整机功能耗,在电路设计上下功夫,比如,合理地选择低功耗器件,确定合适的低功耗工作模式,适当改造电路结构,合理地对电源进行分割等。总之,低功耗已经是单片机技术的一个发展方向,也是必然趋势。

降低系统的功耗具有以下优点:

① 对于电池供电系统,降低系统的功耗,可以节能以延长电池的寿命,降低用户更换电池的周期,提高系统性能与降低系统开销,甚至能起到保护环境的作用;

② 降低电磁干扰,系统的功耗越低,电磁辐射的能量越小,对其他设备造成的干扰越小,如果所有的电子产品都设计成低功耗的,那么电磁兼容性设计会变得容易。

目前的集成电路工艺主要有 TTL 和 CMOS 两大类,无论哪种工艺,电路中只要有电流通过,就会产生功耗。通常,集成电路的功耗分为静态功耗和动态功耗两部分:当电路的状态没有进行翻转(保持高电平或低电平)时,电路的功耗属于静态功耗,其大小等于电路的电压与流过的电流的乘积;动态功耗是电路翻转时产生的功耗,由于电路翻转时存在跳变沿,在电路的翻转瞬间,电流比较大,存在较大的动态功耗。

由于目前大多数电路采用 CMOS 工艺,静态功耗很小,可以忽略。起主要作用的是动态功耗,因此降低功耗从降低动态功耗入手。

11.4.1　硬件低功耗设计

1. 选择低功耗的器件

选择低功耗的电子器件可以从根本上降低整个硬件系统的功耗,目前的半导体工艺主要有 TTL 工艺和 CMOS 工艺,CMOS 工艺具有很低的功耗,在电路设计上优先选用。使用 CMOS 系列电路时,其不用的输入端不要悬空,因为悬空的输入端可能存在的感应信号造成高低电平的转换,转换器件的功耗很大,尽量采用输出为高的原则。

单片机是嵌入式系统的硬件核心,消耗大量的功率,因此设计时选用低功耗的处理器。另外,应选择低功耗的通信收发器(对于通信应用系统)和低功耗的外围电路,目前许多的通信收发器都设计成节省功耗的方式,这样的器件优先采用。

2. 选用低功耗的电路形式及工作方式

完成同样的功能,其电路的实现形式有多种。例如,可以利用分立元件、小规模集成电路、大规模集成电路甚至单片机实现。通常,使用的元器件数量越少,系统的功耗越低。因此,尽量使用集成度高的器件,减少电路中使用元件的个数,减少整机的功耗。

因此,在原则上要选择既能满足设计要求,又具有电源管理单元的 SOPC 级单片机。单片机全速工作时功耗最大,低功耗模式大幅减低功耗。

单片机的功耗与时钟频率密切有关,频率越高,功耗越大。单片机的工作频率选择,不仅影响单片机最小系统的功耗,也直接影响着整机功耗,应在满足最低频率的情况下,选择最小的工作频率。

影响单片机的工作频率不能进一步降低的因素有:串行通信速率、时间时刻测量、实时运算时间和外部电路时序要求。

3. 外围数字电路器件的选择及设计原理

全部选择 CMOS 器件 4000 系列或者 74HC 系列,其中 74HC、74HCU 系列的工作电压可以降到 2 V,对进一步降低功耗大有益处。逻辑电路低功率标准被定义为每一级门电路功耗小于 1.3 μW/MHz。

尽量减少器件输出端电平输出时间。低电平输出时,器件功耗远远大于高电平输出时的功耗,设计电路时要仔细分析各器件的低电平输出时间,比如对 $\overline{RD}$、$\overline{WR}$ 等大部分为高电平的信号,在设计电路时尽量不要使他们做"非"的运算,否则这个非门的输出端就会产生一个较长时间的低电平,该非门的整体功耗就会大大增加。

遵照上述原则,对于 IC 内多余门电路的处理原则为:多余的或门、与门在输入端接成高电平,使输出为高电平;多余的"非"系列门,输入端接成低电平,使输出高电平。

在可靠性允许的情况下,尽量加大上拉电阻的阻值,一般可以选在 10～20 kΩ。

4. 外围模拟电路器件的选择及设计原则

(1) 单电源、低电压供电

延长电池连续供电时间,主要靠减小负载电流完成。在负载电阻一定的情况下,降低电源电压可以大幅度降低负载电流。

IC 工业正寻求多种途径来满足低功率系统要求,其中一个途径是将数字器件的工作电压从 5 V 变为 3.3 V(功耗将减少 60%)、2.5 V、1.8 V,甚至更低(0.9 V 为电池电压的最低极限),将模拟器件的电源电压从 15 V 变为 5 V。

一些模拟电路如运算放大器等,供电方式有正负电源和单电源两种。双电源供电可以提供对地输出的信号。高电源电压的优点是可以提供大的动态范围,缺点是功耗大。例如,低功耗集成运算放大器 LM324,单电源电压工作范围为 5～30 V,当电源电压为 15 V 时,功耗约为 220 mW;当电源电压为 10 V 时,功耗约为 90 mW;当电源电压为 5 V 时,功耗约为 15 mW。可见,低电压供电对于降低器件功耗的作用十分明显。因此,处理小信号的电路可以降低供电电压。

（2）优化电路参数

比如,选择低功耗(模拟电路低功率标准被定义为小于 5 mW)、单电源运放,如 LM324 等;不能使用普通的稳压管提供 A/D 的基准,因为普通稳压管最小的稳压电流一般大于 2 mA,应该使用微电流稳压器件,比如 MAX 公司的产品。

旁路、滤波电容选择漏电流小的电容。

在满足抗干扰条件的情况下,尽量将放大的电路输入阻抗做大。

5. 分区/分时供电技术

一个嵌入式系统的所有组成部分并非时刻在工作,部分电路只在一小段时间内工作,其余大部分时间不工作,基于此,可以将这一部分电路的电源从主电源中分割出来,让其大部分时间不消耗电能,即采用分时/分区供电技术。

分区/分时供电技术是利用"开关"控制电源供电单元,在某一部分电路处于休眠状态时,关闭其供电电源,仅保留工作部分的电源。

可由 CPU 对被分割的电源进行控制,常用一个场效应管完成,也可以用一个漏电流较小的三极管来完成,只在需要供电时才使三极管处于饱和导通状态,其余时间处于截止状态。

需要注意的是,被分割的电路部分在上电以后,一般需要经过一段时间才能保证电源电压的稳定,因此,需要提前上电,同时在软件时序上,需要留出足够的时间裕量。

外扩系统存储器芯片也需要采用分区/分时供电技术以降低功耗。例如外扩存储器芯片选用 CMOS 的 27C64,本身工作电流就不大,经实测为 1.8 mA(与不同的厂家、不同质量的芯片有关,测试数据均来自笔者认为功耗较小的正规芯片),经低功耗设计后,在 6 MHz 工作的频率下,工作电流降到 1.0 mA。这里关键是对 27C64 的 $\overline{OE}$ 引脚和 $\overline{CE}$ 引脚(片选)的处理,有些设计者为了图省事,在只有一片 EPROM 的情况下,将 CE 引脚固定接地,这样,EPROM 一直被选中,自然功耗较大。另一种设计是将高位地址线利用线选方式直接接到 $\overline{CE}$ 上,EPROM 操作时,才会选中 EPROM,平均电流自然就下降了,虽然只减少 0.8 mA,但是在研究降低功耗技术时,即使是 1 个毫安数量级的电流节省也是不容忽视的。

6. 降低持续工作电流

在一些系统中,尽量使系统在状态转换时消耗电流,在维持工作时期不消耗电流。例如 IC 卡水表、煤气表、静态电表等,在打开和关闭开关时给相应的机构上电,开关的开和关状态通过机械机构或磁场机制保持开关的状态,而不通过电流保持,可以进一步降低电能的消耗。

11.4.2　软件低功耗设计

1. 编译低功耗优化技术

编译技术降低系统功耗是基于这样的事实：对于实现同样的功能，不同的软件算法消耗的时间不同，使用的指令不同，因而消耗的功率不同。目前的软件编译优化方式有多种，如基于代码长度优化，基于执行时间优化等。基于功耗的优化方法目前很少，仍处于研究中。但是，如果利用汇编语言开发系统（如对于小型的嵌入式系统开发），可以有意识地选择消耗时间短的指令和设计消耗功率小的算法，降低系统的功耗。

2. 硬件软化与软件硬化

通常硬件电路一定消耗功率，基于此，可以减少系统的硬件电路，把数据处理功能用软件实现，如许多仪表中用到的对数放大电路、抗干扰电路，测量系统中用软件滤波代替硬件滤波器等。

需要考虑，软件处理需要时间，处理器也需要消耗功率，特别是处理大量数据的时候，需要高性能的处理器，可能会消耗大量的功率。因此，系统中某一功能用软件实现还是硬件实现，需要综合计算设计。

3. 采用快速算法

数字信号处理中的运算，采用如 FFT 和快速卷积等，可以大量节省运算时间，从而减少功耗。在精度允许的情况下，使用简单函数代替复杂函数作近似，也是减少功耗的一种方法。

4. 通信中采用快速通信速率

在多机通信中，尽量提高传送的波特率。提高通信速率，意味着通信时间缩短，一旦通信完成，通信电路进入低功耗状态；并且发送、接收均应采用外部中断处理方式，而不采用查询方式。

5. 数据采集系统中降低采集速率

在测量和控制系统中，数据采集部分的设计需根据实际情况，不要只顾提高采样率，因为模/数转换时功耗较大，过大的采样速率不仅功耗大，而且为了传输处理大量的冗余数据，也会额外消耗 CPU 的时间和功耗。

6. 利用单片机的休眠与唤醒功能降低单片机系统功耗

如果可能，尽量减少 CPU 的全速运行时间以降低系统的功耗，使 CPU 较长地处于空闲方式或掉电方式是软件设计降低系统功耗的关键。工作或中断唤醒 CPU 后，要让它尽量在短时间内完成对信息或数据的处理，然后就进入空闲或掉电方式。这种设计软件的方法是所谓的事件驱动的程序设计方法。AT89S51/52 有两种可编程的省电模式,它们是空闲模式和掉电工作模式。

(1) AT89S51/52 的掉电模式

在掉电模式下,芯片时钟停止,执行进入掉电模式的指令是最后执行的指令。SFR 和片内 RAM 的数据不丢失。

进入掉电模式的方法是软件将特殊功能寄存器的 PCON(地址为 87H)的 PCON.1,即 PD 位置 1,此时 ALE 引脚和 $\overline{PSEN}$ 引脚都被拉至低电平。在使用内部程序存储器时,P0 口~P3 口都会是数据。在使用外部程序存储器时,P0 口会悬空,P1~P3 口都是数据。

退出掉电方式的方法是被使能的外中断($\overline{INT0}$ 或 $\overline{INT1}$)的中断事件唤醒。

(2) AT89S51/52 的空闲模式

空闲模式下 CPU 内核进入休眠,功耗下降,芯片内部的周边设备——定时器/计数器中断、外部中断、串口中断仍然工作。该模式与掉电模式不同的是,空闲模式下片内外设和中断系统仍处于工作状态。芯片上的 RAM 和特殊功能寄存器在该模式下保持原来的值。空闲模式可以由任何被使能的中断或者硬件复位来唤醒。

值得注意的是,当空闲模式由被使能的中断事件来唤醒的时候,51 单片机都是从程序停止的地方恢复运行,内部运算器运行前要经过 2 个机器周期。在设置进入空闲模式的指令后面的第 1 条指令不能是写端口引脚或者是写外部内存。

进入空闲模式的方法是软件将特殊功能寄存器的 PCON 的 PCON.0,即 IDL 位置 1,此时 ALE 引脚和 $\overline{PSEN}$ 也都被拉至低电平。同样,在使用内部程序存储器时,P0 口~P3 口都是数据。在使用外部程序存储器时,P0 口悬空,P1~P3 口都是数据。

7. 延时程序设计

延时程序的设计有两种方法:软件延时和硬件定时器延时。为了降低功耗,尽量使用硬件定时器延时,一方面提高程序的效率,另一方面降低功耗。原因如下:

空闲模式也称为待机模式,大多数嵌入式处理器在进入待机模式时,CPU 停止工作,定时器可正常工作,定时器的功耗可以很低,所以处理器调用延时程序时,进入待机方式,定时器开始计时,时间到则唤醒 CPU。这样一方面 CPU 停止工作降低了功耗,另一方面提高了 CPU 的运行效率。

【例 11.1】　定时中断和定时器延时差不多,所不同的就是开启了定时器中断功能,当定时器溢出标志 TFx$(x=0,1,2)$ 置位时触发中断,单片机进入中断服务子程序,执行中断服务子程序功能。

定时器中断的好处就是单片机在定时器计时期间可以做其他的事情,进而增强单片机运行效率。如果只在单片机定时中断中完成所有任务,那么单片机可以设置进入休眠模式,以节省功耗。

这里给出的代码是通过定时器中断实现 P1 口 LED 隔 1 秒闪烁一次,其间睡眠等待。

```c
#include<reg52.h>

#define   T0_INTERRUPT 1    //T0 中断向量号
#define LED P1
// ================================
typedef unsigned char uchar;
typedef unsigned int uint;

void Init_T0(void)
{   TMOD = 0x01;          //16 位定时器模式
    TH0 = 0xFC;
    TL0 = 0x18;
    EA = 1;               //开全局中断
    ET0 = 1;              //允许 T0 中断
    TR0 = 1;              //启动定时器
}
// ================================
int main(void)
{
    LED = 0xFF;           //熄灭所有的 LED
    Init_T0();            //初始化定时器 0
    while(1)
    {
        PCON |= 0x01;     //单片机进入休眠模式,节省功耗
    }
}
// ================================
void T0_Interrupt(void) interrupt T0_INTERRUPT
{
    static uint i = 0;
    TH0 = 0xFC;
    TL0 = 0x18;
    i++;
    TF0 = 0;
    if(i == 1000)         //1 s 取反 LED,使之闪烁
    {   LED ^= 0xFF;
        i = 0;
    }
}
```

8. 静态/动态显示

嵌入式系统的显示方式有两种:静态显示和动态显示。

静态显示,显示的信息通过锁存器保存,然后接到数码管上,这样一旦把显示的信息写到数码管上,在显示的过程中,处理器不需要干预,可以进入待机方式,只有数码管和锁存器在工作。

动态显示的原理是利用 CPU 控制显示的刷新,为了达到显示不闪烁,刷新的频率也有底限要求,可想而知,动态显示技术要消耗一定的 CPU 功耗。

如果动态显示需要 CPU 控制显示的刷新,那么会消耗一定的功耗;静态显示的电路复杂,虽然静态显示消耗一定的功率,如果采用低功耗电路和高亮度显示器可以得到很低的功耗。

系统设计时,采用静态显示和动态显示,需要根据使用的电路进行计算以选择合适的方案。

嵌入式系统的功耗设计涉及到软件、硬件、集成电路工艺等多个方面,本节从原理和实践上探讨了系统的低功耗设计问题,并说明了低功耗系统的设计方案和原理。实际上,文中提供的方案原理在实际系统中应用的时候,可以综合考虑、综合应用,以达到降低系统功耗的目的。

11.5 嵌入式处理器发展与嵌入式系统设计

为满足不同用户的需求,嵌入式处理器可以说是百花齐放,百家争鸣,世界上各大芯片制造公司都推出了自己的内核及衍生产品,从 8 位、16 位到 32 位,数不胜数,应有尽有,有与 MCS-51 系列兼容的,也有不兼容的,但它们各具特色,优势互补,为单片机的应用提供了广阔的天地。

1. 高性能兼容内核——提高 CPU 性能

单片机发展中表现出来的速度越来越快是以时钟频率越来越高为标志的。提高单片机抗干扰能力,降低噪声,降低时钟频率而不牺牲运算速度是单片机技术发展的追求。一些 8051 单片机兼容厂商改善了单片机的内部时序,在不提高时钟频率的条件下,使运算速度提高了许多。甚至使用锁相环技术或内部倍频技术使内部总线速度大大高于时钟频率。如 C8051F 系列、STC 系列和 Cypress 公司的 51 系列单片机产品等都是采用经过改进的 MCS-51 内核,打破了机器周期的概念,运行速度平均比经典 MCS-51 快将近 3~12 倍,指令系统完全兼容。

2. 低电压与低功耗——CMOS 化

自 20 世纪 80 年代中期以来,CMOS 工艺单片机功耗得以大幅度下降,MCS-51 系列的 8031 推出时的功耗达 630 mW,而现在的单片机普遍都低于 100 mW,而且,几乎所有的单片机都有省电工作方式。允许使用的电源电压范围也越来越宽,一般单片机都能在 3~6 V 范围内工作,对电池供电的单片机不再需要对电源采取稳压措施。3.3 V 逐渐成为数字电路的主流电平。低电压供电的单片机不断涌现,0.9 V 供电的单片机已经问世。

3. 高度集成——SOC(System On a Chip)化

现在,单片机普遍都是将 CPU、RAM、程序存储器、中断系统、定时器/计数器、时钟电路等集成在一块单一的芯片上,甚至还将 A/D 转换器、D/A 转换器、丰富的串行接口、LCD(液晶)驱动电路等都集成在单一的芯片上,具有 SOC 特点,功能强大。Silicon Lab 公司的 C8051F 系列和 Cypress 公司的 PSOC3 系列都是典型的高集成化的 SOC 型单片机代表。

(1) 丰富的外围串行接口

随着串行接口技术的发展,应用范围越来越广,逐渐取代了并行接口的应用。SPI 和 I^2C 串行总线已经成为单片机最常用的接口标准,甚至很多单片机集成了 CAN 接口,是否集成有丰富的串行总线接口也已成为衡量单片机性能的重要指标。

(2) A/D 型单片机

A/D 转换器是检测系统应用的核心器件,单片机集成 A/D 转换器促使单片机更加贴近测控工程应用。C8051F 系列不但集成高分辨率的 12 位 A/D 转换器,同时还集成了 12 位的 D/A 转换器。

4. 高性能的定时器/计数器

例如 C8051F 系列单片机的定时器/计数器,不但有定时、计数和波特率发生器功能,而且还具有边沿跳变的时刻捕获功能和脉宽编码调制(Pulse Width Modulation,PWM)功能。功能强大的定时器/计数器是现代单片机的重要标志。

同时,为提高单片机系统的抗电磁干扰能力,使产品能适应恶劣的工作环境,满足电磁兼容性方面更高标准的要求,各单片机商家在单片机内部电路采取了一些新的技术措施。如增强"看门狗"定时器等。

5. 民用级、工业级和军用级共存

单片机芯片本身是按工业测控环境要求设计的,能够适应于各种恶劣的环境,它有很强的温度适应能力,按对温度的适应能力,可以把单片机分成三个等级:

① 民用级或商用级。温度适应能力在 0~70 ℃,适用于室温和一般的办公环境。

② 工业级。温度适应能力在 -40~85 ℃,适用于工厂和工业控制中,对环境的适应能力较强。

③ 军用级。温度适应能力在 -65~125 ℃,运用于环境条件苛刻,温度变化很大的野外。主要用在军事上。

单片机及工程应用基础

此外,现在的产品普遍要求体积小、质量轻,这就要求单片机除了功能强和功耗低外,还要求其体积要小。现在的许多单片机都具有多种封装形式,其中 SMD(表面封装)越来越受欢迎,使得由单片机构成的系统正朝微型化方向发展。

习题与思考题

11.1 试说明单片机应用系统特点。

11.2 请说明单片机应用系统的一般设计过程。

11.3 请说明单片机系统抗干扰设计的意义,并列举单片机应用系统的抗干扰措施。

11.4 请说明看门狗在单片机应用系统的意义,并说明看门狗的工作过程。

11.5 试说明单片机应用系统的低功耗设计的工程含义及主要技术。

附录 A

课程设计或实习参考题目

序 号	题 目	要求或提示
1	三极管 β 参数测试仪的设计	提示:构建 NPN 型三极管共射单管放大电路,利用 A/D 转换器测量基极电流和集电极电流,间接计算 β 参数
2	真有效值测试仪的设计	提示:建议采用真有效值/直流转换器——AD736,将真有效值转换为与之对应的直流电压信号,再通过 A/D 转换器实现真有效值测量
3	实用逻辑笔的设计	逻辑笔要量测的内容为: 1.高低电平的红绿灯指示,及高阻的黄灯指示; 2.显示高电平时的实际电平电压值
4	数字电压表的设计	要求:三位半精度,且有量程切换功能
5	DS18B20 多路温度巡检系统设计	要求:单总线,且至少两个 DS18B20
6	基于 LM317 的程控直流数控电源设计	要求:程控 3.3 V,5 V 和 12 V 输出。 提示:可以切换电阻,或通过 D/A 转换器实现
7	直流数控电源	提示:利用 D/A 转换器,再结合功率驱动电路实现
8	数控方波发生器的设计	要求:方波频率范围 1 Hz~1 kHz。 提示:采用定时器设计,自动重载模式
9	基于单片机定时器的正弦信号发生器设计	要求:正弦信号频率数控调整,输出频率范围 40~100 Hz,且可数控调整。 提示:基于 DDS 的正弦表、定时器及 D/A 转换器输出
10	基于单片机的频率计的设计	要求:测量对象为矩形波,频率范围为 10 Hz~600 kHz
11	低频方波信号占空比测试仪的设计	要求:频率范围 1 Hz~1 kHz。 提示:利用 T0 或 T1 的 GATE 位,或利用 T2 的捕获功能
12	简易电子琴的设计	提示:通过按键控制 I/O 口的输出频率,并驱动扬声器
13	基于单片机的音乐门铃设计	提示:按乐谱控制 I/O 口的输出频率,并驱动扬声器
14	篮球赛电子计分计时牌的设计	要求:有总计时,有 24 秒计时,有叫暂停计时功能

续表

序　号	题　　目	要求或提示
15	基于单片机的多路抢答器设计	要求:4 组抢答,有按键抢答时通过锁存器锁住按键状态,并通过指示灯指示;并带 4 路三位计分器
16	基于单片机和 NE555 的电容测试仪	提示:通过测量频率测量电容
17	基于 LM75 的数显温度表的设计	
18	基于 RC 一阶电路充放电特性的电容测试仪设计	提示:通过测量充放电时间测量电容
19	NTC 热敏电阻数显温度计的设计	要求:0～100 ℃;三位数码管显示,1 位小数。 提示:构成电阻分压电路,然后通过 A/D 读取电压计算电阻值;或者通过 NE555 组建振荡电路通过测频来测电阻值。再通过查电阻-温度表格和插值计算温度
20	基于 LM35 的数显温度表的设计	要求:0～100 ℃;三位数码管显示,1 位小数。 提示:通过 A/D 读取电压读取温度
21	万年历系统的设计	要求:数码管显示月-日-星期-时-分,可调整时间。 提示:采用专用日历时钟芯片
22	作息时间控制系统的设计	要求:数码管显示星期-时-分-秒,具有作息控制闹铃功能。 建议采用专用日历时钟芯片
23	指针式多功能数字钟设计	要求:指针式显示时、分、秒,时和分采用数码管,秒采用 60 个发光二极管实现指针式钟表。建议采用专用日历时钟芯片
24	教学楼打铃器系统设计	要求:按时自动打铃,可设定打铃时间和节假日
25	键盘式电子密码锁的设计	要求:采用 6 位密码,三次输入错误锁定按键并报警
26	简易计算器的设计	要求:至少实现整数的＋、－、＊、/四种整数运算
27	程控放大器的设计	要求:程控放大倍数为 1、2、5,并显示放大倍数。 提示:可软件切换同相比例放大器的反馈电阻
28	程控模拟低通滤波器的设计	要求:截止频率为 10 Hz、100 Hz 或 1 kHz 提示:可软件切换有源模拟滤波器的电阻来实现
29	基于单片机和光电编码盘速度表设计	
30	基于单片机和霍尔元件测速表的设计	
31	基于单摆的重力加速度测试仪的设计	提示:利用光电开关测单摆周期间接测 g
32	基于单片机红外遥控器的设计	
33	超声波测距仪的设计	要求:测量距离为 25～80 cm

MCS－51 指令速查表

十六进制代码	助记符	功　能	对标志影响				字节数	周期数
			P	OV	AC	Cy		
数据传送指令								
E8～EF	MOV A，Rn	(A)←(Rn)	√	×	×	×	1	1
E5 direct	MOV A，direct	(A)←(direct)	√	×	×	×	2	1
E6，E7	MOV A，@Ri	(A)←((Ri))	√	×	×	×	1	1
74 data	MOV A，#data	(A)←data	√	×	×	×	2	1
F8～FF	MOV Rn，A	(Rn)←(A)	×	×	×	×	1	1
A8～AF direct	MOV Rn，direct	(Rn)←(direct)	×	×	×	×	2	2
78～7F data	MOV Rn，#data	(Rn)←data	×	×	×	×	2	1
F5 direct	MOV direct，A	(direct)←(A)	×	×	×	×	2	1
88～8F direct	MOV direct，Rn	(direct)←(Rn)	×	×	×	×	2	2
85 direct2 direct1	MOV direct1，direct2	(direct1)←(direct2)	×	×	×	×	3	2
86，87 direct	MOV direct，@Ri	(direct)←((Ri))	×	×	×	×	2	2
75 direct data	MOV direct，#data	(direct)←data	×	×	×	×	3	2
F6，F7	MOV @Ri，A	((Ri))←(A)	×	×	×	×	1	1
A6，A7 direct	MOV @Ri，direct	((Ri))←(direct)	×	×	×	×	2	2
76，77 data	MOV @Ri，#data	((Ri))←data	×	×	×	×	2	1
90 data16	MOV DPTR，#dada16	(DPTR)←data16	×	×	×	×	3	2
93	MOVC A，@A+DPTR	(A)←((A)+(DPTR))	√	×	×	×	1	2
83	MOVC A，@A+PC	(A)←((A)+(PC))	√	×	×	×	1	2
E2，E3	MOVX A，@Ri	(A)←((Ri))	√	×	×	×	1	2
E0	MOVX A，@DPTR	(A)←((DPTR))	√	×	×	×	1	2
F2，F3	MOVX @Ri，A	((Ri))←(A)	×	×	×	×	1	2
F0	MOVX @DPTR，A	((DPTR))←(A)	×	×	×	×	1	2
C0 direct	PUSH direct	(SP)(SP)+1，((SP))←(direct)	×	×	×	×	2	2
D0 direct	POP direct	(direct)←((SP))，(SP)←(SP)−1	×	×	×	×	2	2

单片机及工程应用基础

396

十六进制代码	助记符	功 能	对标志影响				字节数	周期数
			P	OV	AC	Cy		
C8~CF	XCH A, Rn	(A)↔(Rn)	√	×	×	×	1	1
C5 direct	XCH A, direct	(A)↔(direct)	√	×	×	×	2	1
C6, C7	XCH A, @Ri	(A)↔((Ri))	√	×	×	×	1	1
D6, D7	XCHD A, @Ri	(A)[3:0]↔((Ri))[3:0]	√	×	×	×	1	1
算术运算指令								
28~2F	ADD A, Rn	(A)←(A)+(Rn)	√	√	√	√	1	1
25 direct	ADD A, direct	(A)←(A)+(direct)	√	√	√	√	2	1
26, 27	ADD A, @Ri	(A)←(A)+((Ri))	√	√	√	√	1	1
24 data	ADD A, #data	(A)←(A)+data	√	√	√	√	2	1
38~3F	ADDC A, Rn	(A)←(A)+(Rn)+(CY)	√	√	√	√	1	1
35 direct	ADDC A, direct	(A)←(A)+(direct)+(CY)	√	√	√	√	2	1
36, 37	ADDC A, @Ri	(A)←(A)+((Ri))+(CY)	√	√	√	√	1	1
34 data	ADDC A, #data	(A)←(A)+data+(CY)	√	√	√	√	2	1
98~9F	SUBB A, Rn	(A)←(A)−(Rn)−(CY)	√	√	√	√	1	1
95 direct	SUBB A, direct	(A)←(A)−(direct)−(CY)	√	√	√	√	2	1
96, 97	SUBB A, @Ri	(A)←(A)−((Ri))−(CY)	√	√	√	√	1	1
94 data	SUBB A, #data	(A)←(A)−data−(CY)	√	√	√	√	2	1
04	INC A	(A)←(A)+1	√	×	×	×	1	1
08~0F	INC Rn	(Rn)←(Rn)+1	×	×	×	×	1	1
05 direct	INC direct	(direct)←(direct)+1	×	×	×	×	2	1
06, 07	INC @Ri	((Ri))←((Ri))+1	×	×	×	×	1	1
A3	INC DPTR	(DPTR)←(DPTR)+1	×	×	×	×	1	1
14	DEC A	(A)←(A)−1	√	×	×	×	1	1
18~1F	DEC Rn	(Rn)←(Rn)−1	×	×	×	×	1	1
15 direct	DEC direct	(direct)←(direct)−1	×	×	×	×	2	1
16, 17	DEC @Ri	((Ri))←((Ri))−1	×	×	×	×	1	1
A4	MUL AB	AB←(A)×(B)	√	√	×	√	1	4
84	DIV AB	AB←(A) / (B)	√	√	×	√	1	4
D4	DA A	对 A 进行十进制调整	√	√	√	√	1	1
逻辑运算指令								
58~5F	ANL A, Rn	(A)←(A)&(Rn)	√	×	×	×	1	1
55 direct	ANL A, direct	(A)←(A)&(direct)	√	×	×	×	2	1

单片机及工程应用基础

十六进制代码	助记符	功　能	P	OV	AC	Cy	字节数	周期数
56，57	ANL A，@Ri	(A)←(A)&.((Ri))	√	×	×	×	1	1
54 data	ANL A，#data	(A)←(A)&.data	√	×	×	×	2	1
52 direct	ANL direct，A	(direct)←(direct)&.(A)	×	×	×	×	2	1
53 direct data	ANL direct，#data	(direct)←(direct)&.data	×	×	×	×	3	2
48~4F	ORL A，Rn	(A)←(A)|(Rn)	√	×	×	×	1	1
45 direct	ORL A，direct	(A)←(A)|(direct)	√	×	×	×	2	1
46，47	ORL A，@Ri	(A)←(A)|((Ri))	√	×	×	×	1	1
44 data	ORL A，#data	(A)←(A)|data	√	×	×	×	2	1
42 direct	ORL direct，A	(direct)←(direct)|(A)	×	×	×	×	2	1
43 direct data	ORL direct，#data	(direct)←(direct)|data	×	×	×	×	3	2
68~6F	XRL A，Rn	(A)←(A)^(Rn)	√	×	×	×	1	1
65 direct	XRL A，direct	(A)←(A)^(direct)	√	×	×	×	2	1
66，67	XRL A，@Ri	(A)←(A)^((Ri))	√	×	×	×	1	1
64 data	XRL A，#data	(A)←(A)^data	√	×	×	×	2	1
62 direct	XRL direct，A	(direct)←(direct)^(A)	×	×	×	×	2	1
63 direct data	XRL direct，#data	(direct)←(direct)^data	×	×	×	×	3	2
E4	CLR A	(A)←00H	√	×	×	×	1	1
F4	CPL A	(A)←($\overline{A}$)	×	×	×	×	1	1
23	RL A	(A)循环左移一位	×	×	×	×	1	1
33	RLC A	(A)带进位循环左移一位	√	×	×	√	1	1
03	RR A	(A)循环右移一位	×	×	×	×	1	1
13	RRC A	(A)带进位循环右移一位	√	×	×	√	1	1
C4	SWAP A	(A)[7:4] (A)[3:0]	×	×	×	×	1	1
位操作指令								
C3	CLR C	(CY)←0	×	×	×	√	1	1
C2 bit	CLR bit	(bit)←0	×	×	×	×	2	1
D3	SETB C	(CY)←1	×	×	×	√	1	1
D2 bit	SETB bit	(bit)←1	×	×	×	×	2	1
B3	CPL C	(CY)←($\overline{CY}$)	×	×	×	√	1	1
B2 bit	CPL bit	(bit)←($\overline{bit}$)	×	×	×	×	2	1
82 bit	ANL C，bit	(CY)←(CY)&.(bit)	×	×	×	√	2	2
B0 bit	ANL C，/bit	(CY)←(CY)&.($\overline{bit}$)	×	×	×	√	2	2

397

单片机及工程应用基础

398

十六进制代码	助记符	功 能	对标志影响				字节数	周期数
			P	OV	AC	Cy		
72 bit	ORL C，bit	(CY)←(CY)|(bit)	×	×	×	√	2	2
A0 bit	ORL C，/bit	(CY)←(CY)|($\overline{bit}$)	×	×	×	√	2	2
A2 bit	MOV C，bit	(CY)←(bit)	×	×	×	√	2	1
92 bit	MOV bit，C	(bit)←(CY)	×	×	×	×	2	2
控制转移指令								
$a_1 0a_9 a_8 10001a_7$ $a_6 a_5 a_4 a_3 a_2 a_1 a_0$	ACALL addr11	(SP)←(SP)+1， (SP)←(PC)[7:0] (SP)←(SP)+1， (SP)←(PC)[15:8] PC[10:0] addr11	×	×	×	×	2	2
12 addr16	LCALL addr16	(SP)←(SP)+1， (SP)←(PC)[7:0] (SP)←(SP)+1， (SP)←(PC)[15:8] (PC)←addr16	×	×	×	×	3	2
22	RET	PC[15:8] ((SP))， (SP)←(SP)−1 PC[7:0]←((SP))， (SP)←(SP)−1	×	×	×	1	2	
32	RETI	PC[15:8] ((SP))， (SP)←(SP)−1 PC[7:0] ((SP))， (SP)←(SP)−1	×	×	×	×	1	2
$a_{10}a_9 a_8 00001a_7$ $a_6 a_5 a_4 a_3 a_2 a_1 a_0$	AJMP addr11	PC[10:0] addr11	×	×	×	2	2	
02 addr16	LJMP addr16	(PC) addr16	×	×	×	×	3	2
80 rel	SJMP rel	(PC)←(PC)+rel	×	×	×	×	2	2
73	JMP @A+DPTR	(PC)←(A)+(DPTR)	×	×	×	×	1	2
60 rel	JZ rel	若(A)=0，(PC)←(PC)+rel	×	×	×	×	2	2
70 rel	JNZ rel	若(A)≠0,则(PC)←(PC)+rel	×	×	×	×	2	2
40 rel	JC rel	若 CY=1,则(PC)←(PC)+rel	×	×	×	×	2	2
50 rel	JNC rel	若 CY=0,则(PC)←(PC)+rel	×	×	×	×	2	2
20 bit rel	JB bit，rel	若(bit)=1,则(PC)←(PC)+rel	×	×	×	×	3	2
30 bit rel	JNB bit，rel	若(bit)=0,则(PC)←(PC)+rel	×	×	×	×	3	2

续表

十六进制代码	助记符	功　能	对标志影响				字节数	周期数
			P	OV	AC	Cy		
10 bit rel	JBC bit，rel	若(bit)＝1，则(bit)←0， (PC)←(PC)＋rel	×	×	×	×	3	2
B5 data rel	CJNE A，direct，rel	若(A)≠(direct)， 则(PC)←(PC)＋rel； 若(A)＜(direct)，则(CY)←1	×	×	×	×	3	2
B4 data rel	CJNE A，♯data，rel	若(A)≠data， 则(PC)←(PC)＋rel； 若(A)＜data，则(CY)←1	×	×	×	×	3	2
B6，B7 data rel	CJNE @Ri， ♯data，rel	若((Ri))≠data， 则(PC)←(PC)＋rel； 若((Ri))＜data，则(CY)←1	×	×	×	×	3	2
B8～BF data rel	CJNE Rn， ♯data，rel	若((Rn))≠data， 则(PC)←(PC)＋rel 若((Rn))＜data，则(CY)←1	×	×	×	×	3	2
D8～DF rel	CJNZ Rn，rel	若(Rn)←(Rn)－1，若(Rn)≠0， 则(PC)←(PC)＋rel	×	×	×	×	2	2
D5 direct rel	DJNZ direct，rel	(direct)←(direct)－1， 若(direct)≠0， 则(PC)←(PC)＋rel	×	×	×	×	3	2
00	NOP	空操作	×	×	×	×	1	1

附录 C

ASCII 表

十进制	字 符	十进制	字 符	十进制	字 符
32	space	64	@	96	`
33	!	65	A	97	a
34	"	66	B	98	b
35	#	67	C	99	c
36	$	68	D	100	d
37	%	69	E	101	e
38	&	70	F	102	f
39	'	71	G	103	g
40	(	72	H	104	h
41	)	73	I	105	i
42	*	74	J	106	j
43	+	75	K	107	k
44	,	76	L	108	l
45	—	77	M	109	m
46	.	78	N	110	n
47	/	79	O	111	o
48	0	80	P	112	p
49	1	81	Q	113	q
50	2	82	R	114	r
51	3	83	S	115	s
52	4	84	T	116	t
53	5	85	U	117	u
54	6	86	V	118	v
55	7	87	w	119	w
56	8	88	X	120	x
57	9	89	Y	121	y
58	:	90	Z	122	z
59	;	91	[	123	{
60	<	92	\	124	|
61	=	93	]	125	}
62	>	94	^	126	~
63	?	95	_	127	DEL

参考文献

［1］何立民.单片机高级教程——设计与应用.2版.北京:北京航空航天大学出版社,2007.

［2］刘海成.单片机及应用系统设计原理与实践.北京:北京航空航天大学出版社,2009.

［3］万福君,刘芳.MCS-51单片机原理、系统设计与应用.北京:清华大学出版社,2008.

［4］谢维成,等.单片机原理与应用及C51程序设计.北京:清华大学出版社,2006.

［5］张毅刚.单片机原理及应用.北京:高等教育出版社,2003.

［6］史健芳,等.智能仪器设计基础.北京:电子工业出版社,2007.

［7］周航慈,等.智能仪器原理与设计.北京:北京航空航天大学出版社,2005.

［8］刘海成.AVR单片机原理及测控工程应用——基于ATmega48和ATmega16.北京:北京航空航天大学出版社,2008.

［9］刘海成.单片机及应用原理教程.北京:中国电力出版社,2012.